高等职业教育系列教材

三菱 PLC、变频器与触摸屏综合应用技术

主　编　李响初　梁志辅
副主编　周泽湘　章建林　杨　萍　廖礼鹏
参　编　彭　琨　李　哲　刘拥华　陆运华
　　　　蔡振华　刘艺群　谢　军　王晓鹏

机械工业出版社

本书以高级维修电工和可编程序控制系统设计师等职业标准所要求的知识技能为载体，以训练学生的PLC编程技能及PLC与变频器、触摸屏综合应用能力为目标，详细介绍三菱 FX_{2N} 系列PLC入门与提高、FR-E700系列变频器入门与提高、F900GOT系列触摸屏入门与提高以及PLC、变频器和触摸屏的综合应用等内容。全书以项目驱动的方式组织教学内容，以典型项目为载体讲述PLC指令系统和编程技巧，将PLC与变频器、触摸屏紧密结合，培养学生设计、安装、调试PLC控制系统的工程应用能力。

本书为高职高专电气自动化、电气工程、机电一体化技术及数控技术等相关专业通用教材，也可供工控领域工程技术人员自学使用。

为配合教学，本书配有电子课件，读者可以登录机械工业出版社教育服务网 www.cmpedu.com 免费注册后下载，或联系编辑索取（QQ：1239258369，电话：010-88379739）。

图书在版编目（CIP）数据

三菱PLC、变频器与触摸屏综合应用技术/李响初，梁志辅主编.—北京：机械工业出版社，2016.6（2023.8重印）
高等职业教育系列教材
ISBN 978-7-111-53579-9

Ⅰ.①三… Ⅱ.①李… ②梁… Ⅲ.①plc技术-高等职业教育-教材②变频器-高等职业教育-教材③触摸屏-高等职业教育-教材
Ⅳ.①TM571.6②TN773③TP334.1

中国版本图书馆CIP数据核字（2016）第080300号

机械工业出版社（北京市百万庄大街22号 邮政编码 100037）
责任编辑：李文轶 责任校对：张艳霞
责任印制：郜 敏

北京富资园科技发展有限公司印刷

2023年8月第1版·第10次印刷
184mm×260mm·18印张·437千字
标准书号：ISBN 978-7-111-53579-9
定价：59.00元

电话服务
客服电话：010-88361066
010-88379833
010-68326294

网络服务
机 工 官 网：www.cmpbook.com
机 工 官 博：weibo.com/cmp1952
金 书 网：www.golden-book.com
机工教育服务网：www.cmpedu.com

前言

党的二十大报告指出：坚持把发展经济的着力点放在实体经济上，推进新型工业化，加快建设制造强国、质量强国、航天强国、交通强国、网络强国、数字中国。实施产业基础再造工程和重大技术装备攻关工程，支持专精特新企业发展，推动制造业高端化、智能化、绿色化发展。PLC 技术作为自动化技术与新兴信息技术深度融合的关键技术，在工业自动化领域发挥着广泛而重要的作用。

“三菱 PLC、变频器与触摸屏综合应用技术”是高职高专电气自动化、电气工程、机电一体化技术及数控技术等相关专业的一门重要的专业核心课程。随着自动控制技术的迅速发展及对人才培养目标的重新定位，对该课程进行与时俱进的教学改革的呼声越来越强烈。在“十二五”期间“以服务为宗旨，以就业为导向”的新一轮职业教育教学改革中，不少专家学者已经在该领域取得了令人瞩目的教学改革成果。本书也是作者长期致力于“PLC、变频器与触摸屏综合应用技术”课程教学改革实践、探索的成果，也是机械工业出版社组织出版的“高等职业教育系列教材”之一。本书特点如下：

1. 内容精简实用，语言通俗易懂

本书根据高职高专生源的特点，本着“理论浅、应用多、内容新”的原则精简教学内容，删减了大量在工程技术中根本不用或很少使用的内部结构分析和理论计算。文字叙述上，采用通俗易懂的语言，尽量克服以往学生对“PLC、变频器与触摸屏综合应用技术”课程望而却步的心理障碍。

2. 采用项目驱动编写模式，适合理实一体化教学

本书在教学内容的组织上采用项目驱动编写模式，在讲解基本知识点的基础上，设计了“项目导入”“知识链接”“项目实施”“思维拓展与案例”等模块，强调实践技能的培养。在版面安排上，收集了大量的图片、图表，采用图文并茂的编排形式，提高内容的直观性和形象性，便于理解和掌握理论知识，同时也为学生的自主学习创造了条件。

3. 考核评价体系体现职业技能要求

项目实施考核评价标准根据国家职业技能鉴定中心相关职业技能鉴定规范（考核大纲）编制，参照职业技能鉴定模式进行考核评价，可为实行“双证制”奠定基础；同时使学生增强执行工艺纪律意识，有利于严格按工艺标准进行自动化控制系统设计与调试。

4. 以工程实例为载体，选材新颖

本书以典型工程实例为载体，选材注重实用性、新颖性。内容编排采取循序渐进、由浅入深、够用和实用原则，将枯燥的理论与实践紧密结合起来，符合读者的认知规律。

目录中注有“＊”的部分建议作为选学内容。在学时较少或要求不高的情况下，建议首先删减这些内容。删去这些内容不会影响知识体系的完整性和内容的连贯性。

本书由湖南有色金属职业技术学院李响初和益阳市大通湖区第一中学梁志辅任主编，进行全书的选例、设计和统稿工作。李响初编写了模块1、模块2、模块4、模块9；广东松山职业技术学院周泽湘编写了模块5；梁志辅编写了模块6；湖南有色金属职业技术学院章建林、杨萍、廖礼鹏分别编写了模块3、模块7、模块8。参加本书项目实验、绘图与教学资源整理工作的还有李哲、刘拥华、陆运华、蔡振华、刘艺群、谢军、彭琨、王晓鹏等同仁。

在编写本书过程中，参考了大量的同类教材以及国内、外书刊资料，并应用了其中的一些资料，限于篇幅，难以一一列举，在此一并向有关作者表示衷心的感谢。

由于编者水平有限，编写时间仓促，书中难免有疏漏之处，敬请读者批评指正，不胜感激。

编　者

目　录

第四篇 三菱 PLC、变频器与触摸屏综合应用

第一篇　三菱 FX_{2N} PLC 入门与提高

本篇内容：

- 模块 1　三菱 FX_{2N}系列 PLC 基础知识
- 模块 2　三菱 FX_{2N}系列 PLC 在改造继电—接触器控制系统中的应用
- 模块 3　三菱 FX_{2N}系列 PLC 在顺序控制系统中的应用
- 模块 4　三菱 FX_{2N}系列 PLC 在综合系统工程中的应用

模块 1
三菱 FX_{2N} 系列 PLC 基础知识

能力目标：

1. 了解 FX_{2N} 系列 PLC 编程语言
2. 掌握 GX Developer 编程软件使用方法
3. 掌握 GX Simulator -6 仿真软件使用方法

知识目标：

1. 了解 PLC 硬件结构及系统组成
2. 掌握 PLC 的工作原理及安装接线方法
3. 掌握 FX_{2N} 系列 PLC 常用软元件应用技巧

项目 1.1　PLC 的基本结构及工作原理

PLC 是以微处理器为核心，综合计算机技术、自动控制技术和通信技术的一种通用工业自动控制装置，已成为现代工业控制的三大支柱（PLC、机器人和 CAD/CAM）之一。国际电工委员会（IEC）于 1987 年 2 月颁布的 PLC 标准草案（第三稿）中对 PLC 作了如下定义：

"可编程序控制器是一种数字运算操作的电子系统，专为在工业环境下应用而设计，它采用可编程序的存储器，用来在其内部存储执行逻辑运算、顺序控制、定时、计数和算术运算等操作命令，并通过数字式、模拟式的输入和输出，控制各种类型的机械或生产过程。可编程序控制器及其有关的外部设备，都应按易于与工业控制系统联成一个整体、易于扩充其功能的原则而设计。"

1.1.1　PLC 的基本结构

目前，PLC 类型繁多，功能和指令系统也不尽相同，但其结构与工作原理大同小异，主要由 CPU 模块、输入/输出（I/O）模块、电源模块和编程器组成。PLC 基本结构如图 1-1 所示。

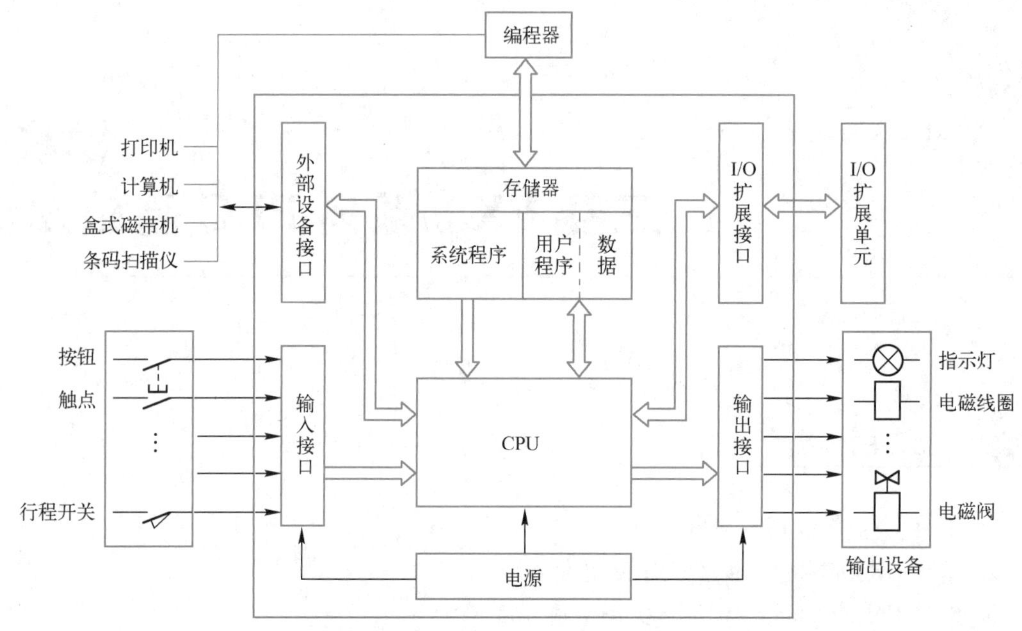

图 1-1　PLC 基本结构示意图

1. CPU 模块

CPU 模块由中央处理器（CPU）、系统程序存储器和用户程序及数据存储器等部分组成，是 PLC 的核心部件。CPU 模块的主要任务如下：

1）接收从编程软件或编程器输入的用户程序和数据，并存储在存储器中。

2）用扫描方式接收现场输入设备的状态和数据，并存入相应的数据寄存器或输入映像寄存器。

3）当 PLC 处于运行状态时，执行用户程序，完成用户程序规定的各种算术逻辑运算、数据的传输和存储等。

4）按照程序运行结果，更新相应的标志位和输出映像寄存器，通过输出部件实现输出控制、制表打印和数据通信等功能。

2. 输入/输出（I/O）模块

输入/输出（I/O）模块是 PLC 与输入/输出设备相连接的部件。输入/输出（I/O）模块有两个要求：一是接口有良好的抗干扰能力；二是接口能满足工业现场各类信号匹配的要求。所以输入/输出（I/O）模块一般都包含光电耦合电路和 RC 滤波电路。

输入（I）模块的作用是接收输入设备（如按钮、传感器、行程开关等）的控制信号并转换为 PLC 内部处理标准信号。输入（I）模块可分为三类：直流输入模块、交流输入模块和交/直流输入模块，如图 1-2 所示。

输出（O）模块的作用是将 CPU 模块处理后的输出信号通过功放电路来驱动输出设备（如接触器、电磁阀、指示灯等）。按输出开关器件的种类不同，可分为三类：继电器输出

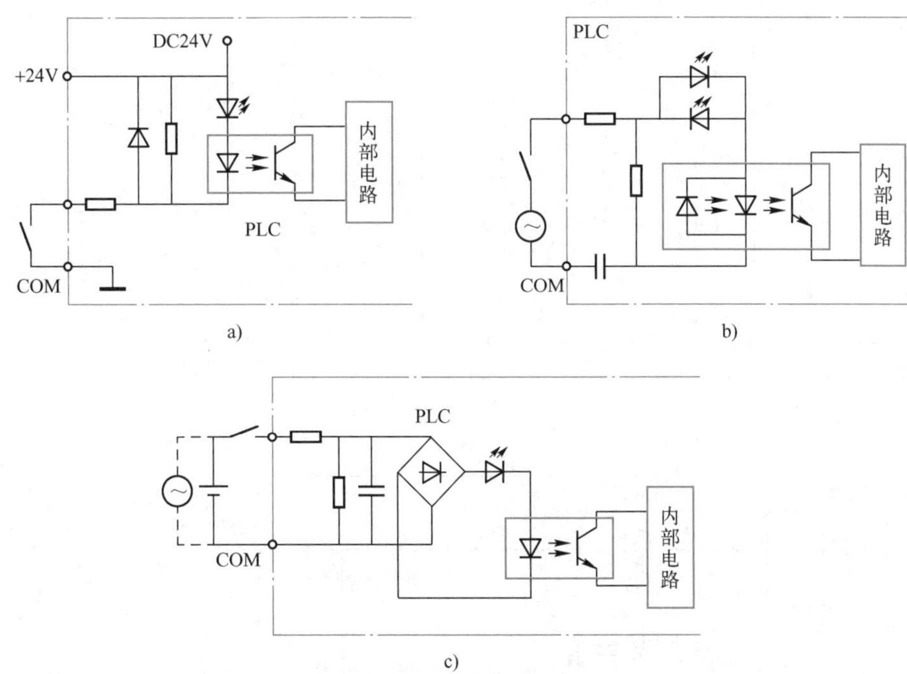

图 1-2　输入模块的输入形式
a）直流输入模块　b）交流输入模块　c）交/直流输入模块

型、晶体管输出型和晶闸管输出型，如图 1-3 所示。其中继电器输出型适用于连接直流负载和交流负载，晶体管输出型仅适用于连接直流负载，晶闸管输出型仅适用于连接交流负载。

3. 电源模块

PLC 的电源分三类：外部电源、内部电源和备用电源。在现场控制中，各类干扰脉冲侵入 PLC 的主要途径之一是通过电源电路，因此设计可靠、合理的电源是 PLC 可靠运行的必要条件。

（1）外部电源

外部电源用于驱动 PLC 的输出设备和传递现场信号，又称为用户电源。同一台 PLC 的外部电源既可以是一个规格的，也可以是多个规格的。外部电源的容量与性能，由输出负载和输入电路决定。常见的外部电源有：交流 380 V、220 V、110 V，直流 100 V、48 V、24 V、12 V、5 V 等。

（2）内部电源

内部电源即 PLC 的工作电源，有时也作为现场输入信号的电源。它的性能好坏直接影响到 PLC 的可靠性，为了保证 PLC 的可靠工作，对它提出了较高的要求，一般可从如下四个方面考虑：

1）内部电源与外部电源隔离，减少供电线路对内部电源的影响。

2）有较强的抗干扰能力。

3）电源本身功耗尽可能低，在供电电压波动范围较大时，能保证正常稳定的输出。

4）具有良好的保护功能。

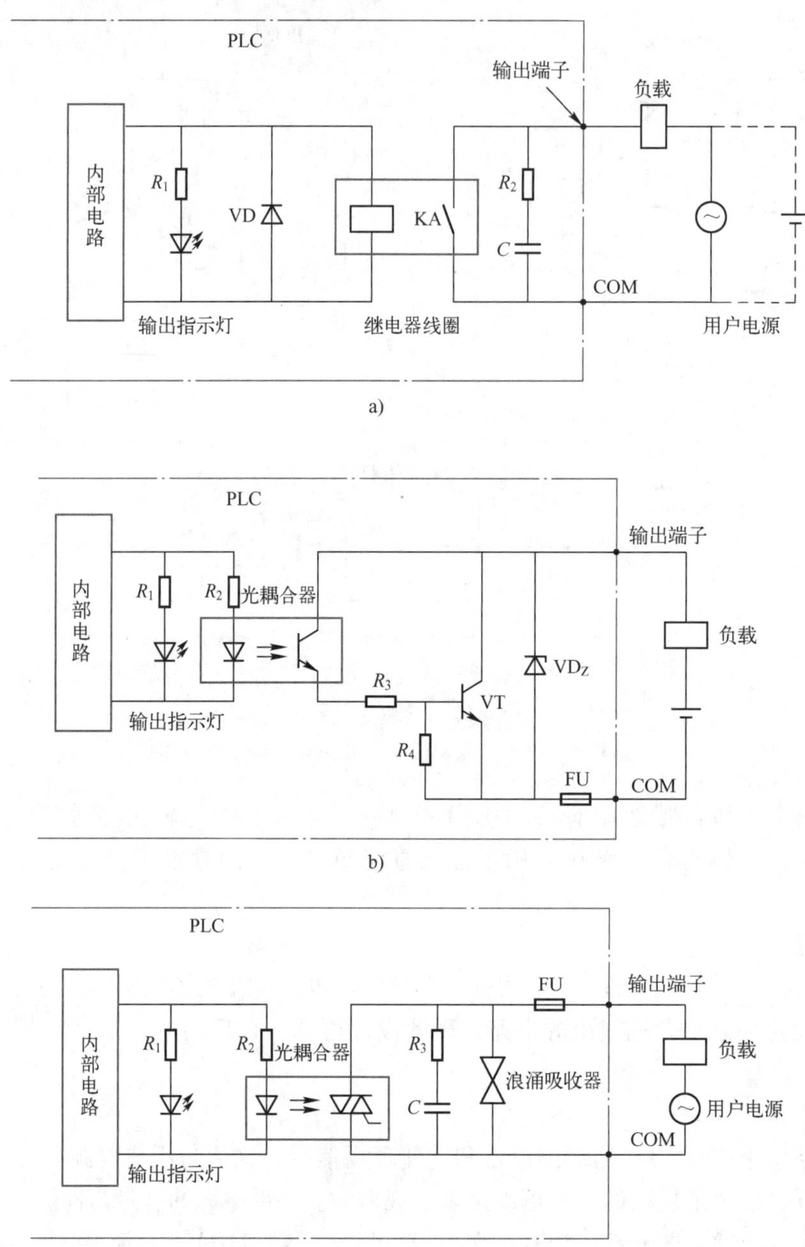

图 1-3　输出模块的输出形式

a）继电器输出型　b）晶体管输出型　c）晶闸管输出型

开关稳压电源能较好地满足上述要求，故各厂家生产的 PLC 内部电源均采用开关型稳压电源。

（3）备用电源

在停机或突然掉电时，备用电源可保证 RAM 中的信息不丢失。一般 PLC 采用锂电池作为 RAM 的备用电源。锂电池的寿命为 3 ~ 5 年，若电池电压降低，则 PLC 控制面板上相应的指示灯会点亮或闪烁，应根据各类型 PLC 操作手册的说明，在规定时间内按要求更换相同规格的锂电池。

4. 编程器

PLC 编程器用于用户程序的输入、编辑和调试，同时监控、显示 PLC 的一些系统参数和内部状态，是开发、设计和维护 PLC 控制系统的必要工具。

目前，PLC 编程器一般分为手持式编程器和图形编程器。其中手持式编程器常用于工业现场调试。图形编程器只需在个人计算机上与 PLC 编程软件配套运行即可进行编程工作。这种编程非常方便，用户可以在计算机上以连机/脱机方式编程，特别是笔记本电脑的逐渐普及，利用图形编程器编程和现场调试已成为工控技术人员的优选方案。

1.1.2　PLC 的工作原理

PLC 采用“循环扫描”的工作方式，即在 PLC 运行时，CPU 执行用户按控制要求编制并存放于用户程序存储器中的程序，按指令步序号（或地址号）作周期性循环扫描，在无中断或跳转的情况下，按存储地址号递增的方向顺序逐条执行用户程序，直至程序结束。然后重新返回第一条指令，开始下一轮新的扫描。PLC 工作过程如图 1-4 所示。

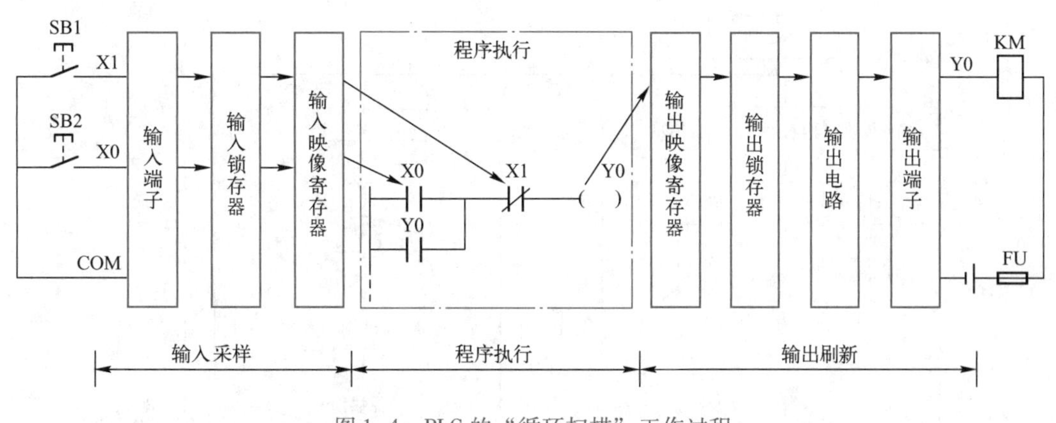

图 1-4　PLC 的“循环扫描”工作过程

由图 1-4 可知，PLC 扫描一个周期必经输入采样、程序执行和输出刷新 3 个阶段。

（1）输入采样阶段

输入采样阶段又称为输入处理阶段、输入刷新阶段或输入更新阶段。在此阶段，PLC 首先以扫描方式将所有外部输入设备的接通/断开（ON/OFF）状态转换成电平的高低状态“1”或“0”并存入输入锁存器中，然后将其写入各自对应的输入映像寄存器中，即刷新输入。随即关闭输入端口，进入程序执行阶段。

注意： 只有采样时，输入映像寄存器中的内容才与输入信号一致，而其他时间范围内输入信号的变化不会影响输入映像寄存器内容，输入信号的变化状态只能在下一个扫描周期的输入处理阶段被读入，这种输入工作方式称为集中输入工作方式。

（2）程序执行阶段

PLC 的用户程序由若干条指令组成，指令在存储器中按步序号顺序排列。在没有跳转指令时，则按顺序从 0000 号地址开始的程序进行逐条扫描执行，并分别从输入映像寄存器、输出映像寄存器以及辅助继电器中获得所需的数据进行运算处理，再将程序执行的结果写入输出映像寄存器中。此时，各编程元件的映像寄存器（输入映像寄存器除外）的内容随着程序的执行而改变，但这些内容在全部程序未被执行完毕之前不会送到输出端口。

（3）输出刷新阶段

输出刷新阶段又称为输出处理阶段或输出更新阶段。当程序执行到程序结束（END）指令，即执行完用户所有程序后，PLC 将输出映像寄存器中的内容送到输出锁存器中，并通过一定的驱动装置（继电器、接触器或晶闸管）驱动相应输出设备工作。

注意：在输出刷新阶段完成后，输出锁存器的状态保持不变。输出映像寄存器变化了的状态只有等到下一个扫描周期的输出刷新阶段到来时，才能通过 CPU 送入输出锁存器中，这种输出工作方式称为集中输出工作方式。

图 1-5 所示为 PLC 工作过程流程图。

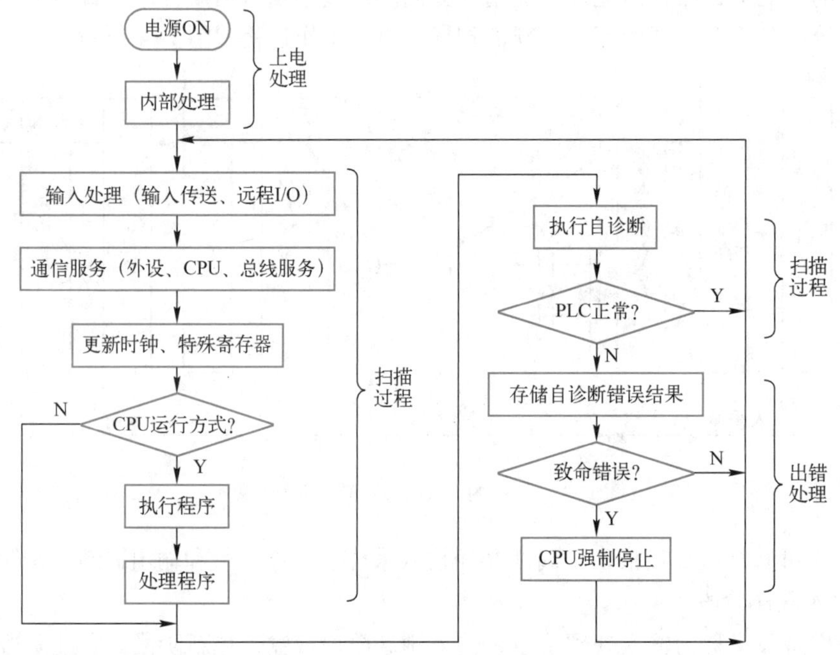

图 1-5　PLC 工作过程流程图

项目 1.2　初识三菱 FX_{2N} 系列 PLC

1.2.1　三菱 FX_{2N} 系列 PLC 快速入门

目前，PLC 产品按地域可分为三大流派：一是美国产品；二是欧洲产品；三是日本产品。其中美国和欧洲的 PLC 技术是在相互隔离情况下独立研究开发的，因此其产品有明显的差异性；而日本的 PLC 技术是由美国引进的，对美国的 PLC 产品有一定的继承性。美国和欧洲以大中型 PLC 而闻名，而日本则以小型 PLC 著称。

日本三菱公司的 PLC 是较早进入中国市场的产品。三菱公司近年来推出的 FX 系列 PLC 有 FX_0、FX_2、FX_{0S}、FX_{0N}、FX_{2C}、FX_{1S}、FX_{1N}、FX_{2N}、FX_{2NC}等系列型号。其中 FX_{2N}系列是三菱 FX 系列 PLC 中功能最强、速度最快的小型可编程序控制器。FX_{2N}系列 PLC 常用产品如图 1-6 所示。

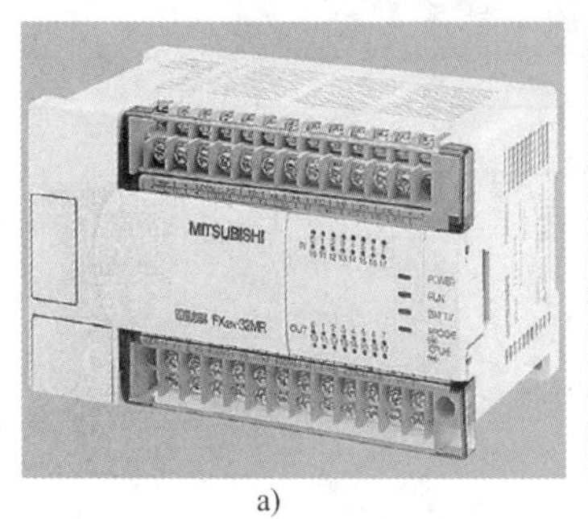
a)

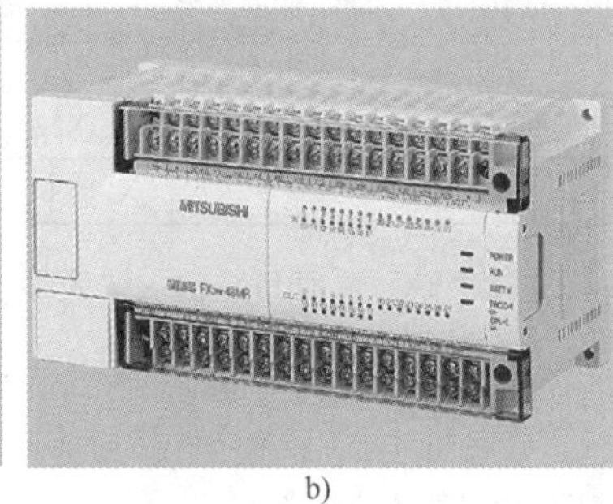
b)

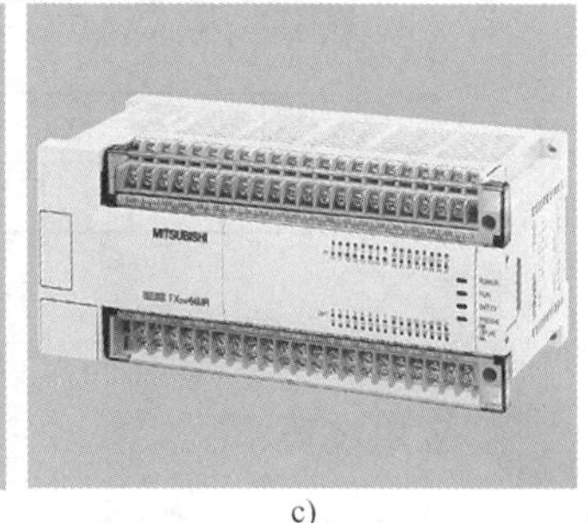
c)

图 1-6 常用 FX_{2N}系列 PLC 产品

a）FX_{2N} -32MR b）FX_{2N} -48MR c）FX_{2N} -64MR

1. FX_{2N}系列 PLC 控制面板

图 1-7 所示为三菱 FX_{2N} -32MT 型 PLC 的面板，主要包含型号、状态指示灯、工作模式转换开关与通信接口、PLC 的电源端子与输入端子、输入指示灯、输出指示灯和输出端子等几个区域。

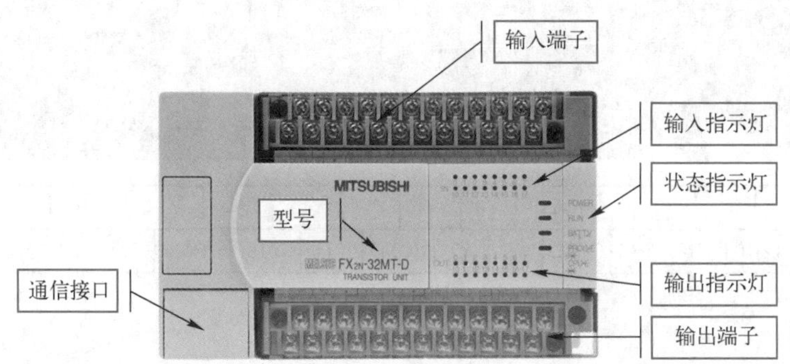

图 1-7 FX_{2N} -32MT 型 PLC 控制面板

（1）输入接线端

FX_{2N}系列 PLC 输入接线端可分为外部电源输入端、+24 V 直流电源输出端、输入公共端（COM 端）和输入接线端子 4 部分。FX_{2N}系列 PLC 输入接线端如图 1-8 所示。

1）外部电源输入端。接线端子 L 接电源的相线，N 接电源的中线。电源电压一般为 AC 100 ~ 240 V，为 PLC 提供工作电压。

2）+24 V 直流电源输出端。PLC 自身为外围设备提供的直流 +24 V 电源，主要用于传感器或其他小容量负载的供给电源。

3）输入接线端和公共端 COM。在 PLC 控制系统中，各种按钮、行程开关和传感器等输入设备直接接到 PLC 输入接线端和公共端子 COM 之间，PLC 每个输入接线端子的内部都对应一个电子电路，即输入接口电路。

⏚	•	COM	X0	X2	X4	X6	X10	X12	X14	X16	•
L	N	•	24+	X1	X3	X5	X7	X11	X13	X15	X17

图 1-8　FX_{2N}系列 PLC 输入接线端

应用技巧：

◇ 三菱 PLC 的输入接线端用文字符号 X 表示，采用八进制编号方法，FX_{2N}-32MT 的输入端共有 16 个，即 X0～X7 和 X10～X17。

◇ 在进行安装、配线作业时，一定要在关闭全部外部电源之后进行。否则，容易电震、损伤产品。

（2）输出接线端

FX_{2N}系列 PLC 输出接线端可分为输出接线端子和公共端两部分，如图 1-9 所示。

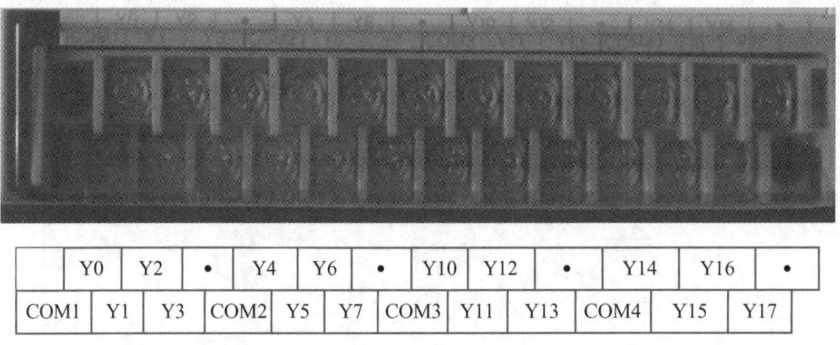

	Y0	Y2	•	Y4	Y6	•	Y10	Y12	•	Y14	Y16	•
COM1	Y1	Y3	COM2	Y5	Y7	COM3	Y11	Y13	COM4	Y15	Y17	

图 1-9　FX_{2N}系列 PLC 输出接线端

应用技巧：

◇ 三菱 PLC 的输出接线端用符号 Y 表示，采用八进制编号方法。

◇ 输出设备使用不同的电压类型和等级时，FX_{2N}系列 PLC 输出接线端与公共端组合对应关系见表 1-1；当输出设备使用相同的电压类型和等级时，则将 COM1、COM2、COM3、COM4 用导线短接即可。

表 1-1　FX_{2N}系列 PLC 输出端子与公共端子组合的对应关系

组　次	公 共 端 子	输 出 端 子
第一组	COM1	Y0、Y1、Y2、Y3
第二组	COM2	Y4、Y5、Y6、Y7
第三组	COM3	Y10、Y11、Y12、Y13
第四组	COM4	Y14、Y15、Y16、Y17

（3）状态指示栏

FX_{2N}系列 PLC 的状态指示栏包括输入状态指示、输出状态指示、运行状态指示 3 个部分，如图 1-10 所示。

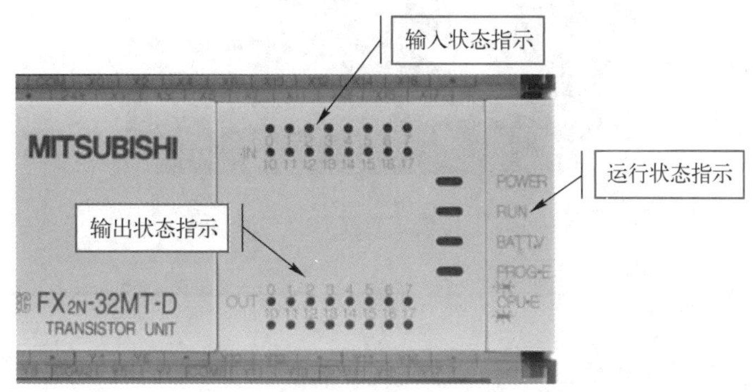

图 1-10　FX_{2N}系列 PLC 的状态指示栏

1）输入状态指示为FX_{2N}系列 PLC 的输入（IN）指示灯，当 PLC 输入接线端有信号输入时，对应输入点的指示灯亮，否则不亮。

2）输出状态指示为FX_{2N}系列 PLC 的输出（OUT）指示灯，当 PLC 输出接线端有信号输出时，对应输出点的指示灯亮，否则不亮。

3）运行状态指示。FX_{2N}系列 PLC 提供 4 盏指示灯，实现 PLC 运行状态指示功能。其含义见表 1-2。

表 1-2　PLC 运行状态指示灯含义

指　示　灯	指示灯的状态与当前运行的状态
POWER：电源指示灯（绿灯）	PLC 接通电源后，该灯点亮，正常时仅有该灯点亮表示 PLC 处于编辑状态
RUN：运行指示灯（绿灯）	当 PLC 处于正常运行状态时，该灯点亮
BATT. V：锂电池电压低指示灯（红灯）	如果该指示灯点亮，说明 PLC 内部锂电池电压不足，应更换
PROG - E/CPU - E：程序出错指示灯（红灯）	程序执行时间超过允许时间或 CPU 出错时，该灯连续亮。如果该指示灯闪烁，说明出现以下类型的错误： 1）程序语法错误 2）锂电池电压不足 3）定时器或计数器未设置常数 4）干扰信号使程序出错

（4）工作模式转换开关与通信接口

将FX_{2N}系列 PLC 通信接口区域的盖板打开，可见到其模式转换开关与通信接口位置，如图 1-11 所示。

1）模式转换开关。模式转换开关用来改变 PLC 的工作模式，PLC 电源接通后，将转换开关打到 RUN 位置，则 PLC 的运行指示灯（RUN）点亮，表示 PLC 正处于运行状态。将转换开关打到 STOP 位置，则 PLC 的运行指示灯（RUN）熄灭，表示 PLC 正处于停止状态。

2）RS－422 通信接口。RS－422 通信接口用来连接手持式编程器或计算机（对应配套软件），保证 PLC 与手持式编程器或计算机的通信。

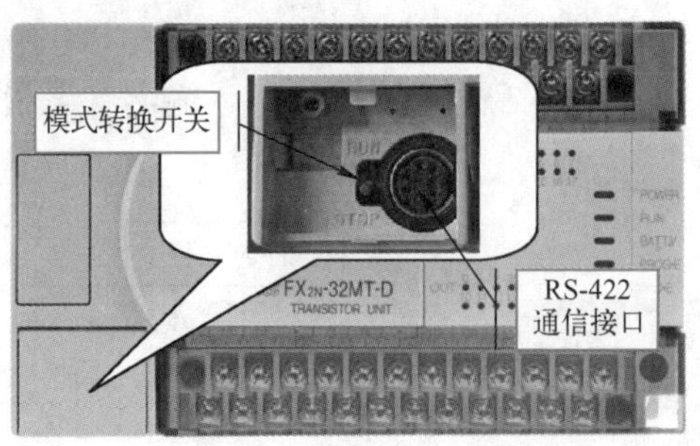

图 1-11 工作模式转换开关与通信接口

注意：

◇ 通信线与 PLC 连接时，只有通信线接口内的“针”与 PLC 上的接口正确对应后才可将通信线接口用力插入 PLC 的通信接口，以免损坏接口。

◇ FX_{2N} 系列 PLC 常用 FX－10P－E 型和 FX－20P－E 型手持式编程器。FX－20P－E 编程器以及编程器与 PLC 主机之间连接示意图如图 1-12 所示（其使用方法请读者参照《FX－20P－E 编程器用户手册》自行学习，本书不予介绍）。

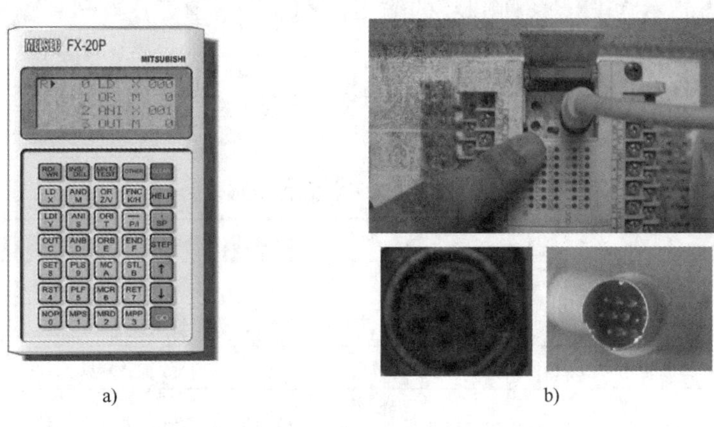

图 1-12 FX－20P－E 编程器以及连接示意图
a）FX－20P－E 编程器 b）PLC 通信线接口与连接

2. FX 系列 PLC 的型号

三菱 FX 系列 PLC 型号标注含义如图 1-13 所示。

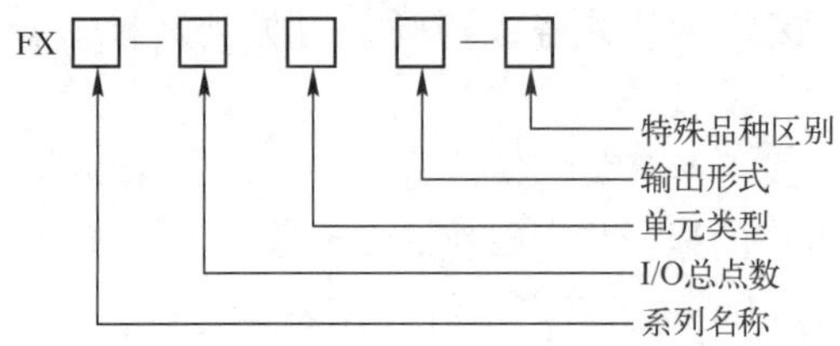

图 1-13 FX 系列 PLC 的型号标注含义

FX 系列 PLC 型号标注含义如下。

1）系列名称：0、2、0S、0N、2C、1S、1N、2N、2NC，即 FX_0、FX_2、FX_{0S}、FX_{0N}、FX_{2C}、FX_{1S}、FX_{1N}、FX_{2N}、FX_{2NC}。

2）I/O 点总数：10 ~ 256。

3）单元类型：

M—基本单元；

E—输入输出混合扩展单元与扩展模块；

EX—输入专用扩展模块；

EY—输出专用扩展模块。

4）输出形式：

R—继电器输出；

T—晶体管输出；

S—晶闸管输出。

5）特殊品种的区别：

D—DC 电源，DC 输出；

A1—AC 电源，AC 输入；

H—大电流输出扩展模块（1A/点）；

V—立式端子排的扩展模块；

C—接插口输入输出方式；

F—输入滤波器 1 ms 的扩展模块；

L—TTL 输入型扩展模块；

S—独立端子（无公共端）扩展模块。

若特殊品种缺省，通常指 AC 电源输入、DC 输出、横式端子排。其中继电器输出：2A/点；晶体管输出：0.5A/点；晶闸管输出：0.3A/点。

例如 FX_{2N} - 32MR - D，其型号含义为三菱 FX_{2N}系列 PLC，有 32 个 I/O 点的基本单元，继电器输出型，使用 DC24V 电源。

3. FX_{2N}系列 PLC 的产品规格

FX_{2N}系列 PLC 的产品规格指标包括环境规格、输入技术规格、输出技术规格、电源技术规格，见表 1-3 ~ 表 1-6。使用中必须符合这些性能指标。

表 1-3　环境规格

项　目	规　格	
环境温度	使用温度 0 ~ 55℃，储存温度 - 20 ~ 70℃	
环境湿度	使用时 35% ~ 85% RH（无凝露）	
抗振性能	符合 JIS C0911 标准，10 ~ 55 Hz，3 轴方向各 2 h（用 DIN 导轨安装时 0.5G）	
抗冲击性	符合 JIS C0912 标准，10 G，3 轴方向各 3 次	
抗干扰性	用噪声模拟器生产电压为 $1000V_{P-P}$，脉冲宽度为 1 μs，频率为 30 ~ 100 Hz 的噪声	
绝缘耐压	AC1500 V，1 min	全部端子与接地端子之间
绝缘电阻	5 MΩ 以上（DC500V 兆欧表）	

（续）

项　　目	规　　格
接地	第三种接地，不能接地时也可以浮空
工作环境	无腐蚀性气体，无可燃性气体，无导电性尘埃

表 1-4　输入技术规格

项　　目	FX_{2N}的 X0 ~ X7	FX_{2N}的 X10 ~ X17
输入信号电压	DC24 V	
输入信号电流	7 mA/DC24 V	4 mA/DC24 V
输入阻抗	3. 3 kΩ	4. 3 kΩ
输入接通电流	4. 5 mA 以下	3. 5 mA 以下
输入断开电流	1. 5 mA 以下	1. 5 mA 以下
输入响应时间	约 10 ms，但 FX_{2N}的 X0 ~ X7 为 0 ~ 60 ms 可变	
输入信号形式	无电压触点或 NPN 集电极开路输出晶体管	
电路隔离	光耦合器隔离	
输入状态显示	输入接通时 LED 亮	

表 1-5　输出技术规格

项　　目		继电器输出	晶闸管输出	晶体管输出
外部电压		AC250 V 或 DC30 V 以下	AC85 ~ 240 V	DC5 ~ 30 V
最大负载	阻性负载	2A/点、8A/4 点、8A/8 点	0. 3A/点、0. 8A/4 点	0. 5A/点、0. 8A/4 点
	感性负载	80 VA	15 VA/AC100 V	12 W/DC24 V
	灯负载	100 W	30 W	1. 5 W/DC24 V
开路漏电流		—	1 mA/AC100 V，2 mA/AC200 V	0. 1 mA
响应时间		约 10 ms	ON 时：1 ms OFF 时：10 ms	ON 时：<0. 2 ms OFF 时：<0. 2 ms 大电流时：<0. 4 ms
电路隔离		继电器隔离	光控晶闸管隔离	光耦合器隔离
输出状态显示		继电器通电时 LED 亮	光控晶闸管驱动时 LED 亮	光耦合器驱动时 LED 亮

表 1-6　电源技术规格

型　　号	FX_{2N} - 16M	FX_{2N} - 32M/E	FX_{2N} - 48M/E	FX_{2N} - 64M	FX_{2N} - 80M	FX_{2N} - 128M
额定电压	AC100 ~ 240 V					
电压允许范围	AC85 ~ 264 V					
额定频率	50/60 Hz					
允许瞬间断电时间	10 ms 以内的瞬间断电，PLC 继续运行 当电源电压为 AC200 V 系列时，通过用户程序可将其改为 10 ~ 100 ms					
电源熔体	250 V3. 15 A（3 A）		250 V 5 A			
耗电量/VA	30	40	50	60	70	100
冲击电流	最大 40 A、5 ms 以下/AC100 V；最大 60 A、5 ms 以下/AC200 V					

4. FX_{2N}系列 PLC 的基本单元与扩展设备

（1）基本单元

基本单元是构成 PLC 控制系统的核心部件，由 CPU 模块、输入/输出（I/O）模块、通信接口和扩展接口等组成。三菱 FX_{2N}系列 PLC 常用基本单元见表 1-7，供用户选用时参考。

表 1-7 FX_{2N}系列 PLC 常用基本单元

型号			输入点数	输出点数	扩展模块可用点数
继电器输出	晶闸管输出	晶体管输出			
FX_{2N}-16MR	—	FX_{2N}-16MT	8	8	24~32
FX_{2N}-32MR	FX_{2N}-32MS	FX_{2N}-32MT	16	16	24~32
FX_{2N}-48MR	FX_{2N}-48MS	FX_{2N}-48MT	24	24	48~64
FX_{2N}-64MR	FX_{2N}-64MS	FX_{2N}-64MT	32	32	48~64
FX_{2N}-80MR	FX_{2N}-80MS	FX_{2N}-80MT	40	40	48~64
FX_{2N}-128MR	—	FX_{2N}-128MT	64	64	48~64

（2）扩展设备

三菱 FX_{2N}系列 PLC 的扩展设备包括扩展单元、扩展模块和特殊功能模块，各扩展设备作用如下。

扩展单元：用于增加 I/O 点数的装置，内部设有电源。

扩展模块：用于增加 I/O 点数及改变 I/O 比例，内部无电源，用电由基本单元或扩展单元供给。由于扩展单元与扩展模块无 CPU，因此必须与基本单元一起使用。

特殊功能模块：用于特殊功能控制，如模拟量输入、模拟量输出、温度传感器输入、高速计数、PID 控制、位置控制、通信等。

表 1-8、表 1-9 为三菱 FX_{2N}系列 PLC 常用扩展单元和特殊功能扩展单元，供用户选型时参考。

表 1-8 FX_{2N}系列 PLC 常用扩展单元

型号			输入点数	输出点数
继电器输出	晶闸管输出	晶体管输出		
FX_{2N}-32ER	FX_{2N}-32ES	FX_{2N}-32ET	16	16
FX_{2N}-48ER	—	FX_{2N}-48ET	24	24

表 1-9 FX_{2N}系列 PLC 特殊功能扩展单元

种类	型号	功能概要
定位高速计数器	FX_{2N}-1PG	脉冲输出模块、单轴用，最大频率 100kHz，顺序程序控制
	FX_{2N}-1HC	高速计数模块，1 相 1 输入，1 相 2 输入：最大 50 kHz；2 相序输入：最大 50 kHz
模拟输入模块	FX_{2N}-4AD	模拟输入模块，12 位 4 通道电压输入：直流 ±10 V；电流输入：直流 ±20 mA
模拟量输出模块	FX_{2N}-4AD-PT	模拟输出模块，12 位 4 通道电压输出：±10 V；电流输出：（+4～±20 mA）
	FX_{2N}-4AD-TC	PT-100 型温度传感器模块，4 通道输入
	FX_{2N}-4AD-PT	热电偶型温度传感器模块，4 通道输入

（续）

种　类	型　号	功能概要
通信模块	FX_{2N} -232IF	RS232C 通信用，1 通道
功能扩展模块	FX_{2N} -8AV-BD	容量转接器，模拟量 8 点
	FX_{2N} -232-BD	RS232C 通信用模块（用于连接各种 RS232 设备）
	FX_{2N} -422-BD	RS422 通信用模块（用于连接外围设备）
	FX_{2N} -485-BD	RS485 通信用模块（用于计算机链路，并联链路）
	FX_{2N} -CNV-BD	FX_{0N}转接器连接用模块（不需电源）

FX_{2N}系列 PLC 控制系统构成如图 1-14 所示。

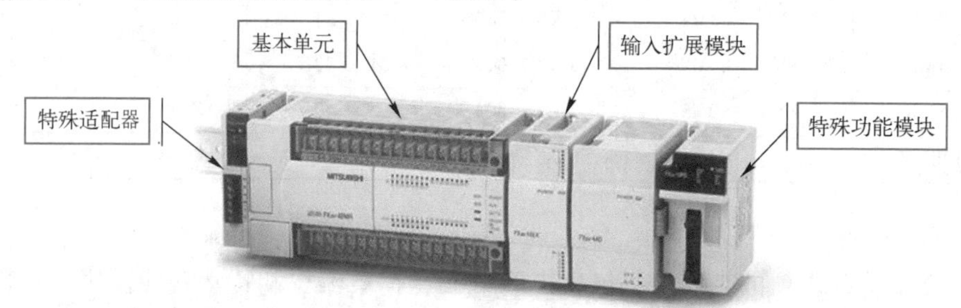

图 1-14　FX_{2N}系列 PLC 控制系统构成

1.2.2　认识三菱 FX_{2N}系列 PLC 的软元件

为了替代继电—接触器控制系统，PLC 除了合理配置硬件系统外，还需进行软件资源配置。PLC 软件系统主要由指令系统和软元件等组成，其中指令系统将在后续模块中结合工程案例进行介绍。

1. FX_{2N}系列 PLC 的软元件性能指标

FX_{2N}系列 PLC 的软元件性能指标包括运行方式、运算速度、程序容量、编程语言、指令的类型和数量以及编程器件的种类和数量等。表 1-10 给出了 FX_{2N}系列 PLC 的软元件性能指标，供使用时参考。

表 1-10　FX_{2N}系列 PLC 主要软元件性能指标

项　目		规　格
运算控制方式		存储程序反复运算方式（专用 LSI）、中断命令
I/O 控制方式		批处理方式（执行 END 指令时），但有 I/O 刷新指令，中断输入处理
用户编程语言		梯形图、指令表、顺序功能图
用户程序容量		内置 8 KB RAM，使用存储器卡盒可扩展至 16 KB RAM、EPROM 或 E^2PROM
运算速度	基本指令	0.08 μs/指令
	功能指令	1.52 ~ 数百微秒/指令
指令种类	基本指令	27 条
	步进指令	2 条
	功能指令	128 种 298 条

（续）

项　目			规　格		
输入继电器（X）			X0 ~ X267	184 点（八进制编号）	
输出继电器（Y）			Y0 ~ Y267	184 点（八进制编号）	
辅助继电器（M）		一般	M0 ~ M499	500 点	
		保持	M500 ~ M3071	2572 点	
		特殊	M8000 ~ M8255	256 点	
状态继电器（S）		初始	S0 ~ S9	10 点	
		一般	S10 ~ S499	490 点	
		保持	S500 ~ S899	400 点	
		报警	S900 ~ S999	100 点	
定时器（T）	通用	100 ms	T0 ~ T199	200 点	范围：0 ~ 3276.7 s
		10 ms	T200 ~ T245	46 点	范围：0 ~ 327.67 s
	积算	1 ms	T246 ~ T249	4 点	范围：0 ~ 32.767 s
		100 ms	T250 ~ T255	6 点	范围：0 ~ 3276.7 s
计数器（C）	加计数	一般	C0 ~ C99	100 点	范围：1 ~ 32767 数 16 位
		保持	C100 ~ C199	100 点	范围：1 ~ 32767 数 16 位
	加减计数	一般	C200 ~ C219	35 点	范围：－2147483648 ~ +2147483647 数 32 位
		保持	C220 ~ C234	15 点	
	高速	单相无启动/复位	C235 ~ C240	6 点	32 位加/减计数器 双相 60 kHz 2 点、10 kHz 4 点 双相 30 kHz 1 点、5 kHz 1 点
		单相有启动/复位	C241 ~ C245	5 点	
		双相	C246 ~ C250	5 点	
		A－B 相	C251 ~ C255	5 点	
数据寄存器（D）		一般	D0 ~ D199	200 点	每个数据寄存器均为 16 位 两个数据寄存器合并为 32 位
		保持	D200 ~ D7999	7800 点	
		特殊	D8000 ~ D8255	256 点	
		文件	D1000 ~ D7999	7000 点	
		变址	V0 ~ V7、Z0 ~ Z7	16 点	
指针（P/I）		转移用	P0 ~ P127	128 点	
		中断用	I6□□ ~ I8□□	共 15 点：6 点输入、3 点定时器、6 点计时器	
嵌套层次			N0 ~ N7	8 点	
常数		十进制 K	16 位：－32768 ~ +32767	32 位：－2147483648 ~ +2147483647	
		十六进制 H	16 位：0000 ~ FFFF	32 位：00000000 ~ FFFFFFFF	
		浮点	32 位：$\pm 1.175\times10^{-38}$；$\pm 3.403\times10^{38}$（不能直接输入）		

2. FX_{2N}系列 PLC 的软元件

FX_{2N}系列 PLC 内部有 CPU 模块、输入/输出（I/O）模块、通信接口和扩展接口等硬件资源，这些硬件资源在其系统软件的支持下，使 PLC 具有很强的功能。对某一特定的控制对象，若用 PLC 进行控制，必须编写控制程序。与 C ++ 高级语言或 MCS – 51 汇编语言编程一样，在 PLC 的 RAM 存储器中应有存放数据的存储单位。由于 PLC 是由继电—接触器控制发展而来的，而且在设计时考虑到便于工控技术人员容易学习与应用，因此将 PLC 的存储单元沿用“继电器”来命名。按存储数据的性质把这些存储单元命名为输入继电器、输出继电器、辅助继电器、状态继电器、定时器、计数器、数据寄存器、变址寄存器等。

在工程技术中，通常把这些继电器称为软元件（简称元件），用户在编程时必须了解这些软元件的符号与编号。

（1）输入、输出继电器

1）输入继电器（X）。

PLC 的输入接线端是从输入设备接收信号的端口，PLC 内部与输入接线端连接的输入继电器（X）是基于光电隔离的电子继电器，它们的编号与输入接线端编号一致，按八进制进行编号。输入继电器（X）工作状态取决于 PLC 外部输入设备触点的状态，不能用程序指令驱动。内部提供常开/常闭两种触点供编程时使用，且使用次数不限。

PLC 的外部输入设备通常分为主令电器和检测电器两大类。主令电器产生主令输入信号，如按钮、转换开关等；检测电器产生检测运行状态的信号，如行程开关、传感器等。PLC 的输入回路连接示意图如图 1–15 所示。

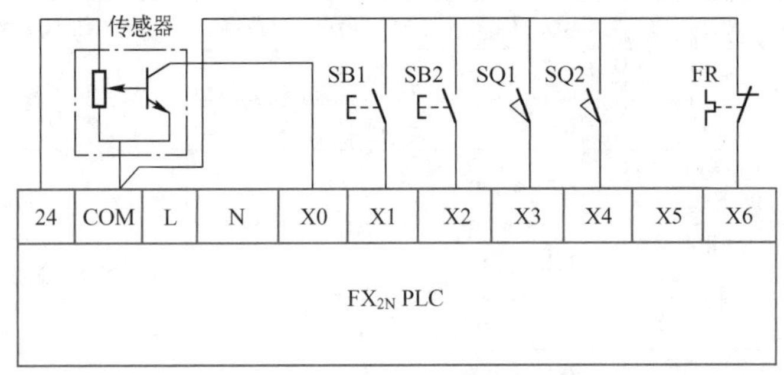

图 1–15　PLC 输入回路的连接

图 1–15 中，若按下按钮 SB1，则对应输入继电器 X1 为“1”状态，表示该输入继电器的常开触点闭合，常闭触点断开。其他外部输入设备控制原理与之相同，此处不再赘述。

2）输出继电器（Y）。

输出继电器（Y）是 PLC 用来传递信号到输出设备的元件。输出继电器的工作状态由程序驱动，也按八进制进行编号，其外部输出主触点（常开触点）接到 PLC 的输出接线端上供驱动输出设备使用，内部提供常开/常闭触点供程序使用，且使用次数不限。

PLC 的外部输出设备通常分为驱动负载和显示负载两大类。驱动负载主要指接触器、继电器、电磁阀等电气元件；显示负载主要指指示灯、数字显示装置、电铃、蜂鸣器等电子元器件。PLC 的输出回路连接示意图如图 1–16 所示。

由图 1–16 可知，PLC 通过输出继电器（Y）主触点将输出设备和驱动电源连接成一个回路，输出设备工作状态由输出继电器（Y）主触点进行控制。例如，当 PLC 程序运算结果使输出继电器 Y10 为“1”状态时，其输出主触点闭合，指示灯 HL1 得电发光进行指示，否则处于熄灭状态。其他外部输出设备控制原理与之相同，此处不再赘述。

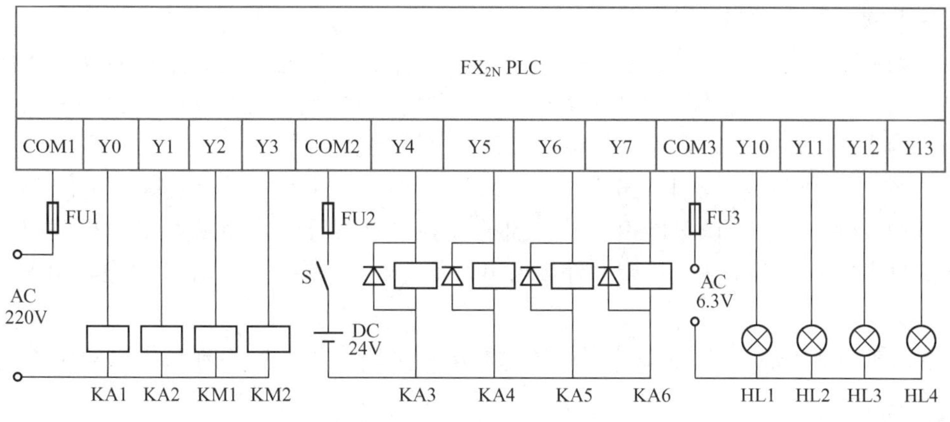

图 1–16　不同公共端输出回路的连接

图 1–17 描述了 FX_{2N}系列 PLC 的输入、输出继电器的工作原理。

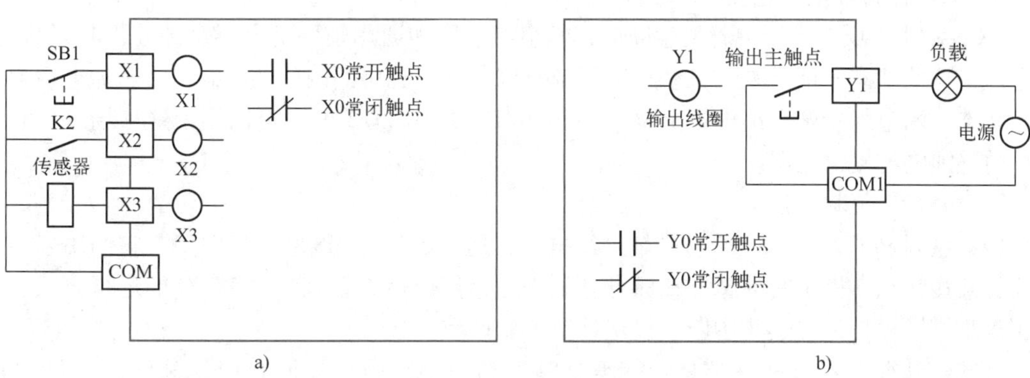

图 1–17　FX_{2N}系列 PLC 输入、输出继电器工作原理

a）输入继电器　b）输出继电器

注意：在 PLC 中继电器并非真实的物理继电器，而只是一个“命名”而已。但为便于理解与应用，也利用线圈和触点描述其功能，即用“○或（　）”表示继电器的线圈，用“┤├”表示常开触点，用“┤/├”表示常闭触点，我们把这些触点和线圈理解为软线圈和软触点，在梯形图中可以无限制使用。

表 1–11 给出了 FX_{2N}系列 PLC 的输入/输出继电器元件号，供选用时参考。

表 1–11　FX_{2N}系列 PLC 的输入/输出继电器元件号

形　式	型　号						
	FX_{2N} –16M	FX_{2N} –32M	FX_{2N} –48M	FX_{2N} –64M	FX_{2N} –80M	FX_{2N} –128M	扩展时
输入继电器	X0 ~ X7 8 点	X0 ~ X17 16 点	X0 ~ X27 24 点	X0 ~ X37 32 点	X0 ~ X47 40 点	X0 ~ X77 64 点	X0 ~ X267 184 点
输出继电器	Y0 ~ Y7 8 点	Y0 ~ Y17 16 点	Y0 ~ Y27 24 点	Y0 ~ Y37 32 点	Y0 ~ Y47 40 点	Y0 ~ Y77 64 点	Y0 ~ Y267 184 点

（2）辅助继电器（M）

在 PLC 逻辑运算中，经常需要一些中间继电器作为辅助运算用，这些元件不能接收外部的输入信号，也不能直接驱动输出设备，是一种内部的状态标志，相当于继电—接触器控制系统中的中间继电器。这类继电器称为辅助继电器。

三菱 FX_{2N} 系列 PLC 的辅助继电器用字母“M”表示，元件号用十进制数表示，有常开、常闭触点和线圈。其中线圈只能由 PLC 内部程序控制，常开、常闭触点在 PLC 编程时可以无限次的自由使用，但不能直接驱动外接输出设备，输出设备只能由输出继电器主触点进行驱动。

FX_{2N} 系列 PLC 的辅助继电器分为三种：通用辅助继电器、断电保持辅助继电器和特殊辅助继电器。

1）通用辅助继电器。

FX_{2N} 系列 PLC 的通用辅助继电器共 500 个，其元件地址号按十进制编号（M0 ~ M499）。

2）断电保持辅助继电器。

FX_{2N} 系列 PLC 在运行中若发生断电，输出继电器和通用辅助继电器全部处于断开状态，上电后，这些状态不能自复。某些控制系统要求记忆电源中断瞬间的状态，重新通电后再呈现其状态，断电保持辅助继电器（M500 ~ M3071，共计 2572 个）可以用于这种场合。它由 PLC 内置锂电池提供电源。

3）特殊辅助继电器。

FX_{2N} 系列 PLC 具有 256 个特殊辅助继电器，地址编号为 M8000 ~ M8255，它们用来表示 PLC 的某些状态、提供时钟脉冲和标志（如进位、借位标志等）、设定 PLC 的运行方式，或者用于步进顺序控制、禁止中断、设定计数器的计数方式等。

特殊辅助继电器有两种类型：一类是触点利用型，用户只能利用其触点，如 M8000、M8002、M8005、M8011 ~ M8014 等；另一类是线圈驱动型，可由用户程序驱动其线圈，使 PLC 执行特定的操作，如 M8033、M8034、M8039 等。

M8000：运行监控继电器。当 PLC 执行用户程序时为 ON；停止执行时为 OFF。

M8002：初始化脉冲继电器。仅在 PLC 运行开始瞬间接通一个扫描周期。M8002 的常开触点常用于某些元件的复位和清零，也可作为启动条件。

M8005：锂电池电压监控继电器。当锂电池电压降至规定值时变为 ON，可以用它的触点驱动输出继电器和外部指示灯，提醒工作人员更换锂电池。

M8011 ~ M8014：时钟脉冲继电器。分别产生 10 ms、100 ms、1 s 和 1 min 的时钟脉冲输出。

M8033：输出保持特殊辅助继电器。该继电器线圈“通电”时，PLC 由 RUN 状态进入 STOP 状态后，映像寄存器与数据寄存器中的内容保持不变。

M8034：禁止全部输出特殊辅助继电器。该继电器线圈“通电”时，PLC 全部输出被禁止。

M8039：定时扫描特殊辅助继电器。该继电器线圈“通电”时，PLC 以 D8039 中指定的扫描时间工作。

由于篇幅有限，其余特殊辅助继电器的功能在这里不一一列举，读者可查阅 FX_{2N} 系列 PLC 的用户手册。

（3）状态继电器

状态继电器是构成顺序功能图的重要软元件，通常与步进顺控指令配合使用。三菱FX_{2N}系列 PLC 状态继电器用字母“S”表示，共有 1 000 点，分配如下。

1）初始状态继电器：S0～S9，共 10 点。

2）回零状态计数器：S10～S19，共 10 点，供返回原点用。

3）通用状态继电器：S20～S499，共480 点。没有断电保持功能，但是程序可以将它们设定为有断电保持功能状态。

4）断电保持状态继电器：S500～S899，共 400 点。

5）报警用状态继电器：S900～S999，共 100 点。

（4）定时器（T）

定时器在 PLC 中的作用相当于继电—接触器控制系统中的时间继电器。FX_{2N}系列 PLC 为用户提供了 256 个定时器，可分为通用定时器和积算定时器。

1）通用定时器。

FX_{2N}系列 PLC 具有 246 个通用定时器，地址编号为 T0～T245。通用定时器的类型、地址编号和设定值如下。

T0～T199（200 点）：100 ms 定时器（其中 T192～T199 为中断服务程序专用），设定值范围为 0. 1～3276. 7 s。

T200～T245（46 点）：10 ms 定时器，设定值范围为 0. 01～327. 67 s。

图 1-18a 所示为FX_{2N}系列 PLC 通用定时器的一种应用电路和波形图。

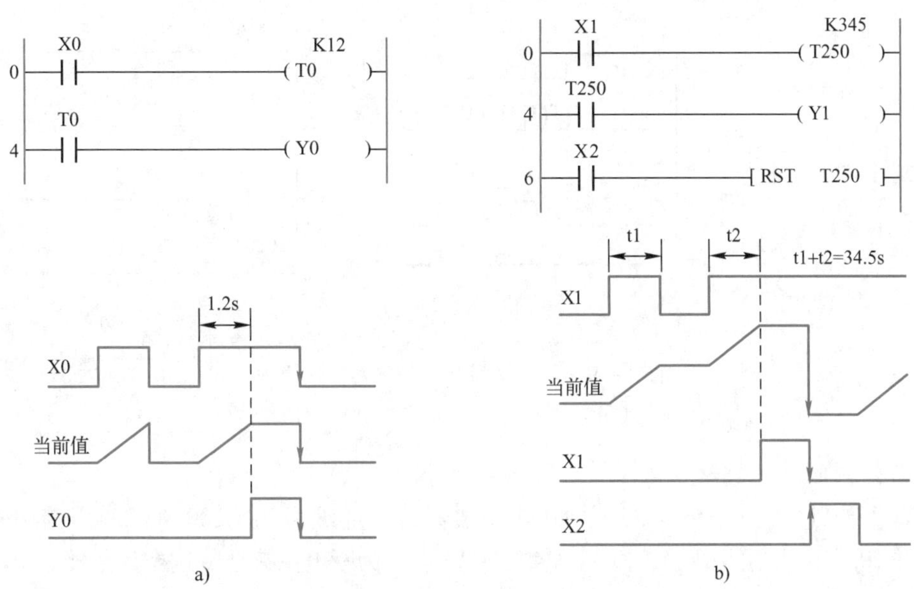

图 1-18　FX_{2N}系列 PLC 定时器工作原理

a）通用定时器　b）积算定时器

图 1-18a 中，当 X0 接通时，T0 的当前值计数器对 100 ms 的时钟脉冲进行累积计数。当该值与设定值 K12 相等时，定时器的输出触点动作，即输出触点是在其线圈被驱动后的 12×100 ms＝1200 ms＝1. 2 s 时才动作，当 T0 触点闭合后，Y0 就有输出。当 X0 断开或断电

时，定时器 T0 复位，输出触点也复位。

2）积算定时器。

FX_{2N}系列 PLC 具有 10 点积算定时器，地址编号为 T246 ~ T255。积算定时器的类型、地址编号和设定值如下。

T246 ~ T249（4 点）：1 ms 定时器，设定值范围为 0.001 ~ 32.767 s。

T250 ~ T255（6 点）：100 ms 定时器，设定值范围为 0.1 ~ 3276.7 s。

图 1-18b 所示为 FX_{2N}系列 PLC 积算定时器的一种应用电路和波形图。

图 1-18b 中，当 X1 接通时，T250 的当前值计数器对 100 ms 的时钟脉冲进行累积计数。当计数过程中 X1 断开或系统断电时，当前值保持。X1 再接通或复电时，计数在原有值的基础上继续进行。当累积时间为 t1 + t2 = 345 × 100 ms = 34500 ms = 34.5 s 时，T250 的输出触点动作，驱动 Y1 输出。当 X2 接通时，定时器 T250 复位，其输出触点也复位。

（5）计数器（C）

计数器（C）用于累计其计数输入端接收到的脉冲个数。计数器可提供无数对常闭和常开触点供编程时使用，其设定值由程序赋予。

1）16 位计数器。

FX_{2N}系列 PLC 具有 200 点 16 位计数器，地址编号为 C0 ~ C199。其中 C0 ~ C99 为通用型，C100 ~ C199 共 100 点为断电保持型（即断电后能保持当前值，待通电后继续计数）。16 位计数器的设定值范围为 1 ~ 32767。

图 1-19a 所示为 FX_{2N}系列 PLC 通用型 16 位计数器的一种应用电路和波形图。

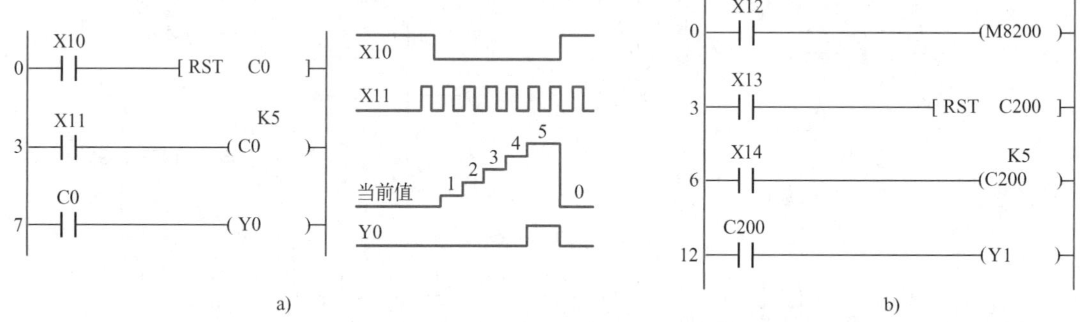

图 1-19 FX_{2N}系列 PLC 计数器工作原理

a）通用型 16 位计数器 b）32 位加/减计数器

2）32 位加/减计数器。

FX_{2N}系列 PLC 具有 35 点 32 位加/减计数器，地址编号为 C200 ~ C234。其中 C200 ~ C219（共 20 点）为通用型，C220 ~ C234（共 15 点）为断电保持型。这类计数器与 16 位计数器除位数不同外，还在于它能通过控制实现加/减双向计数，设定值范围均为 -214 783 648 ~ 214 783 647（32 位）。

此外，32 位加/减计数器的递加计数和递减计数功能转换由特殊辅助继电器 M8200 ~ M8234 设定，计数器与特殊辅助继电器一一对应，如 C210 与 M8210 对应。当特殊辅助继电器接通（ON）时，对应的计数器为递减计数器，反之，则对应计数器为递加计数器。

如图 1-19b 所示，X12 用来控制 M8200，X12 闭合时为递减计数，否则为递加计数方式。X13 为复位信号，X14 为计数输入，C200 的设定值为 5。

3）高速计数器。

FX_{2N}系列 PLC 中共有 21 点高速计数器，地址编号为 C235 ~ C255，这 21 点高速计数器在 PLC 中共享 6 个高速计数输入端 X0 ~ X5。当高速计数器的一个输入端被某个计数器占用时，这个输入端就不能再用于其他高速计数器，也不能作为其他的输入。因此，最多只能同时使用 6 个高速计数器。高速计数器按中断方式运行，独立于扫描周期。

（6）指针（P/I）

FX_{2N}系列 PLC 的指针包括分支用指针（P）和中断用指针（I）。

1）分支用指针（P）。

分支用指针也称为跳转指针，共 64 点，地址编号为 P0 ~ P63，用来指定条件跳转、子程序调用等分支的跳转目标。

2）中断用指针（I）。

中断用指针 I0□□ ~ I8□□，共 15 点。其中 I00□ ~ I50□用于外部中断；I6□□ ~ I8□□用于定时中断；I010 ~ I060 用于计数中断。

（7）数据寄存器（D）

在一个复杂的 PLC 控制系统中需大量的工作参数和数据，这些参数和数据存储在数据寄存器中。FX_{2N}系列 PLC 的数据寄存器的长度为双字节（16 位），最高位为符号位。可以把两个数据寄存器合并起来存放一个 4 字节（32 位）的数据，最高位仍为符号位。

1）通用数据寄存器。

通用数据寄存器 D0 ~ D199，共 200 点。当 PLC 由运行到停止时，该类数据寄存器的数据为零。但是当特殊辅助继电器 M8031 置 1，PLC 由运行转向停止时，数据可以保持。

2）断电保持数据寄存器。

断电保持数据寄存器 D200 ~ D511，共 312 点。该类型数据寄存器只要不改写，原有的数据就保持不变。电源接通与否，PLC 是否运行，都不会改变数据寄存器的内容。

3）文件寄存器。

文件寄存器 D1000 ~ D7999，共 7000 点。该类型数据寄存器实际上是一类专用数据寄存器，用于存储大量的数据。例如数据采集、多组控制数据等。

4）特殊数据寄存器。

特殊数据寄存器 D8000 ~ D8255，共 256 点。该类型数据寄存器供监视 PLC 运行方式用，其内容在电源接通时，写入初始化数据。未定义的特殊数据寄存器，用户不能使用。

（8）变址寄存器 V/Z

变址寄存器通常用来修改元件的地址编号，V 和 Z 都是 16 位寄存器，可进行数据的读与写。将 V 与 Z 合并使用，可进行 32 位操作，其中 V 为低 16 位。

FX_{2N}系列 PLC 的变址寄存器共有 16 点，地址编号为 V0 ~ V7 和 Z0 ~ Z7。

（9）常数（K/H）

常数前缀 K 表示该常数为十进制常数；常数前缀 H 表示该常数为十六进制常数。如 K30 表示十进制的 30；H24 表示十六进制的 24。常数一般用于定时器和计数器的设定值，也可以作为功能指令的源操作数。

注意：

◇ 不同厂家、不同系列的 PLC，其内部软继电器的功能和编号都不相同，因此在编制程序时，必须熟悉所选用 PLC 编程元件的功能和编号。

◇ FX_{2N}系列 PLC 软继电器编号由字母和数字组成，其中输入继电器和输出继电器用八进制数字编号，其他软继电器均采用十进制数字编号。

1.2.3 认识三菱 FX_{2N}系列 PLC 编程语言

PLC 的程序有系统程序和用户程序两种。其中用户程序是指工控技术人员根据控制要求，利用编程软件编制的控制程序。编程软件是由可编程序控制器生产厂家提供的编程工具。由于可编程序控制器种类较多，各个不同机型对应的编程软件也存在一定的差别，特别是不同生产厂家的可编程序控制器之间，它们的编程软件不能通用，但是因为可编程序控制器的发展过程是相同的，所以可编程序控制器的编程语言基本相似，规律也基本相同。

FX_{2N}系列 PLC 的编程语言包括梯形图、指令语句表、顺序功能图、逻辑符号图、高级编程语言。其中最常用的编程语言是梯形图和指令语句表。本模块仅介绍梯形图和指令语句表。

1. 梯形图

梯形图是通过连线把 PLC 指令的梯形图符号连接在一起的连接图，用以描述所使用的 PLC 指令及其先后顺序。梯形图沿袭了继电—接触器控制系统电气原理图的形式，即梯形图是在电气控制系统中常用的继电器、接触器逻辑控制基础上简化符号之后演变而来的，具有形象、直观、实用，电气技术人员容易接受等特点，是目前使用最广泛的一种 PLC 程序设计（编程）语言。图 1-20 所示为继电—接触器控制线路图和对应的 PLC 梯形图。

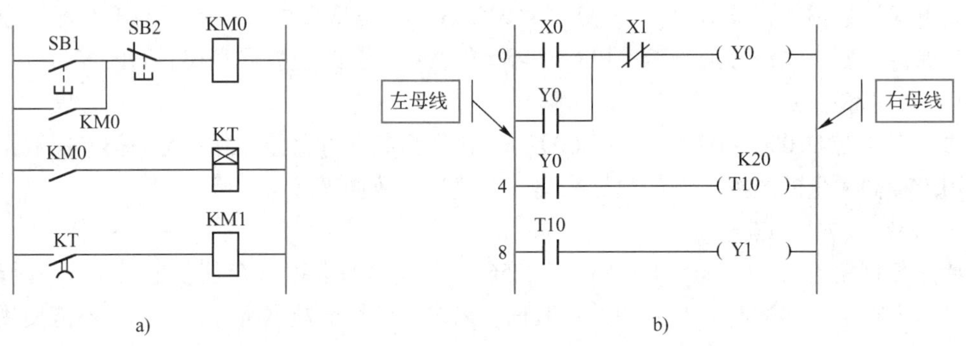

图 1-20 继电—接触器控制线路及其对应梯形图
a）继电—接触器控制线路图 b）梯形图

由图 1-20 可知，梯形图是 PLC 模拟继电—接触器控制系统的编程方法，与继电—接触器控制系统相似，梯形图也是由触点、线圈或功能方框等元素构成。

梯形图左、右两边的垂直竖线称为左、右母线（右母线可以省略不画）。对于初学者，可以把左母线理解为提供能量的电源相线。触点闭合可以使能量流过，通到下一个元件；触点断开则阻断能量流过，这种能量流称之为“能流”。

画梯形图时必须遵循：

1）梯形图程序按逻辑行从上至下，每一行从左至右顺序编写。PLC 程序执行顺序与梯形图的编写顺序一致。

2）左母线只能直接接各类继电器的触点，继电器线圈不能直接接左母线。

3）右母线只能直接接各类继电器的线圈（不含输入继电器线圈），继电器的触点不能直接接右母线。

4）一般情况下，同一编号的线圈在梯形图中只能出现一次，而同一编号的触点在梯形图中可以重复出现。

5）梯形图中触点可以任意串、并联，而输出线圈只能并联不能串联。

应用技巧：

◇ 梯形图与继电—接触器控制系统虽然相对应，但绝不是一一对应的关系，两者有本质区别：继电—接触器控制系统使用的是硬件电气元器件，依靠硬件连接组成控制系统。而梯形图中的继电器、定时器、计数器等编程元件不是实物，实际上是 PLC 存储器中的存储位（即软元件），相应的位为“1”状态，表示该继电器线圈通电、常开触点闭合、常闭触点断开。

◇ 梯形图左右两端的母线不接任何电源。梯形图中并没有真实的物理电流流动，而是概念电流（假想电流）。假想电流只能从左到右，从上到下流动。假想电流是执行用户程序时满足输出执行条件的形象理解。

2. 指令语句表

梯形图虽然直观、简便，但要求 PLC 配置显示器方可输入图形符号。在许多小型、微型 PLC 的编程器中没有屏幕显示，就只能用一系列 PLC 操作命令组成的指令程序将梯形图控制逻辑功能描述出来，并通过编程器输入到 PLC 中。

指令语句表是一种类似于计算机汇编语言的、用一系列操作代码组成的汇编语言，又称为语句表、命令语句、梯形图助记符等。它比汇编语言通俗易懂，更为灵活，适应性广。由于指令语言中的助记符与梯形图符号存在严格对应关系，因此对于熟知梯形图的电气工程技术人员，只要了解助记符与梯形图符号的对应关系，即可对照梯形图，直接由编程器输入指令语言编写的用户程序。此外，利用生产厂家提供的编程软件也可由梯形图程序直接转换为指令语句表程序，反之亦然。表 1-12 是利用 FX_{2N}系列 PLC 指令语句表完成图 1-20b 控制功能编写的程序。

表 1-12　FX_{2N}系列 PLC 指令语句表

步　序	指令操作码（助记符）	操作数（参数）	说　明
0	LD	X0	输入 X0 常开触点，逻辑行开始
1	OR	Y0	并联 Y0 联锁触点
2	INI	X1	串联 X1 常闭触点
3	OUT	Y0	输出 Y0，逻辑行结束
4	LD	Y0	输入 Y0 常开触点，逻辑行开始
5	OUT	T10 K20	驱动定时器 T10

（续）

步　序	指令操作码（助记符）	操作数（参数）	说　明
6	LD	T10	输入 T10 常开触点，逻辑行开始
7	OUT	Y1	输出 Y1，逻辑行结束

由表 1-12 可知，指令语句表编程语言是由若干条语句组成的程序，语句是最小独立单元。每个操作功能由一条语句来表示。PLC 的指令语句由程序（语句）步编号、指令助记符和操作数组成，下面分别予以介绍。

（1）程序步编号

程序步编号简称步序，是用户程序中语句的序号，一般由编程器自动依次给出，只有当用户需要改变语句时，才通过插入键或删除键进行增删调整。由于用户程序总是依次存放在用户程序存储器内，故程序步也可以看作语句在用户程序存储器内的地址代码。

（2）指令助记符

指令助记符是指 PLC 指令系统中的指令代码。如“LD”表示“取”、“OR”表示“或”、“ANI”表示“与非”、“OUT”表示“输出”等。它用来说明要执行的功能，告诉 CPU 该进行什么操作。例如，逻辑运算的与、或、非，算术运算的加、减、乘、除，时间或条件控制中的计时、计数、移位等功能。

（3）操作数

操作数一般由标识符和参数组成。标识符表示操作数类别，例如输入继电器、定时器、计数器等。参数表示操作数地址或预定值。

值得注意的是，某些基本指令仅由程序步编号和指令助记符组成，如程序结束指令“END”、空操作指令“NOP”等。

综上所述，一条语句就是给 CPU 的一条指令，规定其对谁（操作数）做什么工作（指令助记符）。一个控制动作由一条或多条语句组成的应用程序来实现。PLC 对用指令语句表编写的用户程序循环扫描，即从第一条开始至最后一条结束，周而复始。

项目 1.3　学会使用 GX Developer 编程软件

1.3.1　认识 GX Developer 编程软件

目前，三菱电机公司提供的 PLC 编程软件是 GX - Developer 和 FXGP/WIN - C。其中 GX - Developer（简称 GX 软件）是三菱 PLC 的新版编程软件，能够进行 FX 系列、Q/QnA 系列、A 系列 PLC 的梯形图、语句指令表和 SFC 等编程，且已完全实现了 FXGP/WIN - C 的兼容。因此，GX 编程软件有取代 FXGP/WIN - C 的趋势。

与 FXGP/WIN - C 相比，GX 软件的主要特点如下：

（1）GX 软件可以采用标号编程、功能块编程、宏编程等多种方式编程。还可以将 Excel、Word 等办公软件编辑的文字与表格复制、粘贴到 PLC 程序中，使用非常方便。

（2）将三菱公司开发的 GX Simulator - 6 仿真软件和 GX 编程软件装在一个软件包时，GX 软件不仅具有编程功能，还具有仿真功能，能在脱机（无 PLC）状态下对程序进行调试。这对初学者学习 PLC 编程帮助很大。

（3）GX 软件在 FXGP/WIN－C 的基础上新增了回路监视、软件同时监视、软件登录监视等多种功能，可以进行 PLC 的 CPU 诊断、CC－link 网络诊断。

本模块主要介绍 GX 软件基本功能、程序编辑功能、仿真功能的使用。使不熟悉软件的读者能学会软件基本功能的使用，更多的功能则希望读者在实际应用中逐步学习，逐步掌握和应用。

1.3.2　GX Developer 编程软件的安装

1. 安装环境

运行 GX 软件的计算机最低配置如下：

CPU：奔腾 133 MHz 以上，推荐奔腾 300 MHz；

内存：32 MB 以上，推荐 64 MB；

硬盘、CD－ROM：安装运行均需 80 MB 以上，需要 CD－ROM 驱动器用于安装；

显示器：分辨率 800×600 点以上，16 色或更高；

操作系统：Windows XP、Vista、7。

2. 软件安装

安装前，做好将 GX 软件和 GX Simulator－6 仿真软件放到一个文件夹下的准备。例如，文件夹命名为“三菱编程仿真软件”，如图 1-21 所示。打开文件夹，可以看到软件内有两个子文件夹，如图 1-22 所示。

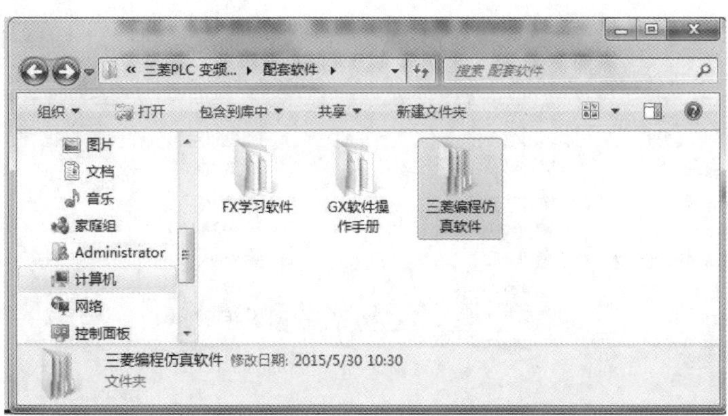

图 1-21　文件夹名为“三菱编程仿真软件”

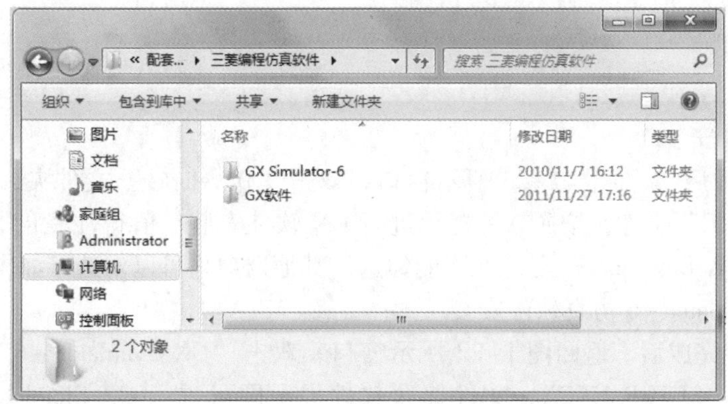

图 1-22　文件夹“三菱编程仿真软件”中的子文件夹

（1）GX 编程软件环境安装

打开文件夹“GX 软件”，如图 1-23 所示。图中“EnvMEL”文件夹是对 GX 软件的编程环境进行安装，“Developer”文件夹是 GX 软件的正式安装包。

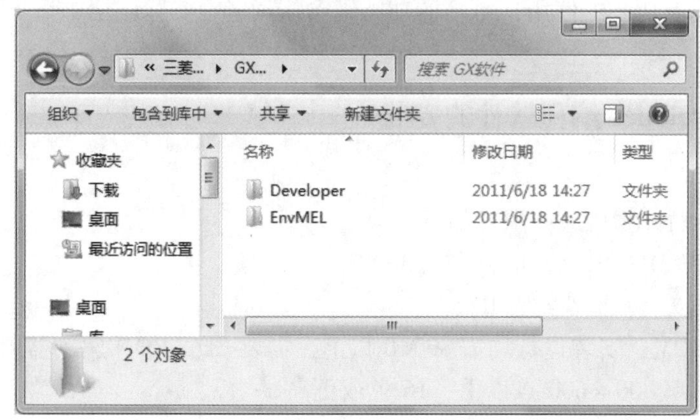

图 1-23 “GX 软件”文件夹中的文件

初次安装三菱编程软件时，首先安装“EnvMEL”文件夹内的“SETUP. EXE”安装文件，这是对 GX 软件的环境安装。具体操作：双击“EnvMEL”文件夹，弹出图 1-24 所示窗口后，双击“SETUP. EXE”文件，再按照软件提示进行环境安装。

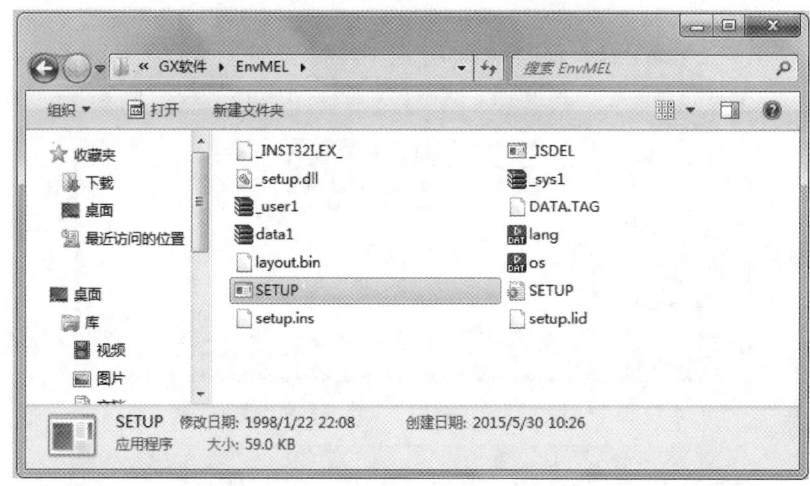

图 1-24 “EnvMEL”文件夹中的文件

（2）GX 软件安装

环境安装完成后，返回图 1-23 所示窗口，双击“Developer”文件夹，打开新窗口后，双击“SETUP. EXE”文件，按照软件提示进行 GX 软件安装。值得注意的是，在安装过程中，“监视专用 GX Developer”复选框不能勾选，其他选项均可以勾选，如图 1-25 所示。

（3）GX Simulator－6 仿真软件安装

GX 软件安装完成后，返回图 1-22 所示窗口，双击“GX Simulator－6”文件夹，打开新窗口后，双击“SETUP. EXE”，文件按照软件提示即可进行 GX Simulator－6 仿真软件安装。

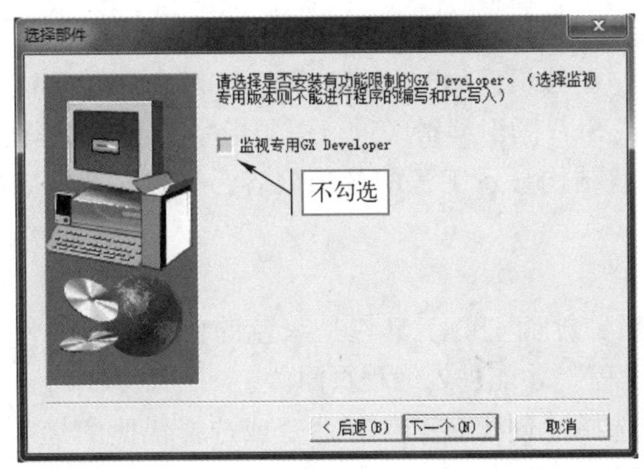

图 1-25　“监视专用”复选框

应用技巧：

◇ 必须先安装 GX 软件，才可以再安装 GX Simulator－6 仿真软件。

◇ 安装好编程软件和仿真软件后，仿真软件被集成到 GX 软件中，在桌面或者“开始”菜单中没有仿真软件的图标，实际上仿真软件相当于编程软件的一个插件。

1.3.3　使用 GX Developer 编程软件

1. GX 软件界面介绍

单击“开始”→“程序”→“MELSOFT 应用程序”→“GX Developer”，即进入 GX 软件编程初始界面，创建新工程后进入如图 1-26 所示编程界面。

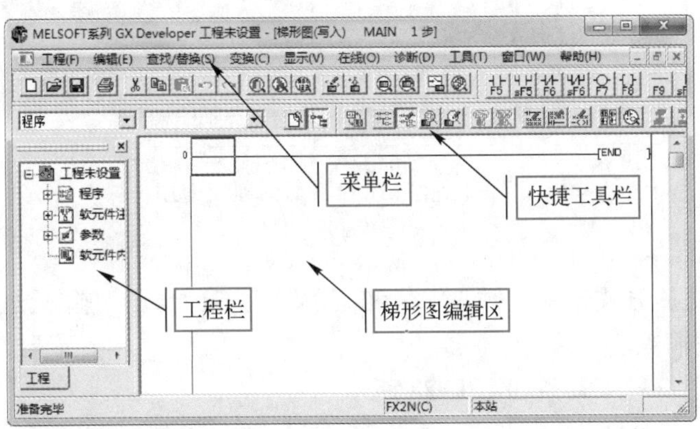

图 1-26　GX 软件编程界面

由图 1-26 可知，GX－Developer 编程界面主要分成以下 4 个区。

（1）菜单栏　共 10 个下拉菜单，如果选择了所需要的菜单，相应的下拉菜单就会显示，然后可以选择各种功能。若下拉菜单中选项的最右边有“►”标记，则可以显示该选项的子菜单；当功能名称旁边有“…”标记时，将鼠标移至该项目时就会出现设置对话框。

（2）快捷工具栏　快捷工具栏又可分为主工具栏、图形编辑工具栏、视图工具栏等。快捷工具栏中的快捷图标仅在相应的操作范围内才可见。此外，在工具栏上的所有按钮都有注释，只要将鼠标移动到按钮上面就能看到其中文注释。

（3）梯形图编辑区　在编辑区内对程序注释、注解、参数等进行梯形图编辑，也可转换为语句指令表逻辑区或 SFC 图形编辑区进行语句指令表或 SFC 图形编辑。

（4）工程栏　以树状结构显示工程的各项内容，如显示程序、软元件注释、PLC 参数设置等。

2. 创建新工程

启动 GX 编程软件后，界面上的工具栏是灰色的，表示未进入编程状态。此时，利用“创建工程”或“打开工程”才能进入编程页面。

单击“工程”菜单选择“创建新工程”命令或选择快捷图标“ ”，如图 1-27 所示。按图中顺序操作，创建工程结束便可进入图 1-26 所示程序编辑界面。在程序编辑完成并保存后，所创建的新工程可以在下次重新启动 GX 软件后用打开方式进行打开与编辑。

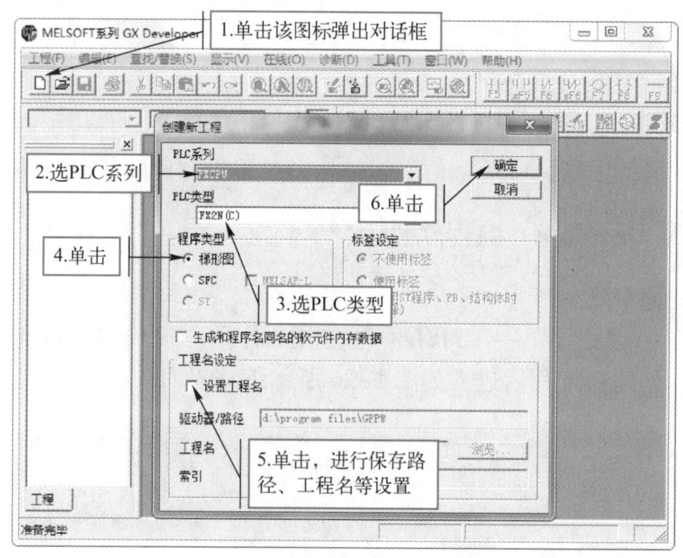

图 1-27　“创建新工程”对话框及创建步骤

3. 梯形图编辑

GX 软件提供快捷方式输入、键盘输入和菜单输入三种梯形图输入法。

（1）快捷方式输入法

GX 软件梯形图符号工具条如图 1-28 所示。

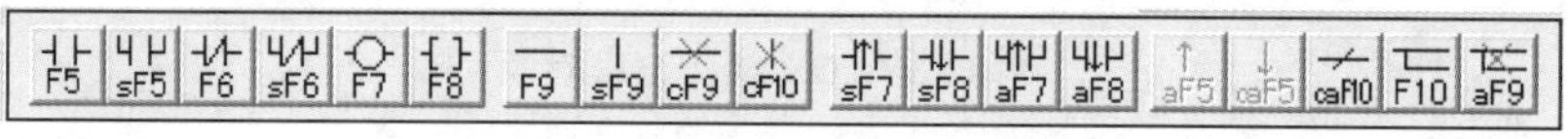

图 1-28　梯形图符号工具条

各项功能说明（按顺序）：〈F5〉常开触点、〈sF5〉并联常开触点、〈F6〉常闭触点、〈sF6〉并联常闭触点、〈F7〉线圈、〈F8〉应用指令、〈F9〉画横线、〈sF9〉画竖线、〈cF9〉横线删除、〈cF10〉竖线删除、〈sF7〉上升沿脉冲、〈sF8〉下降沿脉冲、〈aF7〉并联上升沿脉冲、〈aF8〉并联下降沿脉冲、〈aF5〉取运算结果的脉冲上升沿脉冲、〈caF5〉取运算结果的脉冲下降沿脉冲、〈caF10〉运算结果取反、〈F10〉画线输入、〈aF9〉画线删除。

快捷方式操作方式如下：要在某处输入触点、指令、画线和分支等，先要把蓝色光标移动到要编辑梯形图的地方，然后在工具条上单击相应的快捷图标，或按一下快捷图标下方所标注的快捷键即可。

例如，要输入X000常开触点，单击快捷图标，或按快捷键〈F5〉，则出现如图1–29所示的对话框。

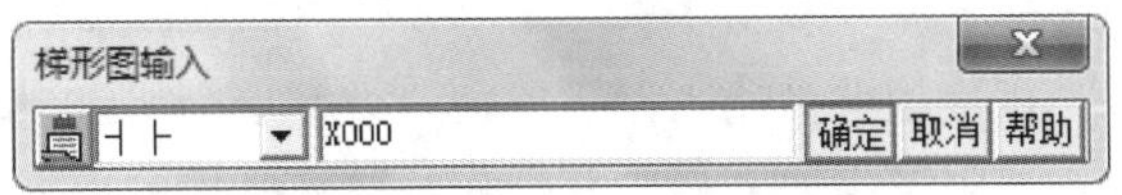

图1–29　“梯形图输入”对话框

通过键盘输入X000，单击“确定”按钮，在梯形图编辑区出现一个标号为X000的常开触点，且其所在程序行变成灰色，表示该程序行进入编辑状态，如图1–30所示。

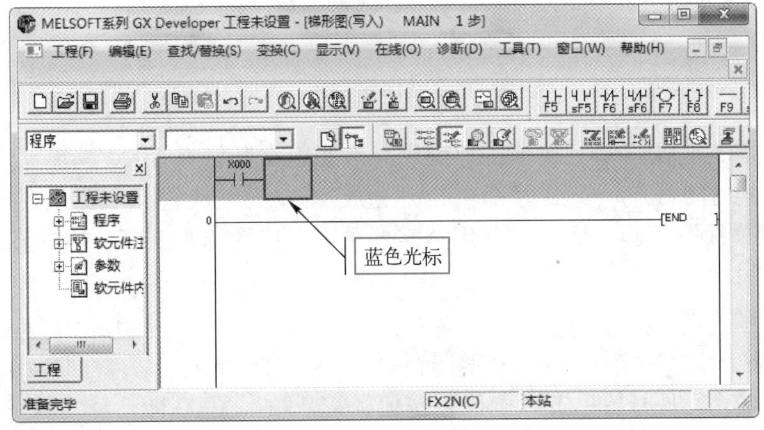

图1–30　梯形图编辑界面

同理，其他的触点、线圈、指令、画线等都可以通过上述方法完成输入。但唯独“画线输入〈F10〉”图标单击后会呈按下状，再按住鼠标左键进行拖动即形成向下并右拐的分支线，如图1–31所示。

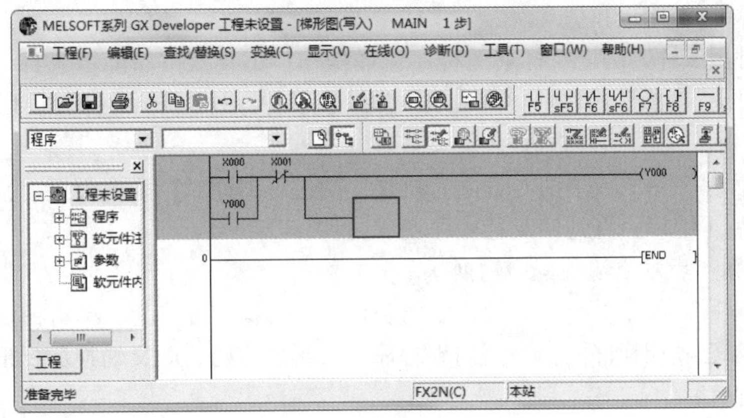

图1–31　梯形图画线输入

如果要对梯形图进行修改或者删除，也要先把蓝色光标移动到需要修改或删除之处。修改只要重新单击输入即可；删除只要按下键盘上的〈Delete〉键或右击在弹出的快捷菜单中选择“删除”功能即可。但“竖直线”必须单击快捷图标才能删除。

快捷输入方式的优点是工具化、简单快捷。PLC 初学者只要掌握工具条中各个图标的作用，即可完成梯形图输入。

（2）键盘输入法

如果键盘使用熟练，直接从键盘输入则更方便，效率更高。键盘输入操作方法为：在梯形图编辑区用光标定位，利用键盘输入指令和操作数，在光标的下方会出现对应对话框，然后单击“确定”即可。

例如，在开始输入 X000 常开触点时，输入首字母“L”后，即出现“梯形图输入”对话框，如图 1-32 所示。

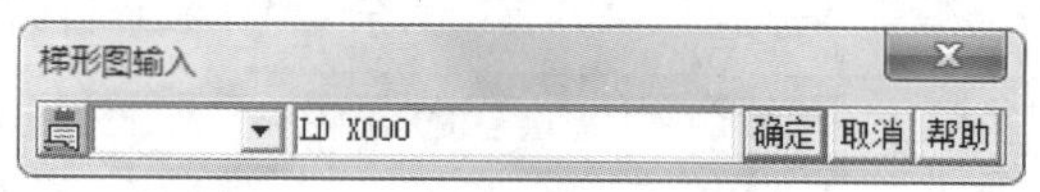

图 1-32 “梯形图输入”对话框

继续输入指令“LD X000”，单击“确定”按钮，常开触点 X000 编辑完成，如图 1-30 所示。同理，其他的触点、线圈等都可以通过上述方法完成输入。需要注意的是，碰到“画竖线”“画横线”等画线输入时，仍然需要单击对应图标来实现。梯形图的修改、删除和快捷方式相同。

（3）菜单输入法

单击菜单栏中的“编辑”→“梯形图标记”→“常开触点”后，同样出现“梯形图输入”对话框，输入元件号后单击“确认”按钮，常开触点 X000 即已经编辑完成。

在 GX 软件中，很多程序都需运用两种或两种以上操作方式。为了节省篇幅，在后续的讲解中，基本上只用一种方式进行叙述。

4. 梯形图程序编译、与指令语句表程序切换及保存

（1）梯形图程序的编译

在利用 GX 软件输入完一段程序后，其颜色是灰色的，若不对其进行编译，则程序无效，不能进行保存、传送和仿真。

GX 软件可用三种方法进行梯形图程序编译操作：①直接按功能键〈F4〉；②单击“变换”菜单，选择“变换”命令；③单击工具栏程序变换图标。编译无误后，程序灰色部分变为白色。

若梯形图程序在格式或语法等方面有错误，则进行编译时，系统会提示错误，须重新修改错误的程序后再编译，直到使灰色程序变成白色。

（2）梯形图与指令语句表程序切换

梯形图编译后，还可以转换成指令语句表程序，其操作方法为：单击梯形图与指令表切换图标，显示已经切换好的指令语句表程序。若再次单击，则又切换回梯形图程序。

（3）程序保存

GX 软件保存操作和其他软件操作一样，单击菜单栏中的“工程”→“另存工程为”，出现“另存工程为”对话框，如图 1-33 所示。选择“驱动器/路径”，输入“工程名”，单击“保存”按钮，即可完成程序的保存。

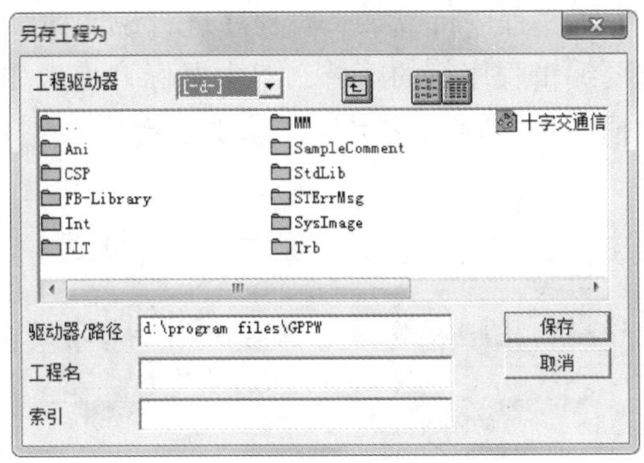

图 1-33　“另存工程为”对话框

5. 梯形图程序注释

由于梯形图程序的可读性较差，加上程序编制因人而异。给程序加上注释，可以增加程序的可读性，方便交流和对程序进行修改。

GX 软件对梯形图有注释编辑、声明注释和注解编辑三种注释内容，三种注释均有菜单注释和图标注释两种操作方法。本模块仅介绍图标注释法。

（1）注释编辑

注释编辑用于对梯形图中的触点和输出线圈添加注释。操作方法为：单击注释编辑图标，梯形图之间的行距被拉开。此时把光标移到待注释的触点或线圈上，双击鼠标，出现如图 1-34 所示的“注释输入”对话框。在对话框内填入注释内容后，单击“确定”按钮，注释文字便出现在待注释触点或线圈下方。

> **注意：**
>
> ◇ 光标移到哪个触点或线圈处，就可以注释哪个触点或线圈；
>
> ◇ 对某一个触点进行注释后，梯形图中所有该触点（常开触点、常闭触点）的下方都会出现注释内容。
>
> ◇ GX 软件对输入继电器 X、输出继电器 Y 采用 3 位数字编码、如 X000、Y001 等。为便于阅读理解，本书后续内容除 I/O 地址分配表、硬件接线图外，均采用该法进行标注。

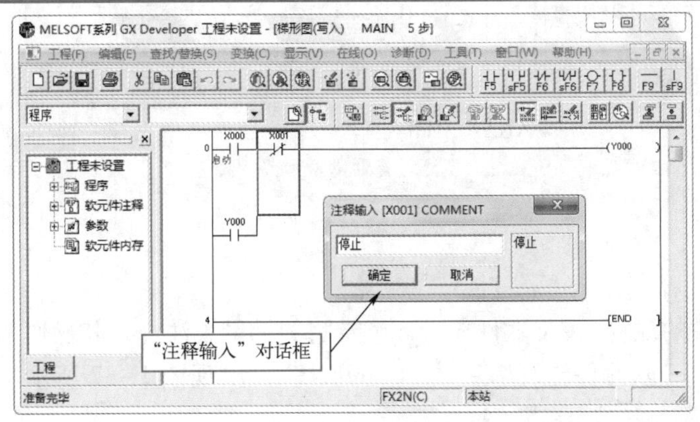

图 1-34　“注释输入”对话框

（2）声明编辑

声明编辑是对梯形图中某一程序行或某一段程序进行说明注释。操作方法为：单击声明编辑图标，将光标移到要编辑程序行的行首，双击鼠标，出现如图 1-35 所示的“行间声明输入”对话框。在对话框内填入声明文字后，单击“确定”按钮，声明文字即可加到相应行的行首。

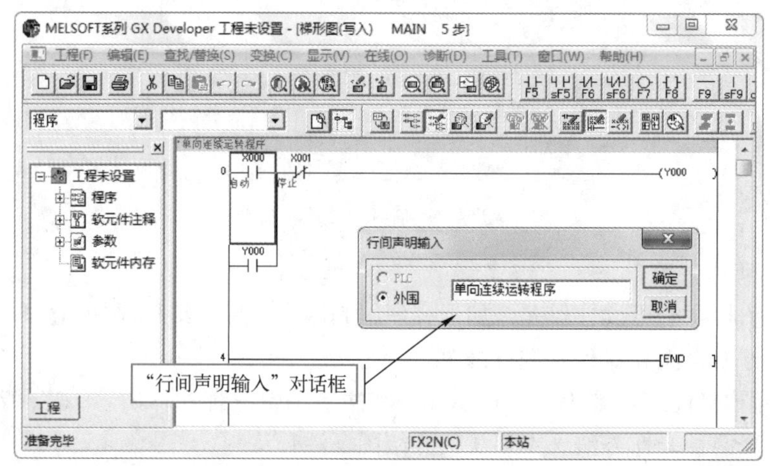

图 1-35　“行间声明输入”对话框

（3）注解编辑

注解编辑是对梯形图中输出线圈或功能指令进行说明注释。操作方法为：单击注解编辑图标，将光标移到待编辑输出线圈或功能指令处，双击鼠标，出现如图 1-36 所示的“输入注解”对话框。在对话框内填入注解文字后，单击“确定”按钮，注解文字即可加到相应的输出线圈或功能指令的左上方。

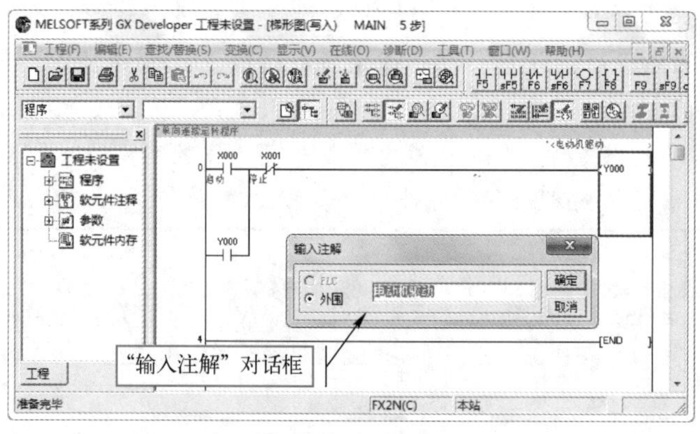

图 1-36　“输入注解”对话框

（4）批量表注释

对于编程元件的注释，GX 软件还设计了专门的批量表注释，其操作如下。

单击工程栏中“软元件注释”→“COMMENT”，出现图 1-37 所示“批量表注释”设置界面。

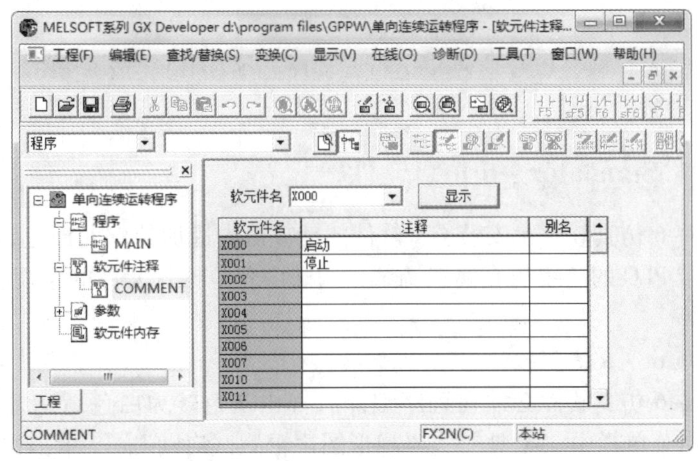

图 1-37　“批量表注释”设置界面

此时，可在“注释”栏内，编辑软元件名相应的内容。例如，“X000　启动”“X001　停止”。照此操作，一次性可将所有需要注释的编程元件进行注释。然后单击工程栏中“程序”→“MAIN”（或单击菜单栏“窗口”→“梯形图（写入）”），返回梯形图编辑界面，在触点和输出线圈处均显示注释的内容。

6. 程序的写入与读取

程序的写入即利用 GX 软件将编制好的程序输入 PLC；程序的读取即将 PLC 中原有的程序读取到 GX 软件。GX 软件程序的写入与读取操作方法如下。

单击“在线”菜单，在下拉菜单中有“PLC 读取”“PLC 写入”等命令，如图 1-38 所示。若要把编制好的程序写入 PLC，则选择“PLC 写入”（或单击快捷图标）；若要把 PLC 中原有的程序读取到 GX 软件中，则选择“PLC 读取”（或单击快捷图标）。

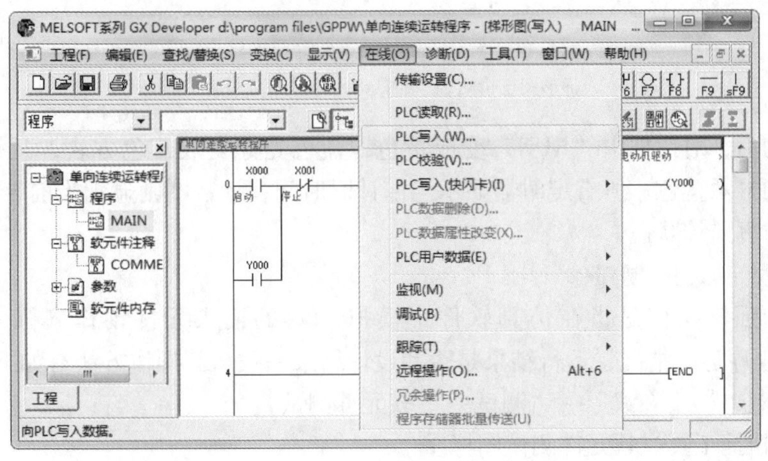

图 1-38　PLC 在线写入/读取选择

应用技巧：

◇ 计算机的 RS－232C 端口及 PLC 之间必须用指定的缆线及变换器连接。

◇ 执行完“PLC 读取”后，计算机原有的程序将被读取的程序替代，PLC 模式改变成被设定的模式。

◇ 在“PLC 写入”时，PLC 应停止运行，程序必须在 RAM 或 E^2PROM 内存保护关断的前提下写入，然后进行校验。

1.3.4 使用 GX Simulator -6 仿真软件

GX Simulator -6 仿真软件是安装 GX 软件的计算机内追加的软元件包，和 GX 软件配合使用能够实现不带 PLC 的离线仿真模拟调试，调试内容包括软元件的监视测试、外部输入、输出的模拟操作等。

1. GX Simulator -6 仿真软件启动

GX Simulator -6 仿真软件必须在程序编译后（由灰色转为白色后）才能启动。启动方法有两种：①单击菜单栏中“工具”→“梯形图逻辑测试启动”；②单击快捷工具栏梯形图逻辑测试启动/结束图标。

单击后出现如图 1-39a 所示“LADDER LOGIC TEST TOOL”（梯形图逻辑测试）对话框，框中“RUN”和“ERROR”均为灰色。同时出现“PLC 写入”窗口，显示程序写入进度，写入完成后，“PLC 写入”窗口自动关闭，GX Simulator -6 仿真软件启动成功。

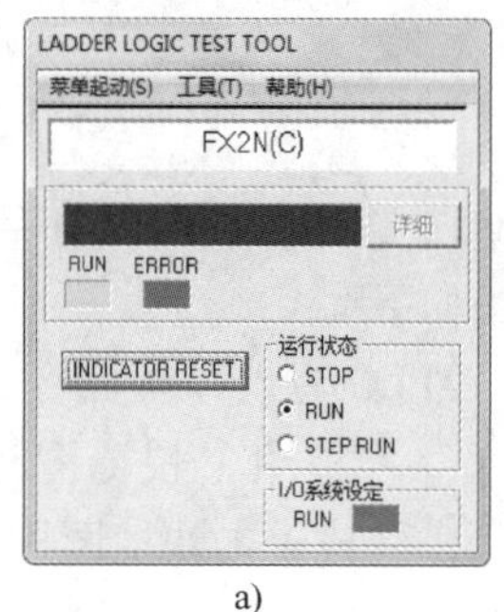

a)

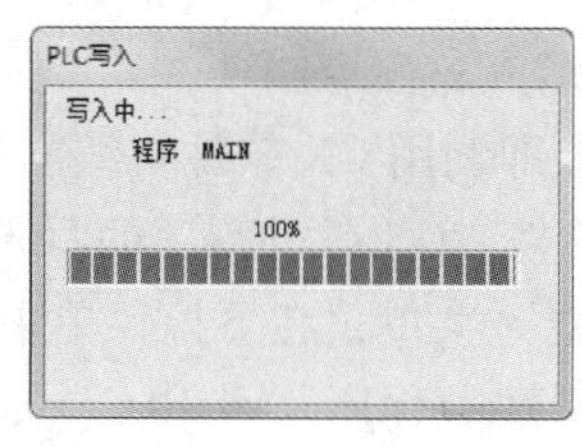

b)

图 1-39 GX Simulator -6 仿真软件启动
a）“梯形图逻辑测试”对话框 b）“PLC 写入”窗口

启动成功后，对话框中“RUN”变成黄色，蓝色光标变成蓝色方块，凡是当前接通的触点或线圈均显示蓝色。所有定时器显示当前计时时间，计数器则显示当前计数值，梯形图程序即进入仿真监控状态。

2. 启动软元件的强制操作

软元件的强制操作是指在仿真软件中模拟 PLC 的输入元件动作（强制 ON 或强制 OFF），观察程序运行情况，运行结果是否和设计结果一致。其操作方法有如下三种。

1）单击菜单栏“在线”→“测试→“软元件测试”。

2）单击快捷工具栏软元件测试图标。

3）将蓝色方块移动至需强制触点处，单击鼠标右键在弹出的快捷菜单中“软元件测试(D)”。

进行上述操作后，出现图 1-40 所示“软元件测试”对话框。

在“软元件”中，填入需要强制操作的位元件。例如 X000，单击“强制 ON”，程序会按位元件强制后状态进行运行。此时可以仔细观察程序中各个触点及输出线圈的状态变化，

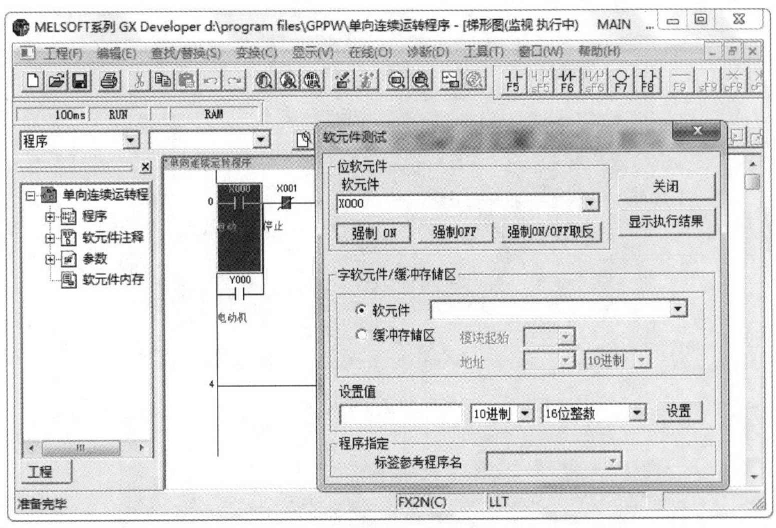

图 1-40　“软元件测试”对话框

看它们的动作结果是否和设定的一致。如果触点变成蓝色，表示该触点处于接通状态；输出线圈两边显示蓝色，表示该输出线圈接通。图 1-34 所示单向连续运转程序中软元件 X000 “强制 ON”后，程序运行结果如图 1-41 所示。

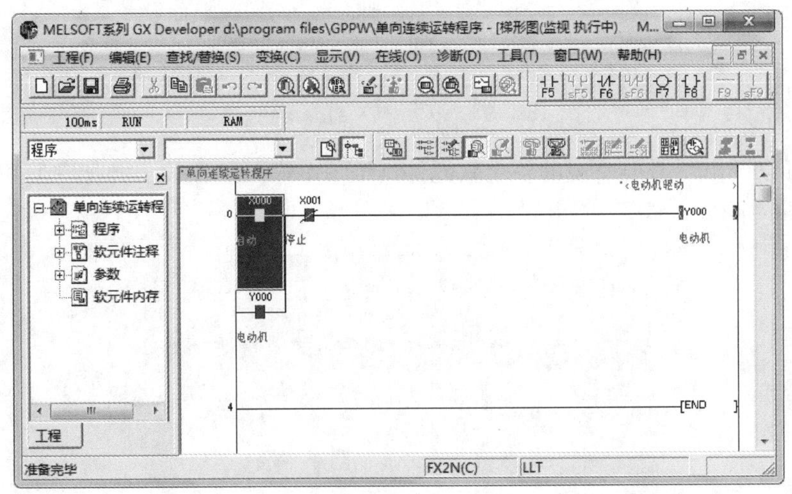

图 1-41　单向连续运转程序离线仿真运行界面

如果要停止“强制 ON”，可单击“强制 OFF”。但如果要停止程序运行，则必须打开“梯形图逻辑测试”对话框，单击运行状态栏下的“STOP”。若再单击“RUN”，则程序可恢复仿真运行状态。

3. 软元件的监控

软元件监控操作为：打开图 1-39a 所示“梯形图逻辑测试”对话框，单击“菜单起动”→“继电器内存监视”，出现如图 1-42 所示对话框。

单击“软元件”→“位软元件窗口”，选择“X”，出现软元件 X 的监控窗口，如图 1-43 所示。

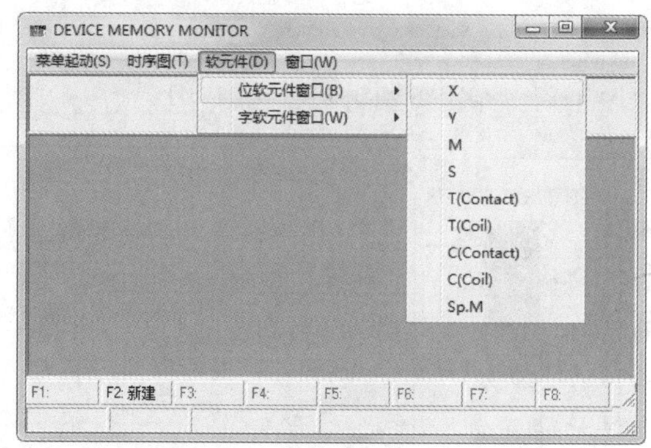

图 1-42 “继电器内存监视”对话框

X 0000-0237

0000	0020	0040	0060	0100	0120	0140	0160	0200	0220
0001	0021	0041	0061	0101	0121	0141	0161	0201	0221
0002	0022	0042	0062	0102	0122	0142	0162	0202	0222
0003	0023	0043	0063	0103	0123	0143	0163	0203	0223
0004	0024	0044	0064	0104	0124	0144	0164	0204	0224
0005	0025	0045	0065	0105	0125	0145	0165	0205	0225
0006	0026	0046	0066	0106	0126	0146	0166	0206	0226
0007	0027	0047	0067	0107	0127	0147	0167	0207	0227
0010	0030	0050	0070	0110	0130	0150	0170	0210	0230
0011	0031	0051	0071	0111	0131	0151	0171	0211	0231
0012	0032	0052	0072	0112	0132	0152	0172	0212	0232
0013	0033	0053	0073	0113	0133	0153	0173	0213	0233
0014	0034	0054	0074	0114	0134	0154	0174	0214	0234
0015	0035	0055	0075	0115	0135	0155	0175	0215	0235
0016	0036	0056	0076	0116	0136	0156	0176	0216	0236
0017	0037	0057	0077	0117	0137	0157	0177	0217	0237

图 1-43 软元件 X 监控窗口

同理，可以调出所需要监视的各个软元件（Y、M 等）的窗口，并把它们缩小并列在一起，如图 1-44 所示。

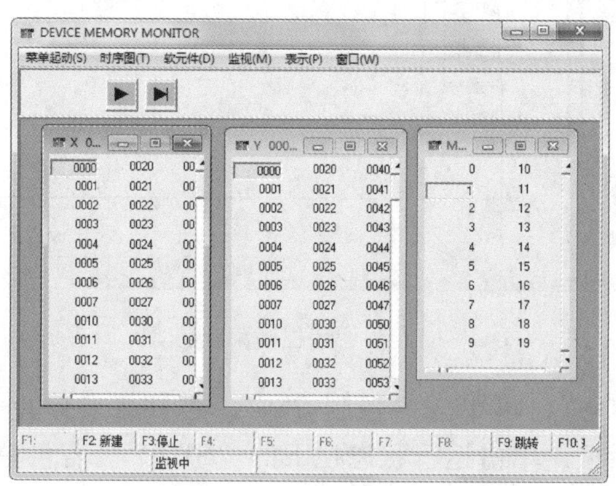

图 1-44 各个软元件监控窗口

启动仿真后，会看到监控窗口里显示黄色表示相应的软元件为接通，显示白色为关断。由上述分析可知，采用软元件监控功能，可以同时监控多个软元件的变化过程，便于程序编制与调试。

利用图 1-44 所示软元件监控窗口，也可以对位元件进行强制操作。方法如下：对准需要操作的位元件，双击鼠标左键，该元件被强制“ON”，显示黄色；再次双击，被强制“OFF”，显示白色。

如果监控结果导致要对程序进行修改时，就要退出PLC仿真运行，退出时单击梯形图逻辑测试启动/结束图标，出现停止梯形图逻辑测试提示框，如图1-45所示，单击“确定”按钮即可退出仿真测试。

图1-45　停止梯形图逻辑测试提示框

4. 时序图监控

在图1-42所示“继电器内存监视”对话框中，单击“时序图”，出现如图1-46所示窗口。

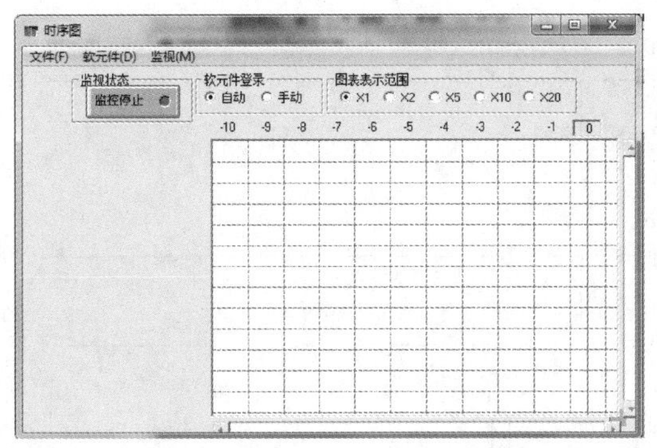

图1-46　时序图监控窗口（一）

单击“监控停止（红灯）”，变成“正在进行监控（绿灯）”。此时窗口左边出现了程序中的位元件，如图1-47所示。双击鼠标左键强制该元件，出现脉冲波形的时序图，便于分析各位元件之间的时序逻辑关系。

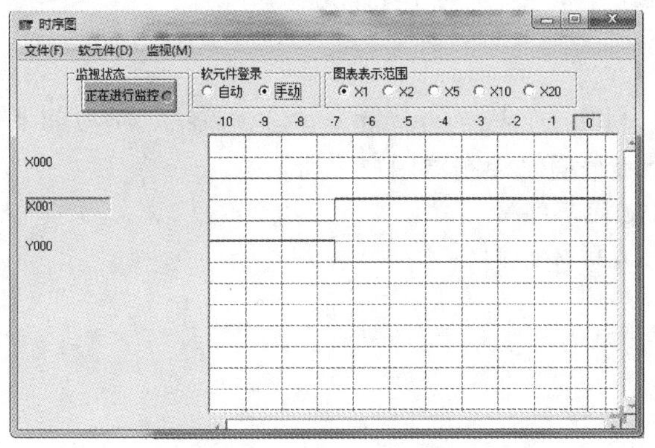

图1-47　时序图监控窗口（二）

思考与练习

1.1　简述可编程序控制器的定义。

1.2　简述 PLC 的基本结构与工作原理。

1.3　简述三菱 FX_{2N}系列 PLC 控制面板功能。

1.4　PLC 有哪些输出方式？分别适应什么类型的负载？

1.5　三菱 FX_{2N}系列 PLC 有哪些内部软元件？

1.6　三菱 FX_{2N}系列 PLC 有哪几种编程语言？

1.7　利用 GX 编程软件输入如图 1-48 所示的梯形图，并结合 GX Simulator－6 软件进行仿真调试。

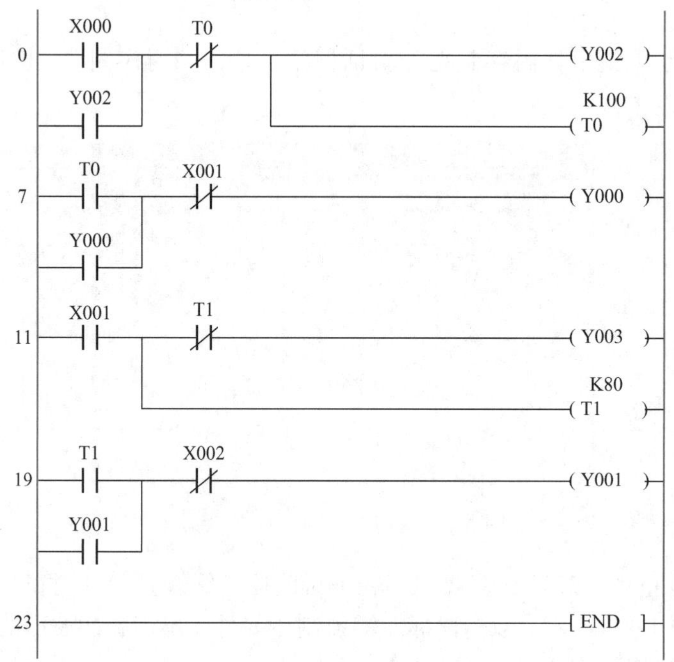

图 1-48　习题 1.7 图

1.8　资料搜集

登录工控人家园网（http://www.ymmfa.com/），收集、学习如下资料。

1）《FX_{2N}系列微型可编程序控制器用户手册》。

2）《GX Developer 操作手册》。

3）《GX Simulator－6 操作手册》。

模块 2
三菱 FX_{2N} 系列 PLC 在改造继电—接触器控制系统中的应用

 能力目标：

1. 掌握 PLC 控制系统 I/O 地址分配表的设计方法
2. 掌握 PLC 控制系统硬件接线图的设计方法
3. 掌握利用 GX Developer 编程软件进行程序设计与仿真调试的方法

知识目标：

1. 了解 PLC 控制系统及其设计方法
2. 掌握 FX_{2N} 系列 PLC 基本指令的使用方法

项目 2.1　单向连续运转控制线路技术改造设计与实施

2.1.1　项目导入

1. 工作任务

三相异步电动机单向连续运转控制线路如图 2-1 所示。试用 FX_{2N} 系列 PLC 对该控制线路进行技术改造。

该单向连续运转控制线路控制要求如下：

1）按下起动按钮 SB1，三相异步电动机单向连续运转。

2）按下停止按钮 SB2，三相异步电动机停止运转。

3）具有短路保护和过载保护等必要保护措施。

2. 考核内容

1）根据图 2-1 所示电气控制线路图，确定该控制线路功能。

2）根据控制要求完成 I/O 地址分配表的编制。

3）完成 PLC 控制系统硬件接线图的设计。

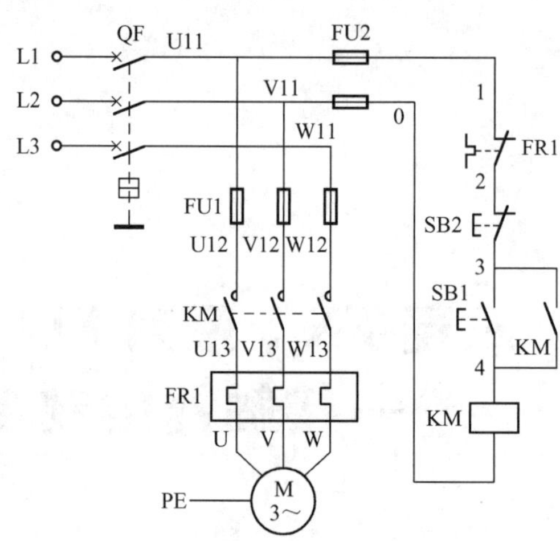

图 2-1　三相异步电动机单向连续运转控制线路

4）按控制要求绘制梯形图、输入并调试控制程序。

5）考核过程中注意“6S 管理”要求。

3. 考核评价标准

（1）说明

1）本评价标准根据国家职业技能鉴定中心高级维修电工职业技能鉴定规范（考核大纲）编制。

2）项目考核评价由指导教师组织实施，指导教师可自行具体制定项目评分细则。

3）项目考核评价可根据项目实施情况，引入学生互评。

（2）考核评价标准

该项目考核评价标准见表 2-1。

表 2-1　项目考核评价标准

评价内容	序号	项目配分	考核要求	评分细则	扣分	得分
职业素养与操作规范（50 分）	1	工作前准备（5 分）	清点工具、仪表等	未清点工具、仪表等，每项扣 1 分		
	2	安装与接线（15 分）	按 PLC 控制系统硬件接线图在模拟配线板上正确安装、规范操作	① 未关闭电源开关，用手触摸带电线路或带电进行线路连接或改接，本项记 0 分 ② 线路布置不整齐、不合理，每处扣 2 分 ③ 损坏元件扣 5 分 ④ 接线不规范造成导线损坏，每根扣 5 分 ⑤ 不按 I/O 接线图接线，每处扣 2 分		
	3	程序输入与调试（20 分）	熟练操作编程软件，将所编写的程序输入 PLC；按照被控设备的动作要求进行仿真调试，达到控制要求	① 不会熟练操作软件输入程序，扣 10 分 ② 不会进行程序删除、插入、修改等操作，每项扣 2 分 ③ 不会联机下载调试程序，扣 10 分 ④ 调试时造成元件损坏或者熔断器熔断，每次扣 10 分		
	4	清洁（5 分）	工具摆放整洁；工作台面清洁	乱摆放工具、仪表，乱丢杂物，完成任务后不清理工位，扣 5 分		
	5	安全生产（5 分）	安全着装；按维修电工操作规程进行操作	① 没有安全着装，扣 5 分 ② 出现人员受伤、设备损坏事故，考试成绩为 0 分		

（续）

评价内容	序号	项目配分	考核要求	评分细则	扣分	得分
操作（50分）	6	功能分析（10分）	能正确分析控制线路功能	功能分析不正确，每处扣2分		
	7	I/O 分配表（5分）	正确完成I/O地址分配表	I/O地址遗漏，每处扣2分		
	8	硬件接线图（5分）	绘制I/O接线图	① 接线图绘制错误，每处扣2分 ② 接线图绘制不规范，每处扣1分		
	9	梯形图（15分）	梯形图正确、规范	① 梯形图功能不正确，每处扣3分 ② 梯形图画法不规范，每处扣1分		
	10	功能实现（15分）	根据控制要求，准确完成系统的安装调试	不能达到控制要求，每处扣5分		
评分人：		核分人：			总分	

2.1.2　知识链接

1. 关联基本指令介绍

（1）逻辑取和线圈驱动指令

逻辑取和线圈驱动指令的指令助记符、名称、功能、梯形图及操作元件和程序步长见表2-2。

表2-2　逻辑取和线圈驱动指令表

助记符	名称	功　能	梯形图	可用软元件	程序步长
LD	取	常开触点和左母线连接	─┤├──(Y000)─	X、Y、M、T、C	1
LDI	取反	常闭触点和左母线连接	─┤/├──(Y000)─	X、Y、M、T、C	1
OUT	输出	线圈驱动	─┤├──(Y000)─	Y、M、T、C	Y、M：1； 特殊M：2； T：3； C：3~5

1）指令应用技巧。

① LD指令。取指令，将常开触点接到左母线上。此外，在分支电路接点处也可使用。

② LDI指令。取反指令，将常闭触点接到左母线上。此外，在分支电路接点处也可使用。

③ OUT指令。输出指令或驱动指令，输出逻辑运算结果，即根据逻辑运算结果去驱动一个指定的线圈。

2）应用实例。

LD、LDI和OUT指令的应用实例如图2-2所示。

图2-2中，当输入端口X000有信号输入时，输入继电器X000的常开触点闭合，输出继电器Y000的线圈得电，其主触点闭合驱动输出设备工作。

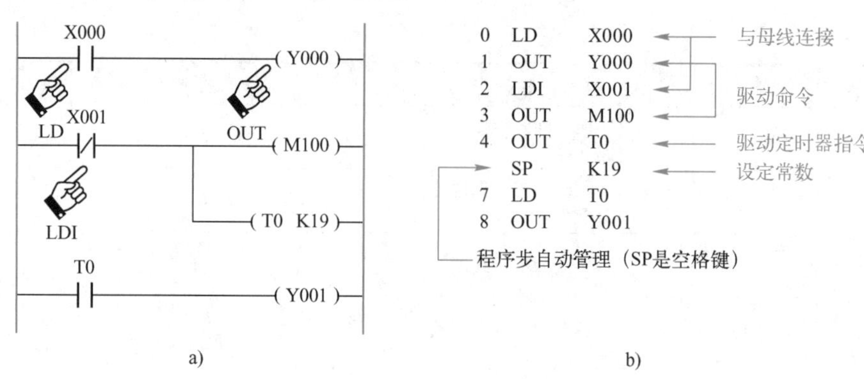

图 2-2　LD、LDI 和 OUT 指令的应用实例
a）梯形图　b）指令语句表

当输入端口 X001 无信号输入时，输入继电器 X001 的常闭触点保持闭合状态，M100、T0 的线圈得电，定时器 T0 开始计时，计时结束后，其常开触点闭合，输出继电器 Y001 的线圈得电，其主触点闭合驱动输出设备工作。当输入端口 X001 有信号输入时，输入继电器 X001 的常闭触点分断，辅助继电器 M100、定时器 T0 的线圈失电，定时器 T0 复位。

值得注意的是，OUT 指令用于驱动定时器 T、计数器 C 时，还需要第二个操作数用于设定参数。参数可以是常数 K 或数据寄存器 D。常数 K 的设定范围、定时范围见表 2-3。

表 2-3　定时器/计数器常数设定值范围

定时器/计数器	K 的设定范围	定时时间范围
1 ms 定时器	1 ~ 32 767	0.001 ~ 32.767 s
10 ms 定时器	1 ~ 32 767	0.01 ~ 327.67 s
100 ms 定时器	1 ~ 32 767	0.1 ~ 3 276.7 s
16 位计数器	1 ~ 32 767	同左
32 位计数器	-2 147 483 648 ~ +2 147 483 647	同左

（2）触点串、并联指令

触点串、并联指令的指令助记符、名称、功能、梯形图及操作元件和程序步长见表 2-4。

表 2-4　触点串、并联指令表

助记符	名称	功　能	梯　形　图	可用软元件	程 序 步 长
AND	与	常开触点串联连接	(Y000)	X、Y、M、S、T、C	1
ANI	与非	常闭触点串联连接	(Y000)	X、Y、M、S、T、C	1
OR	或	常开触点并联连接	(Y000)	X、Y、M、S、T、C	1

（续）

助记符	名称	功　能	梯 形 图	可用软元件	程序步长
ORI	或非	常闭触点并联连接	（Y000）	X、Y、M、S、T、C	1

1）指令应用技巧。

① AND 指令。与指令，用于一个触点与另一个常开触点的串联。

② ANI 指令。与非指令，用于一个触点与另一个常闭触点的串联。

③ OR 指令。或指令，用于一个触点与另一个常开触点的并联。

④ ORI 指令。或非指令，用于一个触点与另一个常闭触点的并联。

2）应用实例。

AND、ANI 指令的应用实例如图 2-3 所示。

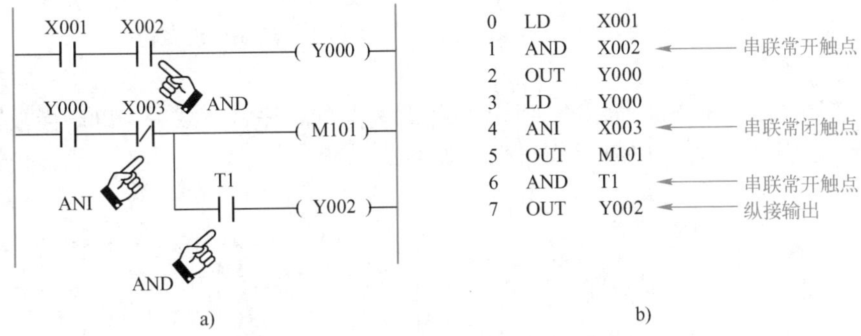

图 2-3　AND、ANI 指令的应用实例

a）梯形图　b）指令语句表

图 2-3 中，串联常开触点用 AND 指令，串联常闭触点用 ANI 指令。此外，OUT M101 后的 OUT Y002 称为纵接输出或连续输出。一般情况下，纵接输出可重复多次使用。但限于图形编程器和打印机页面限制，应尽量做到一行不要超过 10 个触点和一个线圈，行数不要超过 24 行。

OR、ORI 指令的应用实例如图 2-4 所示。图中，并联常开触点用 OR 指令，并联常闭触点用 ORI 指令。

（3）程序结束指令

程序结束指令的指令助记符、名称、功能、梯形图及操作元件和程序步长见表 2-5。

表 2-5　程序结束指令表

助记符	名称	功　能	梯 形 图	可用软元件	程序步长
END	结束	程序结束	[END]	无	1

1）指令应用技巧。

当程序执行到 END 指令时，END 指令后面的程序不执行，即直接运行输出处理阶段。

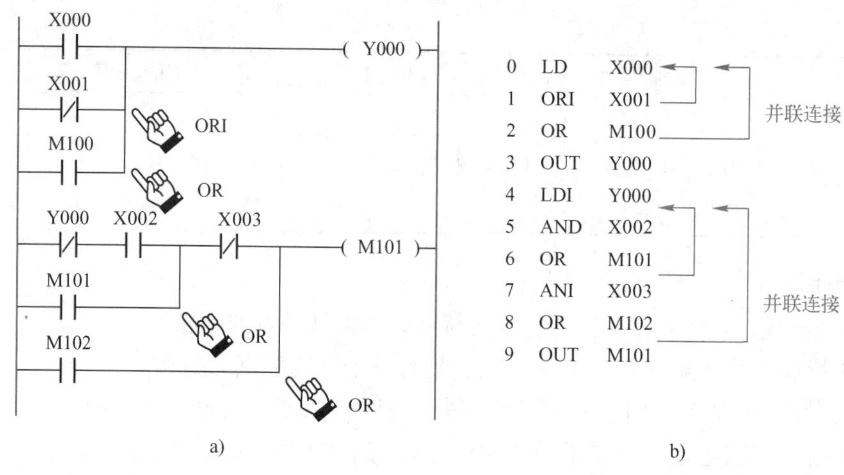

图 2-4 OR、ORI 指令的应用实例
a）梯形图 b）指令语句表

在调试时，插入 END 指令，可以逐段调试程序，以提高程序调试速度。

2）应用实例。

图 2-2、图 2-3、图 2-4 所示的梯形图都不是完整的程序，下载后，PLC 会报错，且不能正常运行，必须为其添加 END 结束指令，如图 2-5 所示。

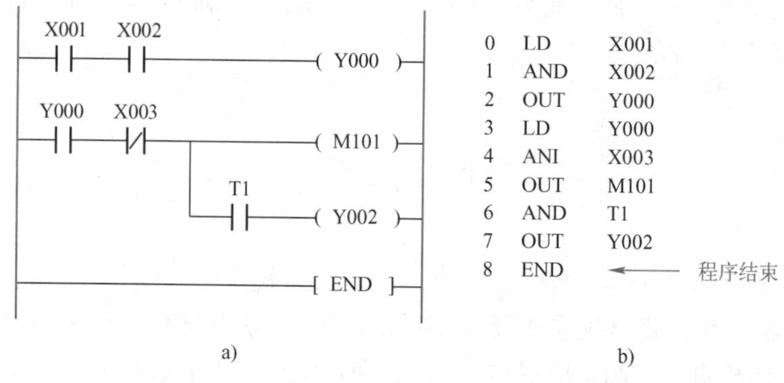

图 2-5 END 指令的应用实例
a）梯形图 b）指令语句表

2. PLC 控制系统设计概要

（1）PLC 控制系统设计的基本原则

任何一种电气控制系统都是为了实现被控对象（生产设备或生产过程）的工艺要求，以提高生产效率和产品质量。因此，在设计 PLC 控制系统时，应遵循以下基本原则。

1）充分发挥 PLC 的功能，最大限度地满足被控对象的控制要求。

2）在满足控制要求的前提下，力求使控制系统简单、经济、使用及维修方便。

3）保证控制系统的安全、可靠。

4）应考虑生产发展和工艺的改进，在选择 PLC 的型号、I/O 点数和存储器容量等项目时，应留有适当的余量，以利于系统的调整和功能的扩展。

（2）PLC 控制系统设计流程

PLC 控制系统的一般设计流程如图 2-6 所示。

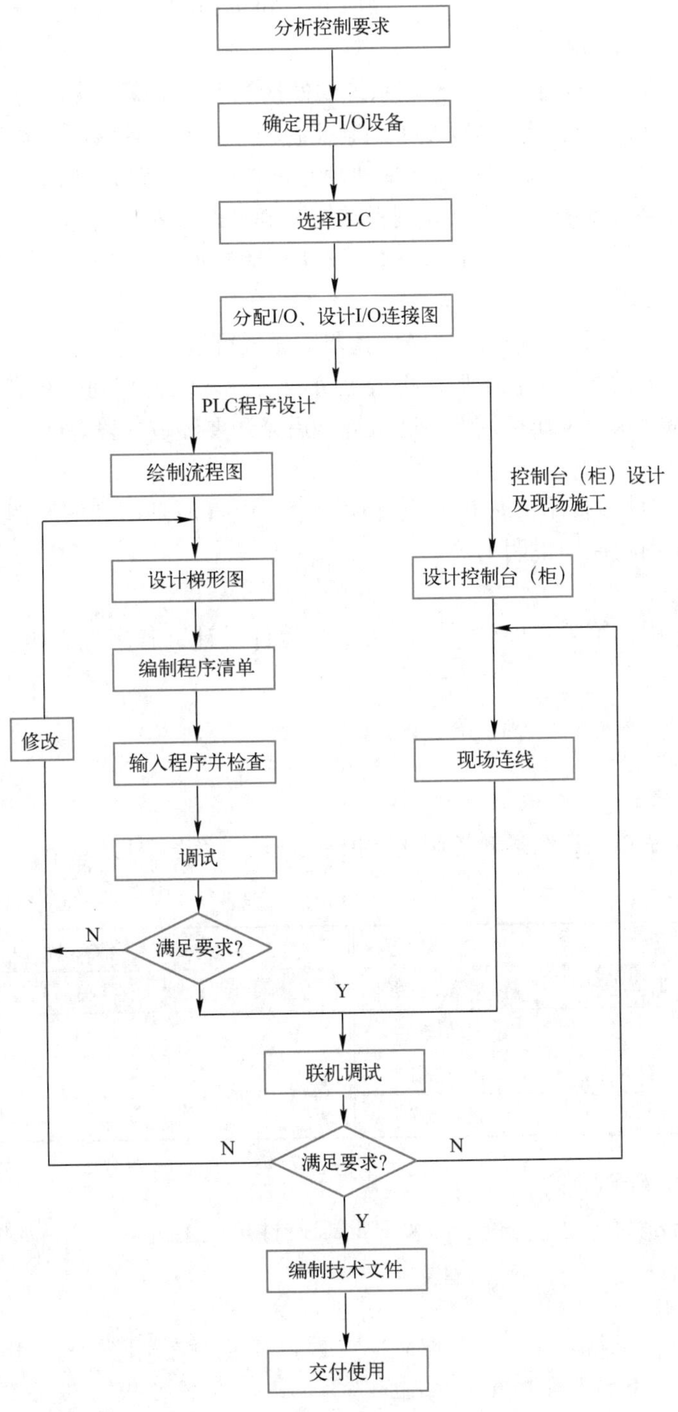

图 2-6　PLC 控制系统设计流程图

由图 2-6 可知，PLC 控制系统一般设计流程如下。

1）分析被控对象，明确控制要求。根据生产和工艺过程确定控制对象及控制要求，明确控制系统的工作方式，例如全自动、半自动、手动、单机运行、多级联机运行等。

2）确定 PLC 机型，用户 I/O 设备。选择 PLC 机型时应考虑生产厂家、性能结构、I/O 点数、存储容量、特殊功能等方面。

3）分配 PLC 的 I/O 地址，设计控制系统硬件接线图。根据已确定的 I/O 设备和选定的 PLC 机型，列出 I/O 地址分配表，以便于编制控制程序、设计接线图及硬件安装。

4）PLC 的硬件设计。PLC 控制系统硬件设计是指电气电路设计，包括主电路、PLC 外部控制电路、设备供电系统图、电气控制柜结构及电气设备安装图等。

5）PLC 的软件设计。PLC 控制系统软件设计包括梯形图、指令语句表等，是整个 PLC 控制系统设计的核心环节。

6）联机调试。软件设计完毕后，经仿真调试无误可进行联机调试。一般先连接电气柜而不带负载，各输出设备调试正常后，再接上负载运行调试，直到完全满足设计要求为止。此外，为了确保控制系统工作可靠性，联机调试后，还要经过一段时间的试运行，以检验系统的可靠性。

7）编制技术文件。技术文件包括设计说明书、电气原理图和安装图、元器件明细表、状态转换图、梯形图及使用说明书等。

8）交付使用。

上述设计过程中，第 4 步硬件设计和第 5 步软件设计，若事先有明确的约定，可同时进行。

2.1.3 项目实施

1. I/O 地址分配

根据图 2-1 所示单向连续运转控制线路控制要求，设定 I/O 地址分配表，见表 2-6。

表 2-6 I/O 地址分配表

输入			输出		
元器件代号	地址号	功能说明	元器件代号	地址号	功能说明
SB1	X1	起动按钮	KM	Y1	电动机控制
SB2	X2	停止按钮			
FR1	X3	过载保护			

2. 硬件接线图设计

根据表 2-6 所示 I/O 地址分配表，可对 PLC 硬件接线图进行设计，如图 2-7 所示。

应用技巧：

◇ 为了防止在待机状态（或无操作命令）时 PLC 的输入电路长时间通电，从而使能耗增加、PLC 输入单元电路寿命缩短等情况的发生，若无特殊要求一般采用常开触点与 PLC 的输入接线端相连。

◇ 为了简化外围接线和系统稳定性，输入端所需的 DC24V 可以直接从 PLC 的端子上引用，而输出端的负载交流电源则由用户根据负载容量等参数灵活确定（后续内容类同）。

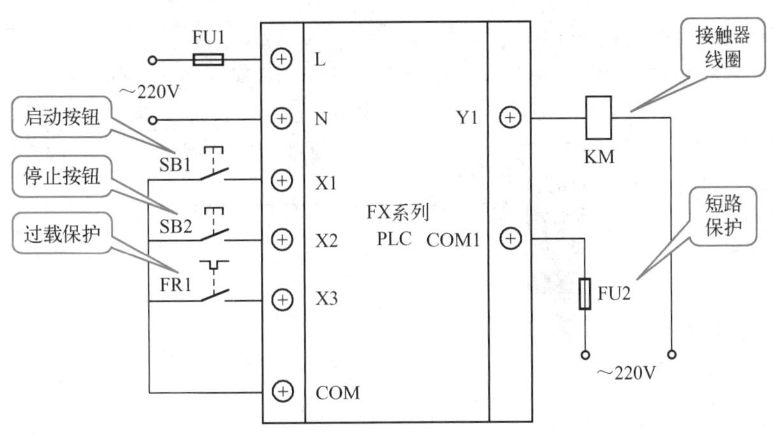

图 2-7　PLC 硬件接线图

3. 控制程序设计

根据系统控制要求和 I/O 地址分配表，编写控制程序梯形图如图 2-8a 所示。其对应的指令语句表如图 2-8b 所示。

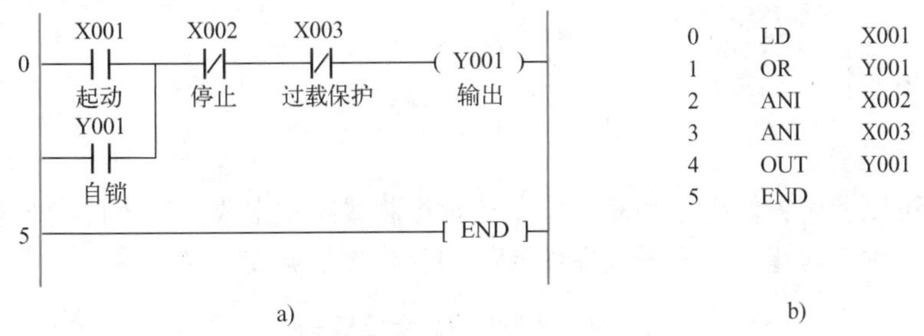

图 2-8　梯形图、指令语句表控制程序

a）梯形图　b）指令语句表

由图 2-7、图 2-8 可知，当按下起动按钮 SB1 时，输入继电器 X001 常开触点闭合，输出继电器 Y001 线圈得电，其主触点闭合，驱动接触器 KM 线圈得电，KM 主触点闭合，电动机 M 起动运转，同时输出继电器 Y001 常开触点闭合实现自锁，电动机连续运转。

当按下停止按钮 SB2 时，输入继电器 X002 常闭触点分断，输出继电器 Y001 线圈失电复位，其主触点分断切断接触器 KM 线圈电源，KM 主触点断开，电动机 M 停止运转。

当电动机 M 过载时，热继电器常开触点闭合，输入继电器 X003 常闭触点分断，从而实现电动机过载保护。

需要注意的是，该程序未考虑电路短路保护功能。实际应用时，应在电动机主电路中设置熔断器，实现短路保护功能。

4. 系统仿真调试

1）按照图 2-7 所示 PLC 硬件接线图接线并检查、确认接线正确。

2）利用 GX 软件和 GX Simulator－6 仿真软件输入并运行程序，监控程序运行状态，分析程序运行结果，如图 2-9 所示。

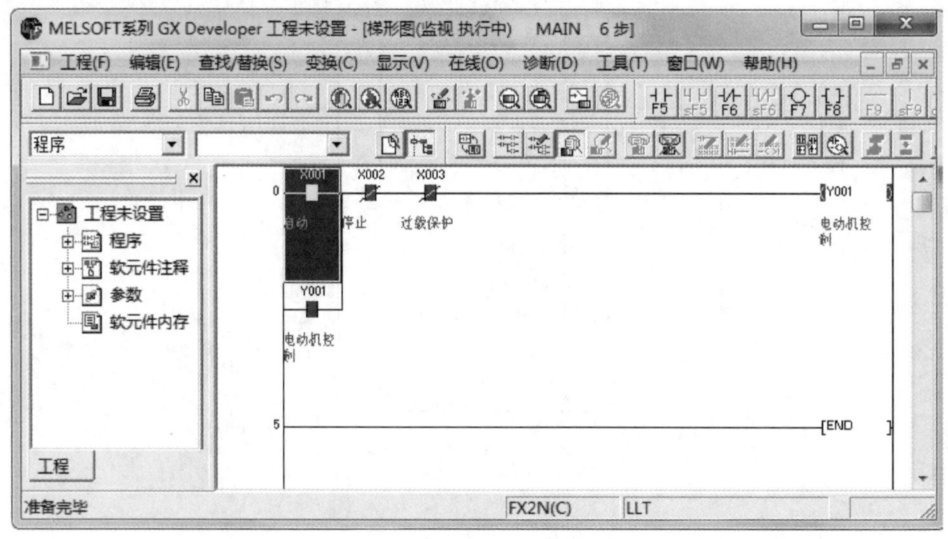

图 2-9 单向连续运转控制程序仿真调试

3）程序符合控制要求后再接通主电路试车，进行系统仿真调试，直到满足系统控制要求为止。

2.1.4 思维拓展与案例

1. 置位和复位指令

本项目还可以利用置位指令和复位指令实现控制线路技术改造。置位指令和复位指令的指令助记符、名称、功能、梯形图及操作元件和程序步长见表 2-7。

表 2-7 置位指令、复位指令表

助记符	名称	功 能	梯 形 图	可用软元件	程 序 步 长
SET	置位	使操作元件保持为 ON	⊣⊢——[SET Y000]	Y、M、S	Y、M：1 步 S、特殊 M：2 步 T、C：2 步 D、V、Z、特殊 D：3 步
RST	复位	使操作元件保持为 OFF	⊣⊢——[RST Y000]	Y、M、S、T、C、D、V、Z	

SET、RST 指令的应用实例如图 2-10 所示。

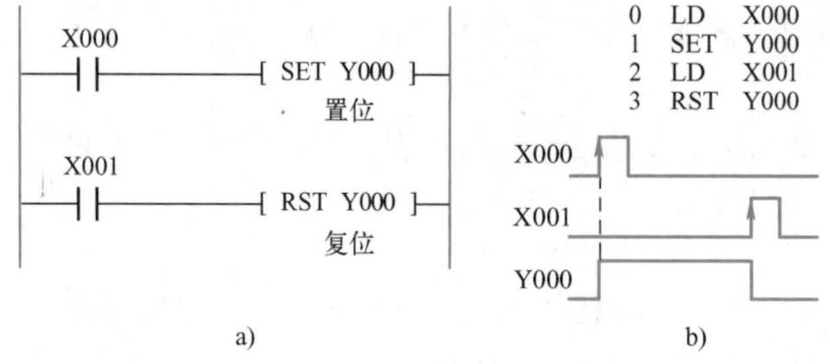

图 2-10 SET、RST 指令的应用实例
a）梯形图 b）指令语句表与波形图

由图2-10可知，当X000由OFF→ON时，执行SET指令，Y000被驱动且自保持为ON状态；当X000分断时，Y000仍然保持ON不变。当X001由OFF→ON时，Y000复位并自保持为OFF状态；X001分断时，对Y000也没有影响。图2-10b所示波形图可表明SET/RST指令的功能。

利用SET、RST指令实现图2-1所示三相异步电动机单向连续运转控制线路技术改造的控制程序如图2-11所示，与图2-8所示控制程序等效（I/O地址分配表、硬件接线图一致）。

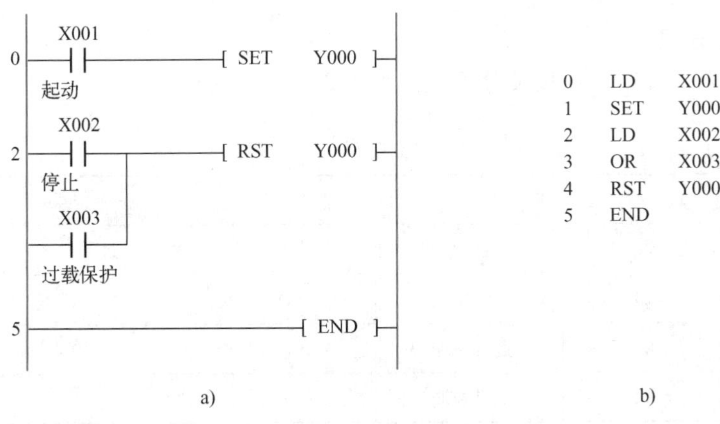

图2-11　梯形图、指令语句表控制程序

a）梯形图　b）指令语句表

2. 拓展案例

在工程技术中，生产机械除了需要连动控制，还需要点动控制，如机床调整刀架和对刀、立柱的快速移动、工件位置的调整等。三相异步电动机连续与点动混合控制线路如图2-12所示。试分析该控制线路的控制功能，并用FX_{2N}系列PLC对该控制线路进行技术改造。

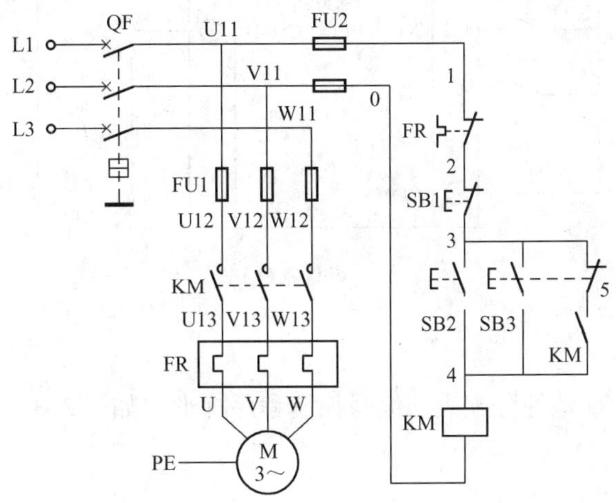

图2-12　三相异步电动机连续与点动混合控制线路

(1) 控制要求分析

由图 2-12 所示三相异步电动机连续与点动混合控制线路工作原理可知，该控制线路控制要求如下。

1）按下起动按钮 SB2，三相异步电动机单向连续运行。

2）按下停止按钮 SB1，三相异步电动机停止运转。

3）按下点动按钮 SB3，三相异步电动机实现点动控制。

4）具有短路保护和过载保护等必要保护措施。

(2) 控制系统程序设计

1）I/O 地址分配。

根据控制要求，设定 I/O 地址分配表，见表 2-8。

表 2-8　I/O 地址分配表

输　入			输　出		
元器件代号	地　址　号	功 能 说 明	元器件代号	地　址　号	功 能 说 明
SB1	X0	停止按钮	KM	Y0	电动机电源控制
SB2	X1	起动按钮			
SB3	X2	点动控制			

2）硬件接线图设计。

根据表 2-8 所示 I/O 地址分配表，可对 PLC 硬件接线图进行设计，如图 2-13 所示。

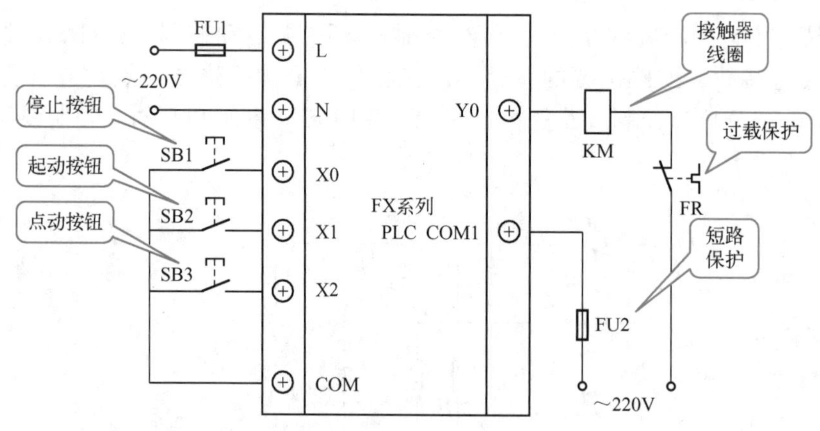

图 2-13　PLC 硬件接线图

3）控制程序设计。

根据控制要求和 I/O 地址分配表，编写控制程序梯形图如图 2-14a 所示，对应的指令语句表如图 2-14b 所示。

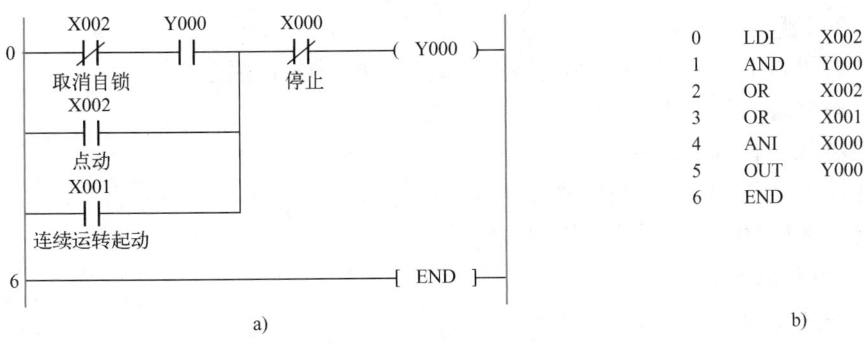

图2-14　梯形图、指令语句表控制程序
a）梯形图　b）指令语句表

项目2.2　正、反转控制线路技术改造设计与实施

2.2.1　项目导入

1. 工作任务

三相异步电动机正、反转控制线路如图2-15所示。请用FX_{2N}系列PLC对该控制线路进行技术改造。

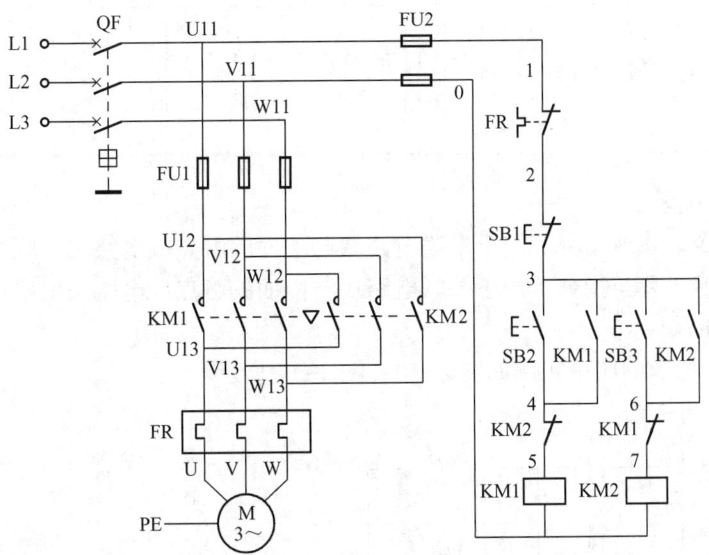

图2-15　三相异步电动机正、反转控制线路

该正、反转控制线路控制要求如下。

1）按下正转起动按钮SB2，三相异步电动机正向运转。

2）按下停止按钮SB1，三相异步电动机停止运转。

3）按下反转起动按钮SB3，三相异步电动机反向运转。

4）具有联锁、短路保护和过载保护等必要保护措施。

2. 考核内容

1）根据图 2-15 所示电气控制线路图，确定该控制线路功能。

2）根据控制要求完成 I/O 地址分配表的编制。

3）完成 PLC 控制系统硬件接线图的设计。

4）按控制要求绘制梯形图、输入并调试控制程序。

5）考核过程中注意“6S 管理”要求。

3. 考核评价标准

该项目考核评价标准见表 2-1。

2.2.2 知识链接

1. 关联基本指令介绍

（1）块与、块或指令

块与、块或指令的指令助记符、名称、功能、梯形图及操作元件和程序步长见表 2-9。

表 2-9 块与、块或指令表

助记符	名称	功　能	梯 形 图	可用软元件	程 序 步 长
ORB	块或	串联电路块的并联连接	Y000	无	1
ANB	块与	并联电路块的串联连接	Y000	无	1

1）指令应用技巧。

① ORB 指令。块或指令，用于串联电路块与上面的触点或电路块并联。

② ANB 指令。块与指令，用于并联电路块与前面的触点或电路块串联。

2）应用实例。

ORB、ANB 指令的应用实例如图 2-16、图 2-17 所示。

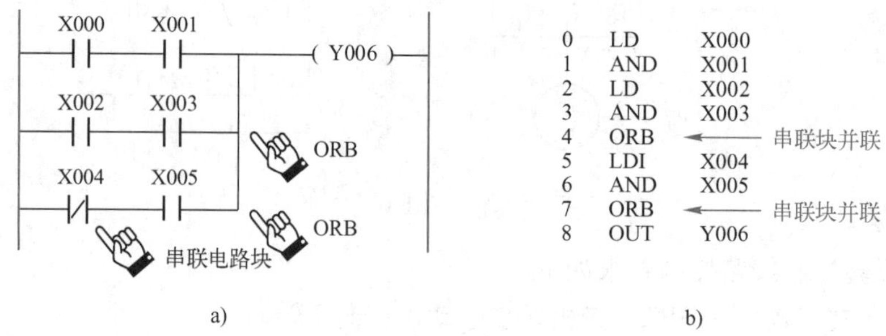

图 2-16 ORB 指令应用实例

a）梯形图 b）指令语句表

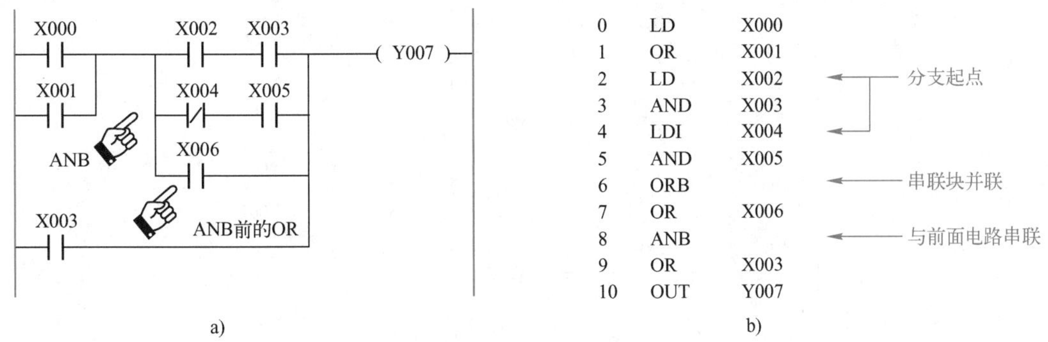

图 2-17　ANB 指令应用实例

a）梯形图　b）指令语句表

应用技巧：

◇ 两个或两个以上触点串联的电路称为串联电路块；两个或两个以上触点并联的电路称为并联电路块。建立电路块用 LD 或 LDI 开始。

◇ 若对每个电路块分别使用 ANB、ORB 指令，则串联或并联电路块的个数没有限制；也可成批使用 ANB、ORB 指令，但成批使用次数限制在 8 次以下。

（2）多重输出指令

多重输出指令的指令助记符、名称、功能、梯形图及操作元件和程序步长见表 2-10。

表 2-10　多重输出指令表

助记符	名称	功　能	梯　形　图	可用软元件	程序步长
MPS	入栈	将运算结果压入堆栈存储器	MPS —(Y000)—	无	1
MRD	读栈	将堆栈的第一层内容读出来	MRD —(Y001)—	无	1
MPP	出栈	将堆栈第一层内容弹出来	MPP —(Y002)—	无	1

1）指令应用技巧。

① MPS 指令。入栈指令，将该时刻的运算结果压入堆栈存储器的最上层，堆栈存储器原来存储的数据依次向下自动移一层。

② MRD 指令。读栈指令，将堆栈存储器中最上层的数据读出。执行 MRD 指令后，堆栈存储器中的数据不发生任何变化。

③ MPP 指令。出栈指令，将堆栈存储器中最上层的数据取出，堆栈存储器原来存储的数据依次向上自动移一层。

2）应用实例。

MPS、MRD、MPP 指令的应用实例如图 2-18 所示。

图 2-18 中，使用 MPS 指令后，将常开触点 X000 的逻辑值（X000 闭合为“1”，X000 分断为“0”）存入到堆栈存储器最上层。同时，这个结果与常开触点 X001 的逻辑值进行

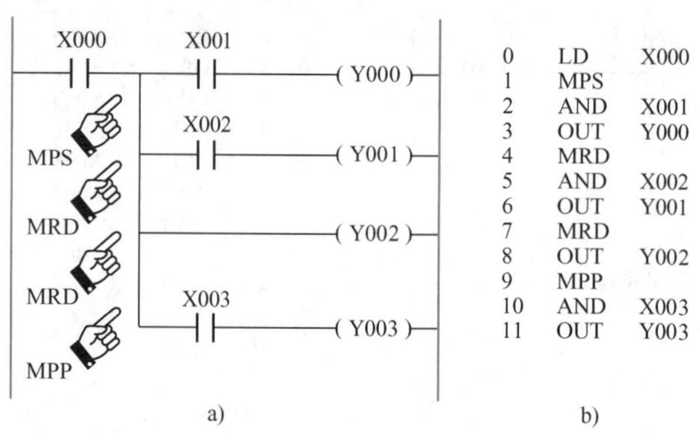

图 2-18　MPS、MRD、MPP 指令应用实例
a）梯形图　b）指令语句表

“与”逻辑运算，运算结果为“1”时，输出继电器 Y000 被驱动。

第一次执行 MRD 指令时，堆栈存储器最上层内容被读出，与多重输出中第二个逻辑行中触点 X002 的逻辑值进行“与”逻辑运算，其运算结果如果为“1”，则输出继电器 Y001 被驱动。第二次执行 MRD 指令时，堆栈存储器第一层内容若为“1”，则将直接驱动输出继电器 Y002。

执行 MPP 指令后，将堆栈存储器中第一层内容取出，与多重输出最后一个逻辑行中的触点 X003 的逻辑值进行“与”逻辑运算，如果运算结果为“1”，则将驱动输出继电器 Y003。执行这一条指令后，堆栈存储器中数据向上推移。

应用技巧：

◇ 编程时，MPS 与 MPP 必须成对使用，且连续使用次数最多不能超过 11 次。MRD 指令可根据实际情况决定是否使用。

◇ MPS、MRD、MPP 指令只对堆栈存储器的数据进行操作，因此，默认操作元件为堆栈存储器，在使用时无须指定操作元件。

◇ 在 MPS、MRD、MPP 指令之后若有单个常开（或常闭）触点串联，应使用 AND（或 ANI）指令。

2. PLC 程序优化问题

在工程技术中，为了简化程序，进行 PLC 程序编写时一般遵循两个优化原则：“左重右轻”和“上重下轻”优化原则。所谓的“轻”和“重”是指触点的多少，触点少称为“轻”，触点多称为“重”。

（1）“左重右轻”原则

“左重右轻”原则又称为“先并后串”原则，即在有几个并联回路相串联时，应将触点最多的支路放在梯形图的最左侧，如图 2-19 所示。

（2）“上重下轻”原则

“上重下轻”原则又称为“先串后并”原则，即在有几个串联回路相并联时，应将触点最多的支路放在梯形图的最上方，如图 2-20 所示。

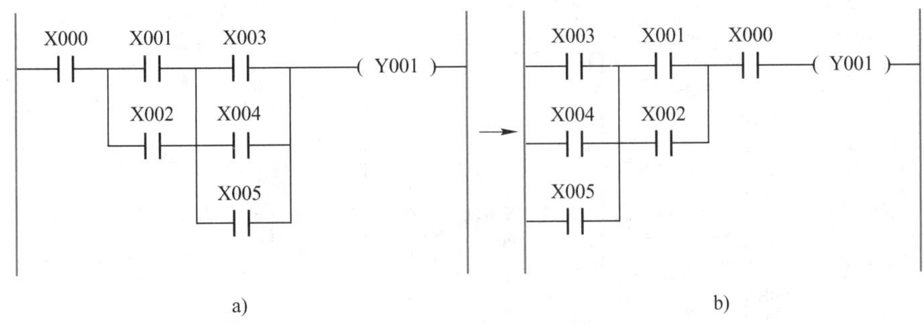

图2-19 “左重右轻”优化

a）优化前的梯形图 b）优化后的梯形图

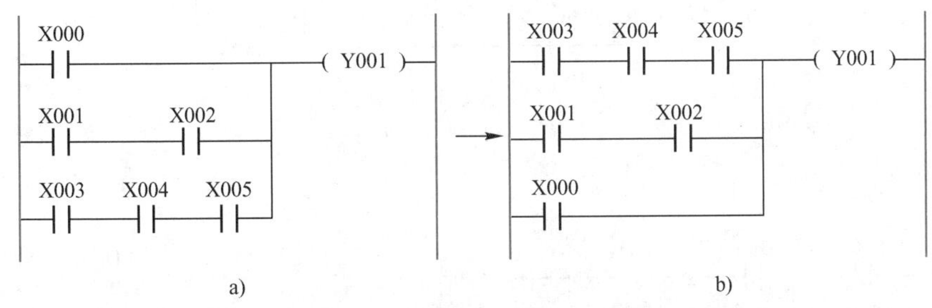

图2-20 “上重下轻”优化

a）优化前的梯形图 b）优化后的梯形图

2.2.3 项目实施

1. I/O地址分配

根据图2-15所示正、反转控制线路的控制要求，设定I/O地址分配表，见表2-11。

表2-11 I/O地址分配表

输入			输出		
元器件代号	地址号	功能说明	元器件代号	地址号	功能说明
SB1	X0	停止按钮	KM1	Y0	正转电源控制
SB2	X1	正转起动按钮	KM2	Y1	反转电源控制
SB3	X2	反转起动按钮			

2. 硬件接线图设计

根据表2-11所示I/O地址分配表，可对硬件接线图进行设计，如图2-21所示。

应用技巧：

◇ 进行硬件接线图设计时，若输入点数不够，可将热继电器FR的常闭触点设置在PLC外部的硬件电路中。

◇ 该项目采用“双重”联锁保护措施，即采用PLC外部的硬件联锁电路和梯形图联锁相结合的方式，从而可避免接触器KM1、KM2主触点同时闭合而形成严重短路故障。

3. 控制程序设计

根据控制要求和I/O地址分配表，编写控制程序梯形图如图2-22a所示，对应的指令语

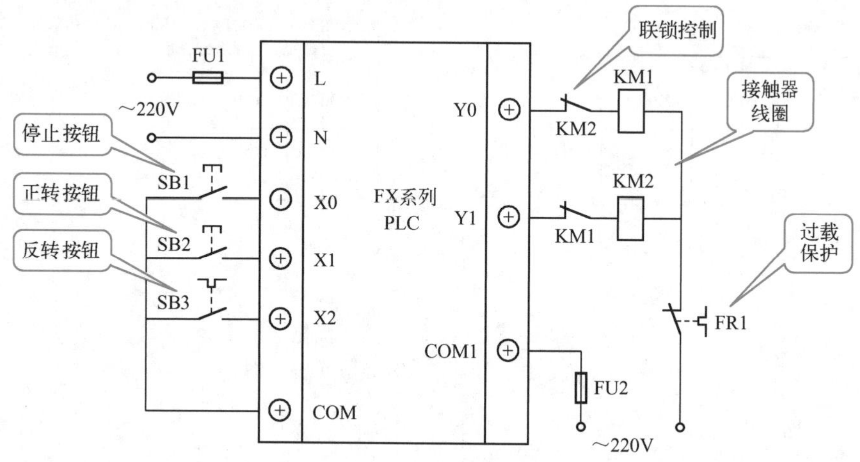

图 2-21　控制系统硬件接线图

句表如图 2-22b 所示。

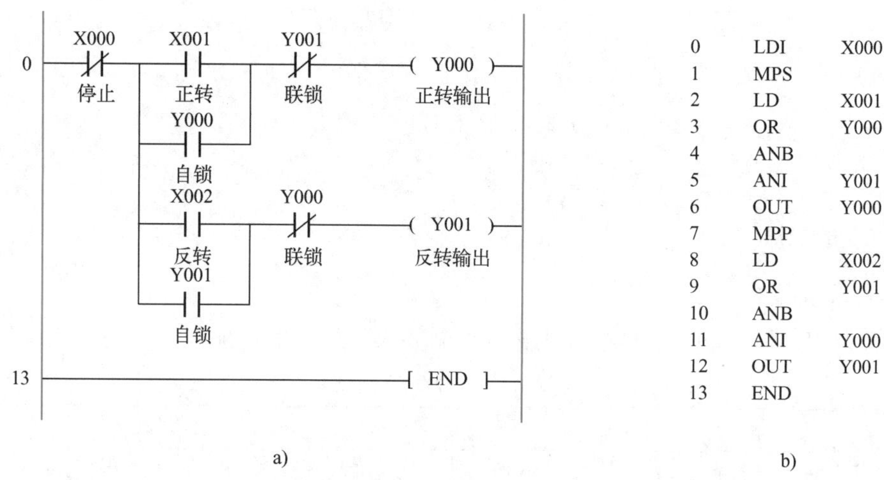

图 2-22　梯形图、指令语句表控制程序
a）梯形图　b）指令语句表

由图 2-21、图 2-22 可知，当按下按钮 SB2 时，输入继电器 X001 常开触点闭合，输出继电器 Y000 线圈得电，其常开主触点闭合，驱动接触器 KM1 线圈得电，KM1 主触点闭合，电动机 M 正向起动运转，同时输出继电器 Y000 常开触点闭合实现自锁，电动机 M 连续正向运转。

按下按钮 SB1，输入继电器 X000 常闭触点分断，输出继电器 Y000（或 Y001）均复位，外接接触器 KM1（或 KM2）随之复位，电动机停止运转。

按下按钮 SB3，输入继电器 X002 常开触点闭合，输出继电器 Y001 线圈得电，其常开触点闭合实现输出驱动和自锁功能，KM1 主触点闭合，电动机 M 反向起动运转。

当电动机 M 过载时，热继电器 FR 常闭触点分断，外接接触器 KM1（或 KM2）失电复位，可实现过载保护功能。

值得注意的是，为了实现“双重”联锁，除了在程序中引入联锁触点以外，还在 PLC

硬件接线图中引入KM1、KM2联锁触点，以保证在电动机运转时，接触器KM1、KM2不会同时通电工作。

此外，编写梯形图时如果遵循“左重右轻”“上重下轻”这两个优化原则，那么本项目的梯形图可以不涉及多重输出指令，即将图2-22a按“左重右轻”原则优化即可得到不含多重输出指令的梯形图，如图2-23a所示。不难发现，图2-23b所示的指令语句表可以看出程序占的步数减少了一些。

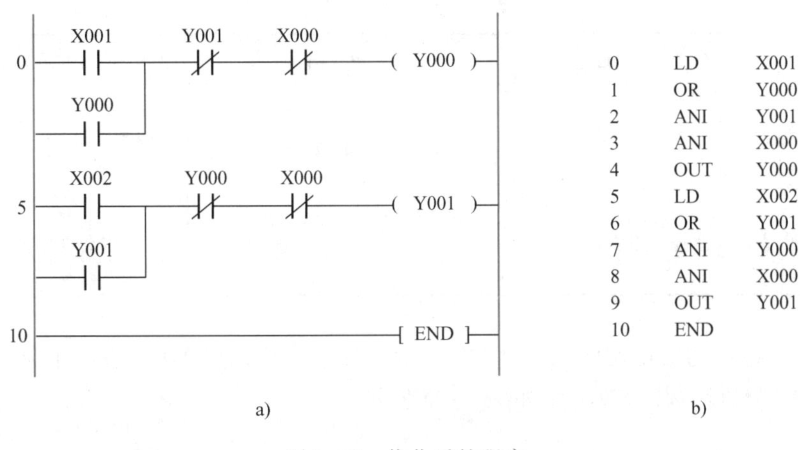

0	LD	X001
1	OR	Y000
2	ANI	Y001
3	ANI	X000
4	OUT	Y000
5	LD	X002
6	OR	Y001
7	ANI	Y000
8	ANI	X000
9	OUT	Y001
10	END	

图2-23　优化后的程序

a）梯形图　b）指令语句表

4. 系统仿真调试

1）按照图2-21所示PLC硬件接线图接线，并检查、确认接线是否正确。

2）利用GX软件和GX Simulator-6仿真软件输入并运行程序，监控程序运行状态，分析程序运行结果，如图2-24所示。

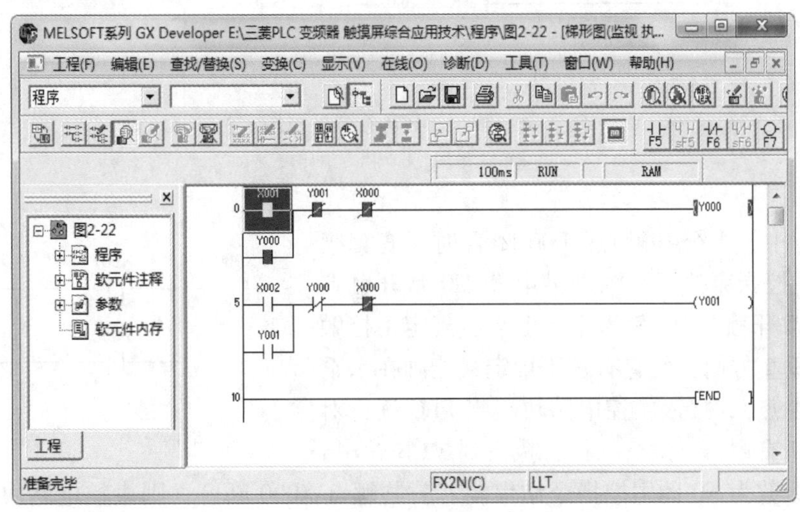

图2-24　正、反转控制程序仿真调试

3）程序符合控制要求后再接通主电路试车，进行系统仿真调试，直到满足系统控制要求为止。

*2.2.4 思维拓展与案例

1. 主控指令

本项目还可以用主控指令实现控制电路改造。主控指令的指令助记符、名称、功能、梯形图及操作元件和程序步长见表 2-12。

表 2-12 主控指令表

助记符	名称	功 能	梯 形 图	可用软元件	程序步长
MC	主控	主控电路块起点	─┤├─[MC N Y或M]─	嵌套级数 N；Y、M	3
MCR	主控复位	主控电路块终点	─[MCR N]─	嵌套级数 N	2

MC、MCR 指令的应用实例如图 2-25 所示。其中公共触点 X0 下有两个分支电路：第 2 逻辑行和第 3 逻辑行。其等效电路如图 2-26 所示。

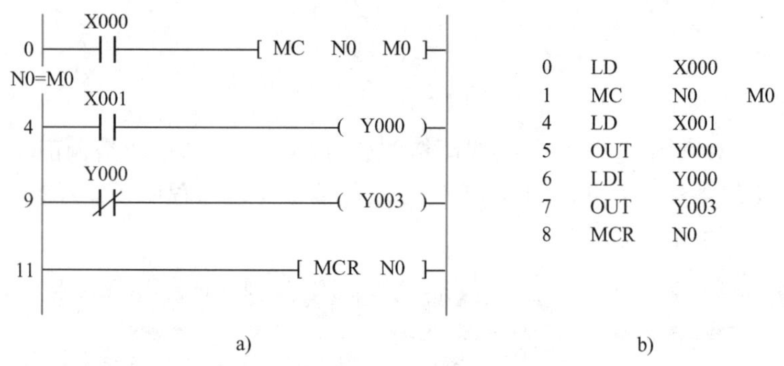

图 2-25 MC、MCR 指令的应用实例

a）梯形图 b）指令语句表

图 2-25 中，当公共触点 X000 闭合时，嵌套级数为 N0 的主控指令执行，辅助继电器 M0 常开触点闭合（此时常开触点 M0 称为主控触点，规定主控触点只能画在垂直方向，使它有别于规定只能画在水平方向的普通触点），接入主控电路块。当 PLC 逐行对主控电路块所有逻辑行进行扫描，执行到 MCR N0 指令时，嵌套级数为 N0 的主控指令结束。若公共触点 X000 断开，则主控电路块这一段程序不执行，直接执行 MCR 后面的指令。

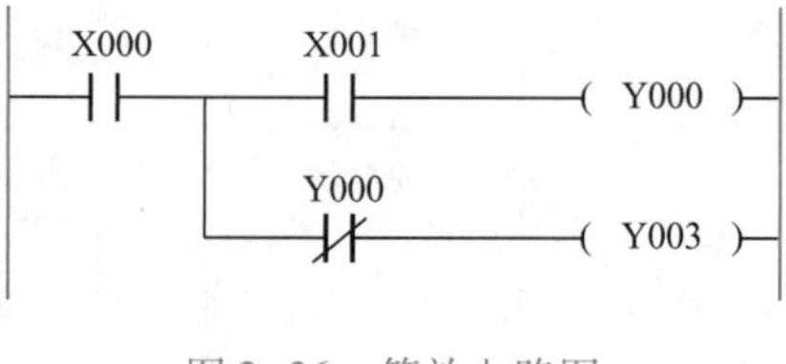

图 2-26 等效电路图

图 2-27 所示为利用 MC、MCR 指令构成的二级嵌套主控指令程序。该程序嵌套级数 N 的编号依次增大（N0→N1），返回时用 MCR 指令，从大的嵌套级数开始解除（N1→N0）。

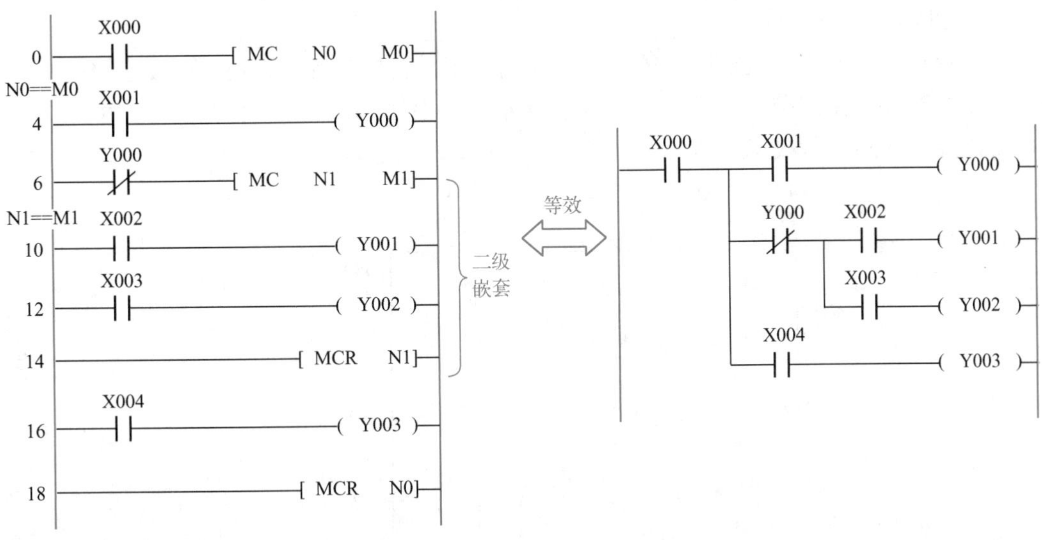

图 2-27　二级嵌套主控指令

应用技巧：

◇ 主控指令相当于条件分支，符合主控条件时可以执行主控指令后的程序，否则不予执行，直接跳过 MC 和 MCR 程序段，执行 MCR 后面的指令。MCR 指令必须与 MC 指令成对使用。

◇ MC 指令与 MCR 指令可进行嵌套使用，即在 MC 指令后未使用 MCR 指令，而再次使用 MC 指令，此时主控标志 N0 ~ N7 必须按顺序增加，当使用 MCR 指令返回时，主控标志 N0 ~ N7 必须按顺序减小。由于主控标志范围为 N0 ~ N7，故主控嵌套使用不得超过 8 层。

利用 MC、MCR 指令实现图 2-15 所示三相异步电动机正、反转控制线路技术改造的程序如图 2-28 所示，与图 2-22 所示程序等效。

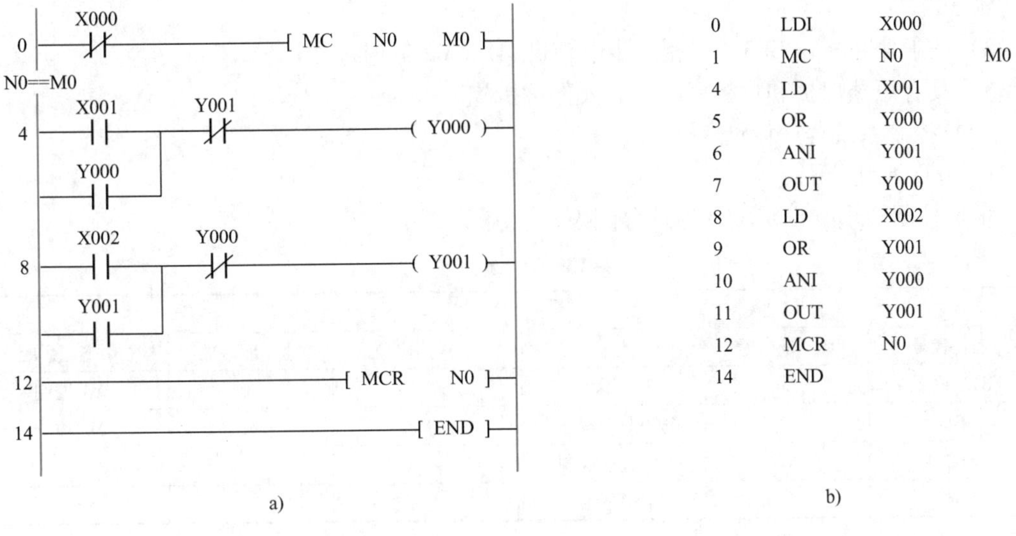

0	LDI	X000	
1	MC	N0	M0
4	LD	X001	
5	OR	Y000	
6	ANI	Y001	
7	OUT	Y000	
8	LD	X002	
9	OR	Y001	
10	ANI	Y000	
11	OUT	Y001	
12	MCR	N0	
14	END		

b)

图 2-28　梯形图、指令语句表控制程序

a）梯形图　b）指令语句表

2. 拓展案例

在工程技术中，生产机械除了需要单向控制、正反转控制等外，还需要顺序控制。三相异步电动机顺序控制线路如图 2-29 所示。请分析该控制线路的控制功能，并用 FX_{2N} 系列 PLC 对该控制线路进行技术改造。

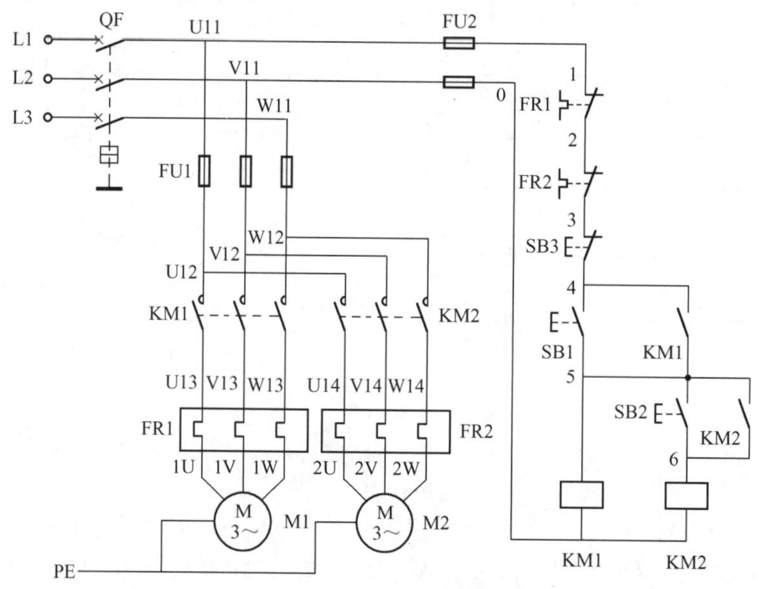

图 2-29　三相异步电动机顺序控制线路

（1）控制要求分析

由图 2-29 所示三相异步电动机顺序控制线路工作原理可知，该控制线路控制要求如下。

1）按 M1→M2 顺序起动，即按下起动按钮 SB1，M1 起动后，才能按下起动按钮 SB2，再起动 M2。

2）按下停止按钮 SB3，三相异步电动机 M1、M2 同时停止运转。

3）具有短路保护和过载保护等必要保护措施。

（2）控制系统程序设计

1）I/O 地址分配。

根据控制要求，设定 I/O 地址分配表，见表 2-13。

表 2-13　I/O 地址分配表

输入			输出		
元器件代号	地址号	功能说明	元器件代号	地址号	功能说明
FR1、FR2	X0	过载保护	KM1	Y0	M1 控制
SB1	X1	M1 起动按钮	KM2	Y1	M2 控制
SB2	X2	M2 起动控制			
SB3	X3	停止按钮			

2）硬件接线图设计。

根据表 2-13 所示 I/O 地址分配表，可对硬件接线图进行设计，如图 2-30 所示。

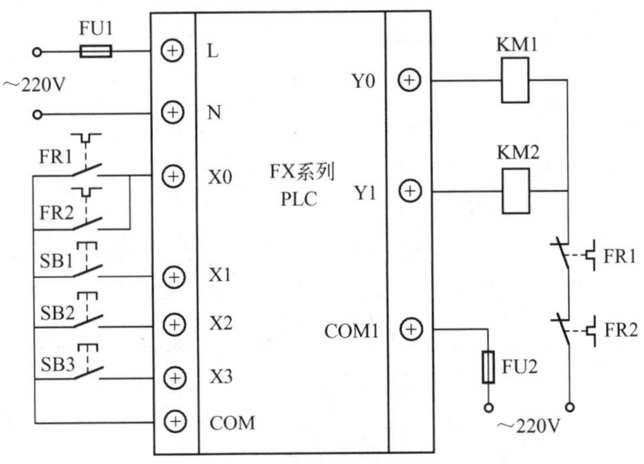

图 2-30　控制系统硬件接线图

3）控制程序设计。

根据系统控制要求和I/O地址分配表，利用主控指令设计控制程序梯形图如图2-31a所示。利用基本指令设计的控制程序梯形图如图2-31b所示。

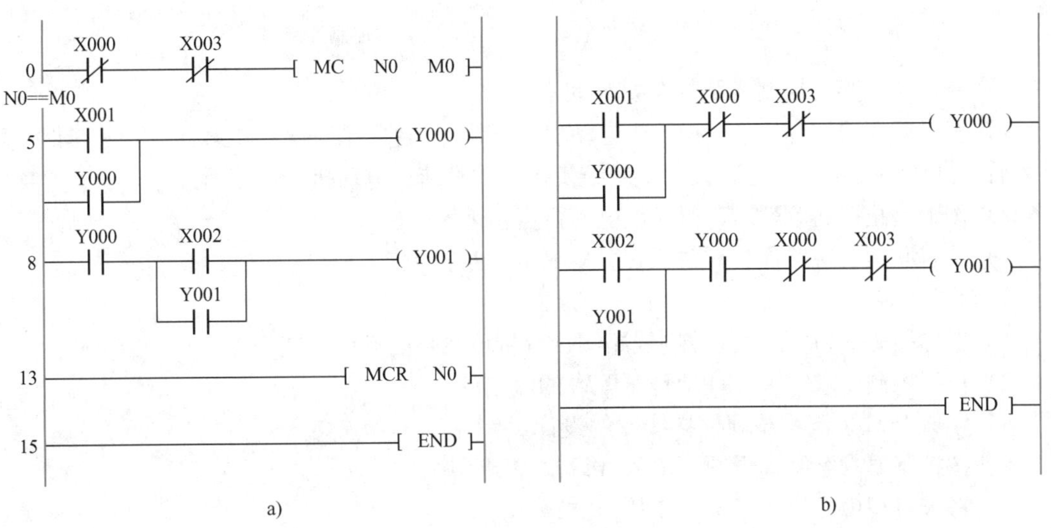

图 2-31　梯形图、指令语句表控制程序
a）方案1　b）方案2

项目2.3　Y-△减压起动控制线路技术改造设计与实施

2.3.1　项目导入

1. 工作任务

三相异步电动机Y-△减压起动控制线路如图2-32所示。试用FX$_{2N}$系列PLC对该控制线路进行技术改造。

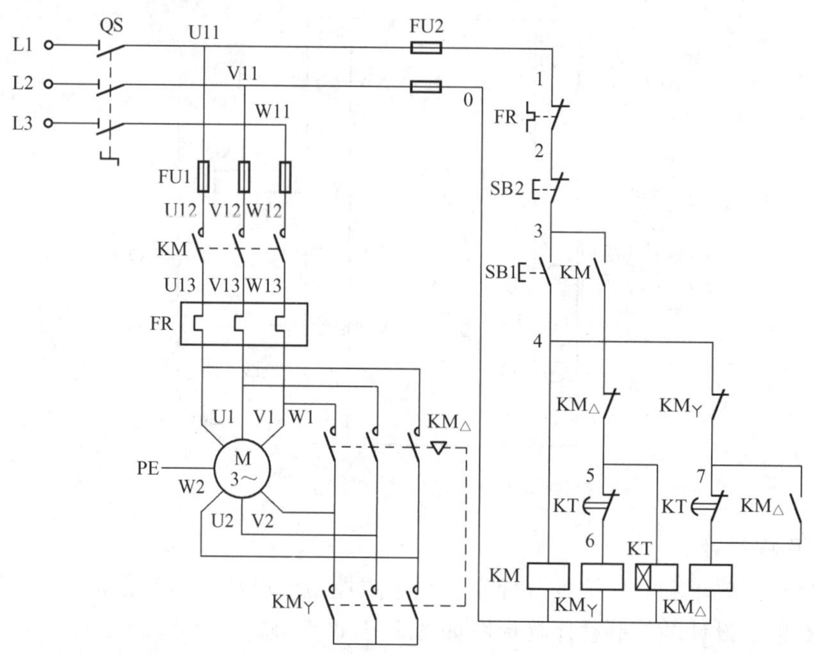

图 2-32　相异步电动机Y－△减压起动控制线路

该Y－△减压起动控制线路控制要求如下：

1）按下起动按钮 SB1，三相异步电动机定子绕组为Y联结，电动机减压起动；延时一段时间后，自动将三相异步电动机定子绕组换接成△联结，电动机全压运行。

2）按下停止按钮 SB2，三相异步电动机停止运转。

3）具有联锁、短路保护和过载保护等必要保护措施。

2. 考核内容

1）根据图 2-32 所示电气控制线路图，分析该线路的控制功能。

2）根据控制要求完成 I/O 地址分配表的编制。

3）完成 PLC 控制系统硬件接线图的设计。

4）按控制要求绘制梯形图、输入并调试控制程序。

5）考核过程中，注意“6S 管理”要求。

3. 考核评价标准

该项目考核评价标准见表 2-1 所示。

2.3.2　知识链接

1. 关联基本指令介绍

本项目关联基本指令为定时器指令，对三菱 FX 系列 PLC 而言，没有专门的定时器指令，而是用 OUT 指令实现定时器指令功能。

（1）指令格式

图 2-33 所示为三菱 FX 系列 PLC 定时器指令的编程格式。

（2）指令说明

图 2-33 中，X000 为定时器驱动输入条件，当 X000 为 ON 时，定时器 T0 开始计时，当

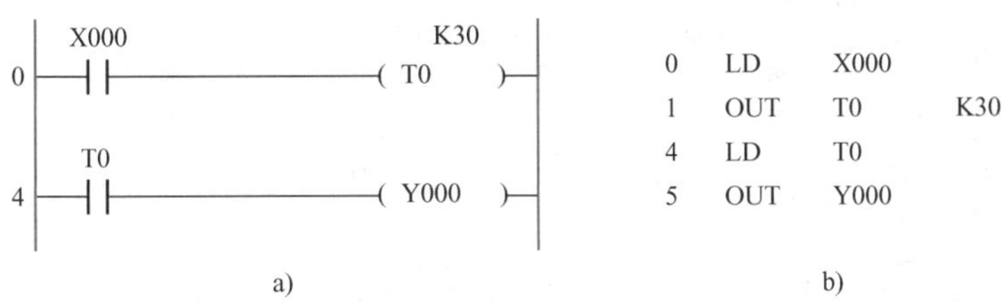

图 2-33 定时器指令及应用
a）梯形图 b）指令语句表

计时到规定的值时（图中为 3 s），T0 定时器动作，其常开触点 T0 接通，此时 Y000 有输出。当 X000 为 OFF 时，定时器指令不工作，T0 的常开触点断开，输出继电器 Y000 无输出。

2. 节省 I/O 点数的措施

在设计 PLC 控制系统或对继电—接触器控制系统进行技术改造时，往往会遇到输入点数不够或输出点数不够而需要扩展的问题。从技术层面讲，该问题可通过增加 I/O 扩展单元或 I/O 模块来解决，但由于 I/O 扩展单元或 I/O 模块价格较高，故节省所需 I/O 点数是降低系统硬件费用的主要措施。

（1） 节省输入点数的措施

1） 矩阵输入法。

在工程技术中，PLC 控制系统大部分存在多种工作方式，但各种工作方式又不可能同时运行。所以，可将这几种工作方式分别使用的输入信号分成若干组，PLC 运行时只会用到其中的一组信号，这种输入法称为矩阵输入法。这种方法常用于具有多种输入操作方式的场合，典型应用如图 2-34 所示。

图 2-34 中，PLC 控制系统具有自动和手动两种工作方式。其中 S1 ~ S8 为自动输入信号开关，Q1 ~ Q8 为手动输入信号开关，两者共用 PLC 输入端口 X0 ~ X7（如 S8 与 Q8 共用 PLC 输入点 X7）。

SA 为工作方式选择开关，当 SA 置于上端时，系统工作于自动工作方式，此时输入信号由 S1 ~ S8 进行控制；当 SA 置于下端时，系统工作于手动工作方式，此时输入信号由 Q1 ~ Q8 进行控制。

此外，该系统通过 X10 让 PLC 识别是自动信号还是手动信号，从而执行自动程序或手动程序。

2） 输入触点的合并。

如果某些外部输入信号总是以某种“与或非”组合的整体形式出现在梯形图中，可以将它们对应的触点在 PLC 外部串、并联后作为一个整体输入 PLC，只占 PLC 的一个输入端口。典型应用如图 2-35 所示。

图 2-35 所示为三相异步电动机多地控制技术改造 PLC 硬件接线图，其中 SB1 ~ SB3 为多地起动按钮，根据其控制特点可将其先并联后接入 PLC 一个输入端口，可节省 2 个输入端口；SB4 ~ SB6 为多地停止按钮，根据其控制特点也可将其先串联后接入 PLC 一个输入端口，也可节省 2 个输入端口。该方法与每个起动按钮和停止按钮占用一个输入端口的方法相比，不仅节约了输入点数，还简化了梯形图电路。

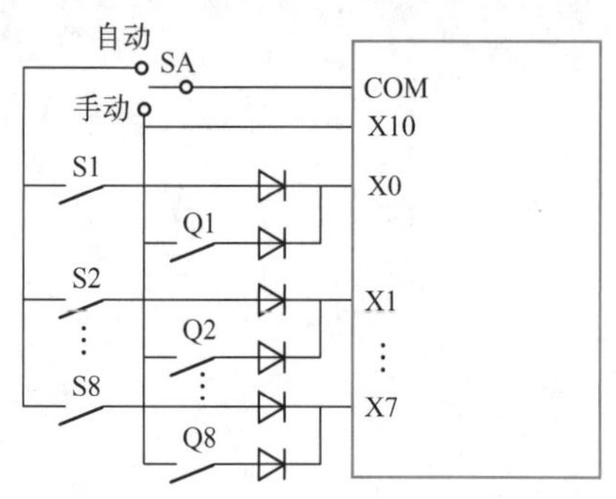

图 2-34　8 行 2 列输入矩阵输入法

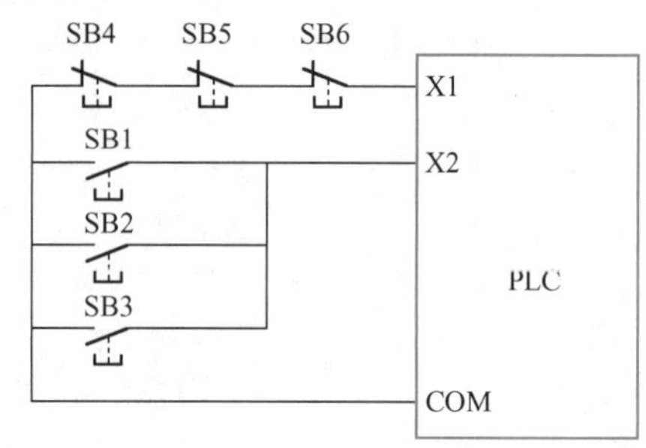

图 2-35　输入触点的合并

3）将输入信号设置在 PLC 之外。

系统的某些输入信号，如操作按钮、热继电器 FR 常闭触点提供的信号等，都可以设置在 PLC 外部的硬件电路中，典型应用如图 2-36 所示。

（2）节省输出点数的措施

1）矩阵输出法。

图 2-37 中采用 8 个输出组成 4×4 矩阵，可接 16 个输出设备。

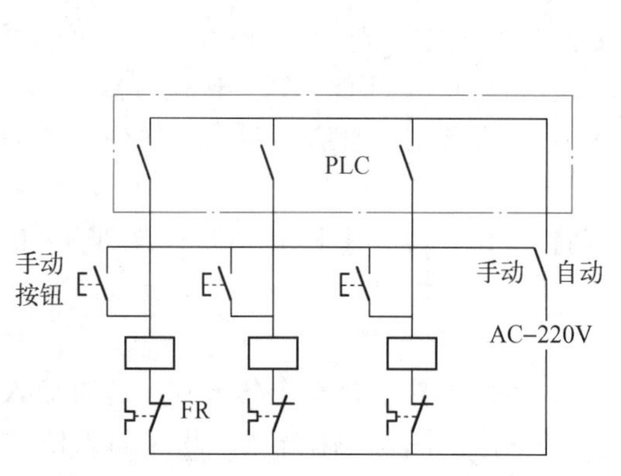

图 2-36　将输入信号设置在 PLC 外部硬件电路

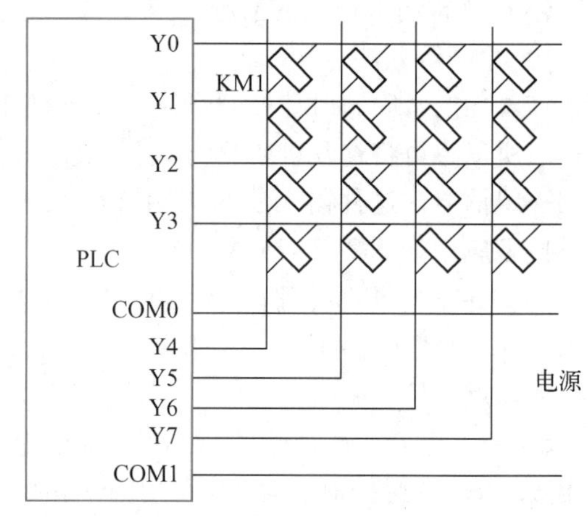

图 2-37　矩阵输出

由图 2-37 可知，要使某个负载接通工作，只要控制它所在的行与列对应的输出继电器接通即可。例如，要使负载 KM1 得电，只要控制输出继电器 Y0 和 Y4 主触点同时接通即可。所以，8 个输出点就可控制 16 个不同控制要求的负载，大大节省了输出点数。

值得注意的是，只有某一行（列）对应的输出继电器接通，各列（行）对应的输出继电器才可任意接通，否则将会出现错误接通负载。因此，采用矩阵输出时，必须要将同一时间段接通的负载安排在同一行或同一列中，否则无法控制。

2）外部译码输出。

用七段码译码指令 SEGD，可以直接驱动一个七段数码管，电路也比较简单，但需要 7 个输出端口。如果采用在输出端外部译码，则可减少输出点数的数量。外部译码的方法很多，如用七段码分时显示指令 SEGL，可以用 12 点输出控制 8 个七段数码管。

图 2-38 所示为利用集成电路 CD4511 组成的 1 位 BCD 码驱动电路，只用了 4 点输出。

如显示值小于8可用3点输出，显示值小于4可用2点输出。

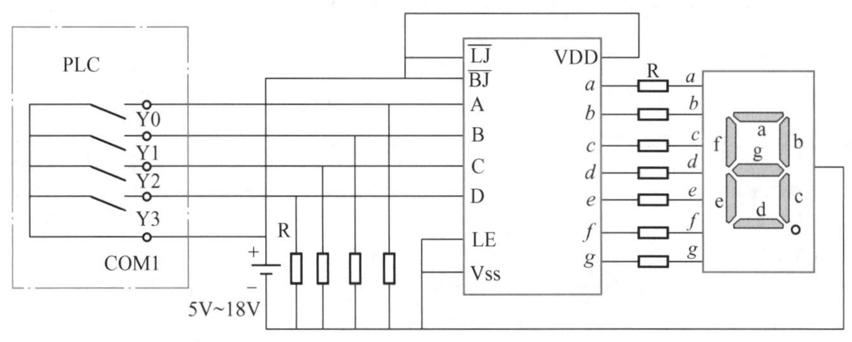

图2-38 BCD码驱动七段数码管电路图

此外，利用节省输入点数的方法2）、方法3）也可实现输出点数的节省，读者可参照进行分析和设计。

2.3.3 项目实施

1. I/O地址分配

根据图2-32所示Y-△减压起动控制线路控制要求，设定控制系统I/O地址分配表，见表2-14。

表2-14 I/O地址分配表

输入			输出		
元器件代号	地址号	功能说明	元器件代号	地址号	功能说明
SB1	X1	启动按钮	KM	Y1	电源控制
SB2	X2	停止按钮	KM_Y	Y2	星形（Y）联结
FR1	X3	热继电器	$KM_{\triangle}$	Y3	三角形（△）联结

2. 硬件接线图设计

根据表2-14所示I/O地址分配表，可对控制系统硬件接线图进行设计，如图2-39所示。

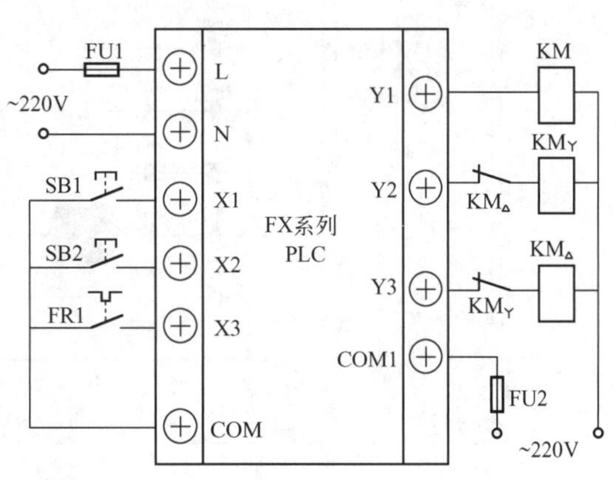

图2-39 硬件接线图

3. 控制程序设计

根据系统控制要求和I/O地址分配表，编写控制程序梯形图，如图2-40a所示。其对应的指令语句表如图2-40b所示。

由图2-39、图2-40可知，该程序能实现三相异步电动机Y-△减压起动控制功能，其工作原理请读者参照前述内容自行分析。

需要指出的是，该程序利用PLC内置定时器进行减压起动计时，而无需外接时间继电器，一方面可提高减压起动定时时间精度，另一方面降低了控制系统成本。

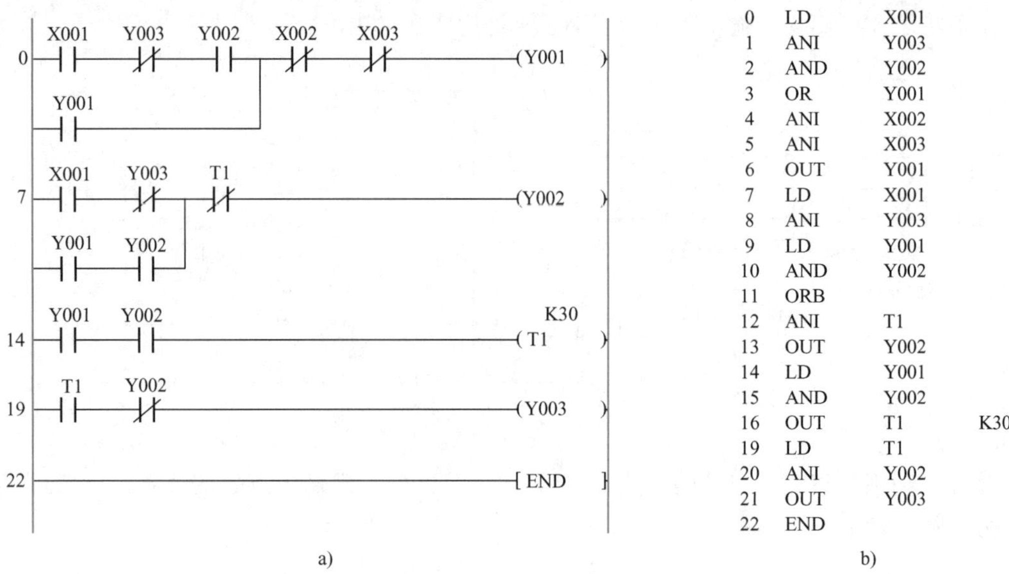

图 2-40　梯形图、指令语句表控制程序

a）梯形图　b）指令语句表

4. 系统仿真调试

1）按照图 2-39 所示 PLC 硬件接线图接线并检查、确认接线正确。

2）利用 GX 软件和 GX Simulator－6 仿真软件输入并运行程序，监控程序运行状态，分析程序运行结果，如图 2-41 所示。

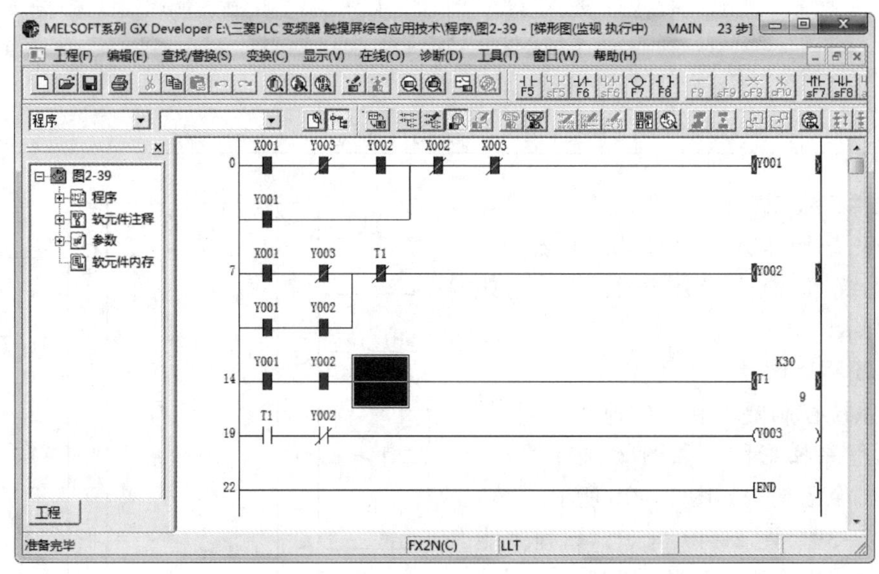

图 2-41　Y－△减压起动控制程序仿真调试

3）程序符合控制要求后再接通主电路试车，进行系统仿真调试，直到最大限度地满足系统控制要求为止。

*2.3.4　思维拓展与案例

1. 计数器指令

对三菱 FX 系列 PLC 而言，与定时器指令类似的是计数器指令，但也没有专门的计数器指令，而是用 RST、OUT 指令完成计数任务。

(1) 指令格式

计数器指令格式如图 2-42 所示。

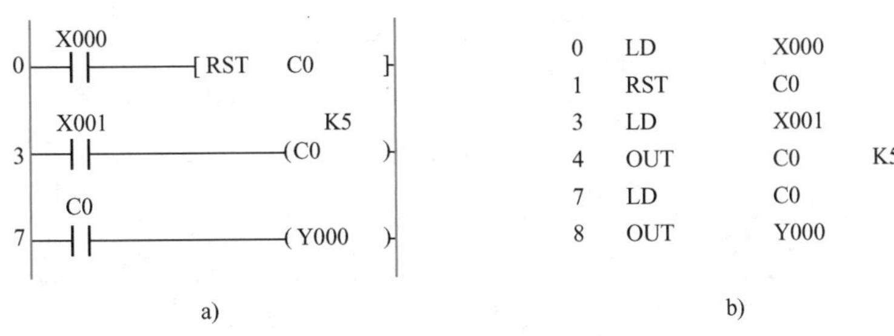

图 2-42　计数器指令及应用

a) 梯形图　b) 指令语句表

(2) 指令说明

图 2-42 中，X000 为计数器驱动输入条件，当 X000 为 ON 时，计数器 C0 清零并开始计数，此时 X001 为计数脉冲输入端，上升沿有效，当计数到达规定值时（图中 K = 5），C0 计数器动作，其常开触点 C0 接通，此时 Y000 有输出。当 X000 为 OFF 时，不执行计数器指令。

2. 拓展案例

在工程技术中，如图 2-43 所示的生产机械自动往返控制得到广泛应用。试分析该控制线路的控制功能，并用 FX_{2N}系列 PLC 对该控制线路进行技术改造。

(1) 控制要求分析

图 2-43 所示工作台自动往返控制器控制要求如下。

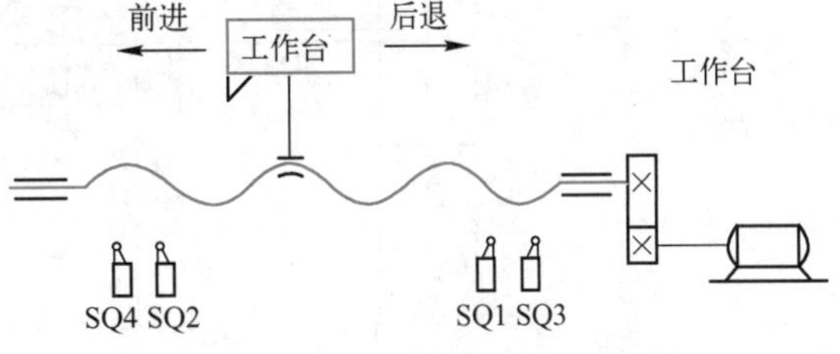

图 2-43　工作台自动往返控制示意图

1) 工作台工作方式有点动控制（供调试用）和自动连续控制两种方式。

2) 工作台有单循环与连续循环两种工作状态。工作于单循环状态时，工作台前进、后退一次循环后停在原位；工作于连续循环状态时，工作台由前进变为后退并使撞块压合 SQ1 为一次工作循环，循环 8 次后自动停止在原位。

3) 具有短路保护和电动机过载保护等必要的保护措施。

(2) 控制系统程序设计

1) I/O 地址分配。

根据控制要求，设定 I/O 地址分配表，见表 2-15。

表 2-15　I/O 地址分配表

输　入			输　出		
元器件代号	地　址　号	功能说明	元器件代号	地　址　号	功能说明
SA1	X0	点动/自动选择开关	KM1	Y0	交流接触器（控制正转）
SB1	X1	停止按钮	KM2	Y1	交流接触器（控制反转）
SB2	X2	正转起动按钮			
SB3	X3	反转起动按钮			
SA2	X4	单循环/连续循环选择开关			
SQ1	X5	行程开关			
SQ2	X6	行程开关			
SQ3	X7	行程开关			
SQ4	X10	行程开关			

2）硬件接线图设计。

根据表 2-15 所示 I/O 地址分配表，对控制系统硬件接线图进行设计，如图 2-44 所示。

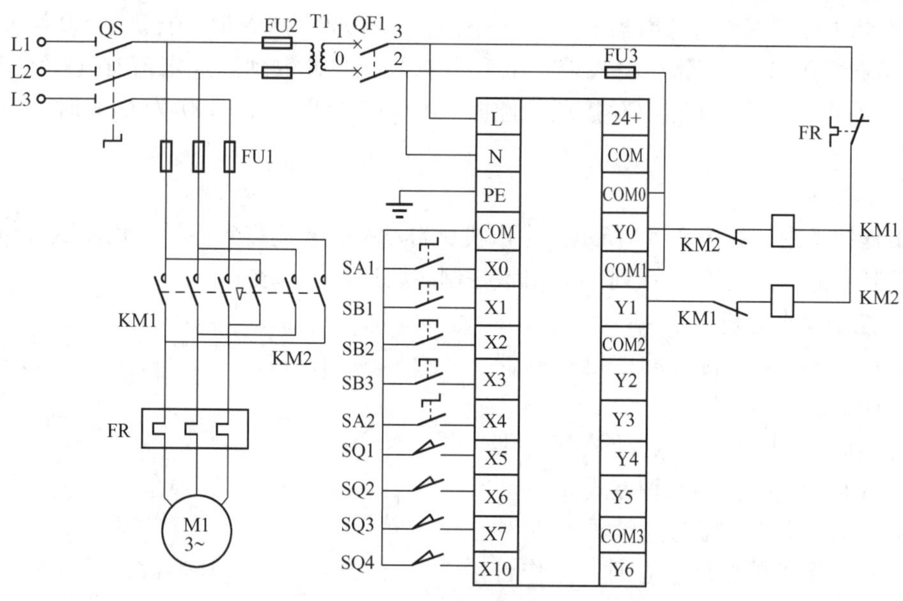

图 2-44　控制系统硬件接线图

3）控制程序设计。

根据系统控制要求和 I/O 地址分配表，编写控制程序梯形图如图 2-45a 所示。其对应的指令语句表如图 2-45b 所示。

由图 2-45 可知，该控制器控制对象是工作台，其工作方式有前进和后退。电动机正转时，通过丝杠使工作台前进；电动机反转时，通过丝杠使工作台后退。因此，基本控制程序

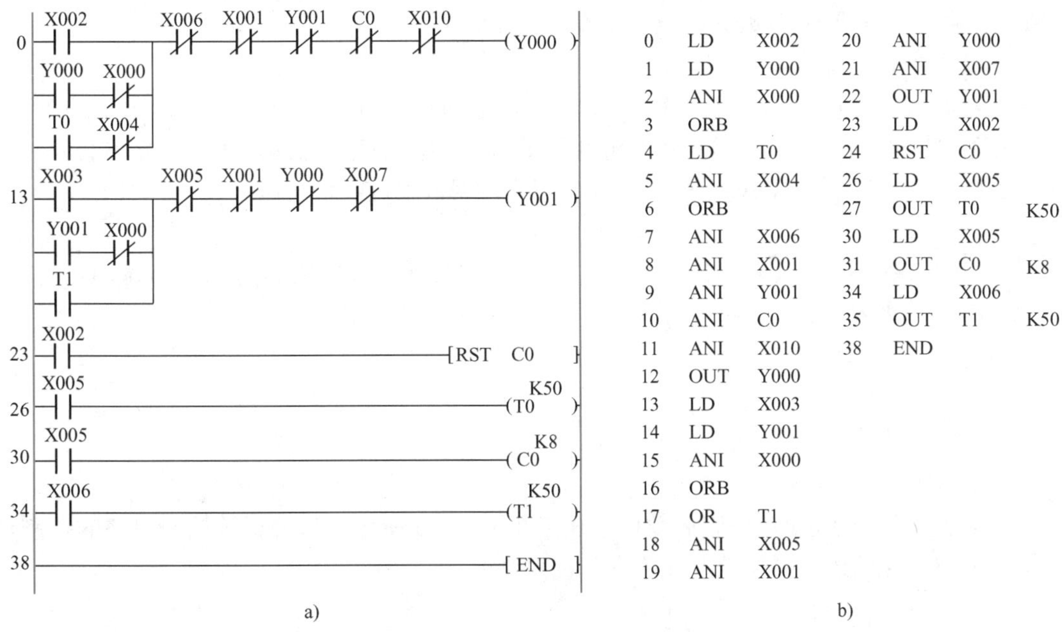

步序	指令	元件	常数	步序	指令	元件	常数
0	LD	X002		20	ANI	Y000	
1	LD	Y000		21	ANI	X007	
2	ANI	X000		22	OUT	Y001	
3	ORB			23	LD	X002	
4	LD	T0		24	RST	C0	
5	ANI	X004		26	LD	X005	
6	ORB			27	OUT	T0	K50
7	ANI	X006		30	LD	X005	
8	ANI	X001		31	OUT	C0	K8
9	ANI	Y001		34	LD	X006	
10	ANI	C0		35	OUT	T1	K50
11	ANI	X010		38	END		
12	OUT	Y000					
13	LD	X003					
14	LD	Y001					
15	ANI	X000					
16	ORB						
17	OR	T1					
18	ANI	X005					
19	ANI	X001					

图 2-45 梯形图、指令语句表控制程序

a）梯形图 b）指令语句表

是正反转控制程序。

① 工作台自动往返控制。

工作台前进中撞块压合行程开关 SQ2 后，SQ2 常开触点闭合，输入继电器 X006 常闭触点断开，输出继电器 Y000 失电复位，电动机停止运转，工作台停止前进。同时 X006 常开触点闭合，定时器 T1 开始计时，计时 5 s 后，T1 常开触点闭合，输出继电器 Y001 得电，电动机反转，驱动工作台后退，完成工作台由前进转为后退的动作。同理，撞块压合行程开关 SQ1 后，工作台完成由后退转为前进的动作。

② 点动控制。

在本程序中，采用开关 SA1（X000）实现点动/自动控制转换，即利用输入继电器 X000 常闭触点与实现自锁控制的常开触点 Y000、Y001 串联，实现点动/自动控制的选择。SA1 闭合时，X000 常闭触点断开，使 Y000、Y001 失去自锁功能，从而实现系统的点动控制。此时电动机工作状态由按钮 SB2、SB3 控制。

③ 单循环控制。

在本程序中，采用开关 SA2（X004）实现单循环控制。当 SA2 闭合时，输入继电器 X004 常闭触点断开，与其串联的 T0 常开触点失去作用，即在 T0 常开触点闭合后，输出继电器 Y000 线圈也不能得电，工作台不能前进。当 SA2 断开时，X004 常闭触点复位，程序实现连续循环功能。

④ 循环计数控制。

在本程序中，采用计数器累计工作台循环次数，计数器的计数输入信号由 X005（SQ1）提供。梯形图中 X002 为计数器驱动输入条件，X002 闭合时计数器 C0 清零，为计数循环次数作准备。SQ1 被压合 8 次后，X005 便通断 8 次，则 C0 就有 8 个计数脉冲输入，其常闭触点断开，输出继电器 Y000 线圈失电，工作台停在原位。

⑤ 保护环节控制。

工作台自动往返控制必须设置限位保护，SQ3、SQ4 分别为后退和前进方向的限位保护极限开关。当 SQ4 被压合后，X010 常闭触点断开，Y000 常开触点复位断开，工作台停止前进，实现限位保护功能。同理，压合 SQ3 后可实现后退限位保护功能。

项目 2.4　绕线转子异步电动机串电阻起动控制线路技术改造设计与实施

2.4.1　项目导入

1. 工作任务

绕线转子异步电动机串电阻起动控制线路如图 2-46 所示。请分析该控制线路的控制功能，并用 FX_{2N}系列 PLC 对该控制线路进行技术改造。

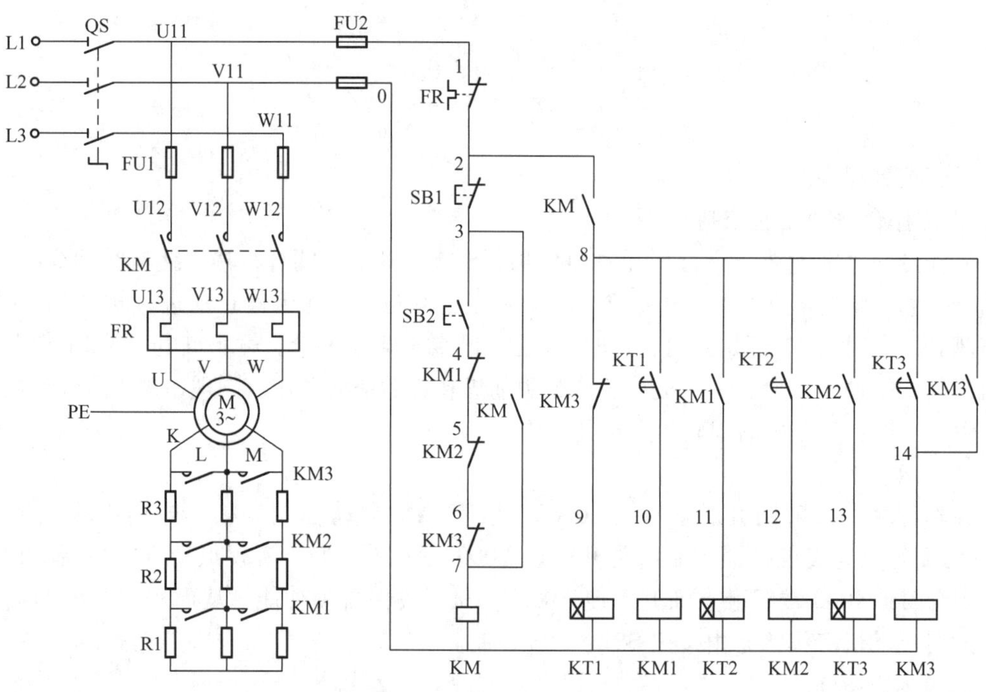

图 2-46　绕线转子异步电动机串电阻起动控制线路

该绕线转子异步电动机串电阻起动控制线路控制要求如下。

1）按下起动按钮 SB2，绕线转子异步电动机 M 串联电阻器 *R*1、*R*2、*R*3 减压起动运转。

2）经过时间 T1，接触器 KM1 得电工作，切除电阻器 *R*1，电动机转速加快；经过时间 T2、接触器 KM2 得电工作，切除电阻器 *R*2，电动机转速进一步加快；经过时间 T3，接触器 KM3 得电工作，切除电阻器 *R*3，电动机按额定转速运转，完成串电阻起动过程。

3）按下停止按钮 SB1，绕线转子异步电动机停止运转。

4）具有短路保护和过载保护等必要保护措施。

2. 考核内容

（1）根据图2-46所示电气控制线路图，分析该线路的控制功能。

（2）根据控制要求完成I/O地址分配表的编制。

（3）完成PLC控制系统硬件接线图的设计。

（4）按控制要求绘制梯形图、输入并调试控制程序。

（5）考核过程中注意“6S管理”要求。

3. 考核评价标准

该项目考核评价标准见表2-1。

2.4.2　知识链接

1. 关联基本指令介绍

本项目关联基本逻辑指令为脉冲输出指令。该类型指令的指令助记符、名称、功能、梯形图及操作元件和程序步长见表2-16。

表2-16　脉冲输出指令表

助记符	名　称	功　能	梯　形　图	可用软元件	程序步长
PLS	上升沿微分	上升沿微分输出	├┤├──[PLS M0]┤	Y、M（不含特殊辅助继电器）	2
PLF	下降沿微分	下降沿微分输出	├┤├──[PLF M1]┤	Y、M（不含特殊辅助继电器）	2

（1）指令应用技巧

1）PLS指令。脉冲上升沿微分指令，当检测到输入脉冲的上升沿时，PLS指令的操作元件Y或M产生一个扫描周期的脉冲信号输出。

2）PLF指令。脉冲下降沿微分指令，当检测到输入脉冲的下降沿时，PLF指令的操作元件Y或M产生一个扫描周期的脉冲信号输出。

（2）应用实例

PLS、PLF指令的应用实例如图2-47所示。

由图2-47c可知，使用PLS、PLF指令的微分功能，可以对输入开关信号进行脉冲处理，以适应不同的控制要求。脉冲输出宽度为一个扫描周期。

PLS、PLF指令的操作元件只能是Y和M，且均在输入接通或断开后的一个扫描周期内动作（置“1”）。值得注意的是，特殊辅助继电器不能作为PLS、PLF的操作元件。

2. PLC控制系统简介

在工程技术中，利用PLC构成工业控制系统已成为工程技术人员的优选方案之一。基于PLC的控制系统可分为集中式控制系统和分布式控制系统。

（1）集中式控制系统

集中式控制系统如图2-48所示。

图2-48a为典型的单台控制，即由1台PLC控制单台被控对象，这种系统对PLC的I/O点数和存储器存储容量要求较少，且控制系统的结构简单明了。需要指出的是，考虑到控制系统的功能扩展，应选择具有通信功能的PLC。

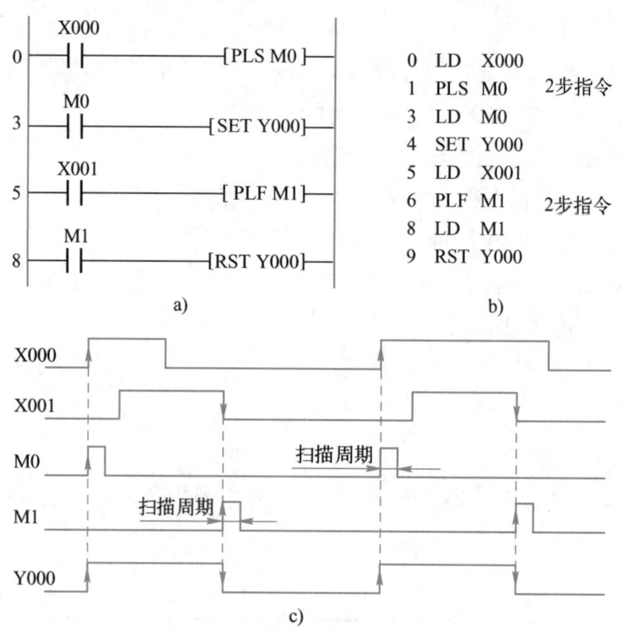

图 2-47 PLS、PLF 指令的应用实例

a）梯形图 b）指令语句表 c）波形图

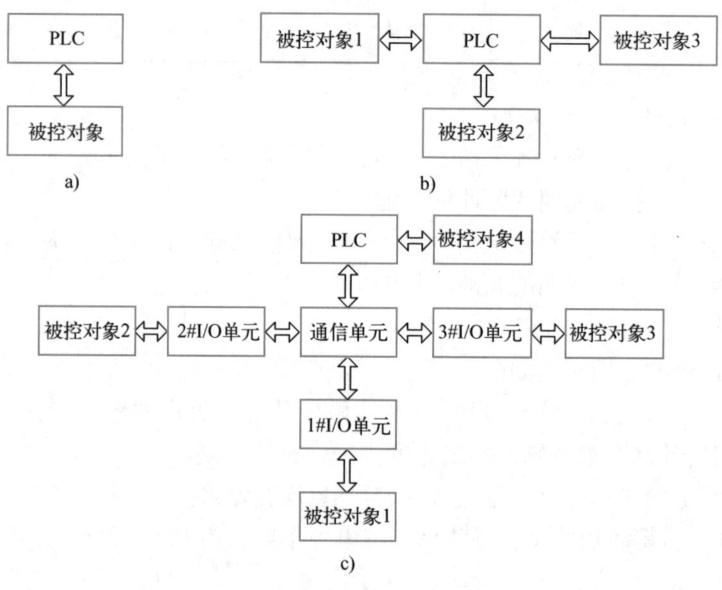

图 2-48 集中式控制系统

a）单台控制 b）多台控制 c）远程控制

图 2-48b 为 1 台 PLC 控制多台被控设备，每个被控对象与 PLC 的指定 I/O 相连接。该控制系统多用于控制对象所处的地理位置比较接近，且相互之间的动作有一定联系的领域。由于采用一台 PLC 控制，因此各被控设备之间数据状态的变换不需要另设专门的通信线路。如果各控制对象的地理位置比较远，而且大多数的输入、输出线都要引入控制器，这时需要的电缆线、施工量和系统成本就会增加，在这种情况下，建议使用远程 I/O 控制系统。

图2-48c为1台PLC构成远程I/O控制系统。PLC通过通信模块控制远程I/O模块。该控制系统适用于被控制对象远离集中控制室的场合。一个控制系统需要设置多少个远程I/O通道，视被控对象的分散程度和距离而定，同时还受所选PLC机型所能驱动I/O通道数的限制。

集中式控制系统的最大缺点是当某一控制对象的控制程序需要改变或PLC出现故障时，必须停止整个系统工作。因此，对于大型的集中式控制系统，可以采用冗余系统克服上述缺点。

（2）分布式控制系统

分布式控制系统如图2-49所示。

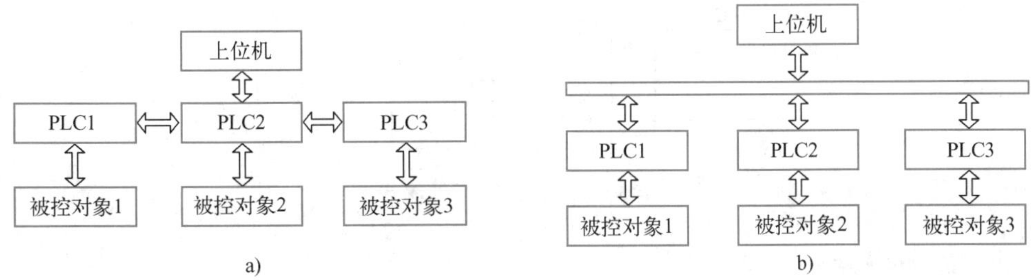

图2-49　分布式控制系统

a）通信方式1　b）通信方式2

由图2-49可知，该类型控制系统的被控对象比较多，它们分布在一个较大区域内，相互之间的距离较远，且各被控对象之间要求经常交换数据和信息。这种系统的控制由若干个相互之间具有通信联网功能的PLC构成，系统的上位机可以采用PLC，也可以采用计算机。在分布式控制系统中，每一台PLC控制一个被控对象，各控制器之间可以通过信号传递进行内部联锁、响应或发令等，也可由上位机通过数据总线进行通信。分布式控制系统多用于多台机械生产线的控制，各生产线间有数据连接。

由于各控制对象都有自己的PLC，当某一台PLC由于故障或调试而需停止时，不需要停止其他的PLC。当此系统与集中式控制系统具有相同的I/O点时，虽然系统总的构成价格偏高，但从维护、试运转或增设控制对象等方面看，其灵活性要大得多。

2.4.3　项目实施

1. I/O地址分配

根据控制要求，设定控制系统I/O地址分配表，见表2-17。

表2-17　I/O地址分配表

输　入			输　出		
元器件代号	地　址　号	功能说明	元器件代号	地　址　号	功能说明
FR	X1	过载保护	KM	Y1	电源控制
SB1	X2	停止按钮	KM1	Y2	切除电阻器 $R1$ 接触器
SB2	X3	起动按钮	KM2	Y3	切除电阻器 $R2$ 接触器
			KM3	Y4	切除电阻器 $R3$ 接触器

2. 硬件接线图设计

根据表2-17所示I/O地址分配表，可对控制系统硬件接线图进行设计，如图2-50所示。

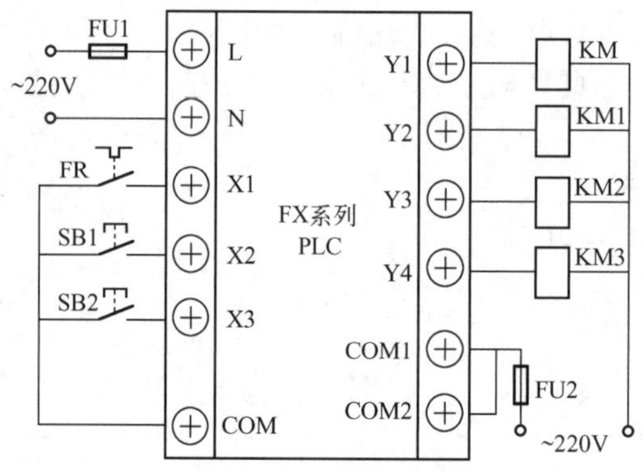

图2-50　控制系统硬件接线图

3. 控制程序设计

根据系统控制要求和I/O地址分配表，编写控制程序梯形图如图2-51a所示。其对应的指令语句表如图2-51b所示。

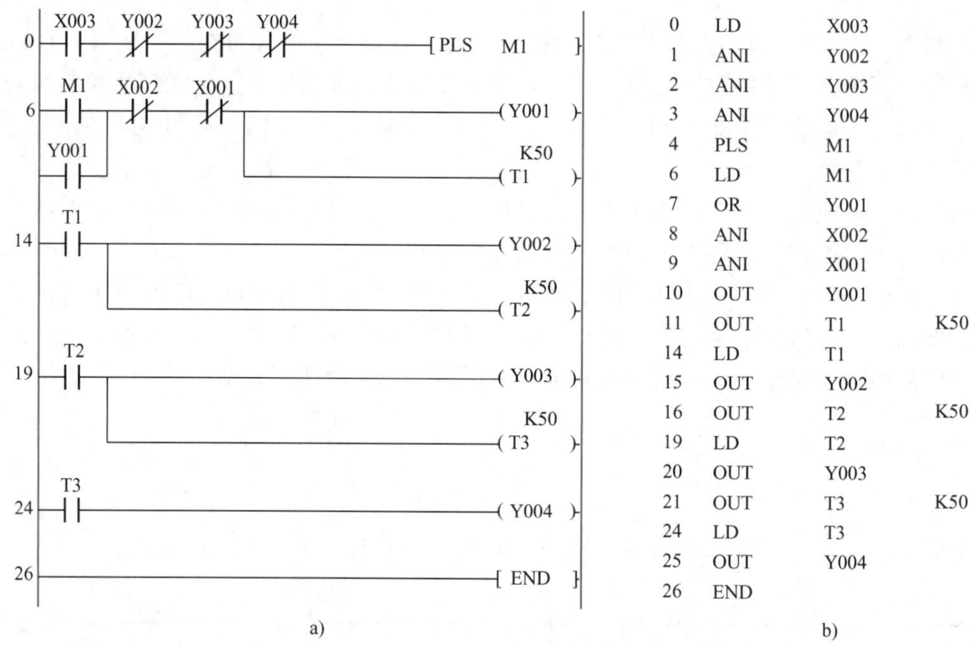

图2-51　梯形图、指令语句表控制程序

a）梯形图　b）指令语句表

4. 系统仿真调试

1）按照图2-50所示PLC硬件接线图接线，并检查、确认接线正确。

2）利用GX软件和GX Simulator-6仿真软件输入并运行程序，监控程序运行状态，分析程序运行结果，如图2-52所示。

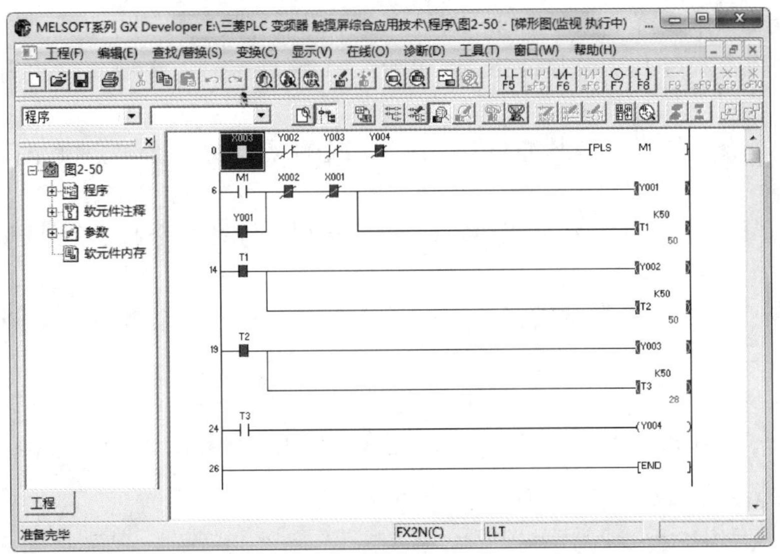

图 2-52　绕线转子异步电动机串电阻起动控制程序仿真调试

3）程序符合控制要求后再接通主电路试车，进行系统仿真调试，直到最大限度地满足系统控制要求为止。

*2.4.4　思维拓展与案例

1. 其他基本逻辑指令简介

FX_{2N}系列 PLC 共有 27 条基本指令，下面对前述项目未涉及的基本指令进行简单介绍。

（1）脉冲式触点指令

脉冲式触点指令的指令助记符、名称、功能、梯形图及操作元件和程序步长见表 2-18。

表 2-18　脉冲式触点指令表

助记符	名　称	功　能	梯　形　图	可用软元件	程序步长
LDP	取上升沿脉冲	上升沿脉冲逻辑运算开始	(Y000)	X、Y、M、S、T、C	2
LDF	取下降沿脉冲	下降沿脉冲逻辑运算开始	(Y000)	X、Y、M、S、T、C	2
ANDP	与上升沿脉冲	上升沿脉冲串联连接	(Y000)	X、Y、M、S、T、C	2
ANDF	与下降沿脉冲	下降沿脉冲串联连接	(Y000)	X、Y、M、S、T、C	2
ORP	或上升沿脉冲	上升沿脉冲并联连接	(Y000)	X、Y、M、S、T、C	2
ORF	或下降沿脉冲	下降沿脉冲并联连接	(Y000)	X、Y、M、S、T、C	2

1）指令应用技巧。

① LDP 指令。取上升沿脉冲指令，将触点（上升沿有效）接到左母线上。

② LDF 指令。取下降沿脉冲指令，将触点（下降沿有效）接到左母线上。

③ ANDP 指令。与上升沿脉冲指令，用于一个触点与另一个触点（上升沿有效）的串联。

④ ANDF 指令。与下降沿脉冲指令，用于一个触点与另一个触点（下降沿有效）的串联。

⑤ ORP 指令。或上升沿脉冲指令，用于一个触点与另一个触点（上升沿有效）的并联。

⑥ ORF 指令。或下降沿脉冲指令，用于一个触点与另一个触点（下降沿有效）的并联。

2）应用实例。

LDP、LDF、ANDP、ANDF、ORP、ORF 指令的应用实例如图 2-53 所示。

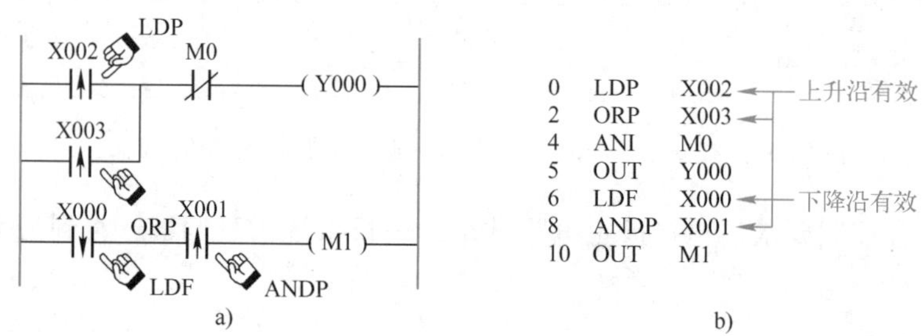

图 2-53　LDP、LDF、ANDP、ANDF、ORP、ORF 指令应用实例
a）梯形图　b）指令语句表

图2-53 中，在 X002 的上升沿或 X003 的上升沿，Y000 有输出，且接通一个扫描周期。对于 M1 输出，仅当 X000 的下降沿和 X001 的上升沿同时到达时，M1 输出一个扫描周期。

必须指出的是，图中的一个扫描周期是为了分析问题而被放大了的，实际工作中几乎看不到一个极其短暂的瞬间。

应用技巧：

◇ LDP、ANDP、ORP 指令是用来进行上升沿检测的指令，仅在指定位软元件的上升沿时（OFF→ON），输出软元件得电一个扫描周期 T 之后失电，又称为上升沿微分指令。

◇ LDF、ANDF、ORF 指令是用来进行下降沿检测的指令，仅在指定位软元件的下降沿时（ON→OFF），输出软元件得电一个扫描周期 T 之后失电，又称为下降沿微分指令。

（2）逻辑运算结果取反指令

逻辑运算结果取反指令的指令助记符、名称、功能、梯形图及操作元件和程序步长见表 2-19。

表 2-19　逻辑运算结果取反指令表

助记符	指令名称	功　能	梯　形　图	可用软元件	程序步长
INV	取反	运算结果的取反	─┤├──/──(Y000)─	无	1

INV 指令的应用实例如图 2-54 所示。

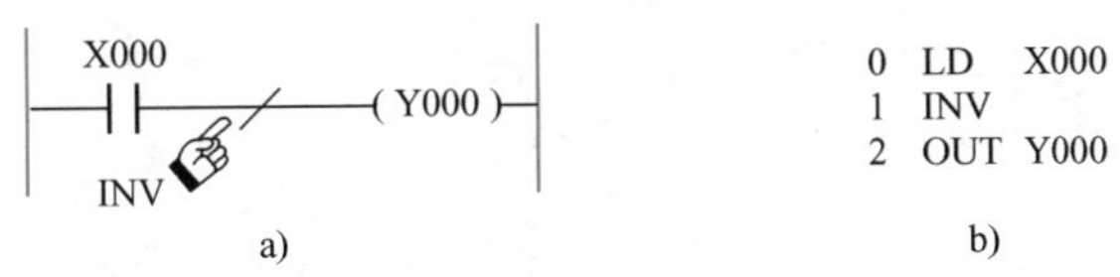

图2-54　INV指令的应用实例
a）梯形图　b）指令语句表

由图2-54可知，INV指令在梯形图中用一条倾斜成45°的短斜线来表示，它将使该指令之前的运算结果取反，如之前的运算结果为0，使用该指令后运算结果为1；如之前的运算结果为1，则使用该指令后运算结果为0。

图2-54中，如果X000为ON，则Y000为OFF；反之，如X000为OFF，则Y000为ON。

应用技巧：

◇ 利用INV指令编程时，需前面有输入量，即INV指令不能与母线直接相连，也不能像OR、ORI、ORP、ORF指令单独并联使用。

◇ 对含有较复杂电路进行编程时，例如在有块“与”（ANB）、块“或”（ORB）电路中，INV取反指令功能是仅对从LD、LDI、LDP、LDF指令开始到INV指令之前的运算结果取“反”。

（3）空操作指令

空操作指令的指令助记符、名称、功能、梯形图及操作元件和程序步长见表2-20。

表2-20　空操作指令表

助记符	指令名称	功　能	梯　形　图	可用软元件	程序步长
NOP	空操作	无动作	无	无	1

应用技巧：

◇ NOP指令的功能为：在调试程序时，用它来取代一些不必要的指令，即删除由这些指令构成的程序，但现在编程器的功能越来越强大，修改程序时可直接删除指令，因而很少使用NOP指令。此外，程序也可用NOP指令延长扫描周期。

2. 拓展案例

（1）控制要求分析

图2-55所示为某车库自动开关门控制器示意图。

该车库自动开关门控制器控制要求如下。

1）当行人（车）进入超声波发射范围内，超声波开关S01便检测出超声回波，从而产生输出电信号（S01 = ON），由该信号启动接触器KM1，电动机M正转，使卷帘上升开门。

2）在装置的下方装设一套光敏开关S02，用以检测是否有物体穿过库门。当行人（车）遮断了光束，光敏开关S02便检测到这一物体，产生电脉冲，当该信号消失后，启动接触器KM2使电动机M反转，从而使卷帘开始下降关门。

3）利用行程开关SQ1和SQ2检测库门的开门上限和关门下限，以停止电动机的转动。

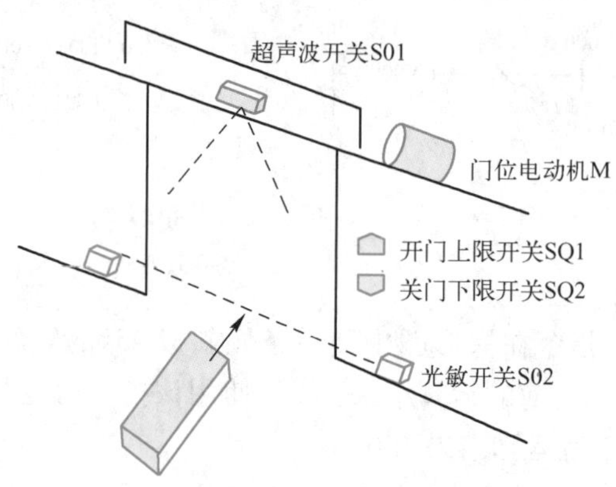

图 2-55　车库自动开关门控制器示意图

4）具有短路保护和联锁保护等必要保护措施。

（2）控制系统程序设计

1）I/O 地址分配。

根据控制要求，设定 I/O 分配表，见表 2-21。

表 2-21　I/O 地址分配表

输入			输出		
元器件代号	地址号	功能说明	元器件代号	地址号	功能说明
S01	X0	超声波开关	KM1	Y0	正转接触器
S02	X1	光敏开关	KM2	Y1	反转接触器
SQ1	X2	开门上限开关			
SQ2	X3	关门下限开关			

2）硬件接线图设计。

根据表 2-21 所示 I/O 地址分配表，可对系统硬件接线图进行设计，如图 2-56 所示。

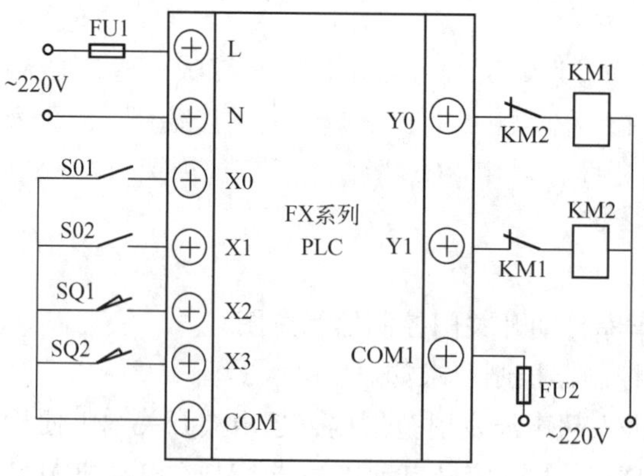

图 2-56　控制系统硬件接线图

3）控制程序设计。

根据系统控制要求和 I/O 地址分配表，编写控制程序梯形图如图 2-57a 所示，对应的指令语句表如图 2-57b 所示。

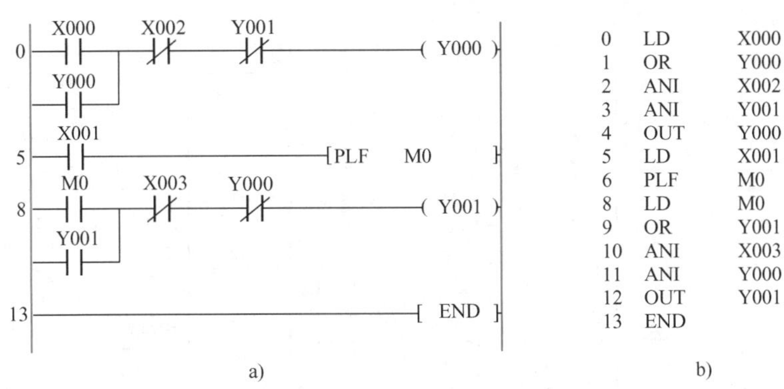

图2-57　梯形图、指令语句表控制程序
a）梯形图　b）指令语句表

由图2-56、图2-57可知，当行人（车）进入超声波发射范围时，S01接收超声回波，S01常开触点闭合，输入继电器X000常闭触点闭合，输出继电器Y000常开触点闭合实现输出驱动和自锁功能，此时Y000端口外接的接触器KM1线圈得电，其主触点闭合，电动机M正转使卷帘上升，实现自动开门控制功能。当卷帘上升碰到开门上限开关SQ1时，输入继电器X002常闭触点断开，输出继电器Y000常开触点复位，电动机M停止正转，开门结束。

当行人（车）遮挡了光束，光敏开关S02便检测到这一物体，产生电脉冲，输入继电器X001常闭触点闭合，但此时不能关门，必须在此信号消失后才能关门，因此，采用脉冲下降沿微分指令PLF，保证在信号消失时启动输出继电器Y001，实现自动关门控制功能。当关门下限开关SQ2被卷帘碰撞时，输入继电器X003常闭触点断开，输出继电器Y001断电复位，电动机M停止反转，关门结束。电路自动进入待机状态。

项目2.5　综合案例——C650型卧式车床电气控制系统技术改造设计与实施

2.5.1　项目导入

1. 工作任务

C650型卧式车床电气控制系统如图2-58所示。试分析该控制线路的控制功能，并用FX_{2N}系列PLC对该控制线路进行技术改造。

C650型卧式车床工作原理及控制要求如下。

1）C650型普通车床共有M1、M2、M3三台驱动电动机。其中M1为主轴电动机，功能为拖动主轴及进给传动系统运转；M2为冷却泵电动机，功能为供应切削液；M3为快速移动电动机，功能为拖动刀架快速移动。

2）主轴电动机M1由接触器KM、KM3、KM4控制，具有正反转控制、点动控制和双向反接制动功能。其具体控制过程如下。

按下按钮SB1，接触器KM和KM3通电工作，M1正向起动运转；按下按钮SB2，接触器KM和KM4通电工作，M1反向起动运转；按下按钮SB6，接触器KM3通电工作，M1串电阻点动运行；按下按钮SB4，M1反接制动停止。

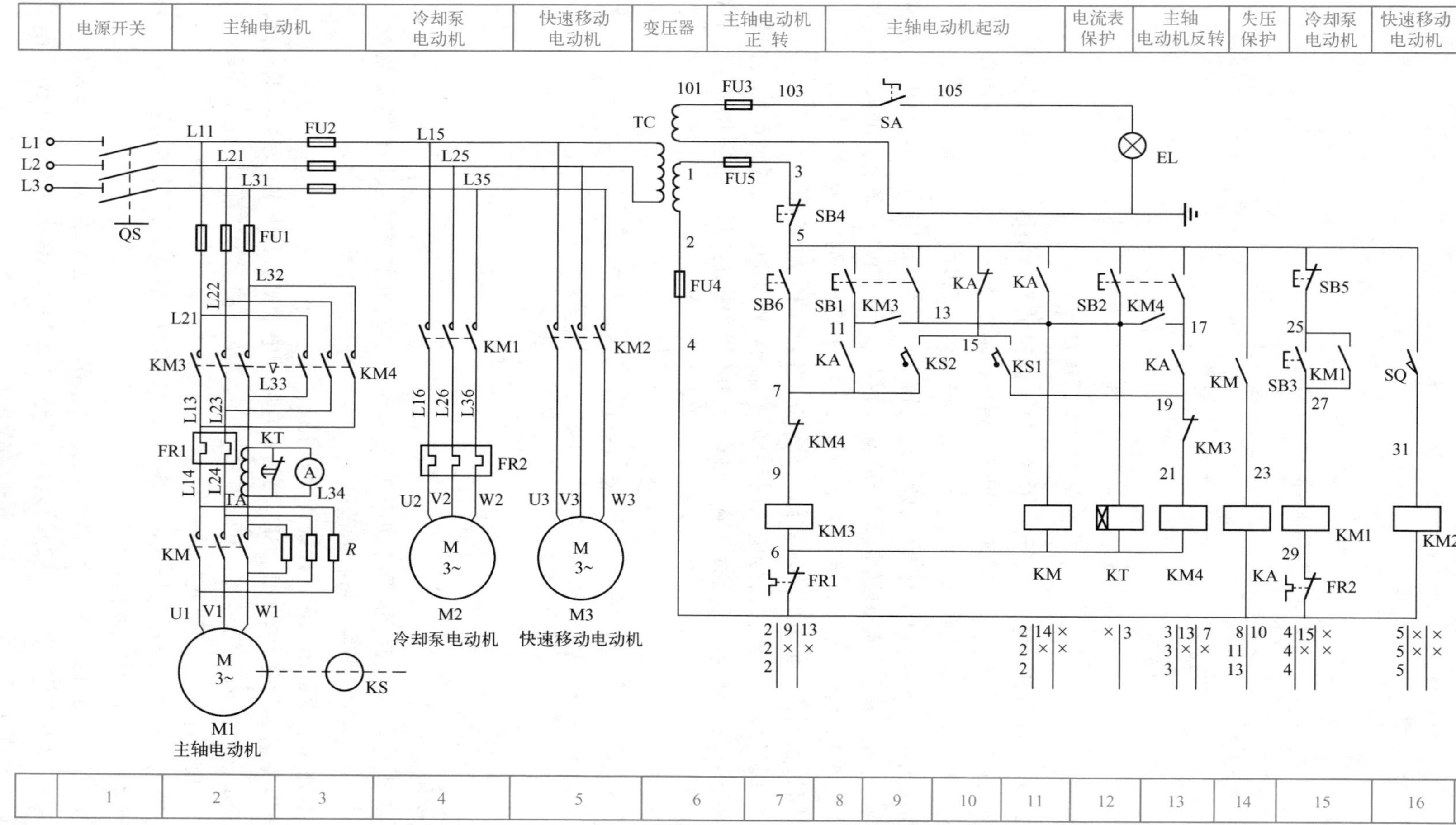

图2-58 C650型卧式车床电气控制线路

3）冷却泵电动机M2由接触器KM1控制，属于典型的单向运转控制电路。其具体控制过程如下：按下按钮SB3，接触器KM1通电工作，M2起动运转；按下按钮SB5，M2停止运行。

4）快速移动电动机M3由接触器KM2控制，属于典型的点动运转控制电路，其点动控制由行程开关SQ进行控制。

5）主轴电动机M1、冷却泵电动机M2设置热继电器，实现过载保护功能。因快速移动电动机M3短时工作，所以不设过载保护。此外，主轴电动机任何时刻只能一个方向运转，编程时应加必要的联锁限制。

6）为便于操作，C650型卧式车床设置总停止按钮SB4。按下SB4，控制电路断电，车床停止工作。

7）由于PLC可用内置定时器代替时间继电器KT，故图2-58中2区KT延时断开触点用中间继电器KA常闭触点代替，其他主电路保持不变。

2. 考核内容

1）根据图2-58所示电气控制线路图，分析该线路的工作原理及控制要求。

2）根据控制要求完成I/O地址分配表的编制。

3）完成PLC控制系统硬件接线图的设计。

4）按控制要求绘制梯形图、输入并调试控制程序。

5）考核过程中注意“6S管理”要求。

3. 考核评价标准

该项目考核评价标准见表2-1。

2.5.2　项目实施

1. I/O地址分配

根据控制要求，设定系统I/O地址分配表，见表2-22。

表2-22　I/O地址分配表

输入分配			输出分配		
元器件代号	地址号	功能说明	元器件代号	地址号	功能说明
SB1	X0	M1正转起动按钮	KM	Y0	M1全压运行接触器
SB2	X1	M1反转起动按钮	KM1	Y1	M2控制接触器
SB3	X2	M2起动按钮	KM2	Y2	M3控制接触器
SB4	X3	总停止按钮	KM3	Y3	M1正转接触器
SB5	X4	M2停止按钮	KM4	Y4	M1反转接触器
SB6	X5	M1点动按钮	KA	Y5	电流表A短接中间继电器
SQ	X6	M3点动行程开关			
FR1	X7	M1过载保护热继电器			
FR2	X10	M2过载保护热继电器			
KS1	X11	正转制动速度继电器动合触点			
KS2	X12	反转制动速度继电器动合触点			

2. 硬件接线图设计

根据表 2-22 所示 I/O 地址分配表，可对系统硬件接线图进行设计，如图 2-59 所示。

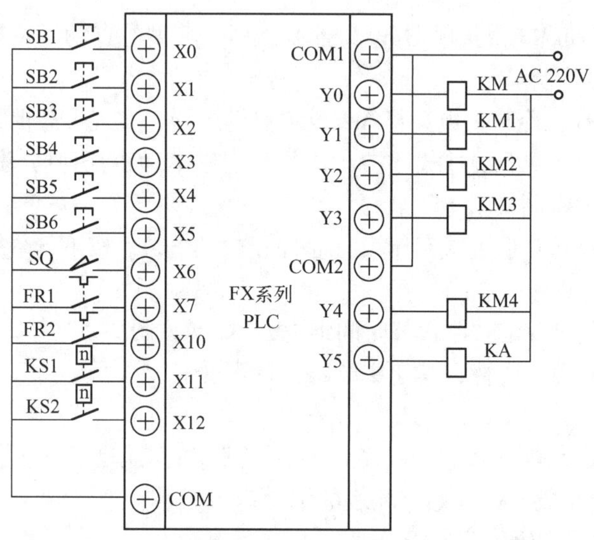

图 2-59　系统硬件接线图

3. 控制程序设计

根据系统控制要求和 I/O 地址分配表，编写控制程序梯形图如图 2-60a 所示。其对应的指令语句表如图 2-60b 所示。

程序设计说明：

1）主轴电动机正转控制。

按下 M1 正转起动按钮 SB1，第 1 逻辑行中 X000 闭合，Y000 接通并自锁，T0 接通并开始计时，第 3 逻辑行 X000 闭合，辅助继电器 M1 接通。第 2 逻辑行 Y000 常闭触点闭合，辅助继电器 M0 接通；第 5 逻辑行 M0、M1 常开触点闭合，Y003 接通，主轴电动机正转起动运转。

当主轴电动机正向旋转速度达到 100 r/min 时，第 6 逻辑行 X011 常开触点闭合，为主轴电动机正向旋转反接制动作好了准备。

T0 计时经过 5 s 后动作，第 9 逻辑行 T0 常开触点闭合，Y005 接通，电流表 A 开始监测主轴电动机的工作电流。

2）主轴电动机正转反接制动控制。

当 Y000、Y003、Y005 接通，主轴电动机正向运行时，按下停止按钮 SB4，第 1 逻辑行中 X003 常闭触点断开，Y000、T0 失电；第 3 逻辑行中 X003 常闭触点断开，M1 失电；第 5 逻辑行中 M1 常开触点复位断开，Y003 失电，切除主轴电动机正转运行电源，主轴电动机失电，但由于存在惯性，电动机仍然保持正向旋转。与此同时，第 6 逻辑行中 X003 常开触点闭合，Y004 接通，主轴电动机接入反转制动电源，使之产生一个反向转矩来制动主轴电动机的正向旋转，使主轴电动机的正转速度快速下降。当主轴电动机的正转速度下降至 100 r/min 时，正转时已闭合的速度继电器 KS1 触点断开，X011 常开触点复位断开，Y004 失电，切断主轴电动机反接制动电源，防止了主轴电动机的反向起动，完成了主轴电动机正向起动

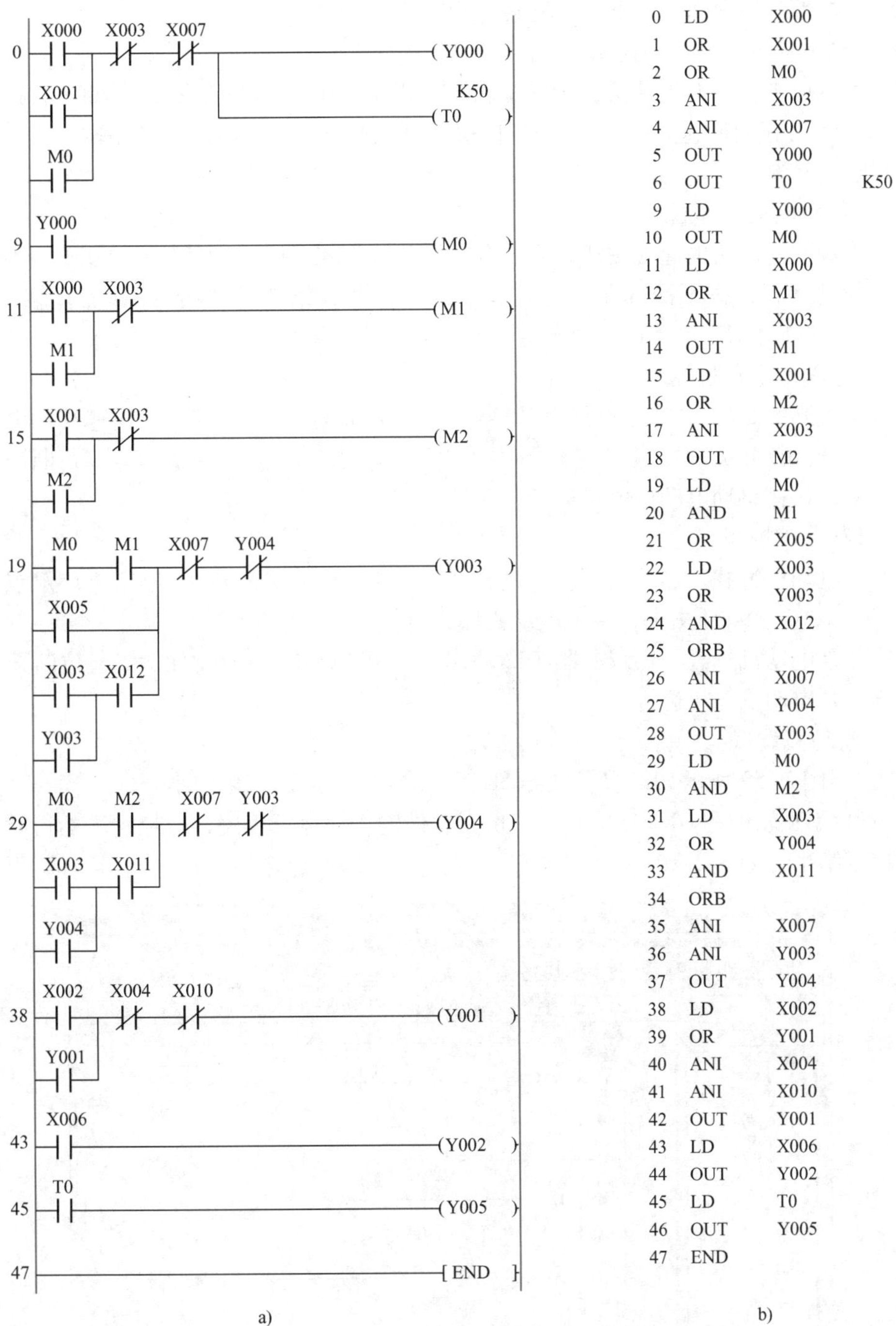

步	指令	元件	
0	LD	X000	
1	OR	X001	
2	OR	M0	
3	ANI	X003	
4	ANI	X007	
5	OUT	Y000	
6	OUT	T0	K50
9	LD	Y000	
10	OUT	M0	
11	LD	X000	
12	OR	M1	
13	ANI	X003	
14	OUT	M1	
15	LD	X001	
16	OR	M2	
17	ANI	X003	
18	OUT	M2	
19	LD	M0	
20	AND	M1	
21	OR	X005	
22	LD	X003	
23	OR	Y003	
24	AND	X012	
25	ORB		
26	ANI	X007	
27	ANI	Y004	
28	OUT	Y003	
29	LD	M0	
30	AND	M2	
31	LD	X003	
32	OR	Y004	
33	AND	X011	
34	ORB		
35	ANI	X007	
36	ANI	Y003	
37	OUT	Y004	
38	LD	X002	
39	OR	Y001	
40	ANI	X004	
41	ANI	X010	
42	OUT	Y001	
43	LD	X006	
44	OUT	Y002	
45	LD	T0	
46	OUT	Y005	
47	END		

b)

图2-60　梯形图、指令语句表控制程序

a）梯形图　b）指令语句表

运行时的停机反接制动控制过程。

3）主轴电动机反转控制及反接制动控制。

主轴电动机反转控制及反接制动控制程序设计说明与正转控制及反接制动控制过程相

似，请读者参照自行分析，在此不再赘述。

4）主轴电动机正向点动控制。

按下主轴电动机正向点动按钮 SB6，第 5 逻辑行 X005 常开触点闭合，Y003 接通，主轴电动机串电阻 *R* 正向低速点动运行；松开 SB6，Y003 断电，主轴电动机停转，从而实现主轴电动机点动控制功能。

5）冷却泵电动机控制。

按下冷却泵电动机的起动按钮 SB3，第 7 逻辑行 X002 常开触点闭合，Y001 接通，冷却泵电动机起动运行；按下冷却泵电动机停止按钮 SB5，第 7 逻辑行 X004 常闭触点断开，Y001 断电，切断冷却泵电动机电源，冷却泵电动机停止运行。

6）快速移动电动机控制。

压合位置开关 SQ，第 8 逻辑行中 X006 常开触点闭合，Y002 接通，快速移动电动机起动运行；松开位置开关 SQ，第 8 逻辑行中 X006 常开触点复位，Y002 断电，切断快速移动电动机电源，快速移动电动机停止运行。

7）过载保护控制。

当主轴电动机过载，热继电器 FR1 动作时，第 1、5、6 逻辑行中 X007 常闭触点复位断开，Y000、Y003、Y004 失电，主轴电动机停止运行。

当冷却泵电动机过载，热继电器 FR2 动作时，第 7 行中 X010 常闭触点复位断开，Y001 失电，冷却泵电动机停止运行。

4. 系统仿真调试

1）按照图 2-59 所示 PLC 硬件接线图接线并检查、确认接线正确。

2）利用 GX 软件和 GX Simulator－6 仿真软件输入并运行程序，监控程序运行状态，分析程序运行结果，如图 2-61 所示。

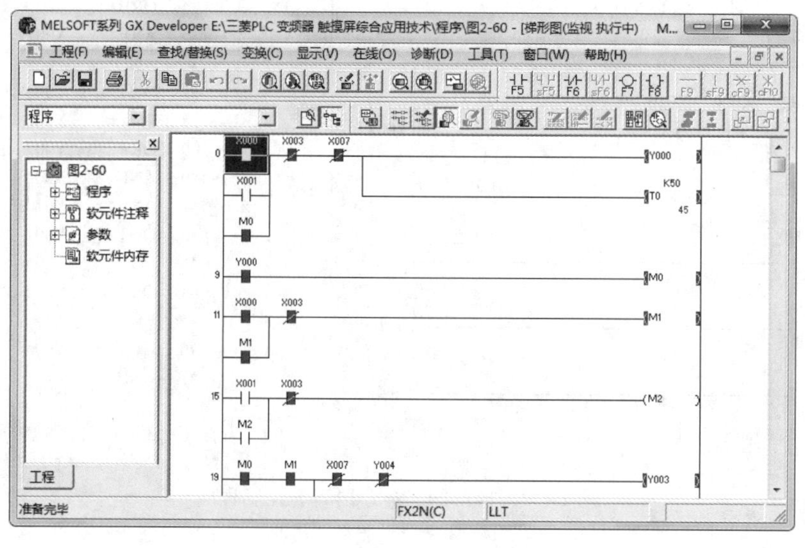

图 2-61　C650 型卧式车床控制程序仿真调试

3）程序符合控制要求后再接通主电路试车，进行系统仿真调试，直到满足系统控制要求为止。

思考与练习

2.1　简述 AND 指令与 ANB 指令、OR 指令与 ORB 指令之间的区别。

2.2　使用置位、复位指令，编写对两台电动机的控制程序，两台电动机控制程序要求如下。

1）起动时，电动机 M1 先起动，才能起动电动机 M2；停止时，电动机 M1 先停止，才能停止电动机 M2。

2）起动时，电动机 M1、M2 同时起动；停止时，电动机 M2 先停止，才能停止电动机 M1。

2.3　编写实现红、黄、蓝 3 种颜色信号灯循环显示程序（要求循环时间间隔为 1 s）；按照考核要求给出 I/O 地址分配、硬件接线图、控制程序。

2.4　使用基本指令编写高层建筑消防排烟系统控制程序，控制程序要求如下。

1）当烟雾传感器检测到有烟雾时，发出报警声，同时自动起动排烟系统进行排烟。

2）排烟过程：烟雾传感器对 PLC 发出传感信号，PLC 接到信号后起动排风扇 M1，同时排风扇运转指示灯亮；经过 1 s 后，送风机 M2 起动，同时送风机指示灯亮。此时接通报警扬声器报警。当烟雾排尽后，系统自动停机。

3）排风扇 M1 及送风机 M2 除可以自动起动外，还可由手动控制起动、停止。

2.5　资料搜集

登录工控人家园网（http://www.ymmfa.com/），收集、学习如下资料。

1）《FX 系列可编程控制器入门篇》。

2）《FX 系列 PLC 应用 101 例》。

模块 3
三菱 FX_{2N} 系列 PLC 在顺序控制系统中的应用

能力目标:

1. 掌握顺序功能图（SFC）与步进梯形图的转换方法
2. 掌握顺序控制系统设计方法，并能对步进梯形图进行仿真调试

知识目标:

1. 了解顺序功能图（SFC）及其程序设计方法
2. 掌握 FX_{2N} 系列 PLC 步进顺控指令的使用方法

项目 3.1　自动混料罐控制系统设计与实施

3.1.1　项目导入

1. 工作任务

图 3-1 所示为某自动混料罐控制系统示意图。试用 FX_{2N} 系列 PLC 对该控制系统进行设计并实施。

图 3-1 中，YV1、YV2 为进料电磁阀，其功能为控制两种液料的进罐。YV3 为出料电磁阀，其功能为控制混合液出罐。SQ1、SQ2、SQ3 分别为高、中、低液位检测开关，当液面淹没时分别输出罐内液位高、中、低的检测信号。此外，操作面板上设有起动按钮 SB1、停止按钮 SB2 和混料配方选择开关 S01，其中 S01 用于选择配方 1 或配方 2。

该自动混料罐控制系统控制要求如下。

1）在初始状态时，混料罐为空容器，电磁阀 YV1、YV2、YV3 均为关闭状态；液位检测开关 SQ1、SQ2、SQ3 均处于“OFF”状态；混料泵 M 处于停止运转状态。

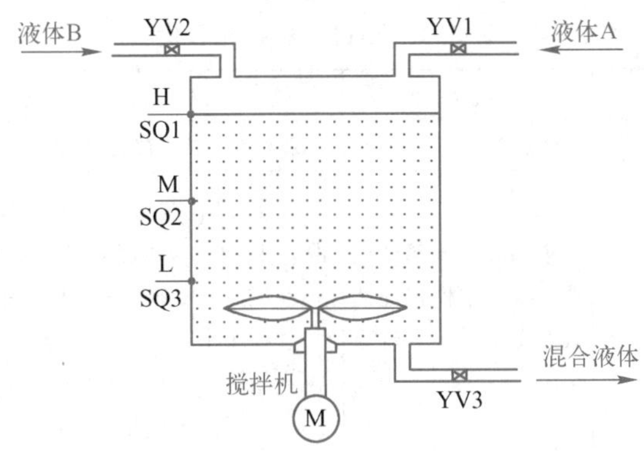

图 3-1　自动混料罐控制系统示意图

2）当按下起动按钮 SB1 后，混料罐按如图 3-2 所示的工艺流程开始运行，连续循环运行 3 次后自动停止，中途按停止按钮 SB2，混料罐完成一次循环后才能停止。

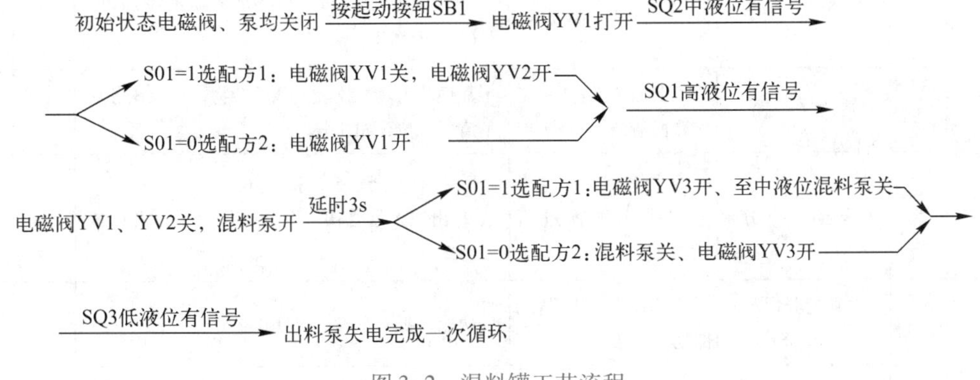

图 3-2　混料罐工艺流程

2. 考核内容

1）根据图 3-1 所示自动混料罐控制系统示意图，确定该系统控制功能。

2）根据控制要求完成 I/O 地址分配表的编制。

3）完成 PLC 控制系统硬件接线图的设计。

4）按控制要求设计顺序功能图（SFC），并绘制梯形图、输入并调试控制程序。

5）考核过程中注意“6S 管理”的要求。

3. 考核评价标准

（1）说明

1）本评价标准根据国家职业技能鉴定中心高级维修电工职业技能鉴定规范（考核大纲）编制。

2）项目考核评价由指导教师组织实施，指导教师可自行具体制定项目评分细则。

3）项目考核评价可根据项目实施情况，引入学生互评。

（2）考核评价标准

该项目考核评价标准见表 3-1。

表 3-1 项目考核评价标准

评价内容	序号	项目配分	考核要求	评分细则	扣分	得分
职业素养与操作规范（50 分）	1	工作前准备（5 分）	清点工具、仪表等	未清点工具、仪表等每项扣 1 分		
	2	安装与接线（15 分）	按 PLC 控制系统硬件接线图在模拟配线板上正确安装、规范操作	① 未关闭电源开关，用手触摸带电线路或带电进行线路连接或改接，本项记 0 分 ② 线路布置不整齐、不合理，每处扣 2 分 ③ 损坏元件扣 5 分 ④ 接线不规范造成导线损坏，每根扣 5 分 ⑤ 不按 I/O 接线图接线，每处扣 2 分		
	3	程序输入与调试（20 分）	熟练操作编程软件，将所编写的程序输入 PLC；按照被控设备的动作要求进行仿真调试，达到控制要求	① 不会熟练操作软件输入程序，扣 10 分 ② 不会进行程序删除、插入、修改等操作，每项扣 2 分 ③ 不会联机下载调试程序，扣 10 分 ④ 调试时造成元件损坏或者熔断器熔断，每次扣 10 分		
	4	清洁（5 分）	工具摆放整洁；工作台面清洁	乱摆放工具、仪表，乱丢杂物，完成任务后不清理工位，扣 5 分		
	5	安全生产（5 分）	安全着装；按维修电工操作规程进行操作	① 没有安全着装，扣 5 分 ② 出现人员受伤、设备损坏事故，考试成绩为 0 分		
操作（50 分）	6	功能分析（10 分）	能正确分析控制线路功能	功能分析不正确，每处扣 2 分		
	7	I/O 分配表（5 分）	正确完成 I/O 地址分配表	I/O 地址遗漏，每处扣 2 分		
	8	硬件接线图（5 分）	绘制 I/O 接线图	① 接线图绘制错误，每处扣 2 分 ② 接线图绘制不规范，每处扣 1 分		
	9	梯形图（15 分）	梯形图正确、规范	① 梯形图功能不正确，每处扣 3 分 ② 梯形图画法不规范，每处扣 1 分		
	10	功能实现（15 分）	根据控制要求，准确完成系统的安装调试	不能达到控制要求，每处扣 5 分		
评分人：			核分人：		总分	

3.1.2 知识链接

1. 认识顺序功能图（SFC）

顺序功能图（Sequential Function Chart，SFC）又称为功能表图，它是描述控制系统的控制流程功能和特性的一种图形语言，已被国际电工委员会（IEC）于 1993 年公布的《可编程序控制器编程语言标准（IEC61131 -3）》确定为 PLC 居首位的编程语言。SFC 虽然是居首位的 PLC 编程语言，但目前仅仅作为组织编程的工具使用，不能为 PLC 所执行。因此，还需要其他编程语言（主要是梯形图）将其转换成 PLC 可执行的程序。在这方面，三菱 FX 系列 PLC 的步进指令 STL 是最好的设计，利用 STL 指令可以非常方便地把 SFC 转换成步进梯形图程序。

（1）顺序功能图（SFC）的组成

SFC 使用状态元件描述工步状态的工艺流程图，由基本要素步（状态）、有向连线和转移条件构成，如图 3-3 所示。

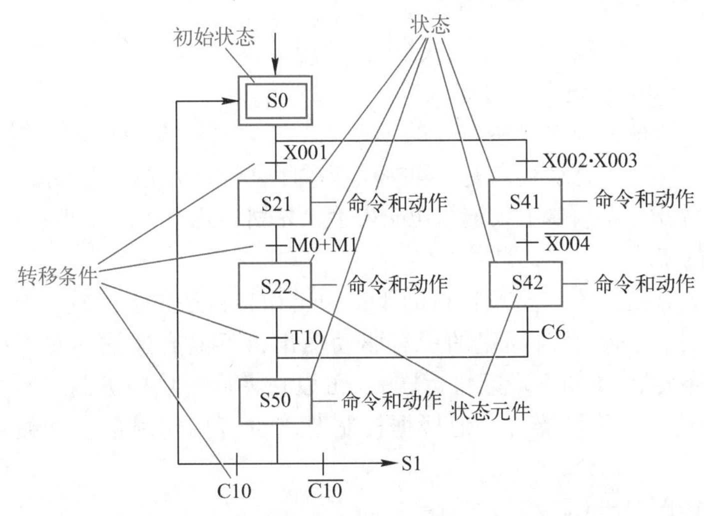

图 3-3　SFC 组成结构

1）步（状态）。SFC 中的步是指控制系统的一个工作状态。在三菱 FX 系列 PLC 中，将“步”称为“状态”，下面均以“状态”术语代替“步”进行分析。

状态分为“初始状态”和“一般状态”。在 SFC 中，初始状态用双线矩形框表示，一般状态用单线矩形框表示。状态框中都有一个表示该状态的状态继电器编号，称为“状态元件”。FX_{2N}系列 PLC 内部状态继电器的分类、编号、数量及用途已在模块 1 中进行了介绍，此处不再赘述。图 3-3 中，S0 为初始状态，S21、S22、S41、S42、S50 均为一般状态。

在 SFC 中，如果某一个状态被激活，则这个状态称为激活状态，又称为活动步。状态被激活的含义是：该状态的所有命令与动作均会得到执行，而未被激活状态的命令与动作均不能得到执行；当下一个状态被激活时，前一个状态自动转换为非激活状态。

2）有向连线。有向连线是状态与状态之间的连接线。它表示了 SFC 中的状态转移方向，如图 3-3 中状态矩形框之间的连接直线。一般激活状态的进展方向是从上到下，因此，这两个方向上有向连线箭头可以省略。如果不是上述方向，例如发生跳转、循环等，则必须用带箭头的有向线段表示转移方向。此外，当顺序控制系统太复杂时，会产生中断的有向连线，此时必须在中断处注明其转移方向。

3）转移条件。在 SFC 中，有向连线上的垂直短线和它旁边标注的文字符号或逻辑表达式表示状态转移条件。只有转移条件满足时，SFC 中的状态才能进行转换。例如图 3-3 中，X001、$\overline{X002 \cdot X003}$分别为初始状态 S0 转换至状态 S21、S41 的转换条件，当 X001 为 ON

时，S21 被激活；当 X002 · X003 为 ON 时，S41 被激活。

（2）顺序功能图（SFC）程序设计步骤

利用顺序功能图（SFC）进行程序设计时，一般需要以下几个步骤。

1）分析工艺控制过程。

2）列出 I/O 地址分配表。

3）设计系统硬件接线图。

4）根据控制要求，把控制过程分解为顺序控制的各个工步。

5）根据分解的工步，画出顺序功能图（SFC）。

6）根据 SFC 直接编辑步进梯形图或指令语句表。

7）输入程序至 PLC，进行仿真或调试。

其中，最重要的是工步划分和 SFC 的编制。一般来说，在单机设备中，工步是根据动作顺序进行划分。对生产流水线来说，除按动作顺序进行划分外，也可按工艺流程的时间进行划分。工步的划分可先从整个系统的功能入手，先划分几个大的工步，然后对每个大的工步再划分更详细的工步。

SFC 的编制重点是每个工步所执行的驱动输出和转移条件的实现。驱动输出必须要从整个系统出发考虑，在该段时间里的所有驱动输出，不能有遗漏。对于一些在整个工作周期里都在工作的输出（如主电动机运转），可以在梯形图块中编制，不要在 SFC 块中设计。转移条件一般为开关量器件，但根据控制要求也可用定时器、计数器触点作为转移条件。

（3）顺序功能图（SFC）编写注意事项

一般情况下，顺序功能图编写时应注意如下事项。

1）SFC 中两个状态之间必须用转换条件隔开，不允许两个状态直接相连。

2）SFC 中的初始状态一般对应于控制系统等待启动的状态，初始状态是必不可少的。

3）顺序控制系统一般要求多次重复执行同一工艺过程，因此在 SFC 中一般应有由状态和有向连线组成的闭环，即在完成一次工艺过程的全部操作之后，应从最后状态返回初始状态，系统停留在初始状态。

4）SFC 中，只有当某一状态的前级状态处于激活状态时，该状态才有可能变成激活状态。如果用没有断电保持功能的编程元件代表各状态，进入 RUN 工作方式时，它们均处于 OFF 状态，必须用初始化脉冲辅助继电器 M8002 的常开触点作为转换条件，将初始状态预置为激活状态，否则由于 SFC 中无激活状态，系统将无法工作。

5）SFC 主要用来描述自动工作过程，如果系统有自动、手动两种工作方式，这时还应在系统由手动工作方式进入自动工作方式时，用一个适当的信号将初始状态置为活动步。

2. 步进顺控指令介绍

步进顺控指令的指令助记符、名称、功能、梯形图、操作元件及程序步长见表 3-2。

（1）指令应用技巧

1）STL 指令。步进开始指令，从左母线连接步进接点，使左母线向右移动，形成副母线。

2）RET 指令。步进结束指令，使由 STL 指令所形成的副母线复位。

表 3-2　步进顺控指令表

助记符	指令名称	功　能	梯　形　图	可用软元件	程序步长
STL	步进开始	步进梯形图开始	STL—(Y000)	S0～S899	1
RET	步进结束	步进梯形图结束	—[RET]	无	1

（2）应用实例

STL 和 RET 指令的应用实例如图 3-4 所示。

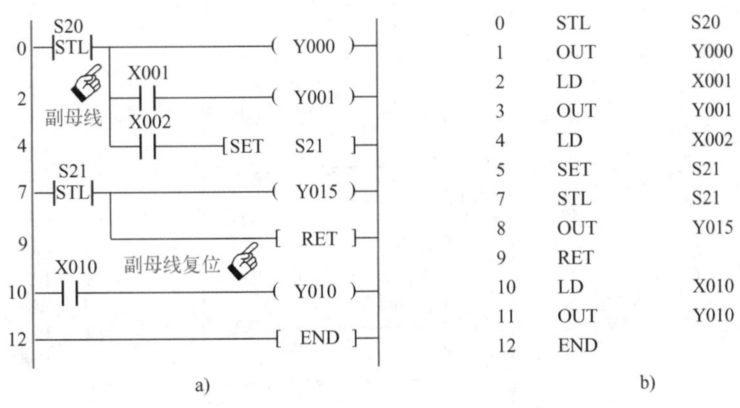

图 3-4　STL 和 RET 指令的应用实例
a）梯形图　b）指令语句表

由图 3-4 可知，步进接点只有常开触点，没有常闭触点，步进接点接通，需要用 SET 指令进行置位。步进接点闭合，其作用如同主控触点闭合一样，将左母线移到新的临时位置，即移到步进接点右边，相当于副母线。这时，与步进接点相连的逻辑行开始执行。如 X002 常开触点闭合后，执行 SET S21 指令，步进接点 S21 被置位，程序由状态 S20 转换到状态 S21，完成步进功能。

 **应用技巧：**

◇ STL 和 RET 是一对指令，但在每条步进指令 STL 后面，不必都加一条 RET 指令，只需在一系列 STL 指令的最后接一条 RET 指令即可，但必须要有 RET 指令。

◇ 在中断程序与子程序内，不能使用 STL 指令。在 STL 指令内可以使用跳转指令，但因其动作复杂，一般不要使用。

3. 顺序功能图（SFC）与步进梯形图的转换

顺序控制程序可以用顺序功能图（SFC）进行编制，也可以用步进梯形图（STL 图）或指令语句表编制，其实质内容是一样的，三者之间可以相互转换。

【例 3-1】根据图 3-5 所示顺序功能图（SFC），画出对应的步进梯形图并写出对应的指令语句表。

【解析】顺序功能图（SFC）中每一个方框代表一个状态，并标出了相应的状态控制元件（S）。画步进梯形图或写指令语句表时应从 M8002 开始，进入状态应使用 SET 指令，然

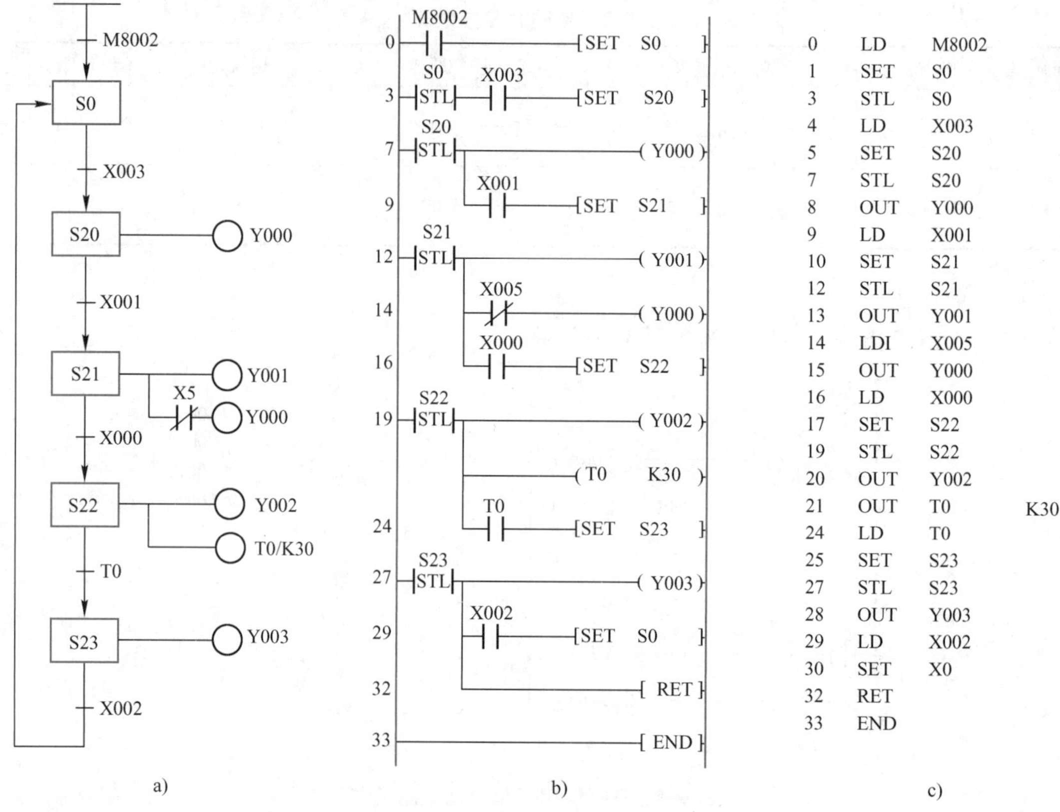

图 3-5　SFC 图、STL 图和指令语句表的转换
a）SFC 图　b）步进梯形图　c）指令语句表

后取用相应的状态接点，将状态方框后的状态任务、转移条件以及转移方向画在状态接点后面，直到最后一次步进接点的状态任务和转移方向画完后再加入一条 RET 指令，最后以 END 指令结束。图 3-5a 所示顺序功能图（SFC）对应的步进梯形图和指令语句表分别如图 3-5b、图 3-5c 所示。

3.1.3　项目实施

1. I/O 地址分配

根据图 3-1 所示自动混料罐控制系统控制要求，设定系统 I/O 地址分配表，见表 3-3。

表 3-3　I/O 地址分配表

输　入			输　出		
元器件代号	地址号	功 能 说 明	元器件代号	地址号	功 能 说 明
SQ1	X0	高液位检测开关	YV1	Y0	A 液体进料电磁阀
SQ2	X1	中液位检测开关	YV2	Y1	B 液体进料电磁阀
SQ3	X2	低液位检测开关	KM	Y2	混料泵控制接触器
SB1	X3	起动按钮	YV3	Y3	混合液体出料电磁阀
SB2	X4	停止按钮			
S01	X5	混料配方选择开关			

2. 硬件接线图设计

根据表3-2所示I/O地址分配表，可对系统硬件接线图进行设计，如图3-6所示。

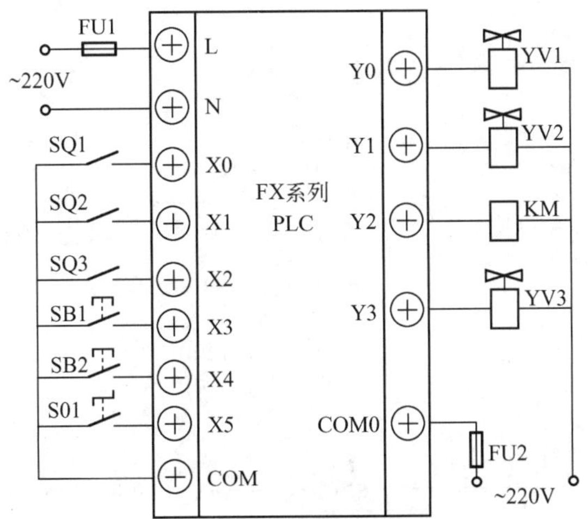

图3-6　系统硬件接线图

3. 控制程序设计

根据系统控制要求和I/O地址分配表，编写控制程序顺序功能图如图3-7所示。

由图3-7可知，本程序采用定时器、计数器进行定时、计数控制，即定时器实现3 s延时控制功能，计数器实现3次循环功能。各状态元件分配见表3-4。

表3-4　状态元件分配表

状态名称	软元件	功能说明
状态0	S0	初始状态
状态20	S20	液体A进液
状态21	S21	混料配方选择（进液）
状态22	S22	混料泵搅拌
状态23	S23	混料配方选择（搅拌）
状态24	S24	混合液体出液

自动混料罐控制器对应的梯形图、指令语句表程序如图3-8所示。

4. 系统仿真调试

1）按照图3-6所示系统硬件接线图接线并检查、确认接线正确。

2）利用GX软件和GX Simulator-6仿真软件输入并运行程序，监控程序运行状态，分析程序运行结果。

3）程序符合控制要求后再接通主电路试车，进行系统仿真调试，直到满足系统控制要求为止。

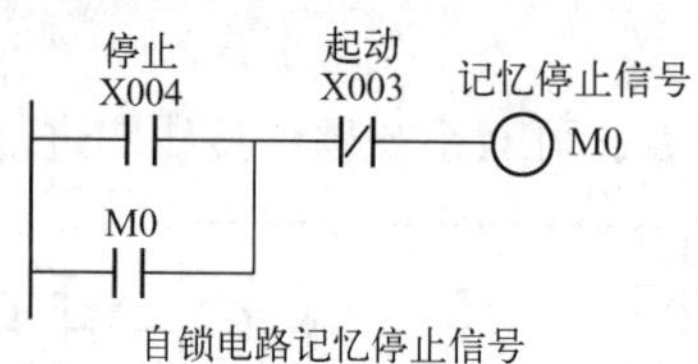

自锁电路记忆停止信号

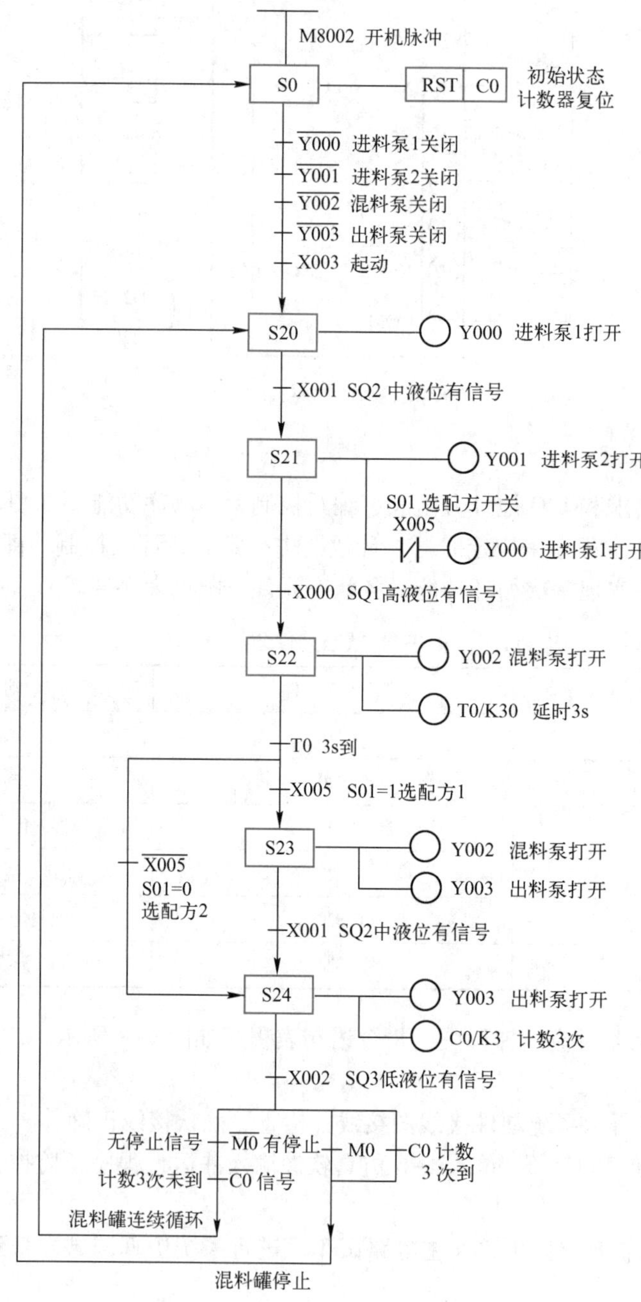

图 3-7 自动混料罐控制系统顺序功能图

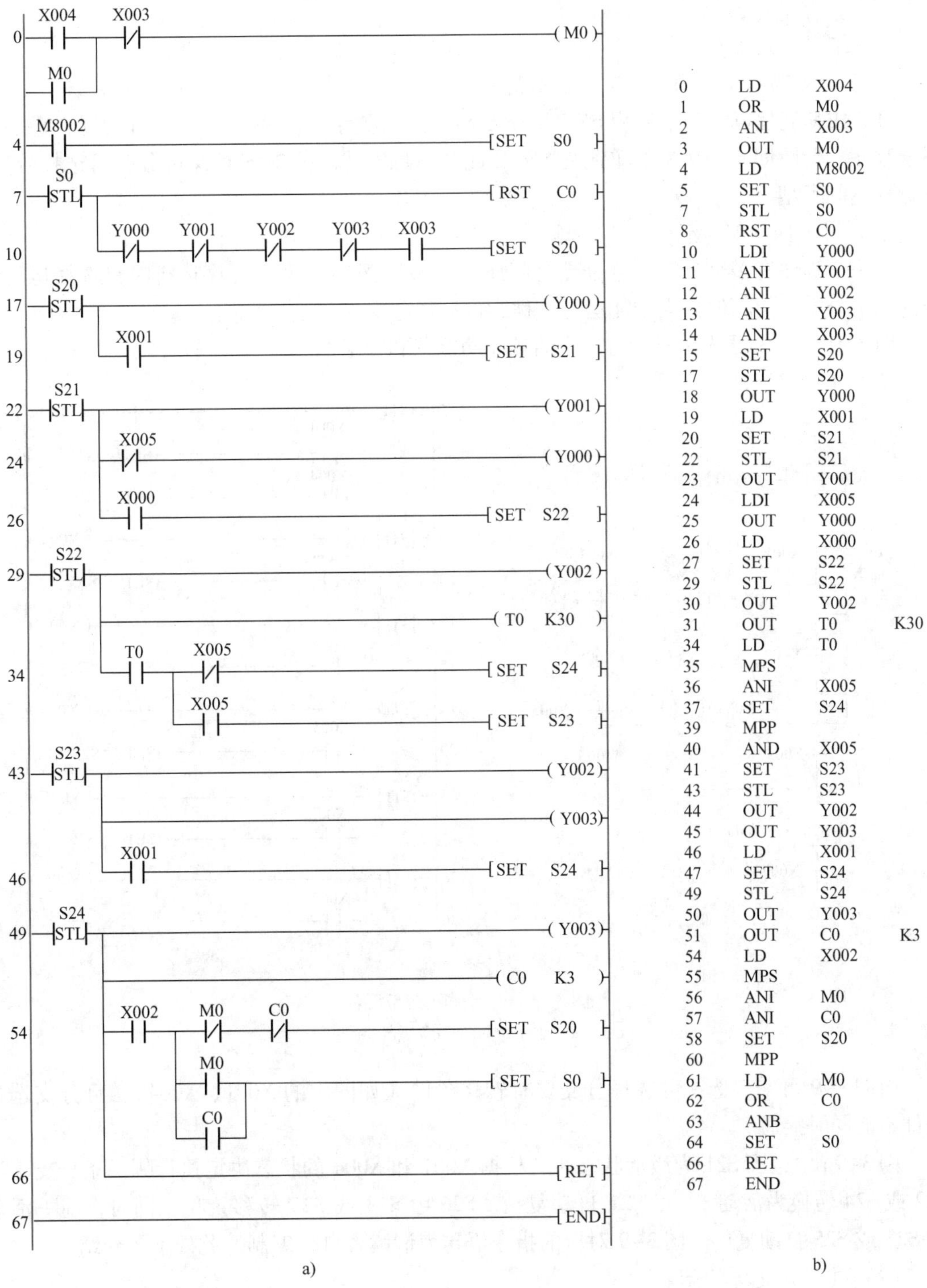

0	LD	X004	
1	OR	M0	
2	ANI	X003	
3	OUT	M0	
4	LD	M8002	
5	SET	S0	
7	STL	S0	
8	RST	C0	
10	LDI	Y000	
11	ANI	Y001	
12	ANI	Y002	
13	ANI	Y003	
14	AND	X003	
15	SET	S20	
17	STL	S20	
18	OUT	Y000	
19	LD	X001	
20	SET	S21	
22	STL	S21	
23	OUT	Y001	
24	LDI	X005	
25	OUT	Y000	
26	LD	X000	
27	SET	S22	
29	STL	S22	
30	OUT	Y002	
31	OUT	T0	K30
34	LD	T0	
35	MPS		
36	ANI	X005	
37	SET	S24	
39	MPP		
40	AND	X005	
41	SET	S23	
43	STL	S23	
44	OUT	Y002	
45	OUT	Y003	
46	LD	X001	
47	SET	S24	
49	STL	S24	
50	OUT	Y003	
51	OUT	C0	K3
54	LD	X002	
55	MPS		
56	ANI	M0	
57	ANI	C0	
58	SET	S20	
60	MPP		
61	LD	M0	
62	OR	C0	
63	ANB		
64	SET	S0	
66	RET		
67	END		

b)

图 3-8　自动混料罐控制器梯形图、指令语句表

a）梯形图　b）指令语句表

3.1.4 思维拓展与案例

1. 多分支顺序功能图（SFC）的处理

SFC 按其流程可分为单流程 SFC 和分支 SFC 两大类结构。图 3-7 所示自动混料罐控制系统顺序功能图即属于典型的单流程 SFC，此处不再赘述。分支 SFC 又可分为可选择分支、并行分支等类型。

（1）可选择分支与汇合

当一个程序有多个分支，且分支之间属于“或”逻辑关系，程序运行时只选择运行其中的一个分支，而其他分支不能运行，称为可选择分支。

图 3-9 所示为可选择分支与汇合的顺序功能图和梯形图。

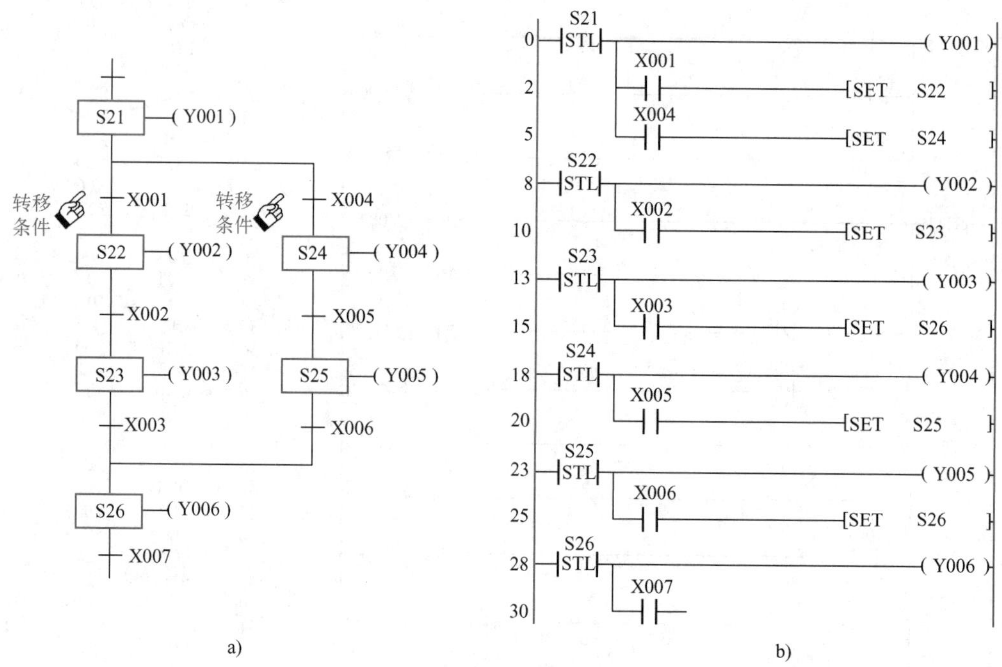

图 3-9 可选择分支与汇合
a）顺序功能图 b）梯形图

由图 3-9 可知，选择可选择分支要有转移条件（如图中的 X001、X004），且分支选择条件不能同时接通。

图 3-9a 中，当 S21 为激活状态时，根据 X001 和 X004 的状态决定执行哪一条分支。当 S22 或 S24 转换为活动步时，S21 自动复位。S26 由 S23 或 S25 转移置位，同时，前一活动步 S23 或 S25 自动复位。图 3-9 对应的指令语句表请读者自行编制，此处不予介绍。

（2）并行分支与汇合

当一个程序有多个分支，且分支之间属于“与”逻辑关系，程序运行时要运行完所有的分支，才能汇合，称为并行分支。

图 3-10 所示为并行分支与汇合的顺序功能图和梯形图。

图 3-10 中，当 S21 为激活状态，且转移条件 X001 为 ON 时，S22 和 S24 同时激活为活

动步，此后系统的两个分支并行工作。图中水平双线强调的是并行工作，实际上与一般状态编程一样，先进行驱动处理，然后再进行转换处理，从左至右依次进行，当两个分支都处理完毕后，S23、S25同时激活为活动步。此时若转移条件X004为ON，S26激活为活动步，同时S23和S25自动复位。多条支路汇合在一起，实质上是STL指令连续使用。STL指令最多可连续使用8次。图3-10对应的指令语句表请读者自行编制，此处不予介绍。

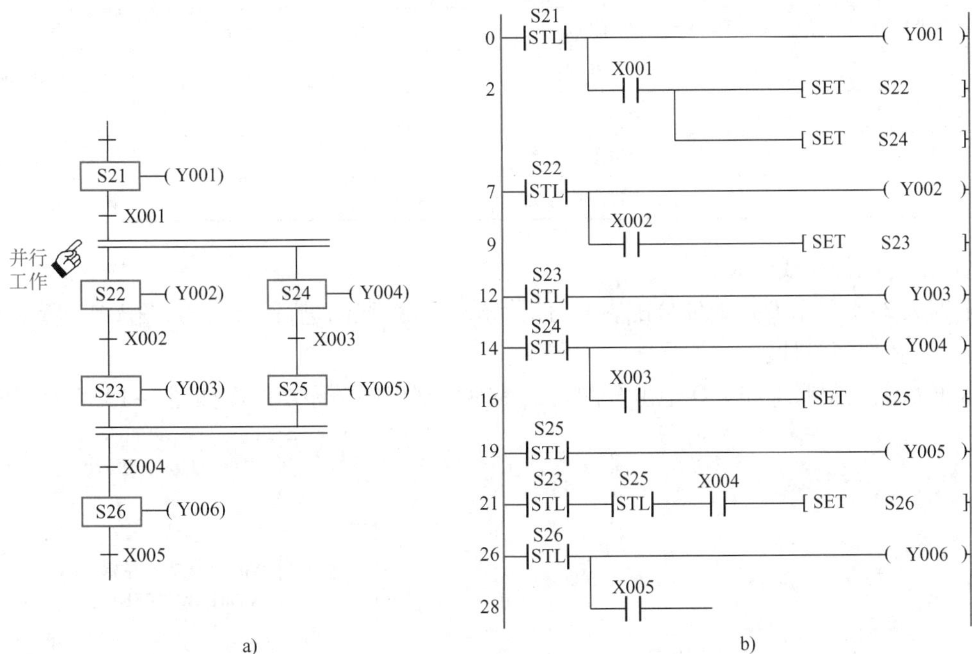

图3-10　并行分支与汇合

a）顺序功能图　b）梯形

2. 拓展案例

某冷加工自动线有一个钻孔动力头，该动力头的加工工艺过程如图3-11所示。试用FX_{2N}系列PLC实现该控制功能。

（1）控制要求分析

图3-11所示钻孔动力头控制要求如下。

1）动力头在原位，并加以起动信号，这时接通电磁阀YV1，动力头快进。

2）动力头碰撞限位开关SQ1后，接通电磁阀YV1和YV2，动力头由快进转为工进，同时动力头电动机转动（由接触器KM1控制）。

3）动力头碰撞限位开关SQ2后，开始延时3s。延时期间动力头继续旋转。

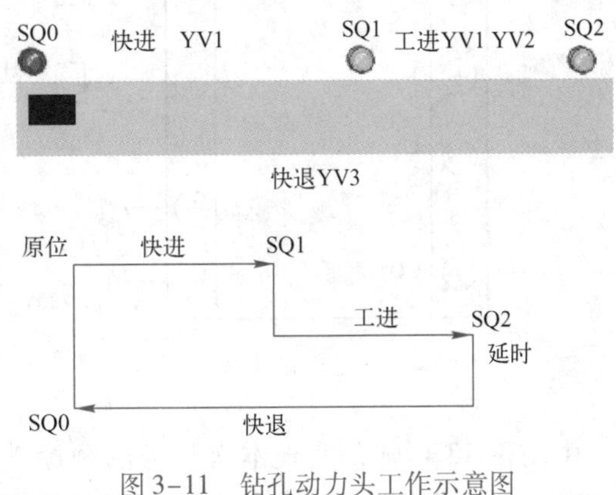

图3-11　钻孔动力头工作示意图

4）延时时间到，接通电磁阀YV3，动力头快退。

5）动力头返回原点，碰撞限位开关SQ0后即停止。

（2）控制系统程序设计

1）I/O 地址分配。

根据控制要求，设定 I/O 地址分配表，见表 3-5。

表 3-5　I/O 地址分配表

输入			输出		
元器件代号	地址号	功能说明	元器件代号	地址号	功能说明
SB1	X0	起动按钮	YV1	Y0	快进电磁阀
SQ0	X1	原点限位开关	YV2	Y1	工进电磁阀
SQ1	X2	快进限位开关	YV3	Y2	快退电磁阀
SQ2	X3	工进限位开关	KM1	Y3	动力头电动机控制

2）系统硬件接线图设计。

根据表 3-5 所示 I/O 地址分配表，可对系统硬件接线图进行设计，如图 3-12 所示。

3）控制程序设计。

根据系统控制要求和 I/O 地址分配表，编写控制程序顺序功能图如图 3-13 所示。

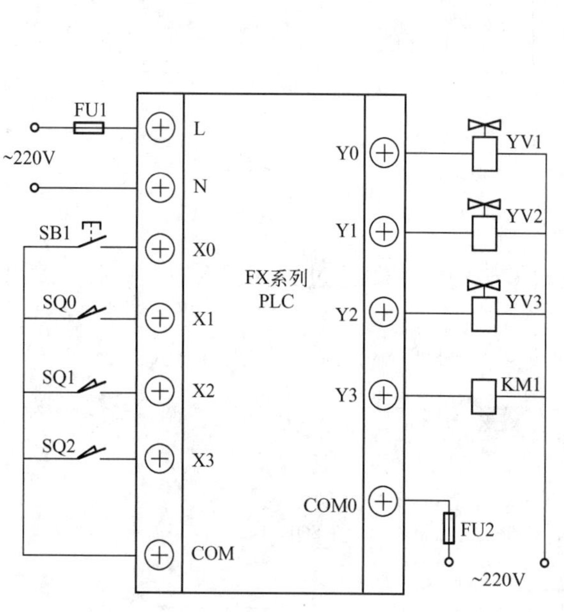

图 3-12　系统硬件接线图

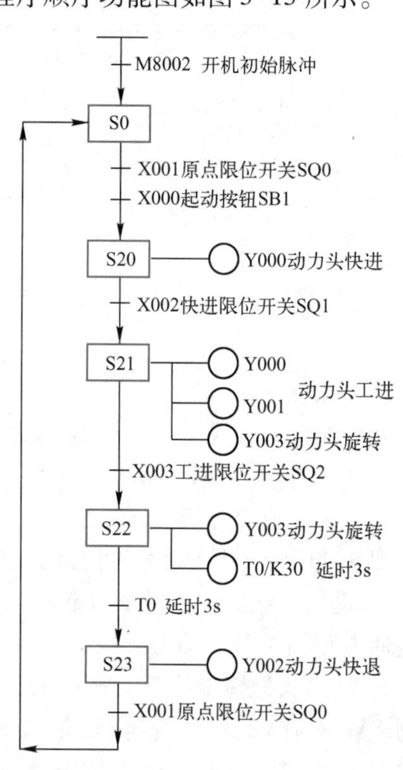

图 3-13　钻孔动力头控制系统顺序功能图

由图 3-13 可知，实现本次任务的顺序功能图属于单流程 SFC。其中特殊辅助继电器 M8002 为初始化脉冲继电器，利用它使 PLC 在开机时进入初始状态 S0。当程序运行使动力头返回到原位时，利用限位开关 SQ0（X001）为转移条件使程序返回初始状态 S0，等待下一次起动（即程序停止）。

钻孔动力头控制系统对应的梯形图、指令语句表程序如图 3-14 所示。

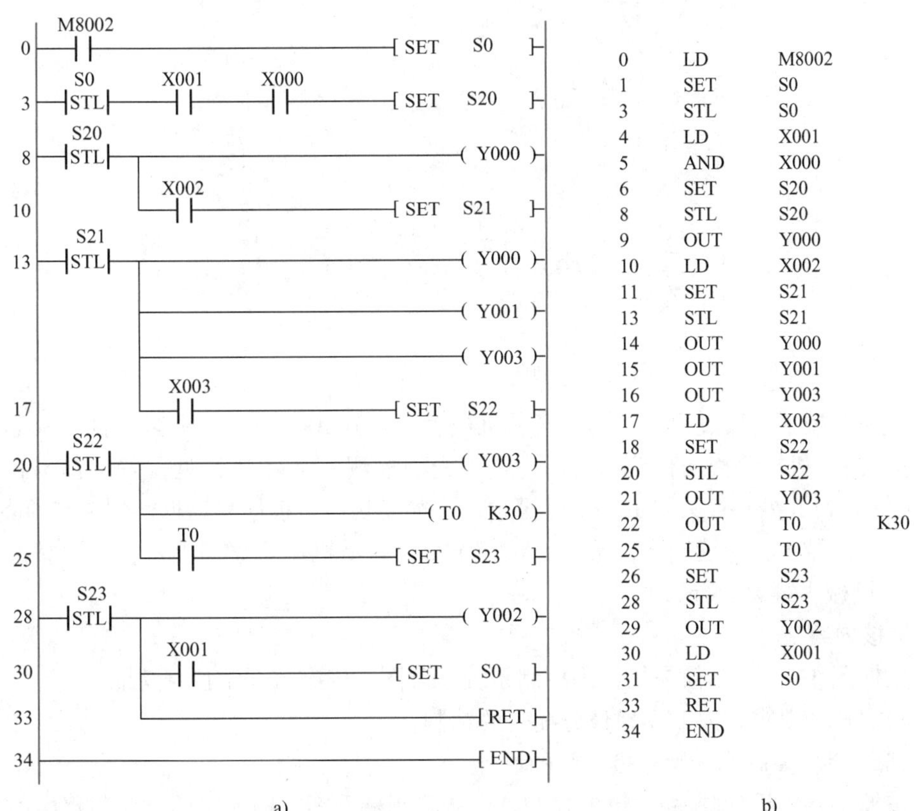

0	LD	M8002	
1	SET	S0	
3	STL	S0	
4	LD	X001	
5	AND	X000	
6	SET	S20	
8	STL	S20	
9	OUT	Y000	
10	LD	X002	
11	SET	S21	
13	STL	S21	
14	OUT	Y000	
15	OUT	Y001	
16	OUT	Y003	
17	LD	X003	
18	SET	S22	
20	STL	S22	
21	OUT	Y003	
22	OUT	T0	K30
25	LD	T0	
26	SET	S23	
28	STL	S23	
29	OUT	Y002	
30	LD	X001	
31	SET	S0	
33	RET		
34	END		

a)　　　　b)

图 3-14　钻孔动力头控制系统梯形图、指令语句表

a）梯形图　b）指令语句表

项目 3.2　综合案例 1——简易机械手控制系统设计与实施

3.2.1　项目导入

1. 工作任务

图 3-15 所示为某简易机械手控制系统示意图。试用 FX$_{2N}$ 系列 PLC 实现该简易机械手控制系统控制功能。

该简易机械手控制系统控制要求如下。

1）定义简易机械手“取与放”搬运系统的原点为左上方所达到的极限位置，即左限位开关闭合，上限位开关闭合，简易机械手处于放松状态。

2）搬运过程是简易机械手把工件从 A 处搬到 B 处。

3）简易机械手上升和下降、左移和右移均由电磁阀驱动气缸实现。

4）当工件处于 B 处上方准备下放时，为确保安全，用光敏开关检测 B 处有无工件，只有在 B 处无工件时才能发出下放信号。

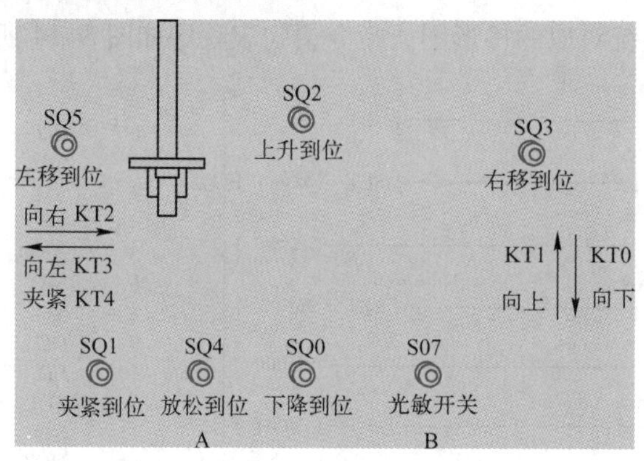

图 3-15　简易机械手控制系统示意图

5）简易机械手工作过程为：起动简易机械手下降到 A 处位置→夹紧工件→夹紧工件上升至顶端→简易机械手横向移动到右端，进行光敏检测→下降到 B 处位置→简易机械手放松，把工件放到 B 处→简易机械手上升至顶端→简易机械手横向移动返回到左端原点处。

6）简易机械手将连续循环，按停止按钮 SB2，简易机械手立即停止；再次按起动按钮 SB1，简易机械手继续运行。

2. 考核内容

1）根据图 3-15 所示简易机械手控制系统示意图，确定该系统控制功能。

2）根据控制要求完成 I/O 地址分配表的编制。

3）完成 PLC 控制系统硬件接线图的设计。

4）按控制要求设计顺序功能图（SFC），并绘制梯形图、输入并调试控制程序。

5）考核过程中注意“6S 管理”的要求。

3. 考核评价标准

该项目考核评价标准见表 3-1。

3.2.2　项目实施

1. I/O 地址分配

根据图 3-15 所示简易机械手控制系统控制要求，设定系统 I/O 地址分配表，见表 3-6。

表 3-6　I/O 地址分配表

输　入			输　出		
元器件代号	地址号	功 能 说 明	元器件代号	地址号	功 能 说 明
SB1	X10	起动按钮	YV0	Y0	下降电磁阀
SB2	X11	停止按钮	YV1	Y1	上升电磁阀
SQ0	X2	下降限位行程开关	YV2	Y2	右移电磁阀
SQ1	X3	夹紧限位行程开关	YV3	Y3	左移电磁阀
SQ2	X4	上升限位行程开关	YV4	Y4	夹紧电磁阀
SQ3	X5	右移限位行程开关			
SQ4	X6	放松限位行程开关			
SQ5	X7	左移限位行程开关			
S07	X0	光敏检测开关			

2. 硬件接线图设计

根据表3-6所示I/O地址分配表，可对系统硬件接线图进行设计，如图3-16所示。

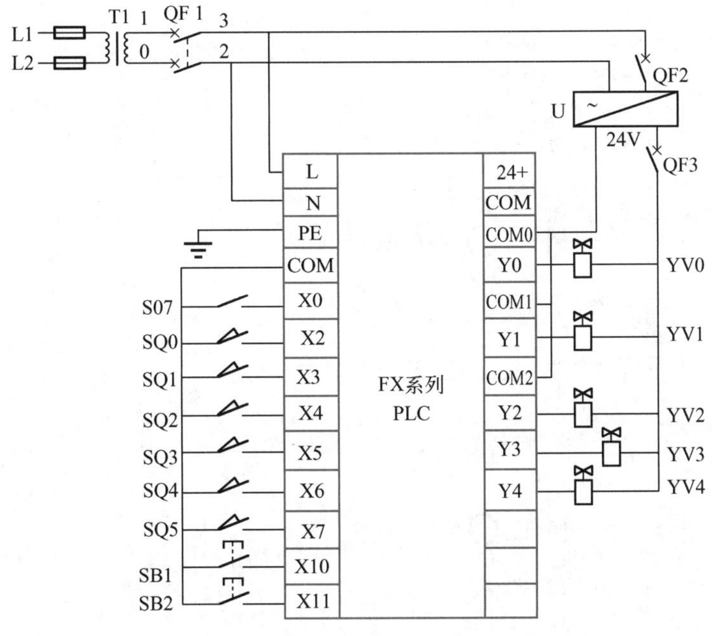

图3-16　系统硬件接线图

3. 控制程序设计

根据系统控制要求和I/O地址分配表，编写控制程序顺序功能图如图3-17所示。

图3-17中，辅助继电器M0用来记忆停止信号，若按下停止按钮SB2，则M0常开触点闭合实现自锁功能，常闭触点断开使输出停止。再按下起动按钮SB1，则M0常开、常闭触点复位，简易机械手继续按照设定程序正常运行。简易机械手控制系统各状态元件分配见表3-7。

表3-7　状态元件分配表

元件名称	软　元　件	功能说明
状态0	S0	初始
状态20	S20	简易机械手下降
状态21	S21	简易机械手夹紧
状态22	S22	简易机械手上升
状态23	S23	简易机械手右移
状态24	S24	简易机械手下降
状态25	S25	简易机械手放松
状态26	S26	简易机械手上升
状态27	S27	简易机械手左移

简易机械手控制系统对应的梯形图、指令语句表程序如图3-18所示。

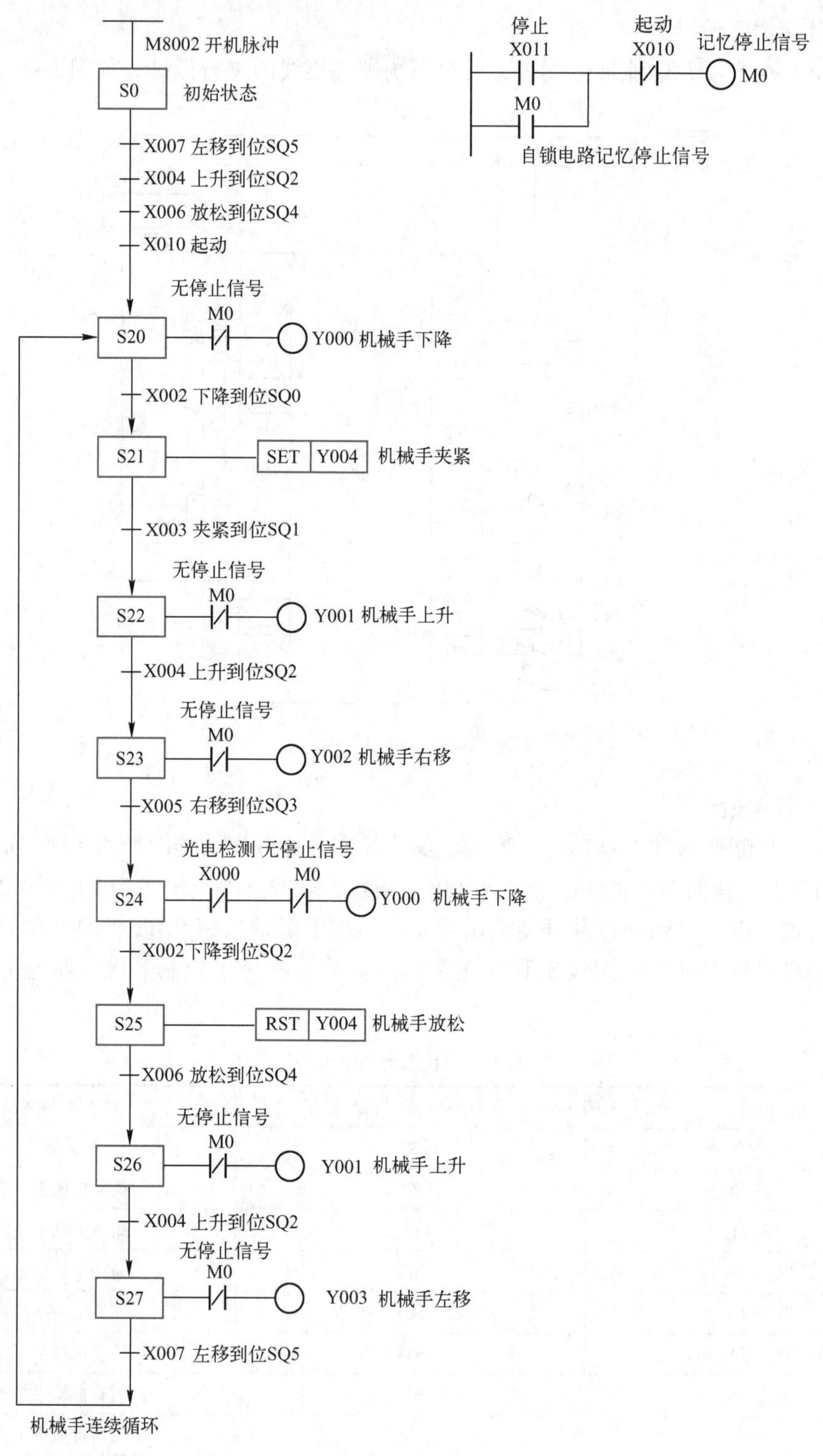

图 3-17　简易机械手控制系统顺序功能图

4. 系统仿真调试

1）按照图 3-17 所示 PLC 硬件接线图接线并检查、确认接线正确。

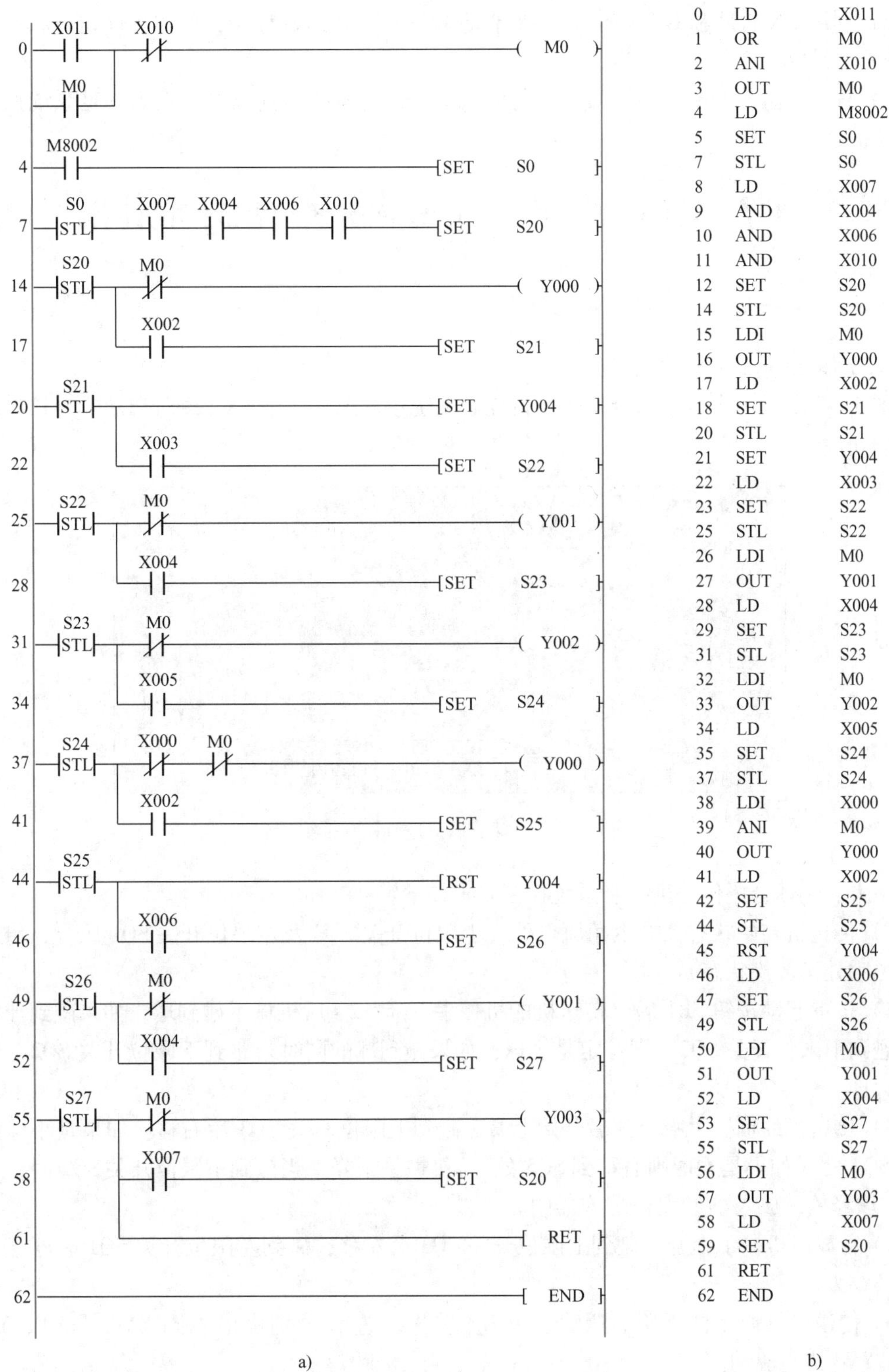

图 3-18　简易机械手控制系统梯形图、指令语句表
a）梯形图　b）指令语句表

2）利用 GX 软件和 GX Simulator-6 仿真软件输入并运行程序，监控程序运行状态，分析程序运行结果。

3）程序符合控制要求后再接通主电路试车，进行系统仿真调试，直到满足系统控制要求为止。

项目 3.3　综合案例 2——大、小球分拣传送机控制系统设计与实施

3.3.1　项目导入

1. 工作任务

图 3-19 所示为大、小球分拣传送机控制系统示意图。试用 FX_{2N} 系列 PLC 实现该控制系统控制功能。

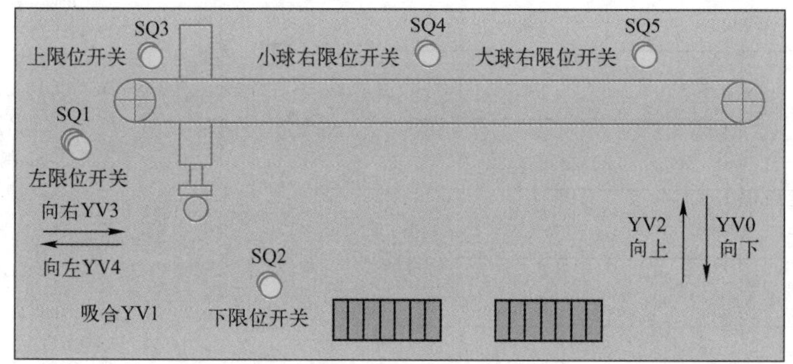

图 3-19　大、小球分拣传送机控制系统示意图

该大、小球分拣传送机控制系统控制要求如下。

1）传送机初始状态在左上角原点处（上限位开关 SQ3 及左限位开关 SQ1 压合，传送机的机械手处于放松状态）。

2）按下起动按钮 SB1 后，传送机的机械手下降，2 s 后机械手碰到球，如果碰到球的同时还碰到下限位开关 SQ2，则一定是小球；如果碰到球的同时未碰到下限位开关 SQ2，则一定是大球。

3）传送机的机械手吸合球后开始上升，碰到上限位开关 SQ3 后右移。如果是小球则右移到 SQ4 处（如果是大球则右移到 SQ5 处），机械手下降，当碰到下限位开关 SQ2 时，将小（大）球释放，放入小（大）球容器中。

4）释放后机械手上升，碰到上限位开关 SQ3 后左移，碰到左限位开关 SQ1 时停止，一个循环结束。

5）传送机机械手的下降、吸合、上升、右移、左移分别由电磁阀 YV0、YV1、YV2、YV3、YV4 进行驱动。

2. 考核内容

1）根据图 3-19 所示大、小球分拣传送机控制系统示意图，确定该系统控制功能。

2）根据控制要求完成 I/O 地址分配表的编制。

3）完成 PLC 控制系统硬件接线图的设计。

4）按控制要求设计顺序功能图（SFC），并绘制梯形图、输入并调试控制程序。

5）考核过程中注意“6S 管理”的要求。

3. 考核评价标准

该项目考核评价标准见表 3-1。

3.3.2　项目实施

1. I/O 地址分配

根据控制要求，设定系统 I/O 地址分配表，见表 3-8。

表 3-8　I/O 地址分配表

输入			输出		
元器件代号	地址号	功能说明	元器件代号	地址号	功能说明
SB1	X0	起动按钮	YV0	Y0	下降电磁阀
SQ1	X1	左限位开关	YV1	Y1	机械手吸合电磁阀
SQ2	X2	下限位开关	YV2	Y2	上升电磁阀
SQ3	X3	上限位开关	YV3	Y3	右移电磁阀
SQ4	X4	小球右限位开关	YV4	Y4	左移电磁阀
SQ5	X5	大球右限位开关			

2. 硬件接线图设计

根据表 3-8 所示 I/O 地址分配表，可对系统硬件接线图进行设计，如图 3-20 所示。

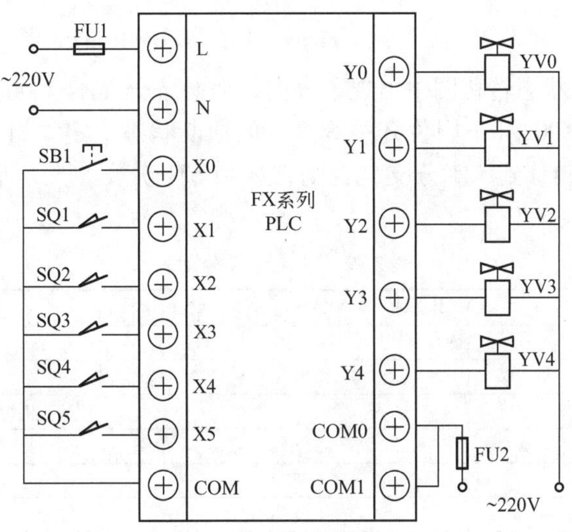

图 3-20　系统硬件接线图

3. 控制程序设计

根据系统控制要求和 I/O 地址分配表，编写控制系统顺序功能图（SFC），如图 3-21 所示。

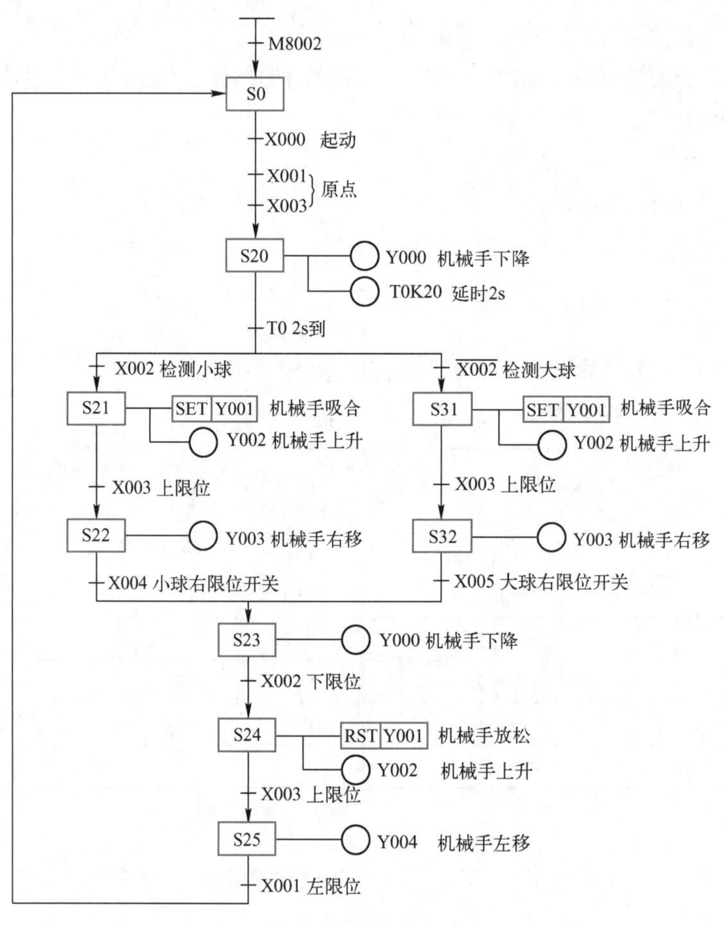

图 3-21 大、小球分拣传送机控制系统顺序功能图

由图 3-21 可知，状态转移图中出现了分支，而两条分支不会同时工作，具体转移到哪一条分支由转换条件 X002（下限位开关 SQ2）的通断状态决定。当 X002 接通（下限位开关 SQ2 被压合）时，转移到 S21 分支，否则转移到 S31 分支。大、小球分拣传送机控制系统各状态元件分配见表 3-9。

表 3-9 状态元件分配表

元件名称	软元件	功能说明
状态 0	S0	初始状态
状态 20	S20	机械手下降
状态 21	S21	机械手吸合、上升（小球）
状态 22	S22	机械手右移（小球）
状态 23	S23	机械手下降
状态 24	S24	机械手放松、上升
状态 25	S25	机械手左移
状态 31	S31	机械手吸合、上升（大球）
状态 32	S32	机械手右移（大球）

大、小球分拣传送机控制系统对应的梯形图、指令语句表程序如图 3-22 所示。

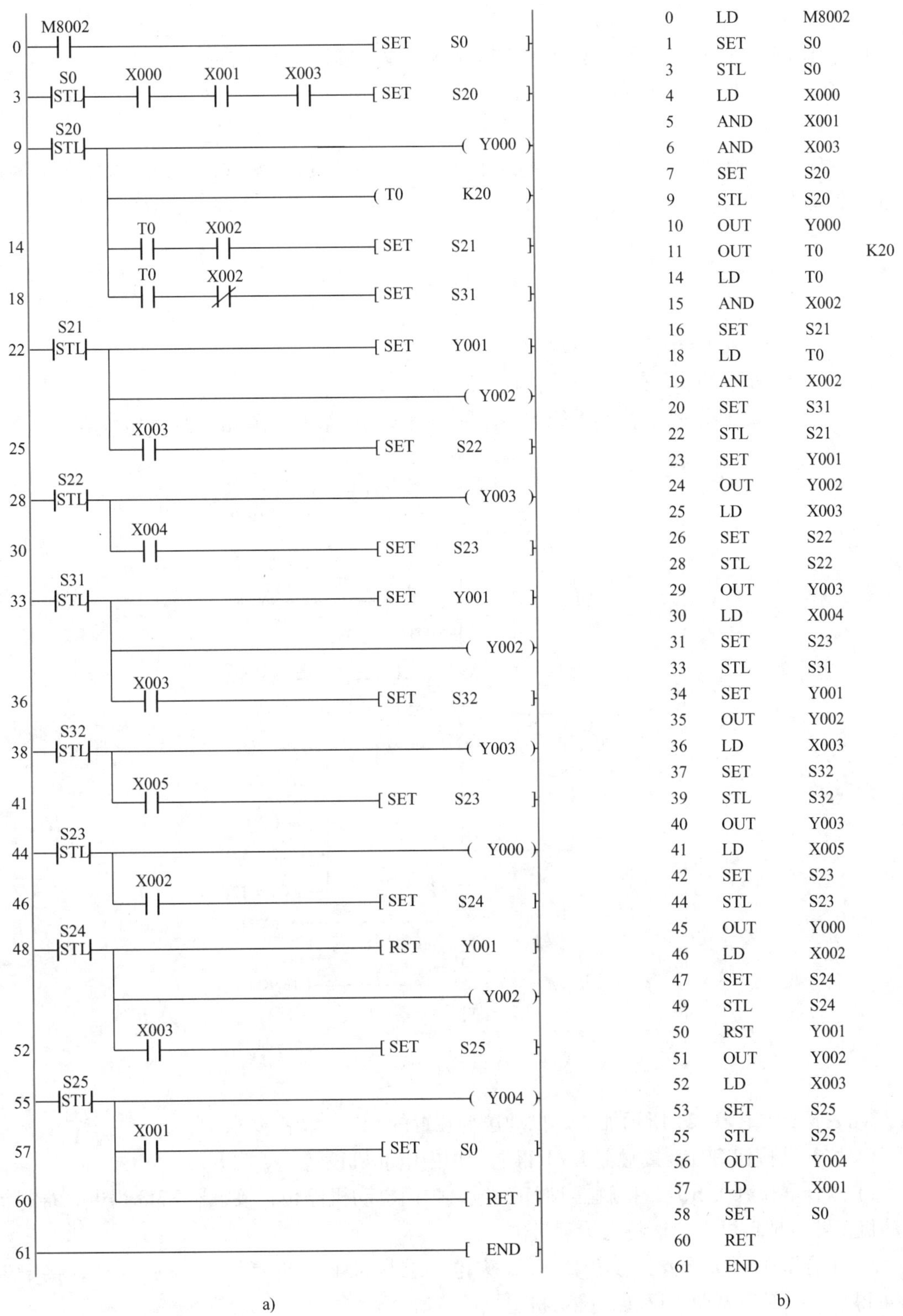

步序	指令	元件	
0	LD	M8002	
1	SET	S0	
3	STL	S0	
4	LD	X000	
5	AND	X001	
6	AND	X003	
7	SET	S20	
9	STL	S20	
10	OUT	Y000	
11	OUT	T0	K20
14	LD	T0	
15	AND	X002	
16	SET	S21	
18	LD	T0	
19	ANI	X002	
20	SET	S31	
22	STL	S21	
23	SET	Y001	
24	OUT	Y002	
25	LD	X003	
26	SET	S22	
28	STL	S22	
29	OUT	Y003	
30	LD	X004	
31	SET	S23	
33	STL	S31	
34	SET	Y001	
35	OUT	Y002	
36	LD	X003	
37	SET	S32	
39	STL	S32	
40	OUT	Y003	
41	LD	X005	
42	SET	S23	
44	STL	S23	
45	OUT	Y000	
46	LD	X002	
47	SET	S24	
49	STL	S24	
50	RST	Y001	
51	OUT	Y002	
52	LD	X003	
53	SET	S25	
55	STL	S25	
56	OUT	Y004	
57	LD	X001	
58	SET	S0	
60	RET		
61	END		

a)　　　b)

图3-22　大、小球分拣传送机控制系统梯形图、指令语句表

a）梯形图　b）指令语句表

4. 系统仿真调试

1）按照图 3-21 所示系统硬件接线图接线并检查、确认接线正确。

2）利用 GX 软件和 GX Simulator-6 仿真软件输入并运行程序，监控程序运行状态，分析程序运行结果。

3）程序符合控制要求后再接通主电路试车，进行系统仿真调试，直到最大限度地满足系统控制要求为止。

思考与练习

3.1 简述顺序功能图具有哪些特点？

3.2 顺序功能图通常有哪几种结构形式？

3.3 图 3-23 所示为某控制系统顺序功能图，试将其转换成对应的步进梯形图。

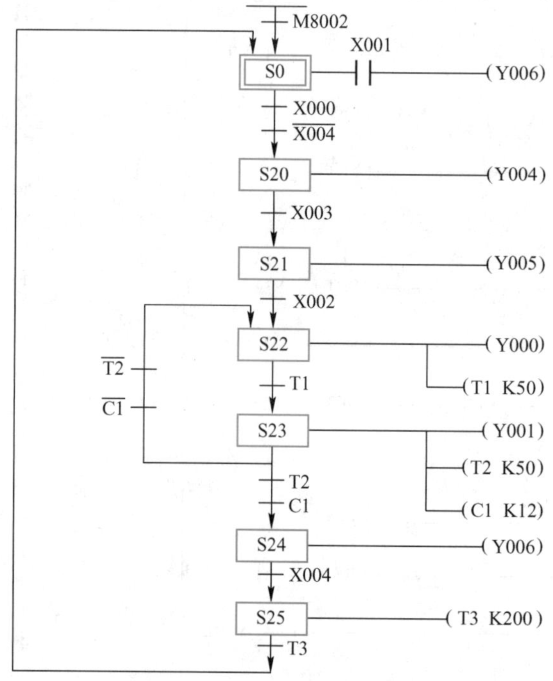

图 3-23 顺序功能图

3.4 设计如图 3-24 所示加热炉自动送料装置的 SFC。功能要求：

1）按起动按钮 SB1，接触器 KM1 得电，炉门电动机正转，炉门开。

2）压合限位开关 SQ1，接触器 KM1 失电，炉门电动机停转；接触器 KM3 得电，推料机电动机正转，推料机进，送料入炉到料位。

3）压合限位开关 SQ2，接触器 KM3 失电，推料机电动机停转，延时 3s 后，接触器 KM4 得电，推料机电动机反转，推料机退到原位。

4）压合限位开关 SQ3，接触器 KM4 失电，推料机电动机停转；接触器 KM2 得电，炉门电动机反转，炉门关闭。

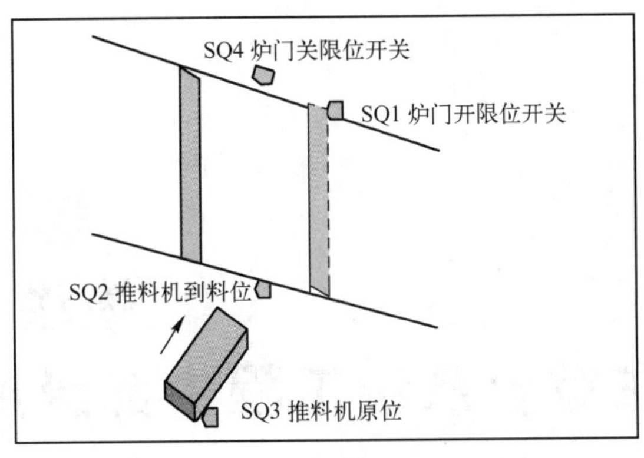

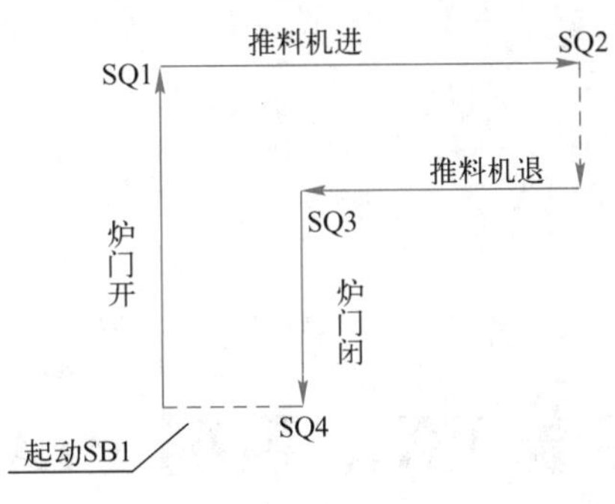

图3-24　加热炉自动送料装置加工过程示意图

5）压合限位开关SQ4，接触器KM2失电，炉门电动机停转；SQ4常开触点闭合，并延时3s后才允许下次循环开始。

6）若按下停止按钮SB2，控制系统立即停止，再按下起动按钮SB1则继续运行。

模块 4
三菱 FX_{2N} 系列 PLC 在综合系统工程中的应用

1. 掌握 FX_{2N} 系列 PLC 功能指令程序设计方法
2. 掌握复杂 PLC 控制系统设计方法并能对复杂梯形图程序进行仿真调试

知识目标：

1. 了解 FX_{2N} 系列 PLC 功能指令的格式及含义
2. 掌握 FX_{2N} 系列 PLC 常用功能指令的使用方法

项目 4.1　生产线输送带控制系统设计与实施

4.1.1　项目导入

1. 工作任务

图 4-1 所示为某生产线输送带控制系统示意图。试用 FX_{2N} 系列 PLC 对该控制系统进行设计并实施。

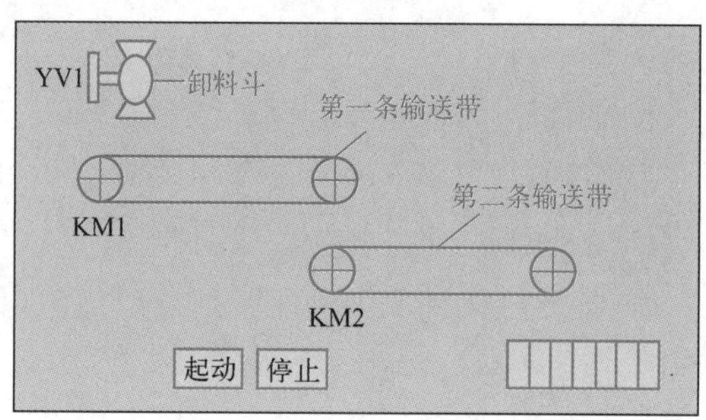

图 4-1　生产线输送带控制系统示意图

图4-1中，卸料斗工作状态由电磁阀YV1进行控制，第一条输送带驱动电动机由交流接触器KM1进行控制，第二条输送带驱动电动机由交流接触器KM2进行控制。

该生产线输送带控制系统设定为具有自动工作方式与手动点动工作方式，具体由转换开关S1选择。当S1=1时为手动点动控制，系统可通过3个点动按钮对电磁阀和电动机进行控制，以便对设备进行调整、检修和事故处理。当系统工作于自动工作方式时，其控制要求如下。

1）起动时，为了避免在后段输送带上造成物料堆积，要求以逆物料流动方向按一定时间间隔顺序起动，其起动顺序为：

按起动按钮SB1，第二条输送带的接触器KM2吸合起动电动机M2，延时3s后，第一条输送带的接触器KM1吸合起动电动机M1，延时3s后，卸料斗的电磁阀YV1吸合。

2）停止时，卸料斗的电磁阀YV1尚未吸合时，接触器KM1、KM2可立即断电使输送带停止；当卸料斗的电磁阀YV1吸合时，为了使输送带上不残留物料，要求顺物料流动方向按一定时间间隔顺序停止。其停止顺序为：

按停止按钮SB2，卸料斗的电磁阀YV1断开，延时6s后，第一条输送带的接触器KM1断开，再延时6s后，第二条输送带的接触器KM2断开。

3）故障停止：在正常运转中，当第二条输送带电动机过载时（热继电器FR2常开触点闭合），卸料斗、第一条和第二条输送带同时停止。当第一条输送带电动机过载时（热继电器FR1常开触点闭合），卸料斗、第一条输送带同时停止，经6s延时后，第二条输送带再停止。

2. 考核内容

1）根据控制要求完成I/O地址分配表的编制。

2）完成PLC控制系统硬件接线图的设计。

3）按控制要求设计梯形图、输入并调试控制程序。

4）考核过程中注意“6S管理”的要求。

3. 考核评价标准

（1）说明

1）本评价标准根据国家职业技能鉴定中心高级维修电工职业技能鉴定规范（考核大纲）编制。

2）项目考核评价由指导教师组织实施，指导教师可自行具体制定项目评分细则。

3）项目考核评价可根据项目实施情况，引入学生互评。

（2）考核评价标准

该项目考核评价标准见表4-1。

表4-1　项目考核评价标准

评价内容	序号	项目配分	考核要求	评分细则	扣分	得分
职业素养与操作规范（50分）	1	工作前准备（5分）	清点工具、仪表等	未清点工具、仪表等，每项扣1分		
	2	安装与接线（15分）	按PLC控制系统硬件接线图在模拟配线板上正确安装、规范操作	① 未关闭电源开关，用手触摸带电线路或带电进行线路连接或改接，本项记0分 ② 线路布置不整齐、不合理，每处扣2分 ③ 损坏元件，扣5分 ④ 接线不规范造成导线损坏，每根扣5分 ⑤ 不按I/O接线图接线，每处扣2分		

（续）

评价内容	序号	项目配分	考核要求	评分细则	扣分	得分
职业素养与操作规范（50分）	3	程序输入与调试（20分）	熟练操作编程软件，将所编写的程序输入PLC；按照被控设备的动作要求进行仿真调试，达到控制要求	① 不会熟练操作软件输入程序，扣10分 ② 不会进行程序删除、插入、修改等操作，每项扣2分 ③ 不会联机下载调试程序，扣10分 ④ 调试时造成元件损坏或者熔断器熔断，每次扣10分		
	4	清洁（5分）	工具摆放整洁；工作台面清洁	乱摆放工具、仪表，乱丢杂物，完成任务后不清理工位，扣5分		
	5	安全生产（5分）	安全着装；按维修电工操作规程进行操作	① 没有安全着装，扣5分 ② 出现人员受伤、设备损坏事故，考试成绩为0分		
作（50分）	6	功能分析（10分）	能正确分析控制线路功能	功能分析不正确，每处扣2分		
	7	I/O分配表（5分）	正确完成I/O地址分配表	I/O地址遗漏，每处扣2分		
	8	硬件接线图（5分）	绘制I/O接线图	① 接线图绘制错误，每处扣2分 ② 接线图绘制不规范，每处扣1分		
	9	梯形图（15分）	梯形图正确、规范	① 梯形图功能不正确，每处扣3分 ② 梯形图画法不规范，每处扣1分		
	10	功能实现（15分）	根据控制要求，准确完成系统的安装调试	不能达到控制要求，每处扣5分		
评分人：			核分人：		总分	

4.1.2 知识链接

1. 认识功能指令

（1）功能指令的格式及含义

三菱FX系列PLC功能指令格式如图4-2a所示。

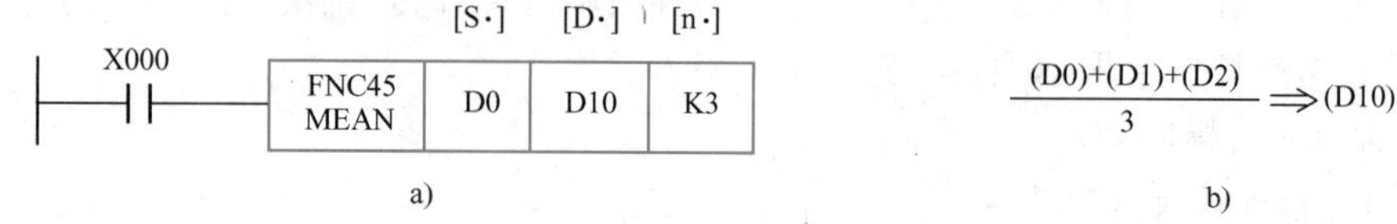

图4-2 功能指令格式示例

a）功能指令格式 b）功能含义

图4-2a中，FNC45是功能指令的调用编号，使用手持式编程器调用时必须采用此编号；MEAN是该指令的操作码（或称为指令助记符），其含义是求平均数，使用编程软件输入时可直接输入助记符；D0、D10、K3为该指令的操作数，其中D0为源操作数，D10为目标操作数，K3是指以D0为首地址的连续三个地址，即D0、D1、D2。该指令的功能含义如图4-2b所示。

由图4-2可知，功能指令由功能代号、指令助记符、操作数、数据长度以及执行形式等要素组成。各部分含义如下。

1）功能代号（FNC NO.）——每条功能指令都有固定的调用编号，例如 FNC01 代表 CALL 指令；FNC12 代表 MOV 指令。

2）指令助记符（MEAN）——功能指令助记符是该条指令的英文缩写。例如加法指令英文为“Addition instruction”，简写为“ADD”，采用这种方式，便于理解指令功能，容易记忆和掌握。

3）数据长度——按功能指令处理数据长度分为 16 位指令和 32 位指令。其中指令助记符前附有符号“（D）”的指令为 32 位指令，如(D)MOV、FNC(D) 12 等。无符号“（D）”表示 16 位指令。

4）执行形式——功能指令有脉冲执行型和连续执行型。其中指令助记符后附有符号“（P）”表示脉冲执行，即执行条件由 OFF 变为 ON 时执行一次，如 MOV(P)、FNC(P) 12 等。无符号“（P）”则为连续执行，每个扫描周期执行一次。“（P）”和“（D）”可以同时使用，如(D)MOV(P)。某些指令如 INC、DEC 等在连续执行时应特别注意，在指令助记符标识栏用“◥”表示。

5）操作数——是指功能指令涉及或产生的数据，分为源操作数（Sourse）、目标操作数（Destination）和其他操作数。

① 源操作数。执行功能指令后不改变其内容的操作数，用 S 表示。源操作数的数量多于一个时，以 S1、S2 等表示。

② 目标操作数。执行功能指令后改变其内容的操作数，用 D 表示。目标操作数的数量多于一个时，以 D1、D2 等表示。

③ 其他操作数。既不是源操作数，也不是目标操作数的操作数，用 m、n 表示。其他操作数往往是常数，或者是对源操作数、目标操作数进行补充说明的有关参数。表示常数时，一般用 K 表示十进制数，H 表示十六进制数。

应用技巧：

◇ 功能指令的源操作数、目标操作数和其他操作数的变化是丰富多彩的。有些指令无操作数（如 IRET、WDT）；有些指令没有源操作数，只有目标操作数（如 XCH）；大部分指令具备源操作数和目标操作数。

◇ 操作数若是间接操作数，即通过变址取得数据，则在功能指令操作数旁加一点“·”，例如［S·］、［D·］、［m·］等。

（2）功能指令操作数结构形式

FX 系列 PLC 提供的数据元件结构形式分为位元件、字元件、位组合元件等。

1）位元件。

位元件是指只有两种状态（ON 或 OFF）的开关量元件，属于数据类型中的布尔数。FX_{2N}系列 PLC 中位元件有输入继电器 X、输出继电器 Y、辅助继电器 M、状态继电器 S 等。

2）字元件。

处理数据的软元件称为字元件。1 个字元件由 16 位存储单元构成，其中最高位（第 15 位）为符号位，第 0 ~ 14 位为数值位。符号位的判别是：正数 0，负数 1。FX_{2N}系列 PLC 中字元件有定时器 T、计数器 C、数据寄存器 D 等。图 4-3 所示为 16 位数据寄存器 D0。

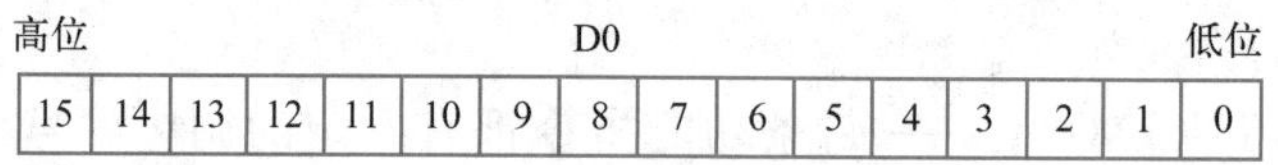

图 4-3　字元件

3）位组合元件。

位组合元件是由位元件构成的一种字元件特殊结构。由位数 Kn 和起始位元件号的组合来表示，其中 n 表示组数，位元件每 4 位为一组合成单元。例如，K1X0 表示 X0～X3 的 4 位数据，X0 是最低位；K2Y0 表示 Y0～Y7 的 8 位数据，Y0 是最低位；K4M10 表示 M10～M25 的 16 位数据，M10 是最低位。

应用技巧：

◇ 定时器 T/计数器 C 属于身兼位元件和字元件双重身份的软元件。即常开、常闭触点是位元件，定时时间设定值/预置计数值则为字元件。

◇ 利用两个字元件可以组成双字元件，以组成 32 位数据操作数。双字元件由相邻的寄存器组成。

2. 关联功能指令介绍

（1）条件跳转指令

条件跳转指令的指令助记符、功能号、名称、操作元件和程序步长见表 4-2。

表 4-2　条件跳转指令表

助记符	功能号	指令名称	操作数［D·］	程序步长
CJ	FNC00	条件跳转	FX_{1S}：P0～P63 FX_{1N}、FX_{2N}、FX_{2NC}：P0～P127 P63 为 END，不作跳转标记	16 位：3 步 标号 P：1 步

1）指令应用技巧。

CJ 指令，即条件跳转指令，用于当跳转条件满足时将程序跳转到 P 指针指定处。

2）应用实例。

CJ 指令的应用实例如图 4-4 所示。

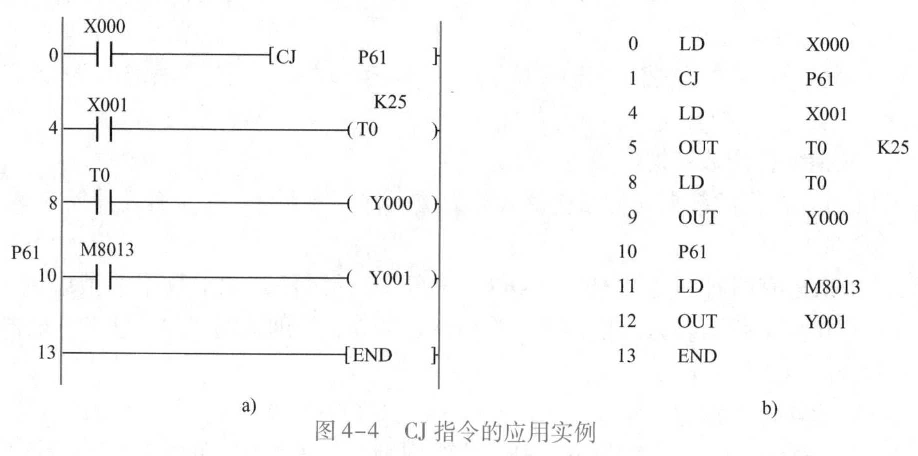

图 4-4　CJ 指令的应用实例

a）梯形图　b）指令语句表

图 4-4 中，X000 为跳转条件，若 X000 为 ON，程序跳转到指针 P61 处，执行指针 P61 后面的程序；若 X000 为 OFF，则顺序执行程序，这称为有条件跳转。当跳转条件为 M8000 等特殊继电器时，则称为无条件跳转，因为 M8000 在 PLC 执行用户程序时为常闭触点。

应用技巧：

◇ 多条跳转指令可以使用相同的指针。

◇ 指针一般设在相关的跳转指令之后，也可以设在跳转指令之前。但要注意从程序执行顺序来看，如果由于指针在前造成该程序的执行时间超过了警戒时钟设定值，则程序就会出错。

（2）区间复位指令

区间复位指令的指令助记符、功能号、名称、操作元件和程序步长见表 4-3。

表 4-3　区间复位指令表

助记符	功能号	指令名称	操作数		程序步长
			[D1·]	[D2·]	
ZRST	FNC40	区间复位	Y、M、S、T、C、D （D1≤D2）		16 位：5 步

1）指令应用技巧。

ZRST 指令，即区间复位指令，也称为成批复位指令，是将目标操作数[D1·]~[D2·]指定的软元件复位。

2）应用实例。

ZRST 指令的应用实例如图 4-5 所示，当 X000＝ON 时，位元件 M100～M199 成批复位，字元件 C235～C250 成批复位。

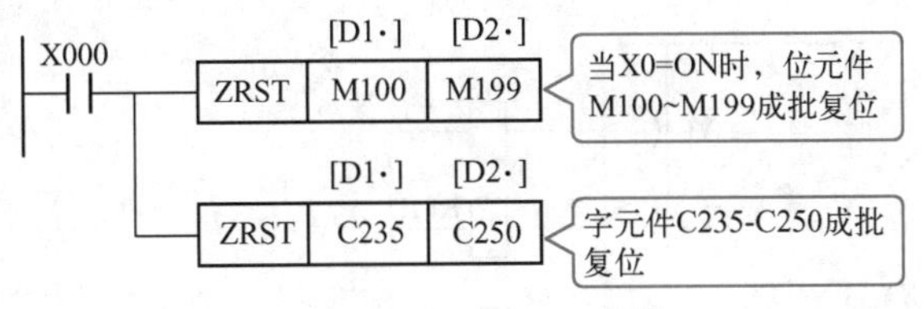

图 4-5　ZRST 指令应用实例

应用技巧：

◇ 目标操作数［D1·］和［D2·］指定的元件应为同类软元件，且［D1·］指定的元件号应小于［D2·］指定的元件号，若［D1·］指定的元件号大于［D2·］指定的元件号，则只有［D1·］指定的元件号复位。

◇ 该指令为 16 位处理指令，但［D1·］、［D2·］也可指定为 32 位的高速计数器，不能混合指定，即［D1·］、［D2·］不能一个指定为 16 位，另一个指定为 32 位。

4.1.3 项目实施

1. 系统 I/O 地址分配

根据图 4-1 所示生产线输送带控制系统控制要求，设定 I/O 地址分配表，见表 4-4。

表 4-4 I/O 地址分配表

输入			输出		
元器件代号	地址号	功能说明	元器件代号	地址号	功能说明
SB1	X0	起动按钮	YV1	Y0	控制卸料斗电磁阀
SB2	X1	停止按钮	KM1	Y4	第一条输送带控制
FR1	X2	M1 过载保护	KM2	Y5	第二条输送带控制
FR2	X3	M2 过载保护			
SB3	X4	电磁阀点动按钮			
SB4	X5	电动机 M1 点动按钮			
SB5	X6	电动机 M2 点动按钮			
S1	X7	手动/自动转换开关			

2. 硬件接线图设计

根据表 4-4 所示 I/O 地址分配表，可对 PLC 硬件接线图进行设计，如图 4-6 所示。

3. 控制程序设计

综上所述，该生产线输送带控制程序应由手动控制程序和自动控制程序两部分构成。其手动、自动程序结构如图 4-7 所示。

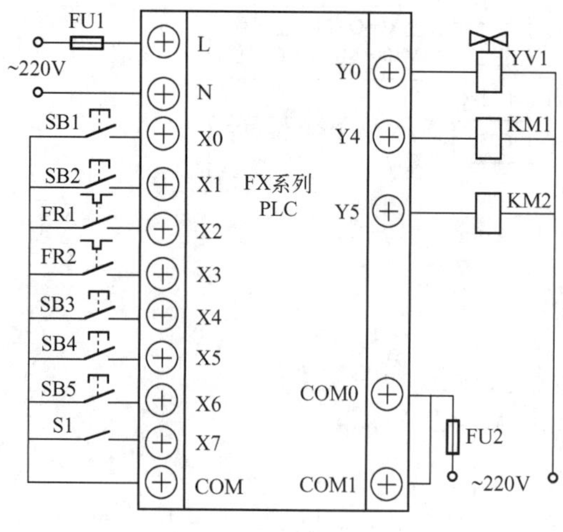

图 4-6 控制系统硬件接线图

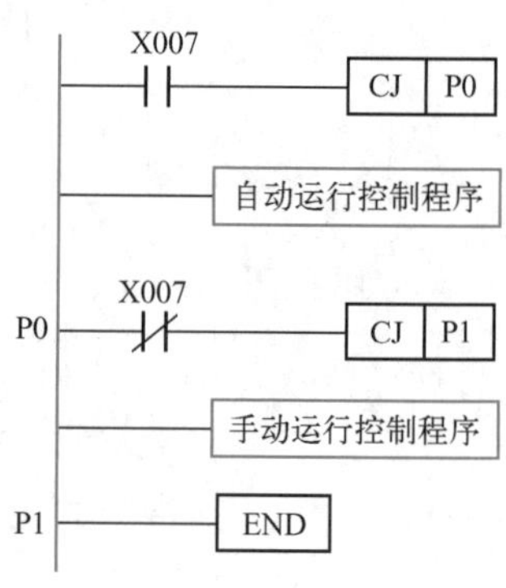

图 4-7 手动、自动程序结构

由该生产线输送带自动控制的控制要求可知，其属于典型的步进顺序控制，故可采用步进顺控指令进行程序编制。根据系统控制要求和I/O地址分配表，编写输送带自动控制程序顺序功能图如图4-8所示。

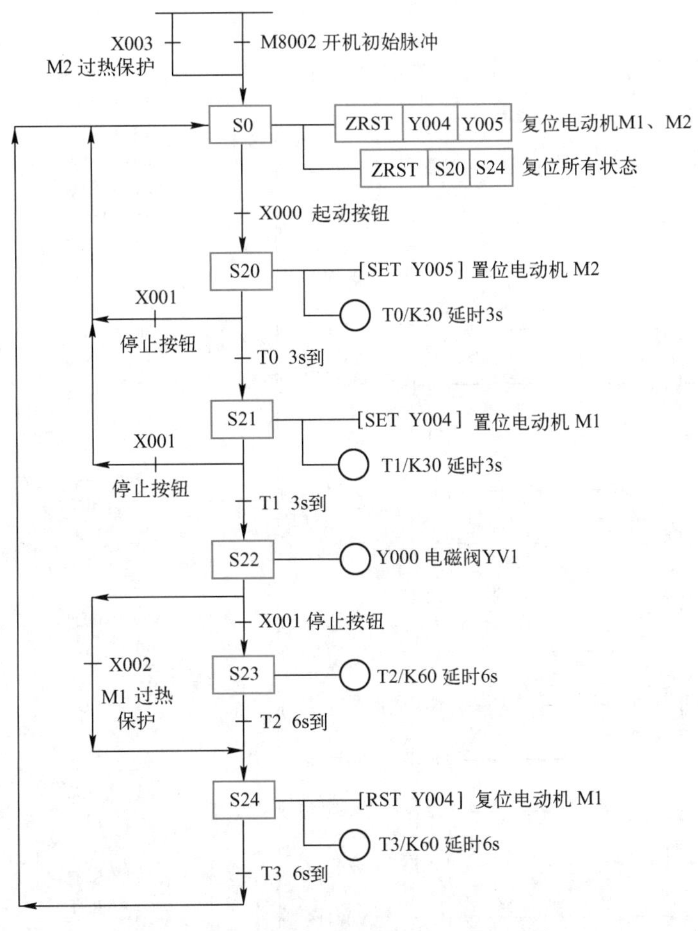

图4-8　生产线输送带控制系统顺序功能图

该生产线输送带控制系统对应的梯形图、指令语句表程序如图4-9所示。

4. 系统仿真调试

1）按照图4-6所示控制系统硬件接线图接线并检查、确认接线正确。

2）利用GX软件和GX Simulator-6仿真软件输入并运行程序，监控程序运行状态，分析程序运行结果。

3）程序符合控制要求后再接通主电路试车，进行系统调试，直到满足系统控制要求为止。

*4.1.4　思维拓展与案例

1. 类似功能指令介绍

CJ指令属于FX_{2N}系列PLC程序流程指令，与其类似的指令有子程序调用/返回指令CALL/SRET和循环指令FOR/NEXT。

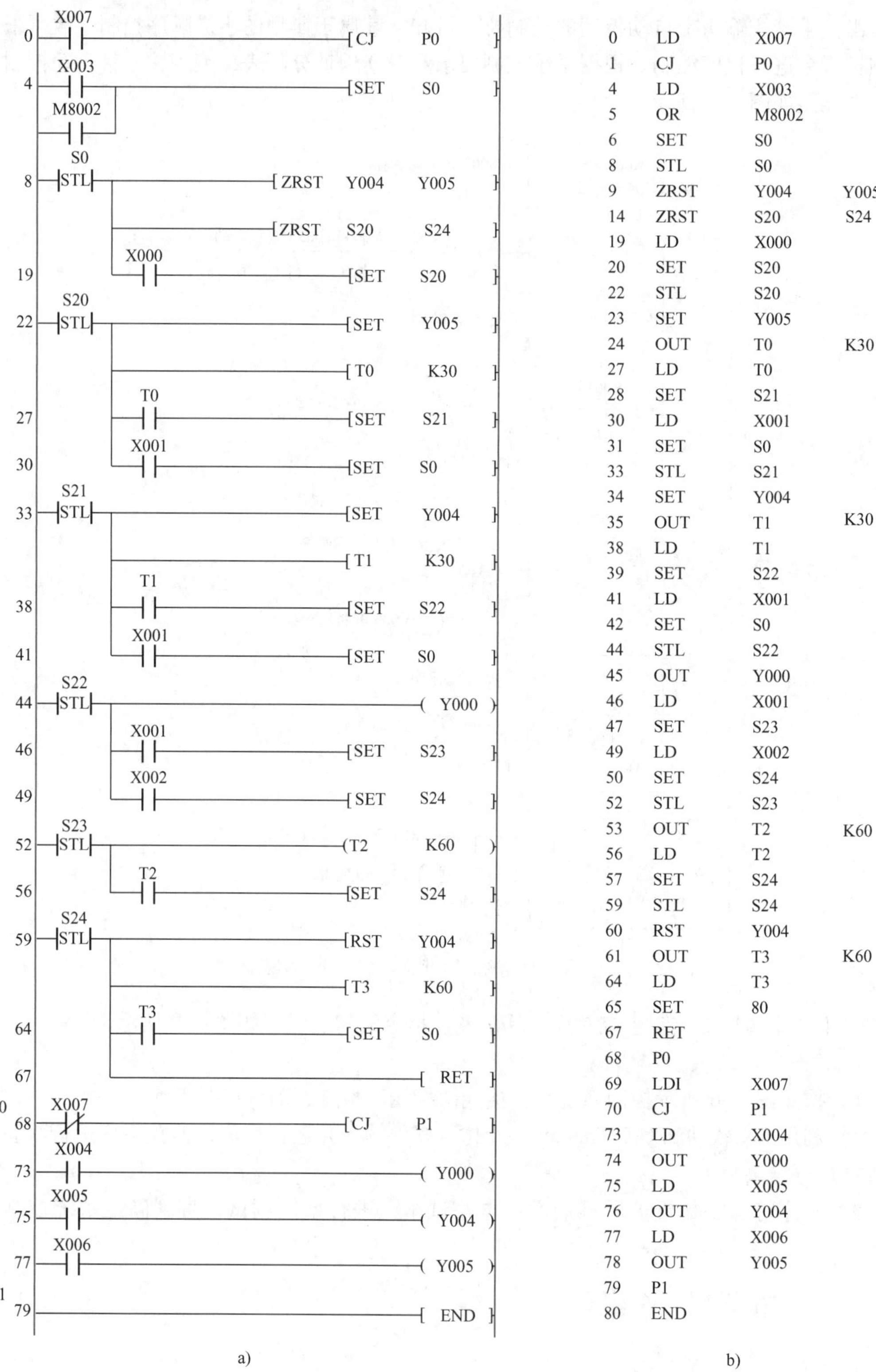

0	LD	X007	
1	CJ	P0	
4	LD	X003	
5	OR	M8002	
6	SET	S0	
8	STL	S0	
9	ZRST	Y004	Y005
14	ZRST	S20	S24
19	LD	X000	
20	SET	S20	
22	STL	S20	
23	SET	Y005	
24	OUT	T0	K30
27	LD	T0	
28	SET	S21	
30	LD	X001	
31	SET	S0	
33	STL	S21	
34	SET	Y004	
35	OUT	T1	K30
38	LD	T1	
39	SET	S22	
41	LD	X001	
42	SET	S0	
44	STL	S22	
45	OUT	Y000	
46	LD	X001	
47	SET	S23	
49	LD	X002	
50	SET	S24	
52	STL	S23	
53	OUT	T2	K60
56	LD	T2	
57	SET	S24	
59	STL	S24	
60	RST	Y004	
61	OUT	T3	K60
64	LD	T3	
65	SET	80	
67	RET		
68	P0		
69	LDI	X007	
70	CJ	P1	
73	LD	X004	
74	OUT	Y000	
75	LD	X005	
76	OUT	Y004	
77	LD	X006	
78	OUT	Y005	
79	P1		
80	END		

b)

图 4-9　生产线输送带控制系统梯形图、指令语句表

a）梯形图　b）指令语句表

（1）子程序调用/返回指令

子程序调用/返回指令的指令助记符、功能号、名称、操作元件和程序步长见表4-5。

表4-5 子程序调用/返回指令表

助记符	功能号	名 称	操作数［D·］	程序步长
CALL	FNC01	子程序调用	指针P0～P62，P64～P127	CALL（P）：3步 P指针：1步
SRET	FNC02	子程序返回	无	1步

CALL、SRET指令应用实例如图4-10所示。

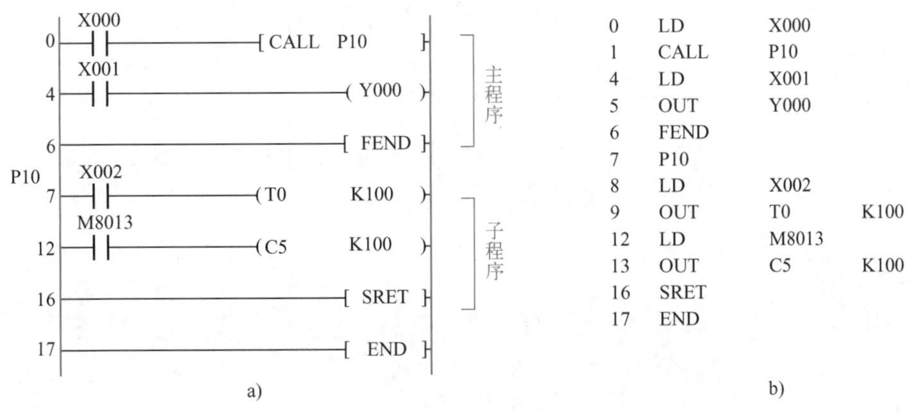

图4-10 CALL、SRET指令的应用实例
a）梯形图 b）指令语句表

图4-10中，X0为调用子程序的控制条件。当X0为ON时，调用P10～SRET段子程序，当执行到SRET指令时，则返回原断点继续执行原程序。当X0为OFF时，程序顺序执行。

应用技巧：

◇ CALL、SRET指令需配对使用。

◇ CALL指令一般安排在主程序中，主程序结束用FEND指令（主程序结束指令，功能与END指令类似）。子程序的开始端有P××指针，最后由SRET指令返回主程序。

◇ CALL、SRET指令可以嵌套，但最多为5级。

（2）循环指令

循环指令的指令助记符、功能号、名称、操作元件和程序步长见表4-6。

表4-6 循环指令表

助记符	功能号	名称	操作数［D·］	程序步长
FOR	FNC08	循环开始	K、H、KnX、KnY、KnM、KnS、T、C、D、V、Z	3步
NEXT	FNC09	循环结束	无	1步

FOR、NEXT指令的应用实例如图4-11所示。

图4-11中，有三条FOR指令和三条NEXT指令相互对应，构成三层循环嵌套。其中相距最近的FOR指令和NEXT指令是一对，构成最内层循环①；其次是中间的一对指令构成

中层循环②，再就是最外层一对指令构成外层循环③。需要指出的是，多层循环嵌套的关系是循环次数相乘的关系。例如，本例中的加 1 指令（INC）在一个扫描周期中就要向 D100 中加入 48 个 1。

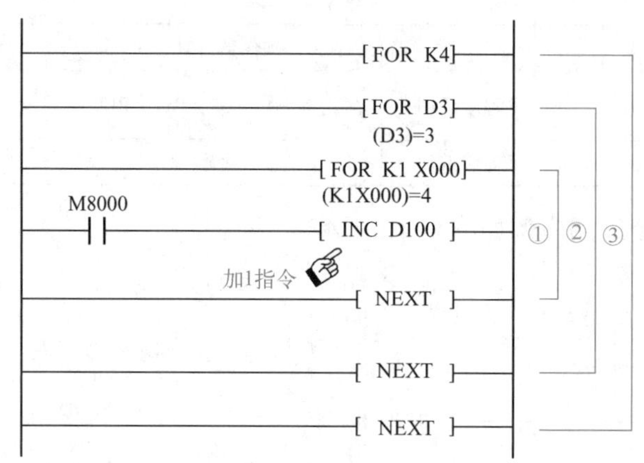

图 4-11　循环指令应用实例

应用技巧：

◇ FOR、NEXT 指令需配对使用，且 NEXT 指令只能在 FOR 指令之后出现。

◇ 若采用 Kn 直接指定循环次数，n 的取值为 0～32 767 时有效。如果取值为 -32 767～0，则 PLC 自动作“1”输出。

◇ FOR、NEXT 指令可以嵌套，但最多为 5 级。

2. 拓展案例

（1）控制要求分析

某工厂利用两个按钮 SB1、SB2 对一个信号灯进行控制，其控制要求如下。

1）当按下按钮 SB1 时，信号灯以 1 s 脉冲闪烁。

2）当按下按钮 SB2 时，信号灯以 2 s 脉冲闪烁。

3）当同时按下两个按钮 SB1、SB2 时，信号灯常亮。

（2）控制系统程序设计

1）I/O 地址分配。

根据控制要求，设定 I/O 地址分配表，见表 4-7。

表 4-7　I/O 地址分配表

输　入			输　出		
元器件代号	地址号	功能说明	元器件代号	地址号	功能说明
SB1	X0	控制按钮 1	HL	Y1	信号灯
SB2	X1	控制按钮 2			

2）硬件接线图设计。

根据表 4-7 所示 I/O 地址分配表，可对硬件接线图进行设计，如图 4-12 所示。

3）控制程序设计。

根据该信号灯控制要求和 I/O 地址分配表，设计控制梯形图如图 4-13a 所示，对应指令

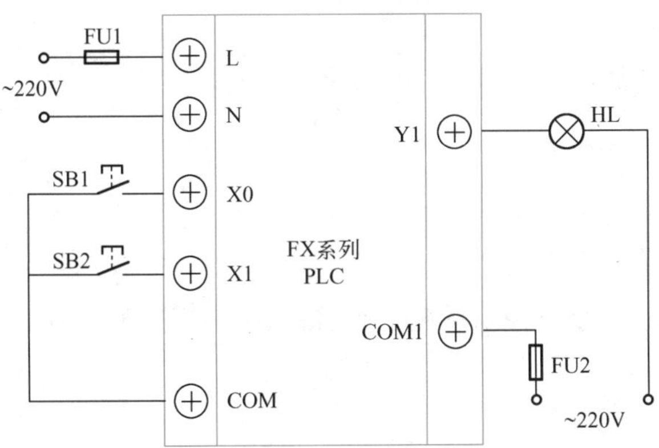

图 4-12　控制系统硬件接线图

语句表如图 4-13b 所示。

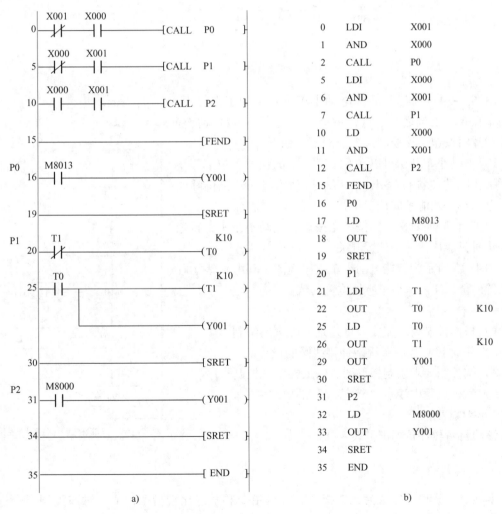

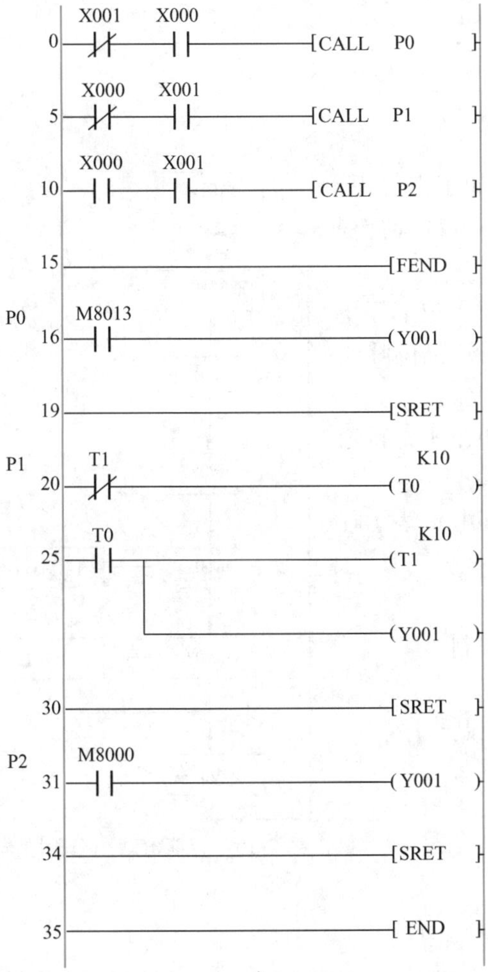

```
    X001  X000
0 ──┤/├───┤ ├──────────[CALL  P0   ]
    X000  X001
5 ──┤/├───┤ ├──────────[CALL  P1   ]
    X000  X001
10──┤ ├───┤ ├──────────[CALL  P2   ]
15─────────────────────[FEND       ]
P0  M8013
16──┤ ├────────────────(Y001       )
19─────────────────────[SRET       ]
P1  T1                        K10
20──┤/├────────────────(T0         )
    T0                        K10
25──┤ ├──┬─────────────(T1         )
         └─────────────(Y001       )
30─────────────────────[SRET       ]
P2  M8000
31──┤ ├────────────────(Y001       )
34─────────────────────[SRET       ]
35─────────────────────[END        ]
```

a)

0	LDI	X001	
1	AND	X000	
2	CALL	P0	
5	LDI	X000	
6	AND	X001	
7	CALL	P1	
10	LD	X000	
11	AND	X001	
12	CALL	P2	
15	FEND		
16	P0		
17	LD	M8013	
18	OUT	Y001	
19	SRET		
20	P1		
21	LDI	T1	
22	OUT	T0	K10
25	LD	T0	
26	OUT	T1	K10
29	OUT	Y001	
30	SRET		
31	P2		
32	LD	M8000	
33	OUT	Y001	
34	SRET		
35	END		

b)

图 4-13　梯形图、指令语句表

a）梯形图　b）指令语句表

项目4.2 智能电动小车控制系统设计与实施

4.2.1 项目导入

1. 工作任务

图4-14所示为某智能小车控制系统工作示意图。试用FX_{2N}系列PLC对该控制系统进行设计并实施。

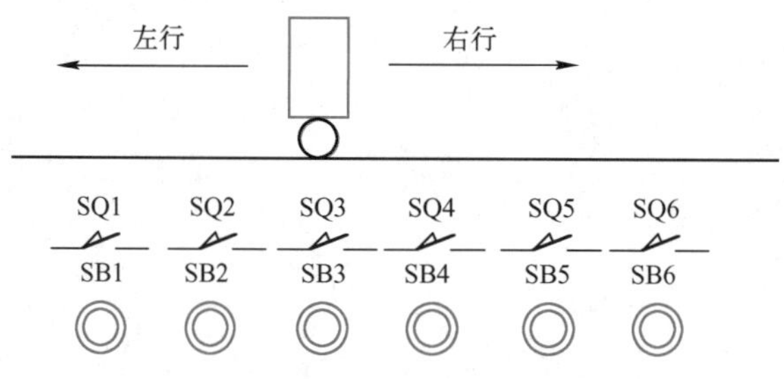

图4-14 智能电动小车工作示意图

由图4-14可知，该智能电动小车供6个加工点使用，电动车在6个工位之间运行，每个工位均有一个位置行程开关和呼叫按钮。该控制系统控制要求如下。

1）电动小车开始可以在6个工位中的任意工位上停止并压下相应的位置行程开关。PLC启动后，任意工位呼叫后，电动小车均能驶向该工位并停止在该工位上。

2）工位呼叫每次只能按一个按钮，电动小车不论行走或停止时只能压住一个位置开关。

图4-15所示为智能电动小车程序框图，其中m表示呼叫位置的值，N表示小车所处位置的值。

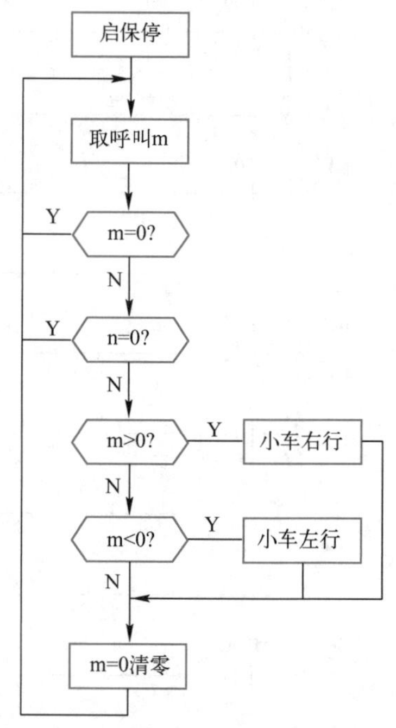

图4-15 智能电动小车程序框图

2. 考核内容

1）根据控制要求完成I/O地址分配表的编制。

2）完成PLC控制系统硬件接线图的设计。

3）按控制要求绘制梯形图、输入并调试控制程序。

4）考核过程中注意“6S管理”的要求。

3. 考核评价标准

该项目考核评价标准见表4-1。

4.2.2 知识链接

本项目关联功能指令为比较指令、传送指令和触点比较指令，下面对该类型指令进行介绍。

1. 比较指令

比较指令的指令助记符、功能号、名称、操作元件和程序步长见表4-8。

表4-8　比较指令表

助记符	功能号	名称	操作数			程序步长
			[S1·]	[S2·]	[D·]	
CMP	FNC10	比较	K、H、KnX、KnY、KnM、KnS、T、C、D、V、Z		Y、M、S	16位：7步 32位：13步

(1) 指令应用技巧

CMP指令，用于将源操作数[S1·]、[S2·]的数据进行比较，比较结果送到目标操作数[D·]。

(2) 应用实例

CMP指令的应用实例如图4-16所示。

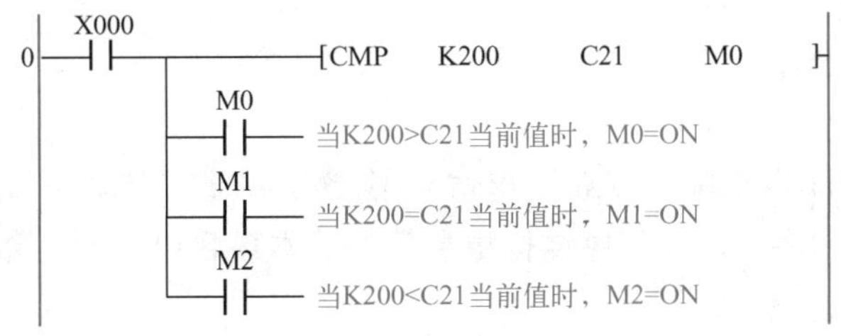

图4-16　CMP指令应用实例

图4-16中，当X000=ON时，K200（数值200）与C21计数器当前值比较。若C21当前值小于200，则M0=1；若C21当前值等于200，则M1=1；若C21当前值大于200，则M2=1。

当X000=OFF时，不执行CMP指令，M0~M2保持X000断开前的状态不变。

应用技巧：

◇ CMP指令所用源操作数均按二进制数处理，且按数值大小进行比较（即带符号比较），如-10<1。

◇ 当不再执行CMP指令时，目标操作数保持执行CMP时的状态。如果需要清除比较结果，需要采用RST或ZRST复位指令。

2. 传送指令

传送指令的指令助记符、功能号、名称、操作元件和程序步长见表4-9。

表4-9　传送指令表

助记符	功能号	名称	操作数		程序步长
			[S·]	[D·]	
MOV	FNC12	传送	K、H、KnX、KnY、KnM、KnS、T、C、D、V、Z	KnY、KnM、KnS、T、C、D、V、Z	16位：5步 32位：9步

(1) 指令应用技巧

MOV指令，用于将源操作数［S·］中的数据传送到目标操作数［D·］中。

（2）应用实例

MOV 指令应用实例如图 4-17 所示。

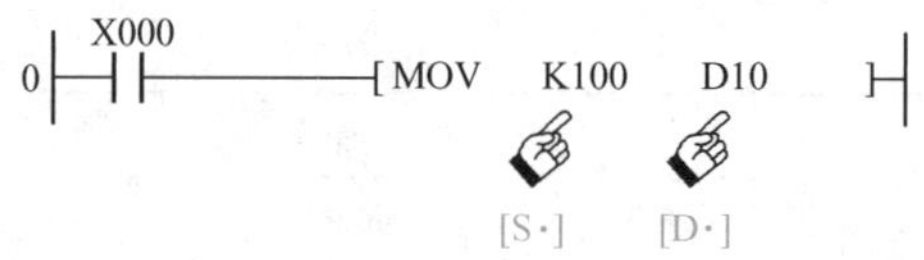

图 4-17　MOV 指令应用实例

图 4-17 中，当 X000 = ON 时，执行（K100）→（D10）；当 X000 = OFF 时，目标操作数中的数据保持不变。当执行传送指令时，常数 K100 自动转换成二进制数。

应用技巧：

◇ MOV 指令为连续执行型，MOV(P)指令为脉冲执行型。编程时若[S·]源操作数是一个变量，则要用脉冲型传送指令 MOV(P)。

◇ 对于 32 位数据的传送，需要用(D)MOV 指令，否则会出错。

3. 触点比较指令

FX_{2N}系列 PLC 功能指令中有触点比较指令 18 条，功能号为 FNC220 ~ FNC249，使用这些触点比较指令编写程序，可使程序结构更加简洁。本项目以 LD 起始触点比较指令为例对该类型功能指令应用进行说明。

LD 起始触点比较指令的指令助记符、功能号、名称、操作元件和程序步长见表 4-10。

表 4-10　LD 起始触点比较指令表

助记符	功能号	操作数			程序步长
		[S1·]	[S2·]	导通条件	
LD =	FNC224	K、H KnX、KnY、KnM、KnS T、C、D、V、Z		[S1·] = [S2·]	16 位：5 步 32 位：9 步
LD >	FNC225			[S1·] > [S2·]	
LD <	FNC226			[S1·] < [S2·]	
LD < >	FNC228			[S1·] ≠ [S2·]	
LD≤	FNC229			[S1·] ≤ [S2·]	
LD≥	FNC230			[S1·] ≥ [S2·]	

LD = 指令应用实例如图 4-18 所示，其余指令应用请读者参照进行分析。

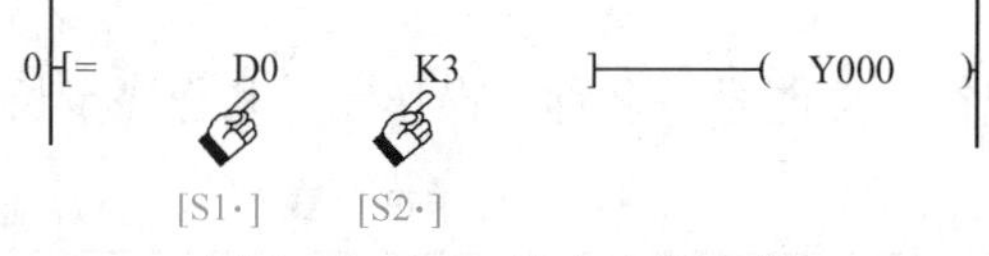

图 4-18　LD = 指令应用实例

由图 4-18 可知，若 D0 = 3，则 Y000 为 ON，若 D0≠3，则 Y000 为 OFF。

4.2.3　项目实施

1. I/O 地址分配

根据控制要求，设定控制系统 I/O 地址分配表，见表 4-11。

表 4-11　I/O 地址分配表

输入			输出		
元器件代号	地址号	功能说明	元器件代号	地址号	功能说明
SB1	X0	1 号工位按钮	KM1	Y0	左行接触器
SB2	X1	2 号工位按钮	KM2	Y1	右行接触器
SB3	X2	3 号工位按钮			
SB4	X3	4 号工位按钮			
SB5	X4	5 号工位按钮			
SB6	X5	6 号工位按钮			
SB10	X21	启动按钮			
SB11	X22	停止按钮			
SQ1	X10	1 号工位限位开关			
SQ2	X11	2 号工位限位开关			
SQ3	X12	3 号工位限位开关			
SQ4	X13	4 号工位限位开关			
SQ5	X14	5 号工位限位开关			
SQ6	X15	6 号工位限位开关			

2. 硬件接线图设计

根据表 4-11 所示 I/O 地址分配表，可对控制系统硬件接线图进行设计，如图 4-19 所示。

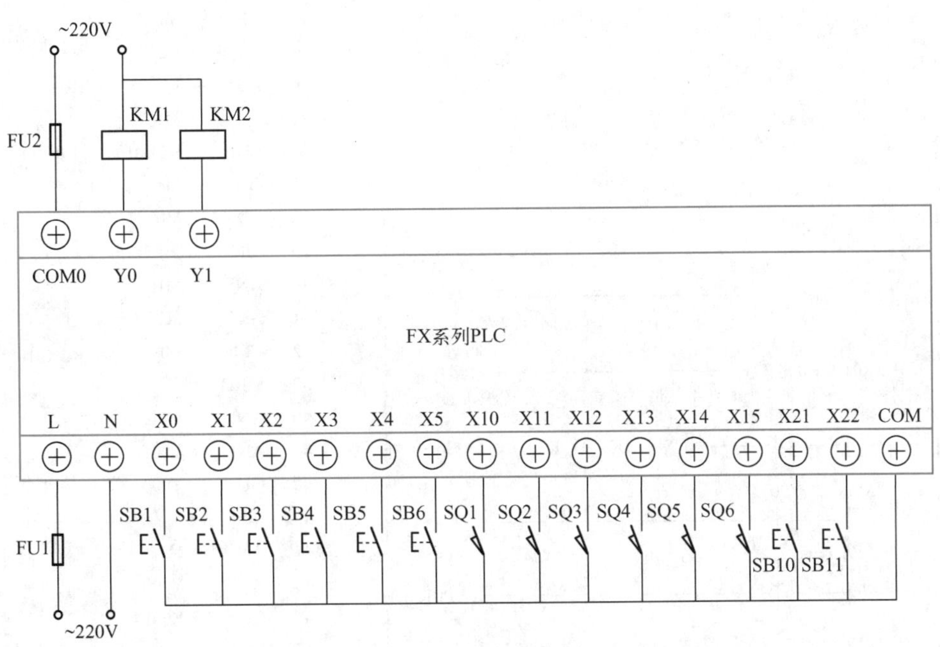

图 4-19　硬件接线图

3. 控制程序设计

由于智能电动小车工位呼叫每次只能按一个按钮，电动小车不论行走或停止时只能压住一个位置开关。故可以用组合位元件 K2X0 来表示呼叫位置的值，K2X10 表示小车所处位置的值，设 K2X0 = m，K2X10 = n。若 m > n（呼叫值 > 停止值），小车右行；若 m < n（呼叫值 < 停止值），小车左行；若 m = n（呼叫值 = 停止值），小车停在原地或行至呼叫位置。

此外，程序设计有三个问题需要解决。

1）一开始未按呼叫，K2X0 = 0，该值会进入比较指令 CMP 而使电动车误动作，故必须设置联锁环节。

2）电动车行走时，如在两个限位开关之间，则 K2X10 = 0，这在右行时没有问题。但在左行时，就会出现 $m > n$ 情况，这时电动车会在该位置来回摆动行走。故也必须设置联锁环节。

3）为防止电动车到位后，误动其他限位开关而引起电动车行走，故当电动车到位后，同时将 D0 清零，使控制系统处于等待状态。

综上所述，根据系统控制要求和 I/O 地址分配表，设计控制程序梯形图如图 4-20a 所示。其对应的指令语句表如图 4-20b 所示。

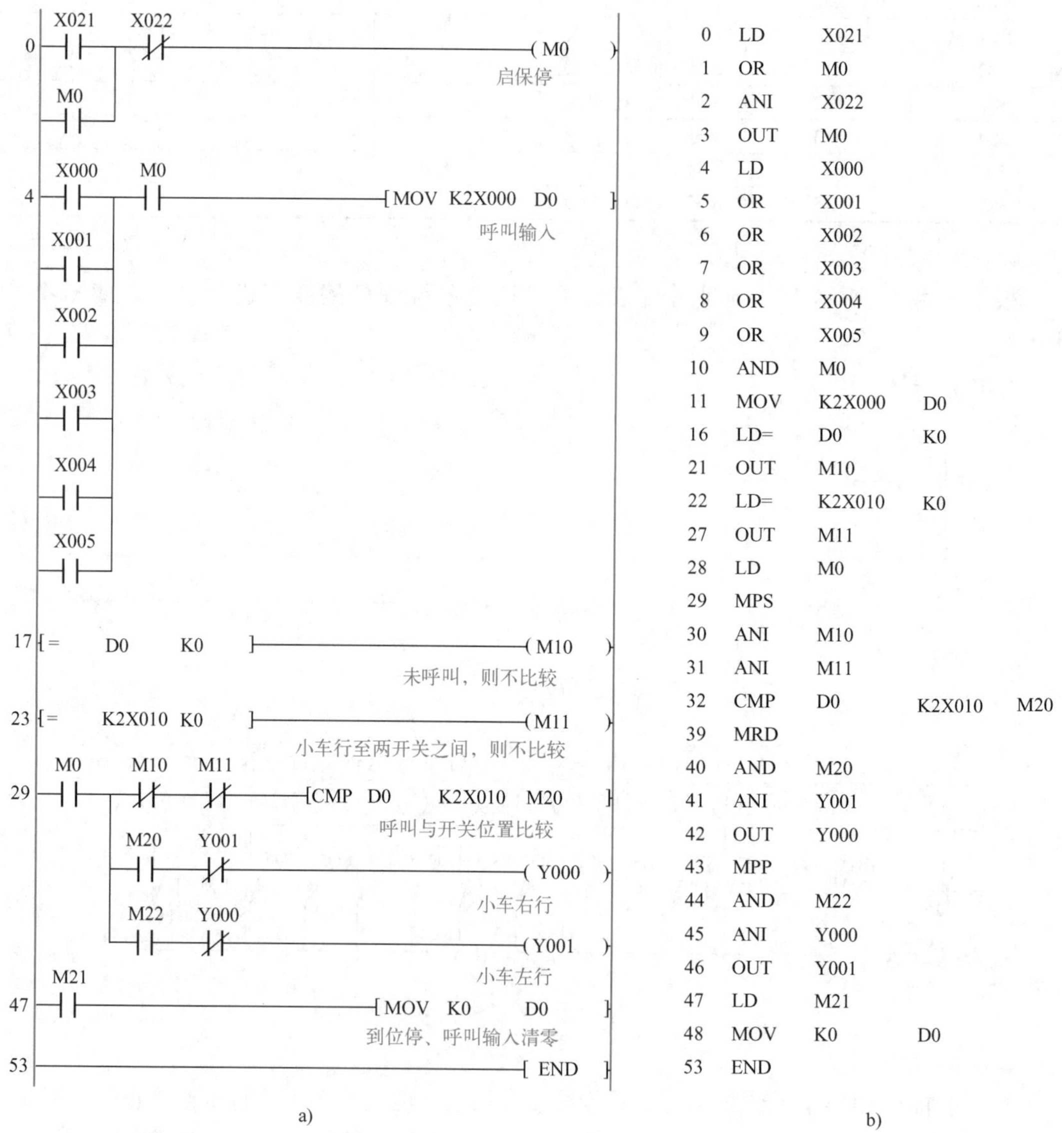

图 4-20　梯形图、指令语句表控制程序

a）梯形图　b）指令语句表

4. 系统仿真调试

1）按照图4-19所示控制系统硬件接线图接线并检查、确认接线正确。

2）利用GX软件和GX Simulator-6仿真软件输入并运行程序，监控程序运行状态，分析程序运行结果。

3）程序符合控制要求后再接通主电路试车，进行系统调试，直到满足系统控制要求为止。

4.2.4　思维拓展与案例

1. 类似功能指令介绍

CMP指令属于FX_{2N}系列PLC传送与比较指令，与其类似的指令有区间比较指令ZCP等。

区间比较指令的指令助记符、功能号、名称、操作元件和程序步长见表4-12。

表4-12　区间比较指令表

助记符	功能号	名称	操作数				程序步长
			[S1·]	[S2·]	[S·]	[D·]	
ZCP	FNC11	区间比较	K、H、KnX、KnY、KnM、KnS、T、C、D、V、Z			Y、M、S	16位：9步 32位：17步

1）指令应用技巧。

ZCP指令，用于将[S·]与[S1·]、[S2·]间的数据进行代数比较，比较结果影响目标操作数[D·]。

2）应用实例。

ZCP指令的应用实例如图4-21所示。

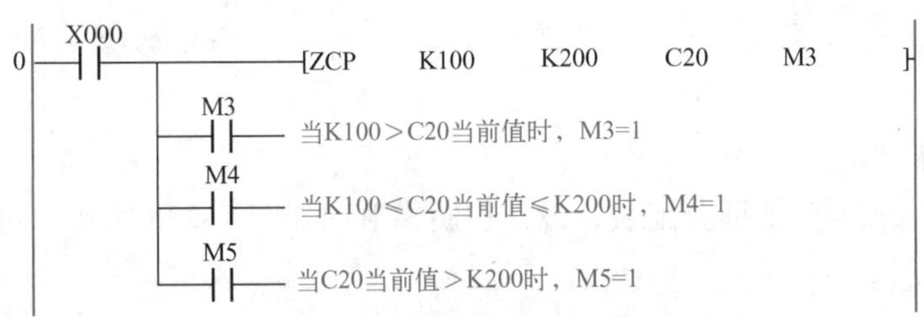

图4-21　ZCP指令应用实例

图4-21中，当X000=ON时，C20的当前值与K100和K200比较。若C20当前值<100时，则M3=1；若100≤C20当前值≤200时，则M4=1；若C20当前值>200时，则M5=1。

当X000=OFF时，不执行ZCP指令，M3～M5保持X000断开前的状态不变。

利用ZCP指令编制程序时应注意事项与CMP指令相同，此处不再赘述。

2. 拓展案例

（1）控制要求分析

试用PLC设计某变频空调室温控制系统，具体控制要求如下。

1）采集的当前室温存放于数据寄存器D0（数值1对应1℃）。

2）启动空调后，一直驱动风扇工作，当室温低于18℃时，驱动空调加热；当室温高于24℃时，驱动空调制冷。

3）关闭空调后，风扇、加热系统、制冷系统均停止工作。

(2) 控制系统程序设计

1) I/O 地址分配。

根据控制要求，设定 I/O 地址分配表，见表 4-13。

表 4-13 I/O 地址分配表

输入			输出		
元器件代号	地址号	功能说明	元器件代号	地址号	功能说明
SB1	X0	自锁按钮	KM1	Y0	制热控制
			KM2	Y1	制冷控制
			KM3	Y2	风扇控制

2) 硬件接线图设计。

根据表 4-13 所示 I/O 地址分配表，可对硬件接线图进行设计，如图 4-22 所示。

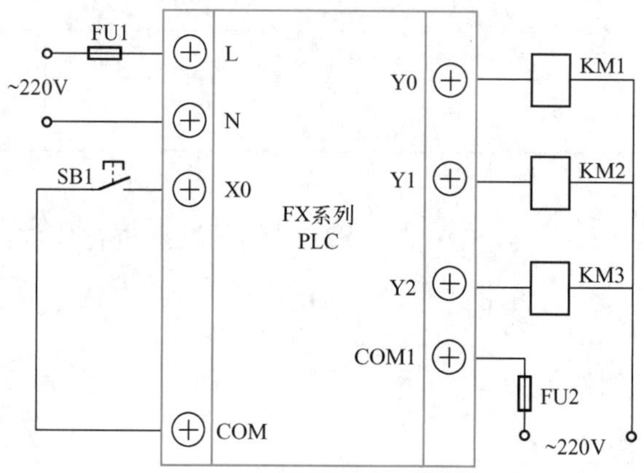

图 4-22 控制系统硬件接线图

3) 控制程序设计。

根据控制要求和 I/O 地址分配表，设计控制梯形图如图 4-23a 所示，对应指令语句表如图 4-23b 所示。

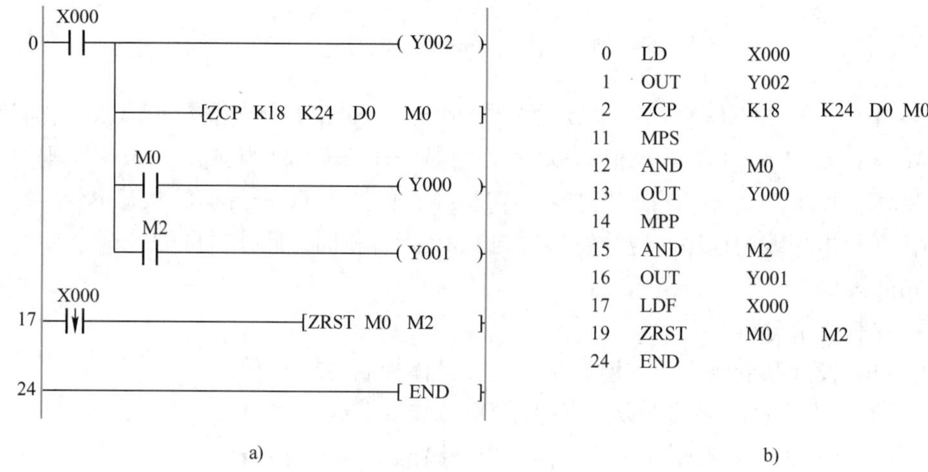

图 4-23 梯形图、指令语句表

a) 梯形图 b) 指令语句表

项目4.3　轿车喷漆流水线控制系统设计与实施

4.3.1　项目导入

1. 工作任务

图4-24所示为某轿车喷漆流水线控制系统工作示意图。试用FX$_{2N}$系列PLC对该控制系统进行设计并实施。

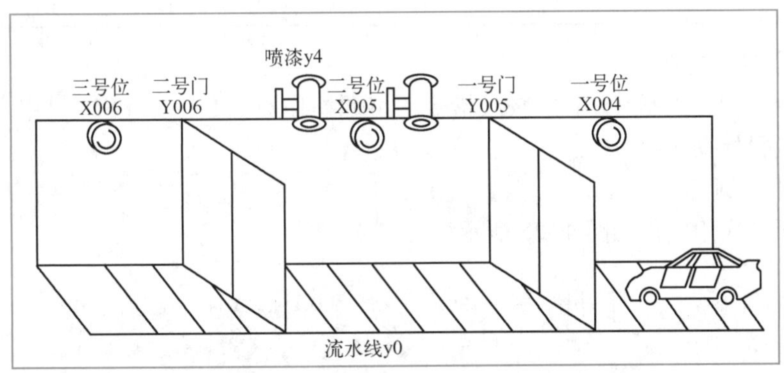

图4-24　轿车喷漆流水线控制系统示意图

参照常用汽车喷漆流水线控制系统工艺流程，该控制系统控制功能设定如下。

1）控制系统停止工作时，可根据需要利用两个按钮设定待加工的轿车台数（0～99），并通过另一个按钮切换显示设定数、已加工数和待加工数。

2）按起动按钮传送带转动，轿车到一号位，发出一号位到位信号，传送带停止；延时1s，一号门打开；延时2s，传送带继续转动；轿车到二号位，发出二号位到位信号，传送带停止转动，一号门关闭；延时2s后，打开喷漆电动机进行喷漆操作，延时6s后停止喷漆。同时打开二号门，延时2s后，传送带继续转动；轿车到三号位，发出三号位到位信号，传送带停止，同时二号门关闭，且计数一次，延时4s后，再继续循环工作，直到完成所有待加工轿车后全部停止。

3）按暂停按钮后，整个工艺完成时暂停加工，再按起动按钮继续运行。

2. 考核内容

1）根据控制要求完成I/O地址分配表的编制。

2）完成PLC控制系统硬件接线图的设计。

3）按控制要求绘制梯形图、输入并调试控制程序。

4）考核过程中注意“6S管理”的要求。

3. 考核评价标准

该项目考核评价标准见表4-1。

4.3.2　知识链接

本项目关联功能指令为减法指令、加1/减1指令和BCD码转换指令，下面对该类型指令进行介绍。

1. 减法指令

减法指令的指令助记符、功能号、名称、操作元件和程序步长见表 4-14。

表 4-14　减法指令表

助记符	功能号	名称	操作数			程序步长
			[S1·]	[S2·]	[D·]	
SUB	FNC21	BIN 减法	K、H KnX、KnY、KnM、KnS T、C、D、V、Z		KnY、KnM、KnS T、C、D、V、Z	16 位：7 步 32 位：13 步

（1）指令应用技巧

SUB 指令，即二进制（BIN）减法指令，将源操作数[S1·]、[S2·]中的二进制数相减，结果送到目标操作数[D·]。

（2）应用实例

SUB 指令的应用实例如图 4-25 所示。

```
      X000
 0 ──┤ ├──────[SUB   D10    D12    D14  ]
                     [S1·]  [S2·]  [D·]
```

图 4-25　SUB 指令应用实例

图 4-25 中，当执行条件 X000 = ON 时，(D10) - (D12)→(D14)。减法运算属于代数运算，例如 8 - (-5) = 13。

应用技巧：

◇ SUB 指令操作时影响 3 个常用标志位，即 M8020 零标志、M8021 借位标志、M8022 进位标志位。若运算结果为 0，则 M8020 置 1；若运算结果超过 32 767（16 位）或 2 147 483 647（32 位），则 M8022 置 1；若运算结果小于 - 32 767（16 位）或 - 2 147 483 647（32 位），则 M8021 置 1。

◇ 源操作数和目标操作数可以用相同的元件号。

2. 加 1/减 1 指令

加 1/减 1 指令的指令助记符、功能号、名称及操作元件和程序步长见表 4-15。

表 4-15　加 1/减 1 指令表

助记符	功能号	名称	操作数	程序步长
			[D·]	
INC	FNC24	加 1	KnY、KnM、KnS、T、C、D 、V、Z	16 位：3 步 32 位：5 步
DEC	FNC25	减 1	KnY、KnM、KnS、T、C、D 、V、Z	16 位：3 步 32 位：5 步

（1）指令应用技巧

1）INC 指令，即加 1 指令，将指定的目标操作数[D·]自动加 1 后存入[D·]。

2）DEC 指令，即减 1 指令，将指定的目标操作数[D·]自动减 1 后存入[D·]。

（2）应用实例

INC、DEC 指令的应用实例如图 4-26 所示。

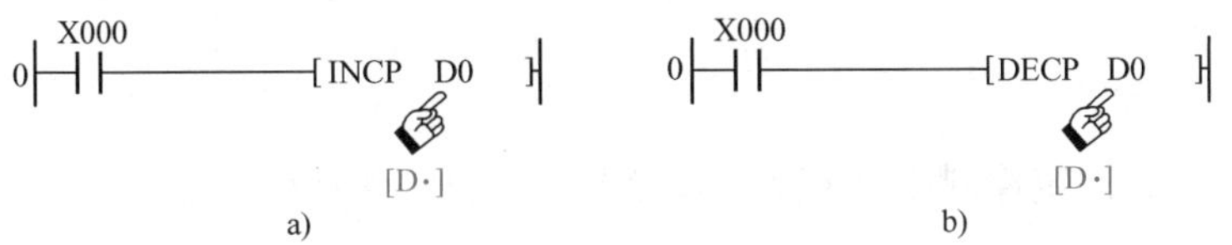

图 4-26　INC、DEC 指令应用实例

a）INC 指令应用实例　b）DEC 指令应用实例

图 4-26a 中，当执行条件 X000 由 OFF→ON 时，由[D·]指定的元件 D0 中的二进制数加 1 存入 D0。其中 D0 既是源操作数又是目标操作数。

图 4-26b 中，当执行条件 X000 由 OFF→ON 时，由[D·]指定的元件 D0 中的二进制数减 1 存入 D0。其中 D0 既是源操作数又是目标操作数。

3. BCD 码转换指令

BCD 码转换指令的指令助记符、功能号、名称、操作元件和程序步长见表 4-16。

表 4-16　BCD 码转换指令表

助记符	功能号	名称	操作数		程序步长
			[S·]	[D·]	
BCD	FNC18	BCD 码转换	KnX、KnY、KnM、KnS、T、C、D、V、Z	KnY、KnM、KnS T、C、D、V、Z	16 位：5 步 32 位：9 步

（1）指令应用技巧

BCD 码转换指令，将源操作数[S·]中的二进制数码转换成 BCD 码并送至目标操作数[D·]中。

（2）应用实例

BCD 指令的应用实例如图 4-27 所示。

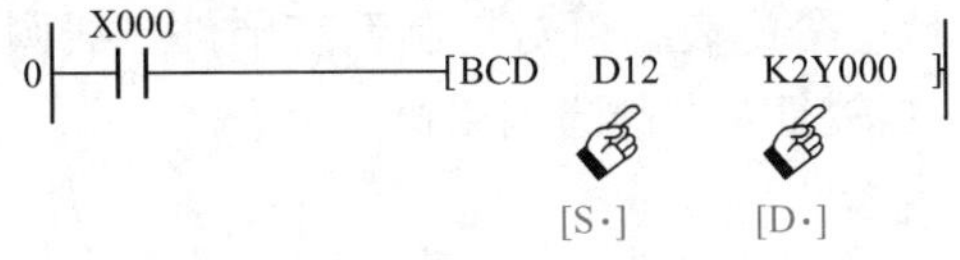

图 4-27　BCD 指令应用实例

图 4-27 中，当 X000 = ON 时，源操作数 D12 中的二进制数转换成 BCD 码送到目标元件 Y0 ~ Y7 中，可用于驱动七段数码显示器。

应用技巧：

◇ 使用 BCD 或 BCD(P)16 位指令时，若 BCD 码转换结果超过 9 999 的范围就会出错。使用(D)BCD 或(D)BCD(P)32 位指令时，若 BCD 码转换结果超过 99 999 999 的范围，同样也会出错。

◇ BCD 指令常用于 PLC 的二进制数转换为七段数码显示等需要用 BCD 码向外部输出的场合。

4.3.3 项目实施

1. I/O 地址分配

根据控制要求，设定控制系统 I/O 地址分配表，见表 4-17。

表 4-17 I/O 地址分配表

输入			输出		
元器件代号	地址号	功能说明	元器件代号	地址号	功能说明
SB1	X0	起动按钮	KM1	Y0	传送带
SB2	X1	设定增加按钮	—	Y1	显示设定数
SB3	X2	设定减少按钮	—	Y2	显示已加工数
SB4	X3	显示选择	—	Y3	显示待加工数
SQ1	X4	一号位限位开关	KM2	Y4	喷漆电动机
SQ2	X5	二号位限位开关	KM3	Y5	一号门开启
SQ3	X6	三号位限位开关	KM4	Y6	二号门开启
SB5	X7	暂停按钮	—	Y10	数码管显示加工台数
			—	Y11	
			—	Y12	
			—	Y13	
			—	Y14	
			—	Y15	
			—	Y16	
			—	Y17	

2. 硬件接线图设计

根据表 4-17 所示 I/O 地址分配表，可对控制系统硬件接线图进行设计，如图 4-28 所示。其中数码管显示部分绘制较复杂，故省略未画。

3. 控制程序设计

综上所述可知，该轿车喷漆流水线控制系统属于典型顺序控制，故可采用步进顺控指令进行程序设计。根据控制要求设计显示部分控制梯形图，如图 4-29 所示。设计控制系统顺序功能图如图 4-30 所示。

该轿车喷漆流水线控制系统对应的梯形图、指令语句表如图 4-31 所示。

4. 系统仿真调试

1）按照图 4-28 所示控制系统硬件接线图接线并检查、确认接线正确。

2）利用 GX 软件和 GX Simulator-6 仿真软件输入并运行程序，监控程序运行状态，分析程序运行结果。

3）程序符合控制要求后再接通主电路试车，进行系统调试，直到满足系统控制要求为止。

FU1
~220V
SB1
SB2
SB3
SB4
SQ1
SQ2
SQ3
SB5
L
N
X0
X1
X2
X3
X4
X5
X6
X7
COM
FX系列
PLC
Y0
Y1
Y2
Y3
Y4
Y5
Y6
Y10~Y17
COM1
~COM3
KM1
显示设定数
显示已加工数
显示待加工数
KM2
KM3
KM4
数码管显示
加工台数
FU2
~220V

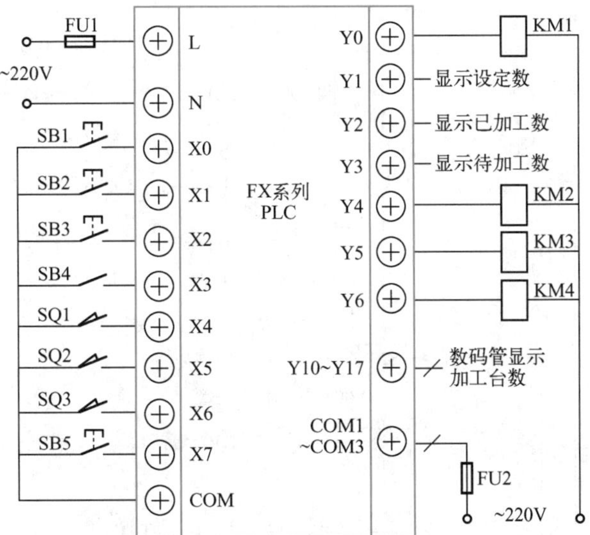

图 4–28　硬件接线图

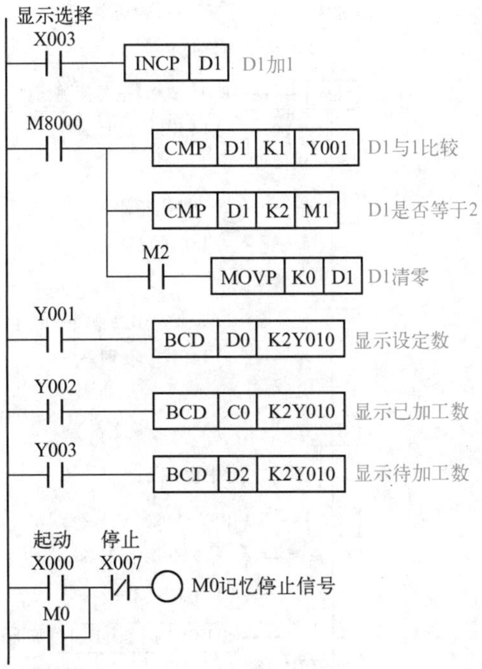

显示选择
X003
INCP D1
D1加1
M8000
CMP D1 K1 Y001
D1与1比较
CMP D1 K2 M1
D1是否等于2
M2
MOVP K0 D1
D1清零
Y001
BCD D0 K2Y010
显示设定数
Y002
BCD C0 K2Y010
显示已加工数
Y003
BCD D2 K2Y010
显示待加工数
起动
X000
停止
X007
M0记忆停止信号
M0

图 4–29　轿车喷漆流水线控制系统显示部分控制梯形图

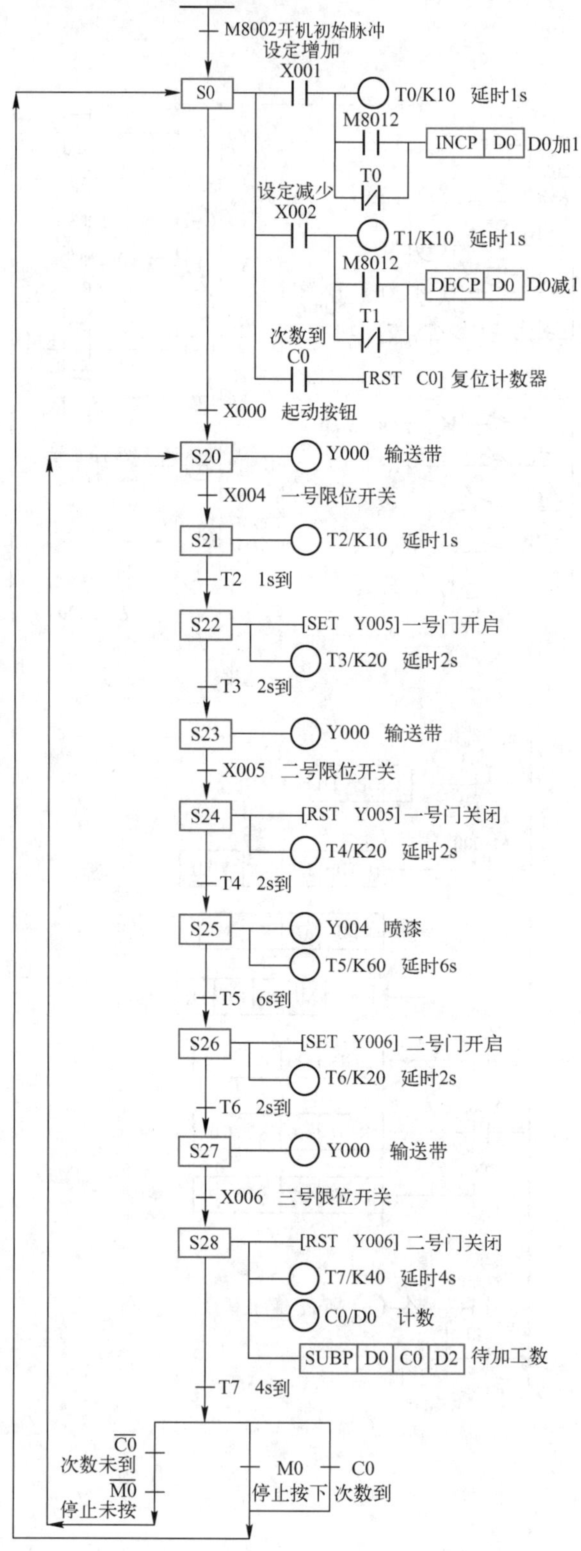

图 4-30 轿车喷漆流水线控制系统顺序功能图

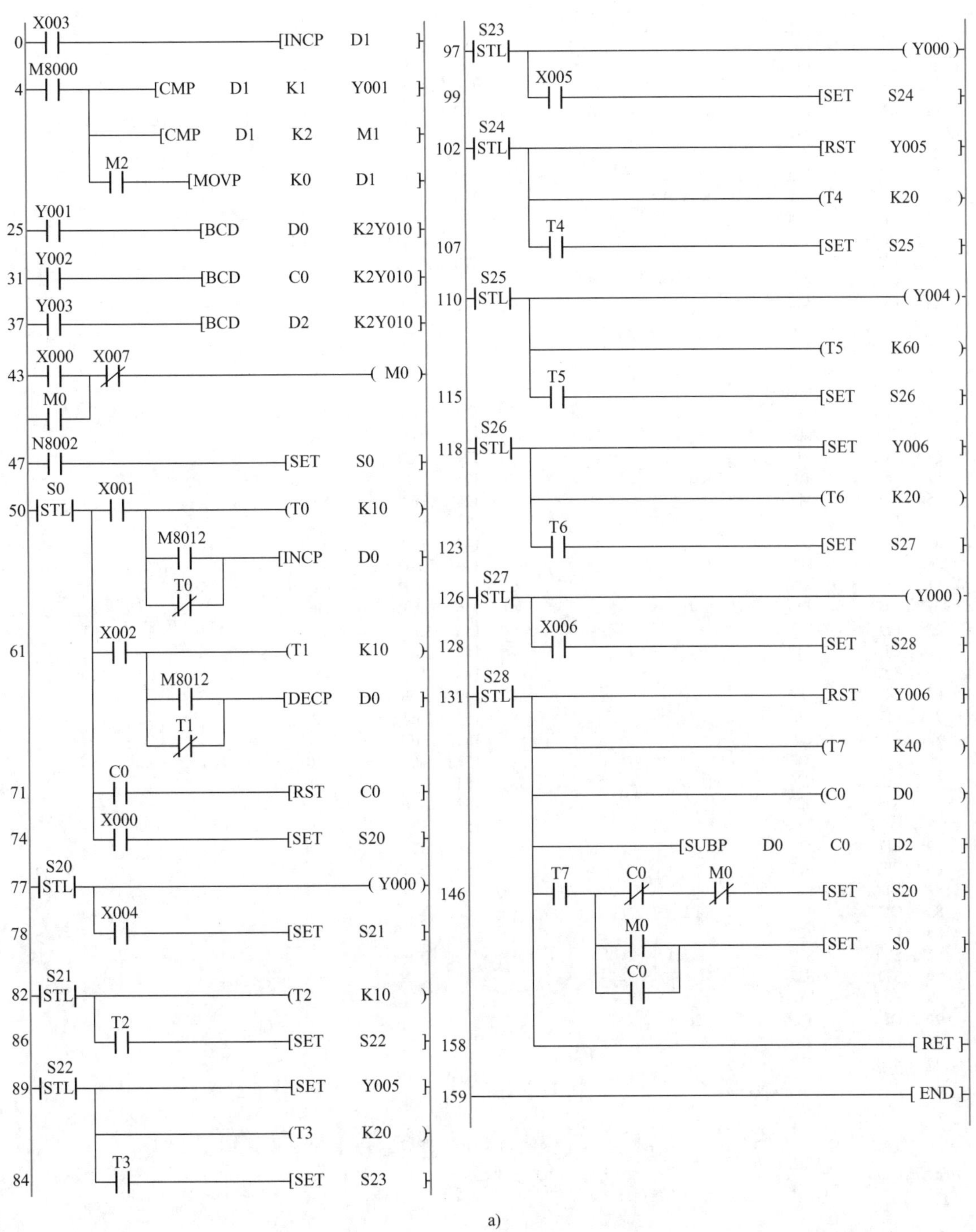

图 4–31　轿车喷漆流水线控制系统梯形图、指令语句表

a）梯形图

```
0    LD     X003
1    INCP   D1
4    LD     M8000
5    CMP    D1     K1      Y001
12   CMP    D1     K2      M1
19   AND    M2
20   MOVP   K0     D1
25   LD     Y001
26   BCD    D0     K2Y010
31   LD     Y002
32   BCD    C0     K2Y010
37   LD     Y003
38   BCD    D2     K2Y010
43   LD     X000
44   OR     M0
45   ANI    X007
46   OUT    M0
47   LD     M8002
48   SET    S0
50   STL    S0
51   LD     X001
52   OUT    T0     K10
55   LD     M8012
56   ORI    T0
57   ANB
58   INCP   D0
61   LD     X002
62   OUT    T1     K10
65   LD     M8012
66   ORI    T1
67   ANB
68   DECP   D0
71   LD     C0
72   RST    C0
74   LD     X000
75   SET    S20
77   STL    S20
78   OUT    Y000
79   LD     X004
80   SET    S21
82   STL    S21
83   OUT    T2     K10
86   LD     T2
87   SET    S22
89   STL    S22
90   SET    Y005
91   OUT    T3     K20
94   LD     T3
95   SET    S23
97   STL    S23
98   OUT    Y000
99   LD     X005
100  SET    S24
102  STL    S24
103  RST    Y005
104  OUT    T4     K20
107  LD     T4
108  SET    S25
110  STL    S25
111  OUT    Y004
112  OUT    T5     K60
115  LD     T5
116  SET    S26
118  STL    S26
119  SET    Y006
120  OUT    T6     K20
123  LD     T6
124  SET    S27
126  STL    S27
127  OUT    Y000
128  LD     X006
129  SET    S28
131  STL    S28
132  RST    Y006
133  OUT    T7     K40
136  OUT    C0     D0
139  SUBP   D0     C0      D2
146  LD     T7
147  MPS
148  ANI    C0
149  ANI    M0
150  SET    S20
152  MPP
153  LD     M0
154  OR     C0
155  ANB
156  SET    S0
158  RET
159  END
```

b)

图4-31　轿车喷漆流水线控制系统梯形图、指令语句表（续）
b）指令语句表

*4.3.4　思维拓展与案例

1. 类似功能指令介绍

SUB 指令属于 FX_{2N} 系列 PLC 数值运算指令，与其类似的指令有加法指令等。

加法指令的指令助记符、功能号、名称、操作元件和程序步长见表4-18。

表 4-18　加法指令表

助记符	功能号	名称	操作数			程序步长
			[S1·]	[S2·]	[D·]	
ADD	FNC20	BIN 加法	K、H KnX、KnY、KnM、KnS T、C、D、V、Z		KnY、KnM、KnS T、C、D、V、Z	16 位：7 步 32 位：13 步

（1）指令应用技巧

二进制（BIN）加法指令 ADD，用于将源操作数[S1·]、[S2·]中的二进制数相加，结果送到目标操作数[D·]。

（2）应用实例

ADD 指令的应用实例如图 4-32 所示。

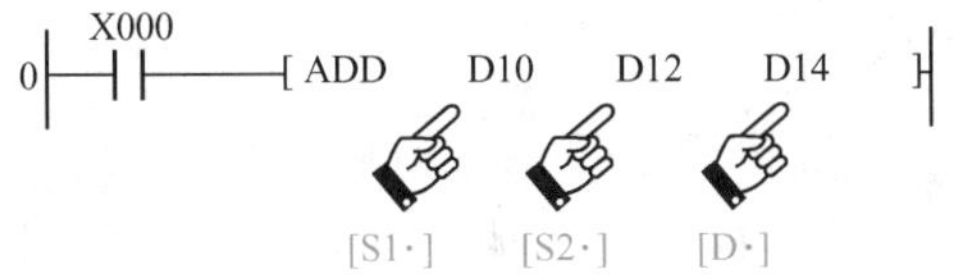

图 4-32　ADD 指令的应用实例

图 4-32 中，当执行条件 X000 = ON 时，(D10) + (D12)→(D14)。与 SUB 指令相同，加法运算也属于代数运算，例如 8 + (-5) =3。

利用 ADD 指令编制程序时应注意事项与 SUB 指令相同，此处不再赘述。

2. 拓展案例

（1）控制要求分析

试用 PLC 设计某投币洗车机控制系统，具体控制要求如下。

1）司机每次投入 1 元，再按下喷水按钮即可喷水洗车 5 min，使用时限为 10 min。

2）当洗车机喷水时间达到 5 min，洗车机结束工作；当洗车机喷水时间未达到 5 min，而洗车机使用时间达到了 10 min，洗车机停止工作。

（2）控制系统程序设计

1）I/O 地址分配。

根据控制要求，设定 I/O 地址分配表，见表 4-19。

表 4-19　I/O 地址分配表

输　入			输　出		
元器件代号	地址号	功能说明	元器件代号	地址号	功能说明
TB	X1	投币检测	YV	Y0	喷水电磁阀
SB1	X2	喷水按钮			
SB2	X3	手动复位按钮			

2）硬件接线图设计。

根据表 4-19 所示 I/O 地址分配表，可对硬件接线图进行设计，如图 4-33 所示。

3）控制程序设计。

根据控制要求和 I/O 地址分配表，设计控制梯形图如图 4-34 所示，对应指令语句表请

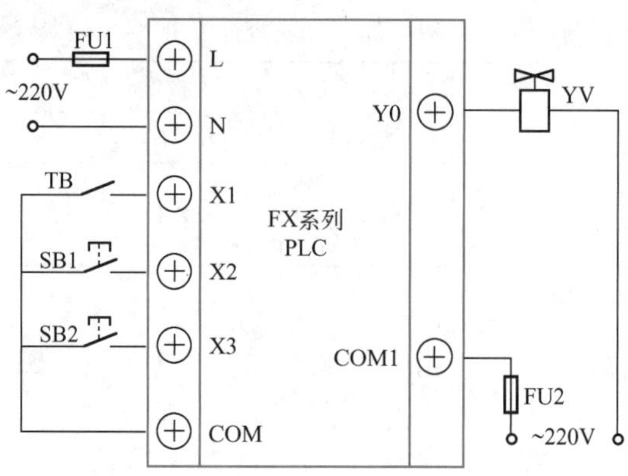

图 4-33　控制系统硬件接线图

读者自行编制，此处不予介绍。

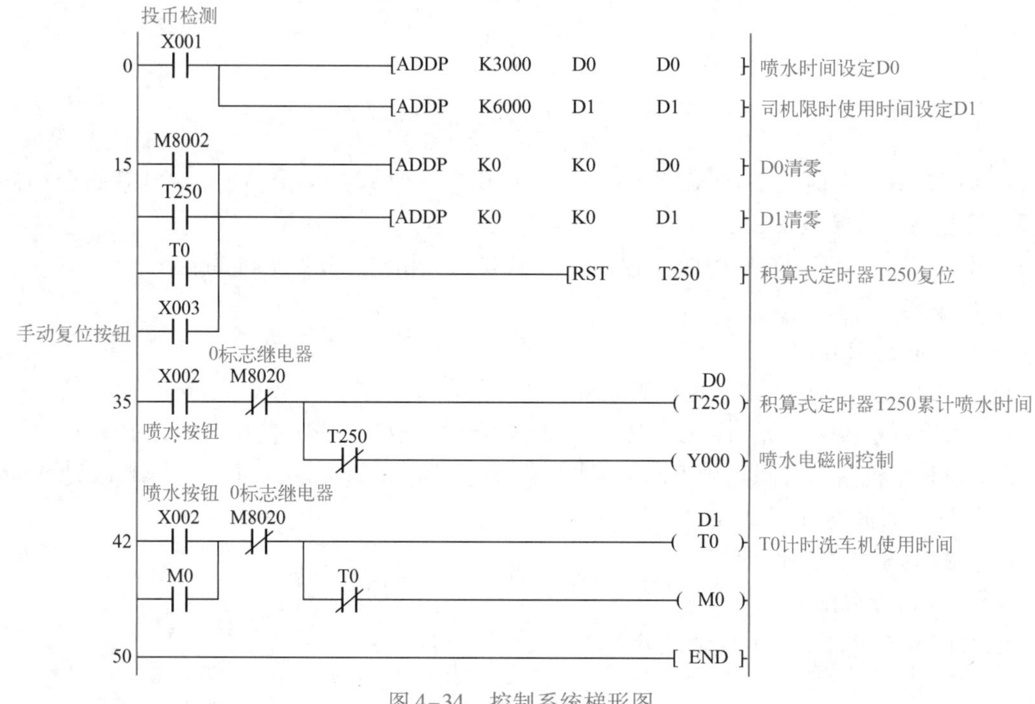

图 4-34　控制系统梯形图

项目 4.4　霓虹灯广告屏控制系统设计与实施

4.4.1　项目导入

1. 工作任务

图 4-35 所示为某霓虹灯广告屏控制系统示意图。该控制系统共有 8 根灯管，24 只流水灯，每 4 只流水灯为一组。试用 FX_{2N}系列 PLC 对该控制系统进行设计并实施。

参照常用霓虹灯广告屏控制系统显示效果，该控制系统控制功能设定如下。

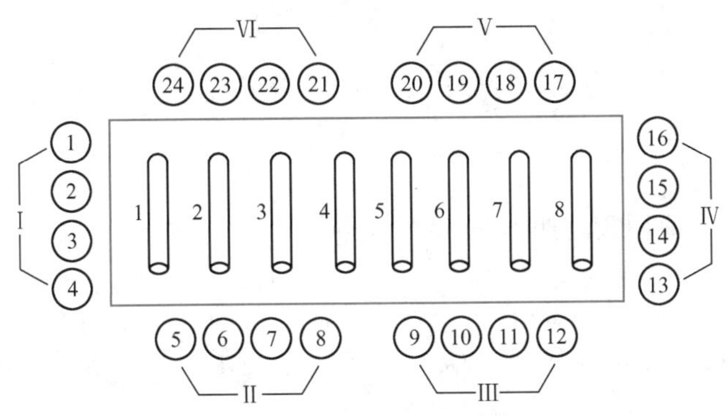

图 4-35　霓虹灯广告屏控制系统示意图

1）该广告屏中间 8 根灯管亮灭的时序为第 1 根亮→第 2 根亮→第 3 根亮→…→第 8 根亮，时间间隔为 1 s，全亮后，保持 10 s，再反过来从 8→7→…→1 顺序熄灭。全灭后，停亮 2 s，再从第 8 根灯管开始点亮，顺序为 8→7→…→1，时间间隔为 1 s，保持 20 s。再从 1→2→…→8 顺序熄灭。全熄灭后，停亮 2 s，再从头开始运行，周而复始。

2）广告屏四周的流水灯共 24 只，4 个 1 组，共分 6 组，每组灯间隔 1 s 向前移动一次，且Ⅰ～Ⅵ每隔一组灯为亮，即从Ⅰ、Ⅲ亮→Ⅱ、Ⅳ亮→Ⅲ、Ⅴ亮→Ⅳ、Ⅵ亮…，移动一段时间后（如 30 s），再反过来移动，即从Ⅵ、Ⅳ亮→Ⅴ、Ⅲ亮→Ⅳ、Ⅱ亮→Ⅲ、Ⅰ亮…，如此循环往复。

3）控制系统有单步/连续控制，有启动和停止按钮。

4）控制系统灯管、流水灯的电压及供电电源均为市电 220 V。

2. 考核内容

1）根据控制要求完成 I/O 地址分配表的编制。

2）完成 PLC 控制系统硬件接线图的设计。

3）按控制要求绘制梯形图、输入并调试控制程序。

4）考核过程中注意“6S 管理”的要求。

3. 考核评价标准

该项目考核评价标准见表 4-1。

4.4.2　知识链接

本项目关联功能指令为位移位指令。其指令助记符、功能号、名称、操作元件和程序步长见表 4-20。

表 4-20　位移位指令表

助记符	功能号	名称	操作数				程序步长
			[S·]	[D·]	n1	n2	
SFTR	FNC34	位右移	X、Y M、S	Y、M、S	K、H n2≤n1≤1 024		16 位：9 步
SFTL	FNC35	位左移					

（1）指令应用技巧

1）SFTR 指令为位右移指令，将操作数[D·]指定的 n1 个位元件连同[S·]指定的 n2

个位元件的数据右移 n2 位。

2）SFTL 指令为位左移指令，将操作数[D·]指定的 n1 个位元件连同[S·]指定的 n2 个位元件的数据左移 n2 位。

（2）应用实例

SFTR、SFTL 指令应用实例如图 4-36 所示。

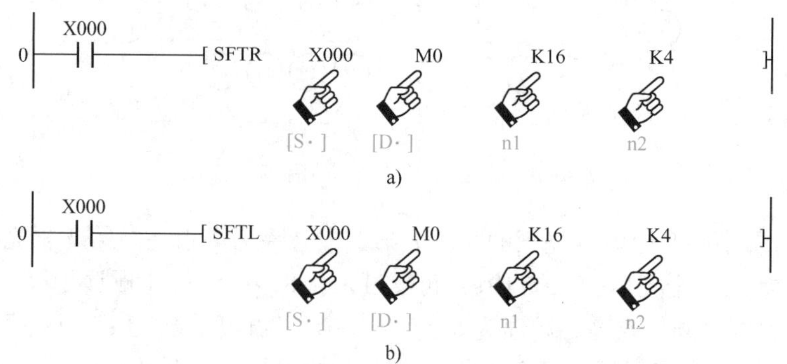

图 4-36 SFTR、SFTL 指令应用实例
a）SFTR 指令应用实例 b）SFTL 指令应用实例

图 4-36a 中，当 X000 = ON 时，[D·] 内 M15 ~ M0 的 16 位数据连同 [S·] 内的 X003 ~ X000 的 4 位元件的数据向右移 4 位。其中 X003 ~ X000 的 4 位数据从 [D·] 的高位端移入，而 [D·] 的低位 M3 ~ M0 数据移出（溢出）。图 4-36b 所示位左移指令梯形图移位原理与位右移指令类似，此处不再赘述。

应用技巧：

◇ SFTR、SFTL 指令使位元件中的状态向右、向左移位，S 为移位源操作数最低位，D 为移位目标操作数最低位，n1 指定位元件长度，n2 指定移位的位数。

◇ 若使用连续执行指令，则在每个扫描周期都要移位一次，并且要保证 n2≤n1。在实际使用中，常采用脉冲执行方式。

4.4.3 项目实施

1. I/O 地址分配

根据图 4-35 所示霓虹灯广告屏控制系统控制要求，设定系统 I/O 地址分配表，见表 4-21。

表 4-21 I/O 地址分配表

输入			输出		
元器件代号	地址号	功能说明	元器件代号	地址号	功能说明
SA1	X0	启动开关	LED1 ~ LED8	Y0 ~ Y7	控制霓虹灯灯管
SA2	X1	停止开关	LED9 ~ LED14	Y10 ~ Y15	控制流水灯
SA3	X2	单步/连续转换开关			
SB	X3	步进按钮			

2. 硬件接线图设计

根据表4-21所示I/O地址分配表，可对系统硬件接线图进行设计，如图4-37所示。

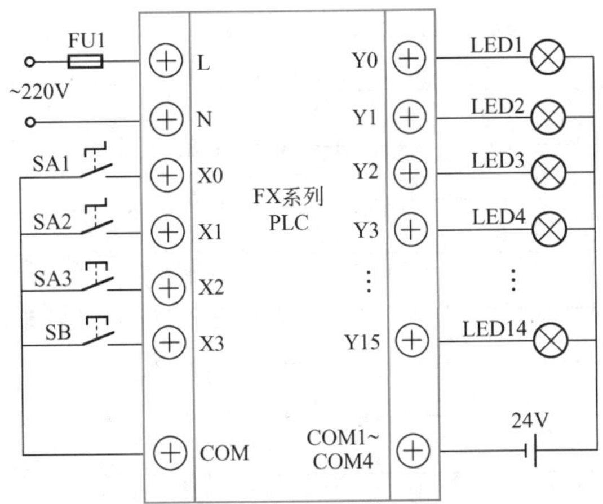

图4-37　系统硬件接线图

图4-37中，LED1～LED14利用发光二极管进行模拟显示，而实际应用的电路中应加继电器等转换接口电路，并将电源改接为交流220 V，具体电路读者可参照相关内容自行设计，此处不予介绍。此外，图4-37为省略画法，发光二极管LED5～LED13与PLC输出端口连接方式与LED1～LED4相同。

3. 控制程序设计

根据工艺过程和控制要求，采用移位指令及定时/计数指令设计的PLC控制霓虹灯广告屏控制器梯形图、指令语句表如图4-38所示。

◆程序设计说明：

由图4-38可知，该程序将移位指令和计数器指令进行了有机结合。Y000～Y007的状态采用左移位指令获得。当M100脉冲上升沿到来时，移位寄存器向左移动一次，每次移位时间间隔1 s。所以当8根灯管全亮时，需8 s。当C0计数计到8次时，C0＝1，由$\overline{\text{C0}}$与M100相“与”，故断开左移位指令（SFTL）的脉冲输入，左移停止，Y000～Y007全亮。延时10 s后，再按Y007～Y000顺序熄灭，此时采用右移位的办法进行移位，即M1＝$\overline{\text{Y007}}\cdot\overline{\text{Y006}}\cdot\overline{\text{Y005}}\cdot\overline{\text{Y004}}\cdot\overline{\text{Y003}}\cdot\overline{\text{Y002}}\cdot\overline{\text{Y001}}\cdot\overline{\text{Y000}}$，即$\overline{\text{Y007}}$～$\overline{\text{Y000}}$相“与”后，送到Y007。

程序中C0～C9计数器用来计数，控制秒脉冲个数。四周流水灯程序由C8、C9控制。左移、右移的输出信号分别为Y010、Y011、Y012、Y013、Y014、Y015。X000为启动信号，X001为停止信号，X002为连续运行信号，X003为单步脉冲调试信号。

值得注意的是，实际工程应用时，还需对此程序进行适当改进，硬件接线图部分需加入短路保护等保护措施。

4. 系统仿真调试

1）按照图4-37所示系统硬件接线图接线并检查、确认接线正确。

2）利用GX软件和GX Simulator－6仿真软件输入并运行程序，监控程序运行状态，分析程序运行结果。

3）程序符合控制要求后再接通主电路试车，进行系统调试，直到满足系统控制要求为止。

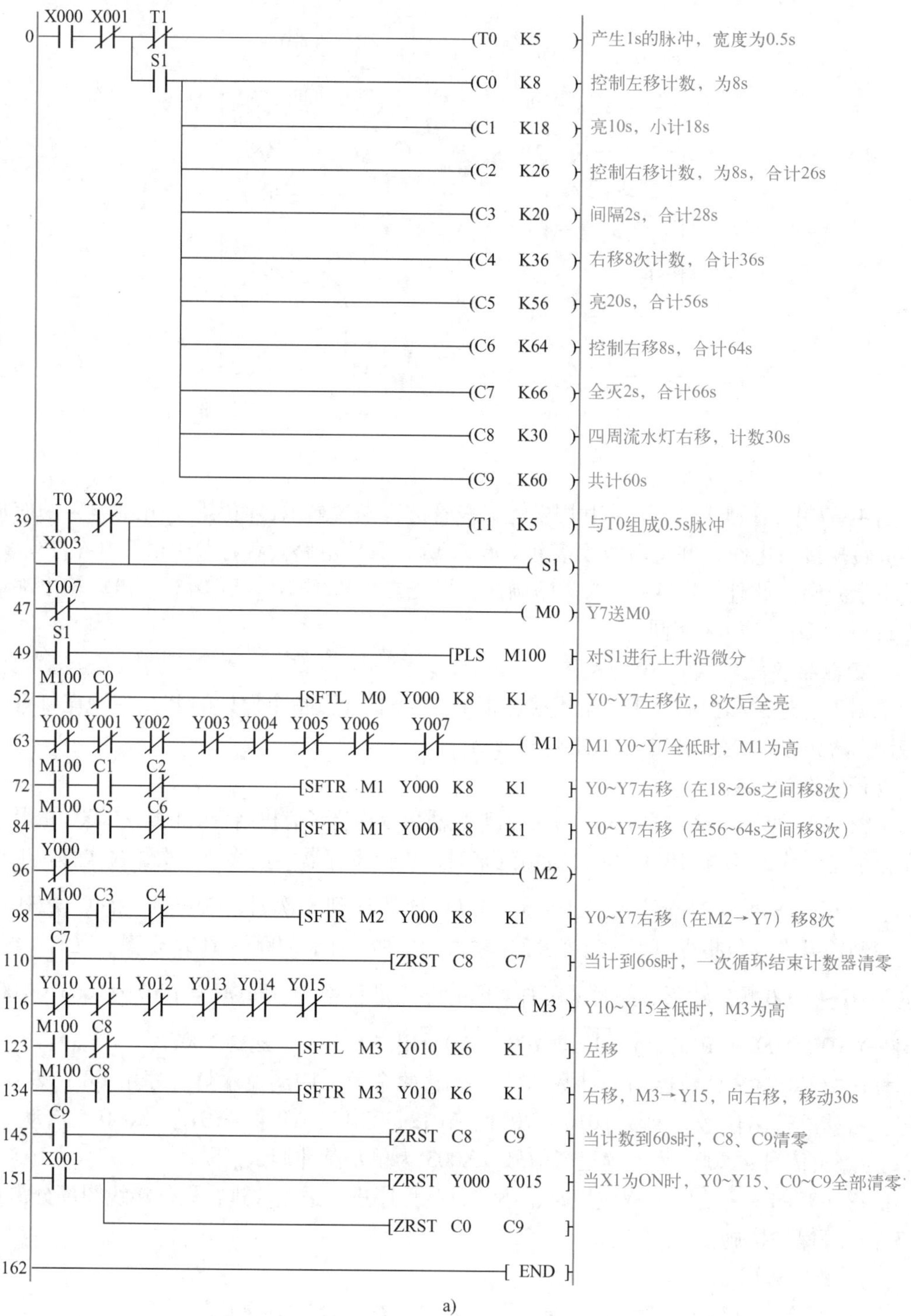

a)

图 4-38 霓虹灯广告屏控制系统梯形图、指令语句表

a）梯形图

```
0    LD    X000
1    ANI   X001
2    MPS
3    ANI   T1
4    OUT   T0    K5
7    MPP
8    AND   S1
9    OUT   C0    K8
12   OUT   C1    K18
15   OUT   C2    K26
18   OUT   C3    K28
21   OUT   C4    K36
24   OUT   C5    K56
27   OUT   C6    K64
30   OUT   C7    K66
33   OUT   C8    K30
36   OUT   C9    K60
39   LD    T0
40   ANI   X002
41   OR    X003
42   OUT   T1    K5
45   OUT   S1
47   LDI   Y007
48   OUT   M0
49   LD    S1
50   PLS   M100
52   LD    M100
53   ANI   C0
54   SFTL  M0    Y000  K8  K1
63   LDI   Y000
64   ANI   Y001
65   ANI   Y002
66   ANI   Y003
67   ANI   Y004
68   ANI   Y005
69   ANI   Y006
70   ANI   Y007
71   OUT   M1
72   LD    M100
73   AND   C1
74   ANI   C2
75   SFTR  M1    Y000  K8  K1
84   LD    M100
85   AND   C5
86   ANI   C6
87   SFTR  M1    Y000  K8  K1
96   LDI   Y000
97   OUT   M2
98   LD    M100
99   AND   C3
100  ANI   C4
101  SFTR  M2    Y000  K8  K1
110  LD    C7
111  ZRST  C0    C7
116  LDI   Y010
117  ANI   Y011
118  ANI   Y012
119  ANI   Y013
120  ANI   Y014
121  ANI   Y015
122  OUT   M3
123  LD    M100
124  ANI   C8
125  SFTL  M3    Y010  K6  K1
134  LD    M100
135  AND   C8
136  SFTR  M3    Y010  K6  K1
145  LD    C9
146  ZRST  C8    C9
151  LD    X001
152  ZRST  Y000  Y015
157  ZRST  C0    C9
162  END
```

b)

图4-38　霓虹灯广告屏控制系统梯形图、指令语句表（续）

b）指令语句表

*4.4.4　思维拓展与案例

1. 其他常用功能指令介绍

FX_{2N}系列PLC常用功能指令除本模块工程案例中的关联指令外，常用的还有数据处理指令、外部设备指令、高速处理指令、脉冲输出和定位指令、方便指令以及时钟运算指令。由于本书篇幅有限，仅选取常用功能指令进行介绍。

（1）七段码译码指令

七段码译码指令的指令助记符、功能号、名称、操作元件和程序步长见表4-22。

表4-22　七段码译码指令表

助记符	功能号	名称	操作数		程序步长
			［S·］	［D·］	
SEGD	FNC73	七段码译码	K、H、KnX、KnY、KnM、KnS、T、C、D、V、Z	KnY、KnM、KnS T、C、D、V、Z	16位：5步

1）指令应用技巧。

SEGD 指令，即七段码译码指令，将指定元件所确定的十六进制数（0～F）译码驱动 1 位七段数码管。其中操作数含义如下：

[S·]指定软元件存储待显示数据（低 4 位有效）；

[D·]指定译码后的七段码存储元件（低 8 位有效）。

2）应用实例。

SEGD 指令的应用实例如图 4-39 所示。

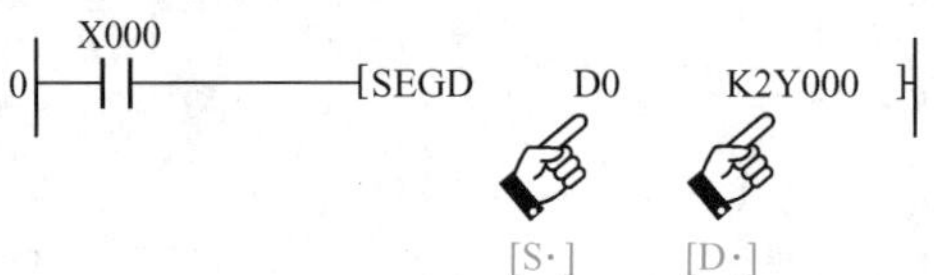

图 4-39　SEGD 指令应用实例

图 4-39 中，当 X000＝ON 时，（D0）低 4 位（只用低 4 位）所确定的十六进制数（0～F）经译码驱动七段数码管，译码数据存于 K2Y0 中。译码真值表见表 4-23。

表 4-23　SEGD 指令译码真值表

[S·]		七段数码管	[D·]								显示数码
十六进制	二进制		h	g	f	e	d	c	b	a	
0	0000	a f g b e c d h	0	0	1	1	1	1	1	1	0
1	0001		0	0	0	0	0	1	1	0	1
2	0010		0	1	0	1	1	0	1	1	2
3	0011		0	1	0	0	1	1	1	1	3
4	0100		0	1	1	0	0	1	1	0	4
5	0101		0	1	1	0	1	1	0	1	5
6	0110		0	1	1	1	1	1	0	1	6
7	0111		0	0	1	0	0	1	1	1	7
8	1000		0	1	1	1	1	1	1	1	8
9	1001		0	1	1	0	1	1	1	1	9
A	1010		0	1	1	1	0	1	1	1	A
B	1011		0	1	1	1	1	1	0	0	b
C	1100		0	0	1	1	1	0	0	1	C
D	1101		0	1	0	1	1	1	1	0	d
E	1110		0	1	1	1	1	0	0	1	E
F	1111		0	1	1	1	0	0	0	1	F

（2）PID 运算指令

PID 运算指令的指令助记符、功能号、名称、操作元件和程序步长见表4-24。

表4-24　PID 运算指令表

助记符	功能号	名称	操作数				程序步长
			[S1·]	[S2·]	[S3·]	[D·]	
PID	FNC88	PID 运算	D	D	D 25 个连续元件	D	16 位：9 步

1）指令应用技巧。

当 FX 系列 PLC 用于温度、压力、流量等模拟量控制时，可以在配置模拟量输入、模拟量输出等特殊功能模块的基础上，通过 PLC 的 PID 运算指令实现模拟量控制系统的闭环 PID 调节功能。PID 指令实质上是一种动态偏差校正系统。各操作数功能如下。

[S1·]——PID 控制设定值（SV）存储字元件，设定值 SV 是指对控制对象进行 PID 控制的目标值。

[S2·]——PID 控制测定值（PV）存储字元件，测定值 PV 是指被控制值的实时值，该数值通过 A-D 转换后被读取到 PLC 中。

[S3·]——PID 控制参数存储字元件首地址。控制参数设定值需在 PID 运算开始前，通过 MOV 指令写入。控制参数［S3·］的 25 个连续的数据寄存器名称、参数设定内容见表4-25。

表4-25　PID 控制参数设置表

数据寄存器名称	参数设定内容	设定范围及应用说明
[S3·]	采样时间（Ts）	1～32 767 ms，若设定值比运算周期短，则无法执行
[S3·]+1	动作方向（ACT）	bit0=0：正向动作；bit0=1：反向动作 bit1=0：无输入变量报警；bit1=1：输入变量报警有效 bit2=0：无输出变量报警；bit2=1：输出变量报警有效 bit3：不可设置 bit4=0：不执行自动调谐；bit4=1：执行自动调谐 bit5=0：不设定输出值上下限；bit5=1：输出值上下限设定有效 bit6～bit15：不可使用（bit2 和 bit5 不可同时为 ON）
[S3·]+2	输入滤波常数（α）	0%～99%，设定为 0 时无输入滤波
[S3·]+3	比例增益（K_P）	1%～32 767%
[S3·]+4	积分时间（T_I）	0～32 767（×100 ms），设定为 0 时无积分处理
[S3·]+5	微分增益（K_D）	0%～100%，设定为 0 时无微分增益
[S3·]+6	微分时间（T_D）	0～32 767（×100 ms），设定为 0 时无微分处理
[S3·]+7～[S3·]+19	PID 运算内部处理用	
[S3·]+20	输入变化量（增加）报警设定	0～32 767（bit1=1 时有效）
[S3·]+21	输入变化量（减少）报警设定	0～32 767（bit1=1 时有效）
[S3·]+22	输出变化量（增加）报警设定或输出上限设定	0～32 767（bit2=1、bit5=0 时有效） -32 768～32 767（bit2=0、bit5=1 时有效）

（续）

数据寄存器名称	参数设定内容	设定范围及应用说明
[S3·]+23	输出变化量（减少）报警设定或输出下限设定	0～32 767（bit2=1、bit5=0 时有效） -32 768～32 767（bit2=0、bit5=1 时有效）
[S3·]+24	报警输出	bit0=1：输入变化量（增加）溢出报警 bit1=1：输入变化量（减少）溢出报警 bit2=1：输出变化量（增加）溢出报警 bit3=1：输出变化量（减少）溢出报警

[D·]——PID 控制输出值（MV）存储字元件，输出值 MV 是指对设定值 SV 与测定值 PV 的差值进行 PID 控制算法后得到的值，一般通过 D-A 转换后去控制执行器动作。

设定值 SV、测定值 PV 和输出值 MV 在 PLC 模拟量控制系统中的相应位置如图 4-40 所示。

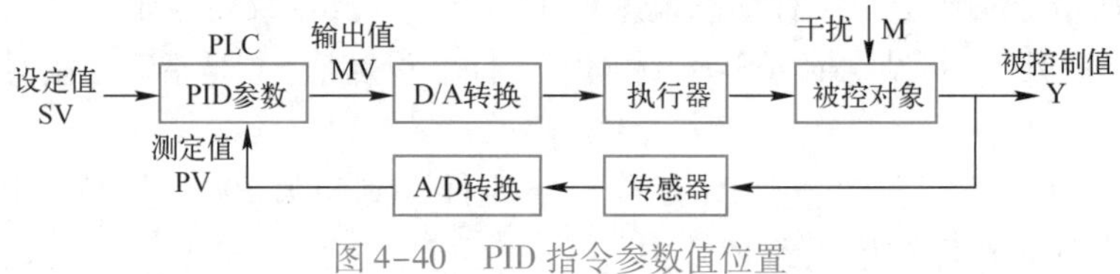

图 4-40　PID 指令参数值位置

2）应用实例。

PID 指令的应用实例如图 4-41 所示。

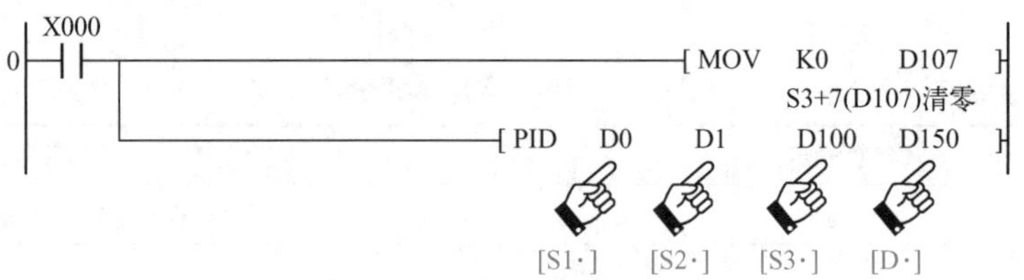

图 4-41　PID 指令应用实例

图 4-41 中，当驱动条件 X000＝ON 时，每当到达采样时间后的扫描周期内，把寄存在 D0 寄存器中的设定值 SV 与寄存在 D1 寄存器中的测定值 PV 进行比较，其差值进行 PID 控制运算，运算结果为输出值 MV，送至 D150 中。PID 运算控制参数寄存在以 D100 为首地址的寄存器群组中。

PID 指令用的算术表达式为

$$输出值(MV) = K_P\left\{\varepsilon + K_D T_D \frac{d\varepsilon}{dt} + \frac{1}{T_I}\int \varepsilon dt\right\}$$

式中：K_P——比例放大系数；ε——误差；K_D——微分放大系数；T_D——微分时间系数；T_I——积分时间常数。

应用技巧：

◇ PID 指令可以在定时中断、子程序、步进顺控指令和转移指令中使用，但在执行 PID 指令之前应使用 MOV 指令将［S3+7］清零。

◇ PID 指令可以在程序中多次使用，但要注意用于运算的[S3·]、[D·]元件号不能重复使用。

◇ 控制参数的设定和PID通信中的数据出现错误时，“运算出错”标志M8067为ON，错误代码存放在D8067中。

(3) 时钟数据比较指令

时钟数据比较指令的指令助记符、功能号、名称、操作元件和程序步长见表4-26。

表4-26　时钟数据比较指令表

助记符	功能号	名称	操作数					程序步长
			[S1·]	[S2·]	[S3·]	[S·]	[D·]	
TCMP	FNC160	时钟数据比较	K、H KnX、KnY、KnM、KnS、 T、C、D、V、Z			T、C、D	Y、M、S	16位：11步

1）指令应用技巧。

时钟数据比较指令TCMP，用于将指定的时间数据[S·]（时）、[S·]+1（分）、[S·]+2（秒）与基准时间[S1·]（时）、[S2·]（分）、[S3·]（秒）进行比较，并根据比较结果驱动位元件[D·]、[D·]+1、[D·]+2中的一个。

2）应用实例。

TCMP指令的应用实例如图4-42所示。

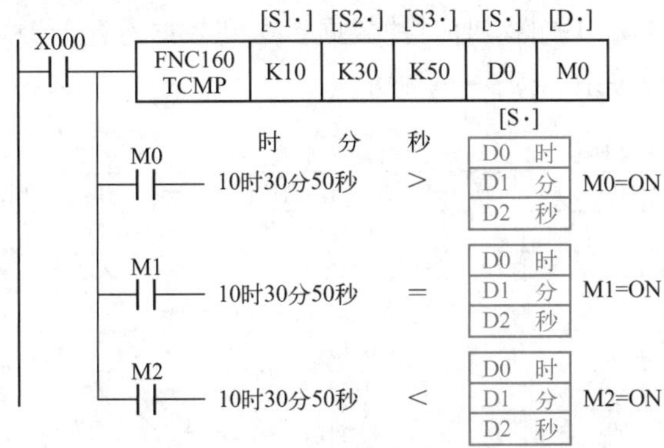

图4-42　TCMP指令应用实例

图4-42中，时间比较的准则为：时、分、秒数值大的为大，仅在时、分、秒完全一致时相等。例如，D0时、D1分、D2秒在0时0分0秒到10时30分49秒之间为小于10时30分50秒；而10时30分51秒到23时59分59秒之间为大于10时30分50秒；仅在10时30分50秒为相等。

应用技巧：

◇ 指令执行后即使驱动条件X000断开，[D·]、[D·]+1、[D·]+2均会保持当前状态，不会随X000断开而改变。

◇ TCMP指令一般与PLC内置实时时钟进行比较，已达到规定时间进行预先设置的控制。此时，需要利用时钟数据读取指令TRD将实时时钟值送到[S·]、[S·]+1、[S·]+2中，然后再应用TCMP指令进行操作。

(4) 时钟数据读取指令

时钟数据读取指令的指令助记符、功能号、名称、操作元件和程序步长见表4-27。

表 4-27　时钟数据读取指令表

助记符	功能号	名称	操作数 [D·]	程序步长
TRD	FNC166	时钟数据读取	T、C、D，7 个连续号	16 位：3 步

1）指令应用技巧。

时钟数据读取指令 TRD，用于将 PLC 的实时时钟数据（年、月、日、时、分、秒、星期）送入目标操作数[D·]+0～[D·]+6 中。

2）应用实例。

TRD 指令的应用实例如图 4-43 所示。

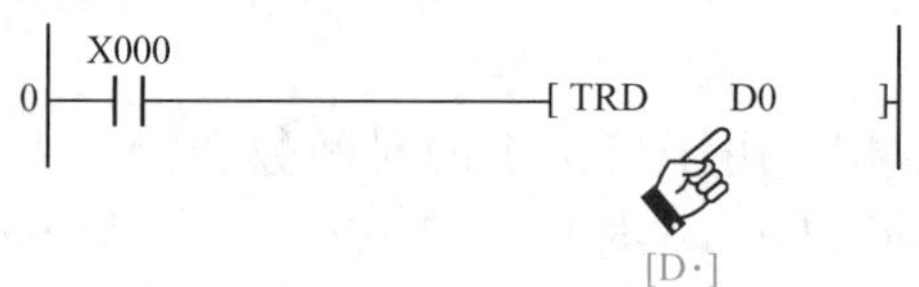

图 4-43　TRD 指令应用实例

图 4-43 中，由于 PLC 利用特殊数据寄存器 D8013～D8019 存放时钟参数，故执行 TRD 指令的含义是将 D8013～D8019 的实时时钟数据传送到数据寄存器 D0～D6 中。实时时钟数据与传送目标元件的对应关系如图 4-44 所示。

	元件	项目	时钟数据		元件	项目
特殊数据寄存器实时时钟用	D8018	年(公历)	0~99年(公历后两位)	→	D0	年(公历)
	D8017	月	1~12	→	D1	月
	D8016	日	1~31	→	D2	日
	D8015	时	0~23	→	D3	时
	D8014	分	0~59	→	D4	分
	D8013	秒	0~59	→	D5	秒
	D8019	星期	0(日)~6(六)	→	D6	星期

图 4-44　实时时钟数据与传送目标元件对应关系

年的设定范围为 00～99，即表示 2000～2099 年。

若 PLC 的实时时钟为 2015 年 8 月 21 日 10 时 30 分 28 秒，星期日，则执行图 4-43 所示程序的结果为：D0=15、D1=8、D2=21、D3=10、D4=30、D5=28、D6=0。

2. 拓展案例

（1）控制要求分析

某工厂上、下班有 4 个响铃时刻，上午 8:00，中午 12:00，下午 1:30，下午 5:30，每次响铃 1 min，试用 PLC 编制响铃程序。

（2）控制系统程序设计

1）I/O 地址分配。

根据控制要求，设定 I/O 地址分配表，见表 4-28。

表 4-28　I/O 地址分配表

输　入			输　出		
元器件代号	地址号	功能说明	元器件代号	地址号	功能说明
QS	X010	启动/停止控制	KM	Y0	响铃控制

2）硬件接线图设计。

根据表 4-27 所示 I/O 地址分配表，可对硬件接线图进行设计，如图 4-45 所示。

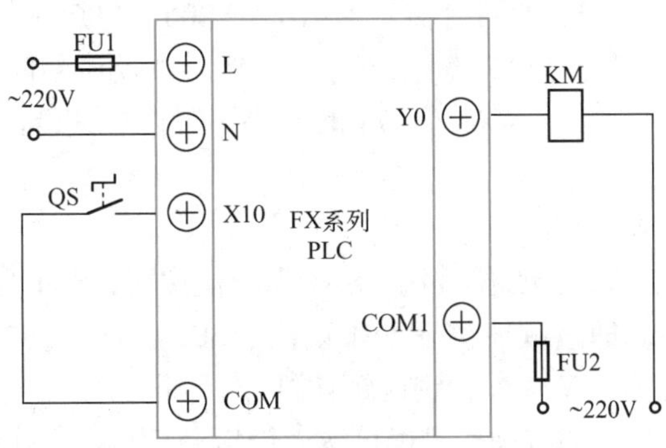

图 4-45　控制系统硬件接线图

3）控制程序设计。

根据控制要求和 I/O 地址分配表，设计控制梯形图如图 4-46 所示，对应指令语句表请读者自行编制，此处不予介绍。

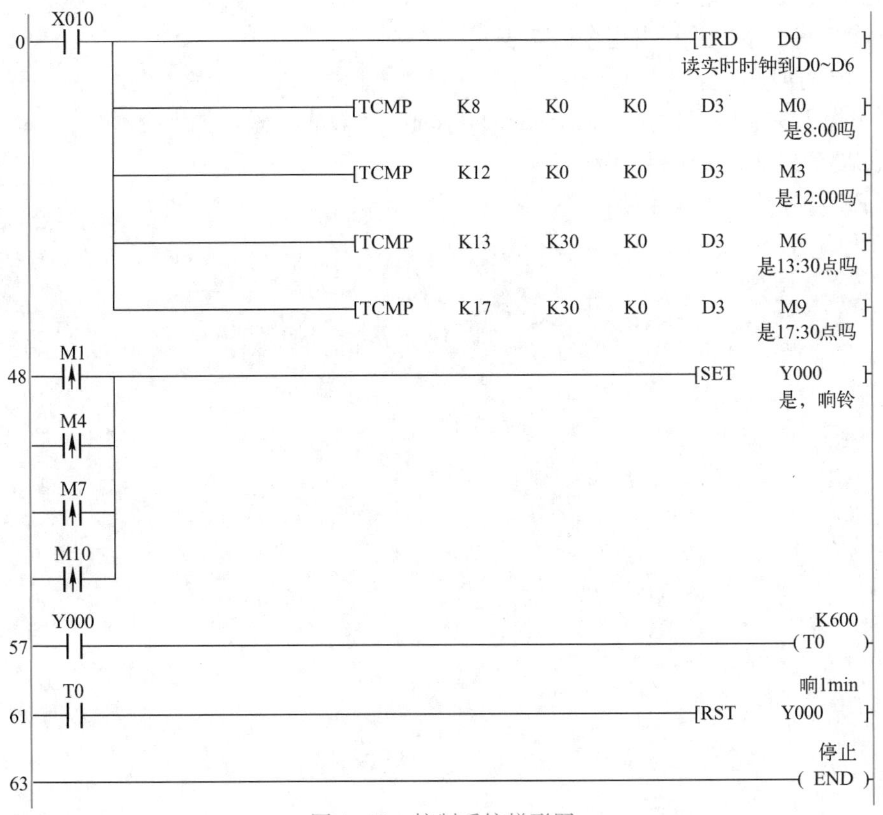

图 4-46　控制系统梯形图

思考与练习

4.1　FX_{2N}系列 PLC 功能指令有哪些类型?

4.2　简述 FX_{2N}系列 PLC 功能指令各组成部分含义?

4.3　什么是位元件? 什么是字元件? 有什么区别?

4.4　某灯光招牌有 L1 ~ L8 八只灯接于 K2Y0（Y000 ~ Y007），要求当 X000 为 ON 时，灯先以正序每隔 1 s 轮流点亮，当 L8 亮后，停 2 s；然后以反序每隔 1 s 轮流点亮，当 L1 再亮后，停 2 s，重复上述过程。当 X001 为 ON 时，停止工作。试设计控制程序，并写出指令语句表。

4.5　某密码锁控制要求如下。

1）SB1 为千位按钮，SB2 为百位按钮，SB3 为十位按钮，SB4 为个位按钮。

2）开锁密码为 2345。即按顺序按下 SB1 两次、SB2 三次、SB3 四次、SB4 五次，再按下确认按钮 SB5 后，电磁阀 YV 动作，密码锁被打开。

3）按钮 SB6 为撤销键，如有操作错误可按此键撤销后重新操作。

4）当输入密码错误三次时，按下确认键后报警灯 HL 发光，蜂鸣器 HA 发出报警声响。同时七段数码管闪烁显示“0”和“8”。

5）输入密码时，七段数码管显示当前输入值。

6）系统待机时，七段数码管显示“0”，等待开锁。

试设计控制程序，并写出指令语句表。

4.6　资料搜集

登录工控人家园网（http://www.ymmfa.com/），收集、学习如下资料。

1）《FX 系列 PLC 通信手册》。

2）《FX 特殊功能模块手册》。

第二篇　三菱 FR - E700 系列变频器入门与提高

本篇内容：

- 模块5　三菱 FR - E700 系列变频器基础知识
- 模块6　FR - E700 系列变频器在工控系统中的应用

模块 5
三菱 FR－E700 系列变频器基础知识

能力目标：

1. 了解变频器的额定参数、技术指标与产品选型
2. 掌握 FR－E700 系列变频器的运行与操作方法

知识目标：

1. 了解变频器的产生与发展前景
2. 掌握变频器的基本结构及工作原理
3. 掌握 FR－E700 系列变频器端子功能及接线方法

项目 5.1 变频器的产生与发展前景探究

5.1.1 变频器的产生与定义

1. 变频器的发展简史

直流电动机拖动系统和交流电动机拖动系统先后诞生于 19 世纪，距今已有 100 多年的历史，并已成为动力机械的主要驱动装置。由于技术上的原因，在很长一段时期内，占整个电力拖动系统 80% 左右的不变速拖动系统中采用的是交流电动机，而在需要进行调速控制的拖动系统中则基本上采用直流电动机。但由于结构上的原因，直流电动机存在以下显著缺点：

1）需要定期更换电刷和换向器，维护保养困难，寿命较短。

2）由于直流电动机存在换向火花，难以应用于存在易燃易爆气体的恶劣环境。

3）结构复杂，难以制造大容量、高转速和高电压的直流电动机。

上述存在问题解决途径之一是利用可调速交流电动机代替直流电动机。因此，很久以来，交流调速系统成为电动机领域主要研究方向之一。但直至 20 世纪 70 年代，交流调速系统的研究开发一直未能得到真正能够令人满意的成果，也因此限制了交流调速系统的推广应

用。也正是因为这个原因，在工业生产中大量使用的诸如风机、水泵等需要进行调速控制的电力拖动系统中不得不采用挡板和阀门来调节风速和流量。这种做法不但增加了系统的复杂性，也造成了能源的浪费。

经历了20世纪70年代中期的第二次石油危机之后，人们充分认识到了节能工作的重要性，并进一步重视和加强了对交流调速系统的研究开发工作，随着同时期内电力电子技术的发展，作为交流调速系统核心的变频器技术也得到了显著的发展，并逐渐进入了实用阶段。

变频器技术诞生背景是交流电动机无级调速的广泛需求。其中电力半导体器件是变频器技术发展的基础，故电力半导体器件的发展史就是变频器技术的发展史。

第一代电力半导体器件是以1956年出现的晶闸管为代表。晶闸管是电流控制型开关器件，只能通过门极控制其导通而不能控制其关断，因此也称为半控器件。由晶闸管组成的变频器工作频率较低，应用范围很窄。

第二代电力半导体器件以门极可关断晶闸管（GTO）和电力晶体管（GTR）为代表。这两种电力半导体器件是电流控制型自关断开关器件，可以方便地实现逆变和斩波，但其工作频率仍然不高，一般在5 kHz以下。尽管该阶段已经出现了脉宽调制（PWM）技术，但因斩波频率和最小脉宽都受到限制，难以获得较为理想的正弦脉宽调制波形，会使异步电动机在变频调速时产生刺耳的噪声，因而限制了变频器的推广和应用。

第三代电力半导体器件是以电力MOS场效应晶体管（MOSFET）和绝缘栅双极性晶体管（IGBT）为代表，在20世纪70年代开始应用。这两种电力半导体器件是电压型自关断器件，其开关频率可达到20 kHz以上，由于采用脉宽调制（PWM）技术，由MOSFET或IGBT构成的变频器应用于异步电动机变频调速时，噪声可大大降低。目前，由MOSFET或IGBT构成的变频器已在工业控制等领域得到了广泛应用。

第四代电力半导体器件是以智能化功率集成电路（PIC）和智能功率模块（IPM）为代表。它们实现了开关频率的高速化、低导通电压的高效化和功率器件的集成化，另外还可集成逻辑控制、保护、传感及测量等变频器辅助功能。目前，由PIC或IPM构成的变频器是众多变频器生产厂家的主要研究、生产方向。

相对于工业化国家来说，我国变频器行业起步较晚，到20世纪90年代初，国内企业才开始认识变频器的作用，并开始尝试使用，国外的变频器产品正式涌进中国市场。步入21世纪后，国产变频器逐步崛起，现已逐渐抢占高端市场。

2. 变频器的定义

变频器的发展初期，不同的开发制造商对变频器有不同的定义。为使这一新型的工业控制装置的生产和发展规范化，工控行业对变频器作了如下精确定义：

“利用电力半导体器件的通断作用将电压和频率固定不变的工频交流电源变换成电压和频率可变的交流电源，供给交流电动机实现软起动、变频调速、提高运转精度、改变功率因数、过流/过压/过载保护等功能的电能变换控制装置称为变频器，其英文简称为VVVF（Variable Voltage Variable Frequency）。

3. 变频器的分类

变频器可按照用途、控制方式、主电路结构、变频电源性质、调压方式等方法进行分类，见表5-1。

表 5-1　变频器分类

分类方法	类　型	主要特点
按用途分	通用变频器	分为简易型通用变频器和高性能的多功能通用变频器两类
	专用变频器	分为高性能专用变频器、高频变频器、高压变频器等类型
按控制方式分	U/f 控制变频器	压频比控制。对变频器输出的电压和频率同时进行控制
	SF 控制变频器	转差频率控制。变频器的输出频率由电动机的实际转速与转差频率之和自动设定，属于闭环控制
	VC 控制变频器	矢量控制。同时控制异步电动机定子电流的幅值和相位，即控制定子电流矢量
按主电路结构分	交-直-交变频器	先由整流器将电网中的交流电整流成直流电，经过滤波，而后由逆变器再将直流电逆变成交流电供给负载
	交-交变频器	只用一个变换环节就可以把恒压恒频（CVCF）的交流电源变换成变压变频（VVVF）电源，因此又称为直接变频装置
按变频电源性质类	电压型变频器	当中间直流环节采用大电容滤波时，称为电压型装置
	电流型变频器	采用高阻抗电感滤波时，称为电流型装置
按调压方式分	PAM 变频器	脉幅调制。通过改变电压源的电压或电流源的电流的幅值进行输出控制，其中逆变器负责调节输出频率
	PWM 变频器	脉宽调制。通过改变输出脉冲的占空比进行输出控制

5.1.2　变频器的典型应用与发展前景

1. 变频器的典型应用

发展变频器技术最初的目的主要是为了节能，但是随着电力电子技术、微电子技术和控制理论的发展，电力半导体器件和微处理器的性能不断提高，变频器技术也得到了显著发展，应用范围也越来越广。

（1）节能领域的应用

在工控领域，变频调速已被认为是最理想、最有发展前途的调速方式之一。风机、泵类负载采用变频调速后，节电率可以达到 20%～60%，这是由于风机、泵类负载的耗电功率基本与转速的三次方成正比。当用户需要的平均流量较小时，风机、泵类采用变频调速后其转速降低，节能效果非常可观。而传统的风机、泵类采用挡板和阀门进行流量调节，电动机转速基本不变，耗电功率变化不大。由于风机、泵类负载在采用变频调速后，可以节省大量电能，所需的投资在较短的时间内就可以收回，因此变频器在该领域的应用日益广泛。目前应用较成功的有恒压供水、各类风机、中央空调和液压泵的变频调速。

（2）自动控制系统领域的应用

由于变频器内置有 32 位或 16 位的微处理器，具有多种算术逻辑运算和智能控制功能，故在自动控制系统中得到广泛应用。如化纤行业中的卷绕、拉伸、计量，玻璃行业中的平板玻璃退火炉、玻璃窑搅拌、拉边机，电弧炉的自动加料、配料系统以及电梯的智能控制等。

（3）产品工艺和质量领域的应用

变频器还可以广泛用于传送、起重、挤压和机床等各种机械设备控制领域，它可以提高工艺水平和产品质量，减少设备的冲击和噪声，延长设备的使用寿命。此外，采用变频调速控制可使机械系统得到简化，操作和控制更加方便，有的甚至可以改变原有的工艺规范，从而提高整个设备的性能。

2. 变频技术的发展前景探究

随着国家节能减排政策的不断加强和用户对降低能耗的需求不断提高，变频技术作为高新技术、基础技术和节能技术，已经渗透到经济领域的所有技术部门中，变频器市场正在以每年超过30%的速度快速增长。

变频技术的发展方向是高电压、大容量化、组件模块化、微型化、智能化和低成本化，多种适宜变频调速的新型电动机正在开发研制之中。IT技术的迅猛发展，以及控制理论的不断创新，这些技术都将影响变频技术的发展趋势。

项目5.2 变频器的基础结构及控制原理

5.2.1 变频器的基本结构

目前，变频器的变换环节大多采用交—直—交变频变压方式。该方式是先把工频交流电通过整流器变换成直流电，然后再把直流电逆变成频率、电压连续可调的交流电。变频器主要由主电路和控制电路组成，其中主电路包括整流电路、直流中间电路和逆变电路3部分，其基本结构如图5-1所示。

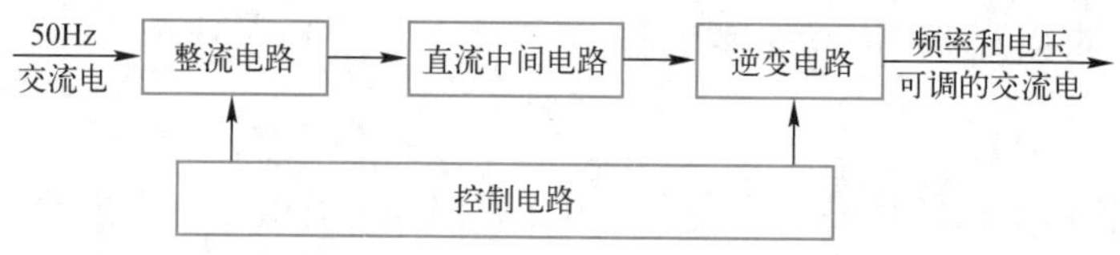

图5-1 交—直—交变频器的基本结构

1. 变频器的主电路

给异步电动机提供可调频、调压电源的电力变换电路，称为主电路。图5-2所示为变频器的主电路，各部分的作用见表5-2。

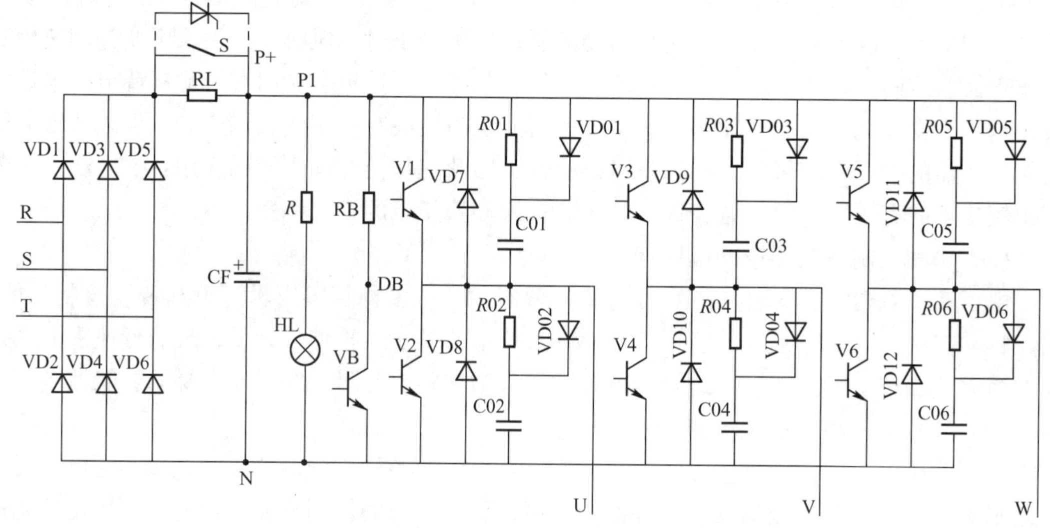

图5-2 交—直—交变频器主电路

表 5-2　交－直－交变频器主电路元件作用

单元电路	元　件	作　　用
整流电路：将频率固定的三相交流电变换成直流电	VD1～VD6	三相整流桥。将交流电变换成脉动直流电。若电源线电压为 U_L，则整流后的平均电压 $U_D=1.35U_L$
	CF	滤波电容器。将脉动直流电变换为平滑直流电
	RL、S	充电限流控制电路。接通电源时，将电容器 CF 的充电浪涌电流限制在允许范围内，以保护桥式整流电路。而当 CF 充电到一定程度时，令开关 S 接通，将 RL 短路。在某些变频器中，S 由晶闸管代替
	HL	电源指示灯。HL 除了表示电源是否接通外，另一个功能是变频器切断电源后，指示电容器 CF 上的电荷是否已经释放完毕。在维修变频器时，必须等 HL 完全熄灭后才能接触变频器内部带电部分，以保证安全
逆变电路：将直流电逆变成频率、幅值均可调的交流电	V1～V6	三相桥式逆变器。通过逆变管 V1～V6 按一定规律轮流导通和截止，将直流电逆变成频率、幅值均可调的三相交流电
	VD7～VD12	续流二极管。在换相过程中为电流提供通道
	*R*01～*R*06、VD01～VD06、C01～C06	缓冲电路。限制过高的电流和电压，保护逆变管免遭损坏
	RB、VB	制动电路。当电动机减速、变频器输出频率下降过快时，消耗因电动机处于再生发电制动状态而回馈到直流电路中的能量，以避免变频器本身的过电压保护电路动作而切断变频器的正常输出

2. 变频器的控制电路

变频器的控制电路为主电路提供控制信号，其主要任务是完成对逆变器开关元件的开关控制和提供多种保护功能。变频器控制电路框图如图 5-3 所示，主要由主控板、键盘与显示板、电源板与驱动板、外接控制电路等构成，各部分的作用见表 5-3。

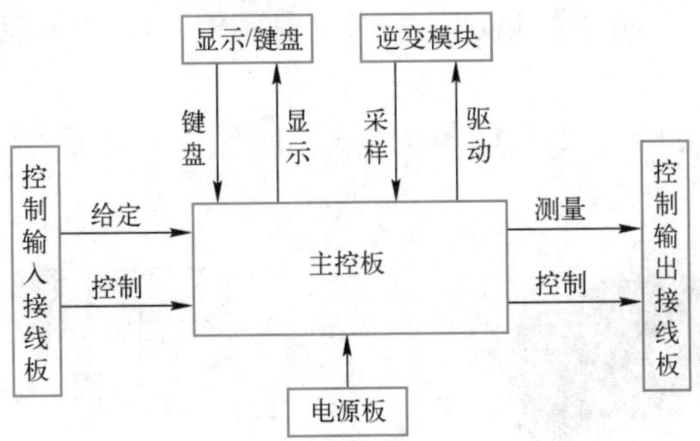

图 5-3　变频器控制电路框图

表 5-3　交－直－交变频器控制电路元件作用

部　件	作　　用
主控板	主控板是变频器运行的控制中心，其核心器件是微处理器（单片微机）或数字信号处理器（DSP），其主要功能有： 1）接收并处理从键盘、外部控制电路输入的各种信号，如修改参数、正反转指令等 2）接收并处理内部的各种采样信号，如主电路中电压与电流的采样信号、各逆变管工作状态的采样信号等 3）向外电路发出控制信号及显示信号，如正常运行信号、频率到达信号等，一旦发现异常情况，立刻发出保护指令进行保护或停车，并输出故障信号 4）完成 SPWM 调制，将接收的各种信号进行判断和综合运算，产生相应的 SPWM 调制信号，并分配给各逆变管的驱动电路 5）向显示板和显示屏发出各种显示信号

（续）

部　件	作　用
键盘与显示板	键盘和显示板总是组合在一起。键盘向主控板发出各种信号或指令，主要用于向变频器发出运行控制指令或修改运行数据等。 显示板将主控板提供的各种数据进行显示。大部分变频器配置了液晶或数码管显示屏，还有RUN（运行）、STOP（停止）、FWD（正转）、REV（反转）、FLT（故障）等状态指示灯和单位指示灯，如频率、电流、电压等。可以完成以下指示功能： 1）在运行监视模式下，显示各种运行数据，如频率、电流、电压等 2）在参数模式下，显示功能码和数据码 3）在故障模式下，显示故障代码
电源板与驱动板	变频器的内部电源普遍使用开关稳压电源，电源板主要提供以下直流电源。 1）主控板电源：具有良好稳定性和抗干扰能力的一组电源 2）驱动电源：逆变电路中上桥臂的3只逆变管驱动电路的电源是相互隔离的3组独立电源，下桥臂3只逆变管驱动电源则可共“地”。但驱动电源与主控板电源必须可靠绝缘 3）外控电源：为变频器外电路提供的稳定直流电源 中、小功率变频器的驱动电路往往与电源电路在同一块电路板上，驱动电路接受主控板输出的SPWM调制信号，在进行光电隔离、放大后驱动逆变管（开关管）工作
外接控制电路	外接控制电路可实现由电位器、主令电器、继电器及其他自控设备对变频器的运行控制，并输出其运行状态、故障报警、运行数据信号等。一般包括外部给定电路、外接输入控制电路、外接输出电路、报警输出电路等。 大多数中、小容量变频器中，外接控制电路往往与主控电路设计在同一电路板上，以减小其整体的体积，提高电路可靠性，降低生产成本

5.2.2　变频器常用电力半导体器件

目前，变频器逆变电路使用的电力半导体器件主要有电力晶体管GTR、电力场效应晶体管MOSFET、绝缘栅双极晶体管IGBT、可关断晶闸管GTO和智能功率模块IPM等。

1. 电力晶体管GTR

GTR是一种高击穿电压、大容量的晶体管，具有自关断能力。GTR模块的外形结构、图形符号及内部电路如图5-4所示。

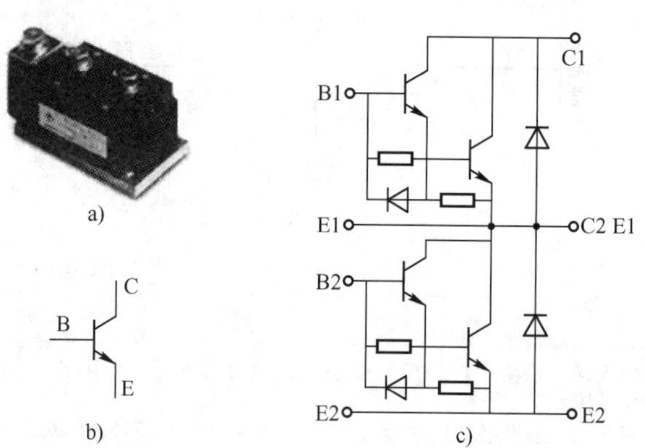

图5-4　GTR的外形、图形符号和内部电路

a）GTR模块　b）图形符号　c）模块等效电路

GTR是一种放大器件，具有3种工作状态：放大状态、饱和状态和截止状态。在逆变电路中，GTR用作开关器件，即GTR工作在饱和状态和截止状态。

目前，变频器中普遍使用的是模块型电力晶体管，该类型电力晶体管一个模块的内部结构有一单元结构、二单元结构、四单元结构和六单元结构4种。

所谓一单元结构是指在一个模块内有一个电力晶体管和一个续流二极管反向并联，如1DI20OA－120；二单元结构（又称为半桥结构）是两个一单元串联在一个模块内，构成一个桥臂；四单元结构（又称为全桥结构）是由两个二单元结构并联组成，可以构成单相桥式电路；而六单元结构（又称为三相桥结构）是由三个二单元结构并联组成，可以构成三相桥式电路。对于小容量变频器，一般使用六单元模块，如6DI1OM－120。

2. 绝缘栅双极晶体管IGBT

IGBT是MOSFET（场效应晶体管）和GTR相结合的产物，其主体部分与GTR相同，也有集电极和发射极，但驱动部分却与MOSFET相同，采用绝缘栅结构。IGBT外形结构、图形符号如图5-5所示。

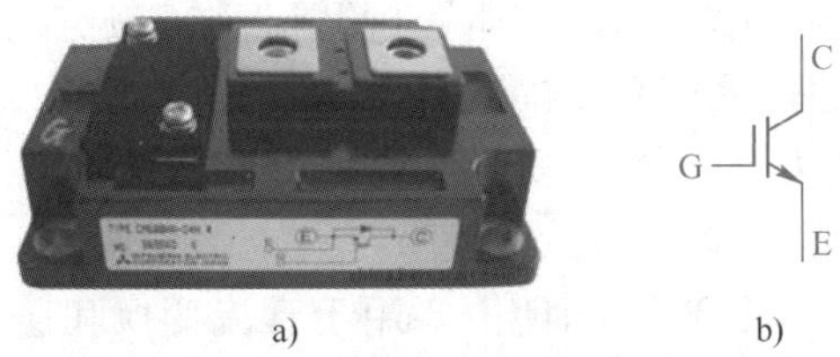

图5-5 IGBT的外形、图形符号
a）IGBT模块 b）图形符号

IGBT在外形上有模块型和芯片型两种。在变频器中使用的IGBT一般是模块型，有一单元（一个IGBT与一个续流二极管并联）、二单元（两个一单元串联构成桥臂）、四单元和六单元等模块，图5-6所示是它们的内部电路简图，目前已有1200 V/8 A～1200 V/2400 A系列产品。

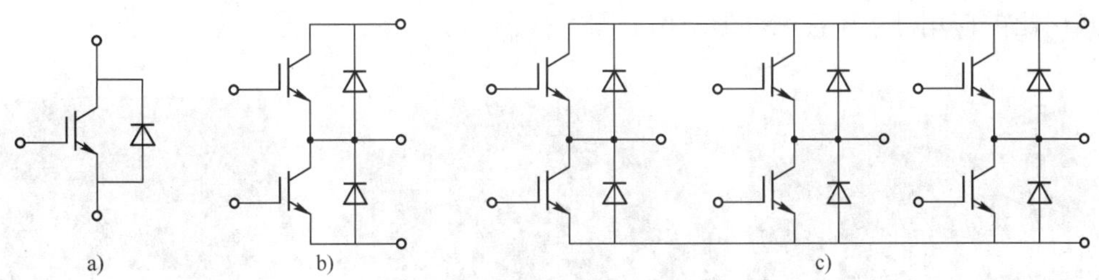

图5-6 IGBT模块内部电路简图
a）单管模块 b）双管模块 c）六管模块

IGBT工作时，控制信号为电压信号，输入阻抗很高，栅极电流约为零，故输入驱动功率很小。而其主电路与GTR相同，工作电流为集电极电流I_c。其工作频率可达20 kHz，故变频器以IGBT为开关器件时，电动机的电流波形比较平滑，基本无电磁噪声。

3. 可关断晶闸管GTO

可关断晶闸管GTO具有普通晶闸管的全部优点，如耐压高、电流大等。同时它又是全控型器件，即在门极正脉冲电流触发下导通，在负脉冲电流触发下关断。图5-7所示为可关断晶闸管的外形结构、图形符号。

图 5-7　可关断晶闸管 GTO 外形、图形符号
a）外形图　b）图形符号

GTO 的内部结构与普通晶闸管相似，都是 PNPN 四层三端结构，外部引出阳极 A、阴极 K 和门极 G 三个电极。和普通晶闸管不同的是，GTO 是一种多元胞的功率集成器件，内部包含数十个甚至数百个共阳极的小 GTO 元胞，这些 GTO 元胞的阴极和门极在器件内部并联在一起，使器件的功率可以达到相当大的数值。

作为一种全控型电力电子器件，GTO 主要用于直流变换和逆变等需要元件强迫关断的地方，电压、电流容量较大，与普通晶闸管相近，可达到兆瓦数量级。

4. 智能功率模块 IPM

智能功率模块（Intelligent Power Module，IPM）是一种先进的功率开关器件，具有 GTR 高电流密度、低饱和电压和耐高压的优点，以及 MOSFET（场效应晶体管）高输入阻抗、高开关频率和低驱动功率的优点。而且 IPM 内部集成了逻辑、控制、检测和保护电路，使用起来方便，不仅减小了系统的体积以及开发时间，也大大增强了系统的可靠性，适应了当今功率器件的发展方向——模块化、复合化和功率集成电路（PIC），在电力电子领域得到了越来越广泛的应用。IPM 常见外形结构如图 5-8 所示。

图 5-8　IPM 常见外形结构

5.2.3　变频器的工作原理

1. 逆变工作原理

将直流电变换为交流电的过程称为逆变，完成逆变功能的装置称为逆变器。本模块以三相逆变器为例，说明其工作原理。三相逆变器电路结构与输出电压波形如图 5-9 所示，图中阴影部分表示各逆变管的导通时间。

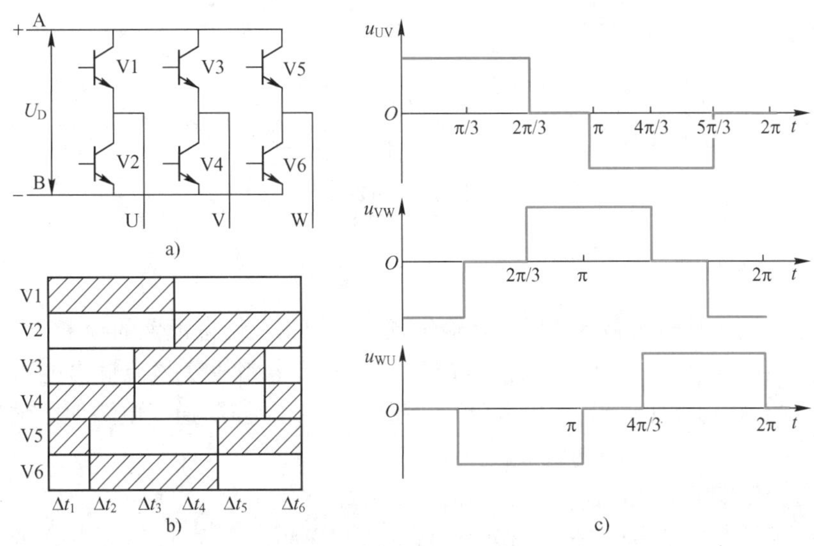

图 5-9　三相逆变器电路结构与输出电压波形

a）电路结构　b）各开关元件的导通情况　c）输出电压波形

下面以 U、V 之间的电压为例，分析逆变电路的输出线电压。

1）在 Δt_1、Δt_2时间内，V1、V4 同时导通，U 为“+”V 为“-”，u_{UV}为“+”，且 $U_m = U_D$。

2）在 Δt_3时间内，V2、V4 均截止，$u_{UV} = 0$。

3）在 Δt_4、Δt_5时间内，V2、V3 同时导通，U 为“-”V 为“+”，u_{UV}为“-”，且 $U_m = U_D$。

4）在 Δt_6时间内，V1、V3 均截止，$u_{UV} = 0$。

根据以上分析，可画出 U 与 V 之间的电压波形。同理可画出 V 与 W 之间、W 与 U 之间的电压波形，如图 5-9c 所示。从图中可以看出，三相电压的幅值相等，相位互差 120°。

由此可见，只要按照一定的规律来控制 6 个逆变器开关元件的导通和截止，就可把直流电逆变为三相交流电。而逆变后的交流电频率，则可以在上述导通规律不变的前提下，通过改变控制信号的频率来进行调节。

必须指出的是，这里讨论的仅仅是逆变的基本原理，据此得到的交流电压是不能直接用于控制电动机运行的，实际应用的变频器要复杂得多。

2. *U/f* 控制

U/f 控制是在改变变频器输出电压频率的同时改变输出电压的幅值，以维持电动机磁通基本恒定，从而在较宽的调速范围内，使电动机的效率、功率因数不下降。

变频器 *U/f* 控制的实现方式有两种：整流变压逆变变频方式和逆变变压变频方式。

（1）整流变压逆变变频方式

整流变压逆变变频方式是指在整流电路进行变压，在逆变电路进行变频。图 5-10 所示是整流变压逆变变频方式示意图，由于是在整流电路中进行变压，因此需采用可控整流电路。

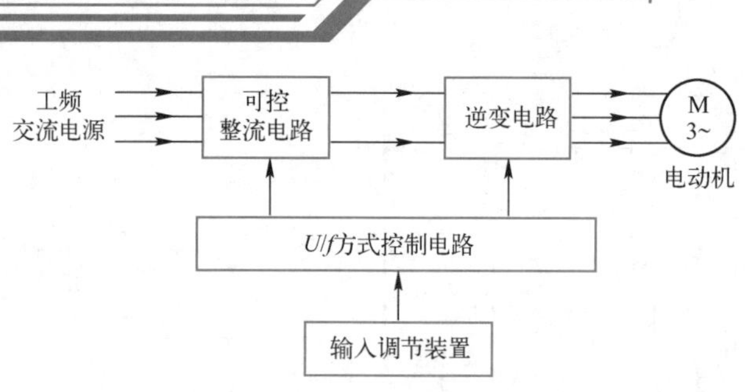

图 5-10　整流变压逆变变频方式示意图

在工作时，先通过输入调节装置设置输出频率，控制系统按设置的频率产生相应的变压控制信号和变频控制信号，变压控制信号控制可控整流电路改变整流输出电压（如设定频率较低时，会控制整流电路提高输出电压），变频控制信号控制逆变电路使之输出设定频率的交流电压。

（2）逆变变压变频方式

逆变变压变频方式是指在逆变电路中进行变压和变频。图 5-11 所示是逆变变压变频方式示意图，由于无需在整流电路变压，因此采用不可控整流电路。为了容易实现在逆变电路中同时进行变压变频，一般采用 SPWM 逆变电路。

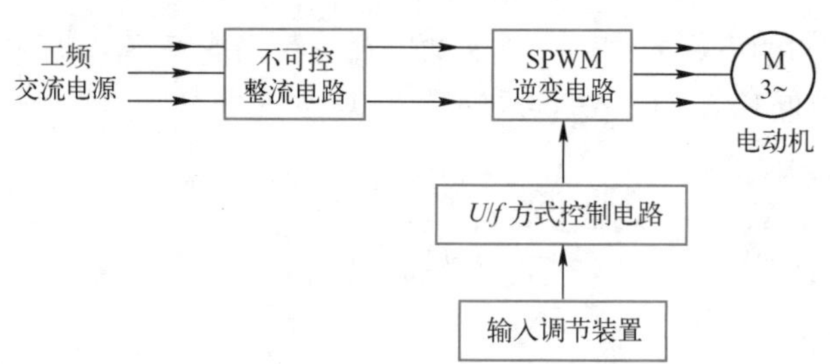

图 5-11　逆变变压变频方式示意图

在工作时，先设置好变频器的输出频率，控制系统会按设置的频率产生相应的变压变频控制信号去控制 SPWM 逆变电路，使之产生等效电压和频率且同时改变的 SPWM 信号去驱动电动机。

U/f 控制是为了获得理想的转矩—速度特性，基于在改变电源频率进行调速的同时，又要保证电动机的磁通不变的思想而提出的，是通用变压器中广泛采用的基本控制方式，通常将这种变频器称为变频变压（VVVF）型变频器。

3. 脉冲宽度调制（PWM）技术

实现调频调压的方法有多种，目前应用较多的是脉冲宽度调制（PWM）技术。PWM 技术是指在保持整流得到的直流电压大小不变的条件下，在改变输出频率的同时，通过改变输出脉冲的宽度（或用占空比描述），达到改变等效输出电压的一种方法。PWM 的输出电压基本波形如图 5-12 所示。

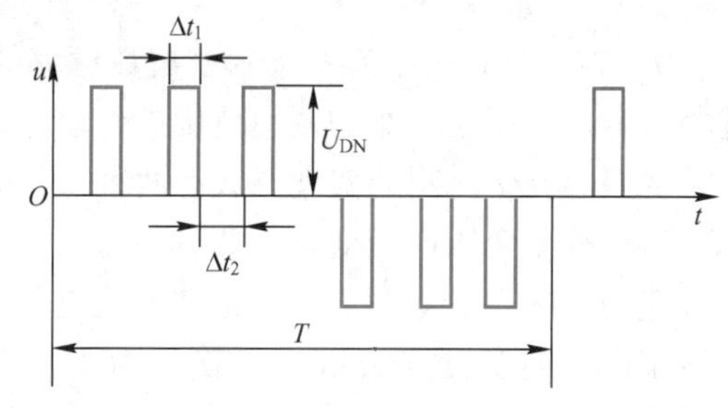

图 5-12　PWM 输出电压基本波形

由图5-12可知，在半个周期内，PWM输出电压平均值的大小由半周中输出脉冲的总宽度决定。在半周中保持脉冲个数不变而改变脉冲宽度，可改变半周内输出电压的平均值，从而达到改变输出电压有效值的目的。

值得注意的是，PWM输出电压的波形是非正弦波，用于驱动异步电动机运行时性能较差。如果使整个半周内脉冲宽度按正弦规律变化，即使脉冲宽度先逐步增大，然后再逐渐减小，则输出电压也会按正弦规律变化，这就是目前工程技术中应用最多的正弦PWM法，简称SPWM，相关内容请读者参阅相关文献资料自行学习，此处不予介绍。

5.2.4　变频器的额定参数、技术指标与产品选型

1. 变频器的额定参数

（1）输入侧的额定值

变频器输入侧的额定值主要是电压和相数。在我国的中小容量变频器中，输入侧的额定参数有以下几种情况（均为线电压）。

1）380 V/50 Hz，三相，用于绝大多数电气设备中。

2）200 ~ 230 V/50 Hz或60 Hz，三相，主要用于某些进口电气设备中。

3）200 ~ 230 V/50 Hz，单相，主要用于精细加工电气设备和家用电器。

（2）输出侧的额定值

1）输出电压额定值U_N（单位为V）。变频器输出电压额定值是指输出电压中的最大值。大多数情况下，它就是输出频率等于电动机额定频率时的输出电压值。通常，输出电压的额定值总是和输入电压的额定值相等。

2）输出电流额定值I_N（单位为A）。输出电流额定值是指允许长时间输出的最大电流，是用户进行变频器选型的主要依据。

3）输出容量S_N（单位为kVA）。S_N与U_N和I_N的关系为$S_N = \sqrt{3}U_N I_N$。

4）适用电动机功率P_N（单位为kW）。变频器规定的适用电动机功率，适用于长期连续负载运行。对于各种变动负载，则不适用。此外，适用电动机功率P_N是针对四极电动机而言，若拖动的电动机是六极或其他，则相应的变频器容量加大。

5）过载能力。变频器的过载能力是指其输出电流超过额定电流的允许范围和时间。大多数变频器都规定为150%、60 s或180%、0.5 s。

2. 变频器的技术指标

（1）频率范围

频率范围是指变频器能够输出的最高频率f_{max}和最低频率f_{min}。各种变频器规定的频率范围不尽相同。通常，最低工作频率为0.1 ~ 1 Hz，最高工作频率为120 ~ 650 Hz。

（2）频率精度

频率精度是指变频器频率给定值不变的情况下，当温度、负载变化，电压波动或长时间工作后，变频器的实际输出频率与设定频率之间的最大误差与最高工作频率之比的百分数。

通常，由数字量给定时的频率精度比模拟量给定时的频率精度高一个数量级，后者能达到±0.05%，前者通常能达到±0.01%。

（3）频率分辨率

频率分辨率是指输出频率的最小改变量，即每相邻两档频率之间的最小差值，一般分为

模拟设定分辨率和数字设定分辨率。

对于数字设定式的变频器，频率分辨率决定于微机系统的性能，在整个频率范围（如0.5～400 Hz）内是一个常数（如±0.01 Hz）。对于模拟设定式的变频器，其频率分辨率还与频率给定电位器的分辨率有关，一般可以达到最高输出频率的±0.05 Hz。

（4）速度调节范围控制精度和转矩控制精度

现有变频器的速度调节范围控制精度能达到±0.005%，转矩控制精度能达到±3%。

3. 变频器的产品选型

目前，变频器产品系列众多。且各种类型的变频器各有优缺点，能满足用户的各种需求，但在组成、功能等方面，尚无统一的标准，无法进行横向比较。下面是在电动机控制系统设计中对变频器产品选型的一些基本原则，可以在选择变频器时作为参考。

（1）变频器类型的选择

变频器类型的选择，一般根据负载的要求进行。

1）风机、泵类负载，由于低速下负载转矩较小，通常可以选用普通功能型变频器。

2）恒转矩类负载，例如搅拌机、传送带、起重机的平移结构等，有如下两种情况。

① 采用普通功能型变频器。为了保证低速时的恒转矩调速，常需要采用加大电动机和变频器容量的方法，以提高低速转矩。

② 采用具有转矩控制功能的高功能型 U/f 控制变频器，实现恒转矩负载的恒速运行。

（2）变频器容量的选择

变频器的容量通常用额定输出电流、输出容量、适用电动机功率表示。

对于标准四极电动机拖动的负载，变频器的容量可根据适用电动机的功率选择。

对于其他极数电动机拖动的负载、变动负载、断续负载和短时负载，因其额定电流比标准四极电动机大，不能根据适用电动机的功率选择变频器容量。变频器的容量应按运行过程中可能出现的最大工作电流来选择，即

$$I_N \geqslant I_{Mmax}$$

式中 I_N——变频器的额定电流，单位为A；

I_{Mmax}——电动机的最大工作电流，单位为A。

（3）变频器外围设备及其选择

在选定了变频器之后，下一步的工作就是根据需要选择与变频器配合工作的各种外围设备。正确选择变频器外围设备是保证变频器驱动系统正常工作的必备条件。

外围设备通常指配件，分为常规配件和专用配件，如图5-13所示。

图5-13中，断路器和接触器为常规配件；交流电抗器、滤波器、制动电阻、直流电抗器和输出交流电抗器是专用配件。

1）常规配件的选择。

由于变频调速系统中，电动机的起动电流可控制在较小范围内，因此电源侧断路器的额定电流和接触器可按变频器的额定电流来选用。

2）专用配件的选择。

专用配件的选择应以变频器厂家提供的用户手册中的要求为依据，不可盲目选取。

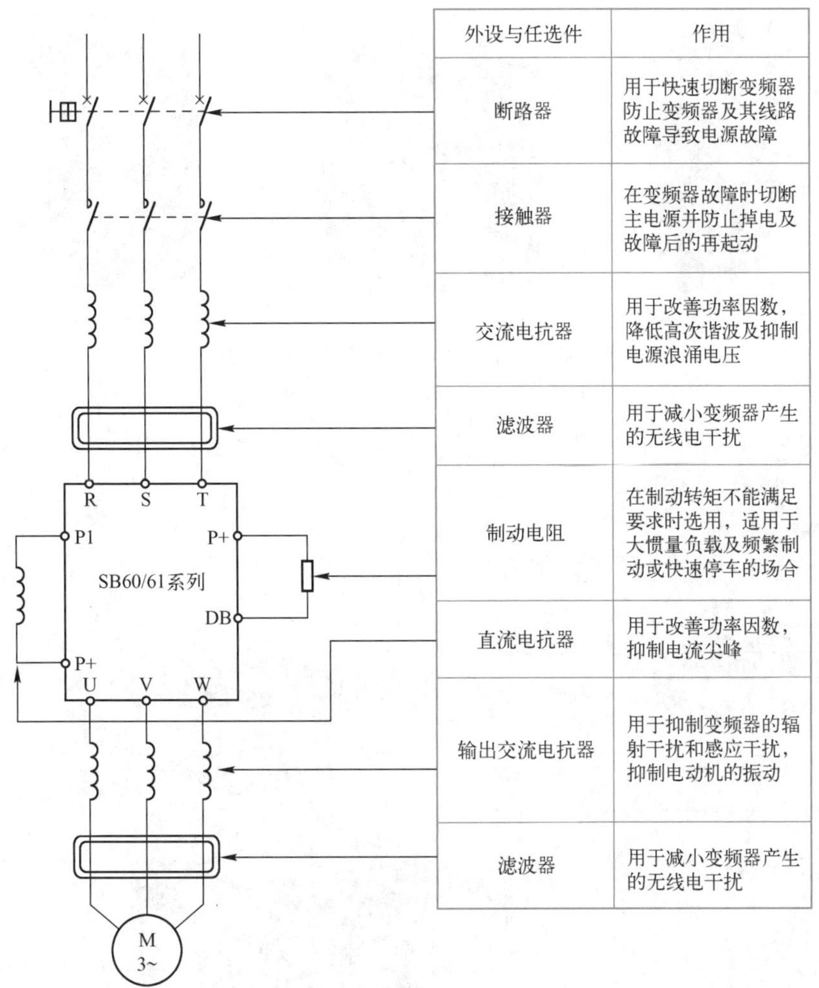

外设与任选件
作用
断路器
用于快速切断变频器防止变频器及其线路故障导致电源故障
接触器
在变频器故障时切断主电源并防止掉电及故障后的再起动
交流电抗器
用于改善功率因数，降低高次谐波及抑制电源浪涌电压
滤波器
用于减小变频器产生的无线电干扰
制动电阻
在制动转矩不能满足要求时选用，适用于大惯量负载及频繁制动或快速停车的场合
直流电抗器
用于改善功率因数，抑制电流尖峰
输出交流电抗器
用于抑制变频器的辐射干扰和感应干扰，抑制电动机的振动
滤波器
用于减小变频器产生的无线电干扰
R
S
T
P1
P+
SB60/61系列
DB
P+
U
V
W
M
3~

图 5-13　变频器的外围设备

项目 5.3　初识三菱 FR - E700 系列变频器

5.3.1　三菱 FR - E700 系列变频器快速入门

国内变频器市场是以外资品牌的进入而发端，西门子、ABB、三菱等外资品牌牢牢地掌握了市场份额。然而随着国内企业节能减排意识的不断增强以及中国政府出台的相关鼓励政策，逐渐孕育出了国产变频器企业成长的良好环境，从而使得本土品牌不断涌现，实力逐渐增强，近几年发展更为迅猛。据统计，目前本土变频器企业拥有 20% ~25% 的市场份额，日本品牌则占据 40% 的市场份额，30% 为欧美品牌，另有 10% 被台资和韩资品牌占据。中国变频器市场已经形成了欧美品牌、日本品牌、内资品牌三足鼎立的格局。

三菱公司的变频器是较早进入中国市场的产品。三菱公司近年来推出的变频器主要有 FR - A700 系列高性能矢量变频器、FR - D700 系列紧凑型多功能变频器和 FR - E700 系列经济型高性能变频器。三菱变频器常用系列产品如图 5-14 所示。

a)　　b)　　c)

图 5-14　常用三菱变频器产品

a）FR－A700　b）FR－D700　c）FR－E700

本项目以 FR－E700 系列 FR－E740 型变频器为例进行介绍。FR－E740 型变频器的型号、铭牌及其外形示意图如图 5-15 所示。

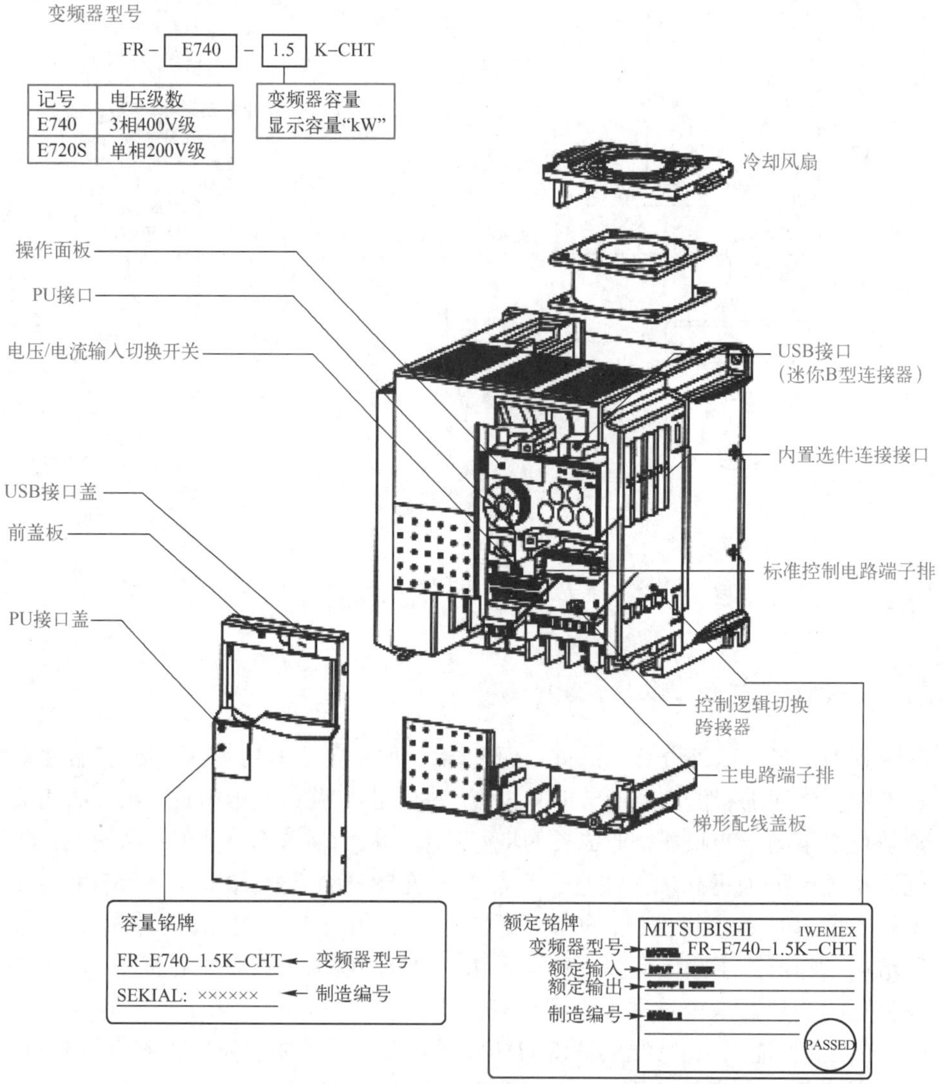

变频器型号

FR－ E740 － 1.5 K-CHT

记号	电压级数
E740	3相400V级
E720S	单相200V级

变频器容量
显示容量"kW"

冷却风扇
操作面板
PU接口
电压/电流输入切换开关
USB接口（迷你B型连接器）
内置选件连接接口
USB接口盖
前盖板
标准控制电路端子排
PU接口盖
控制逻辑切换跨接器
主电路端子排
梯形配线盖板

容量铭牌
FR-E740-1.5K-CHT ← 变频器型号
SEKIAL: ×××××× ← 制造编号

额定铭牌
MITSUBISHI　IWEMEX
变频器型号 → FR-E740-1.5K-CHT
额定输入 →
额定输出 →
制造编号 →
PASSED

图 5-15　FR－E740 型变频器的型号、铭牌及其外形示意图

1. FR－E740 型变频器接线图

图 5-16 所示为三菱 FR－E740 型变频器的基本接线图。

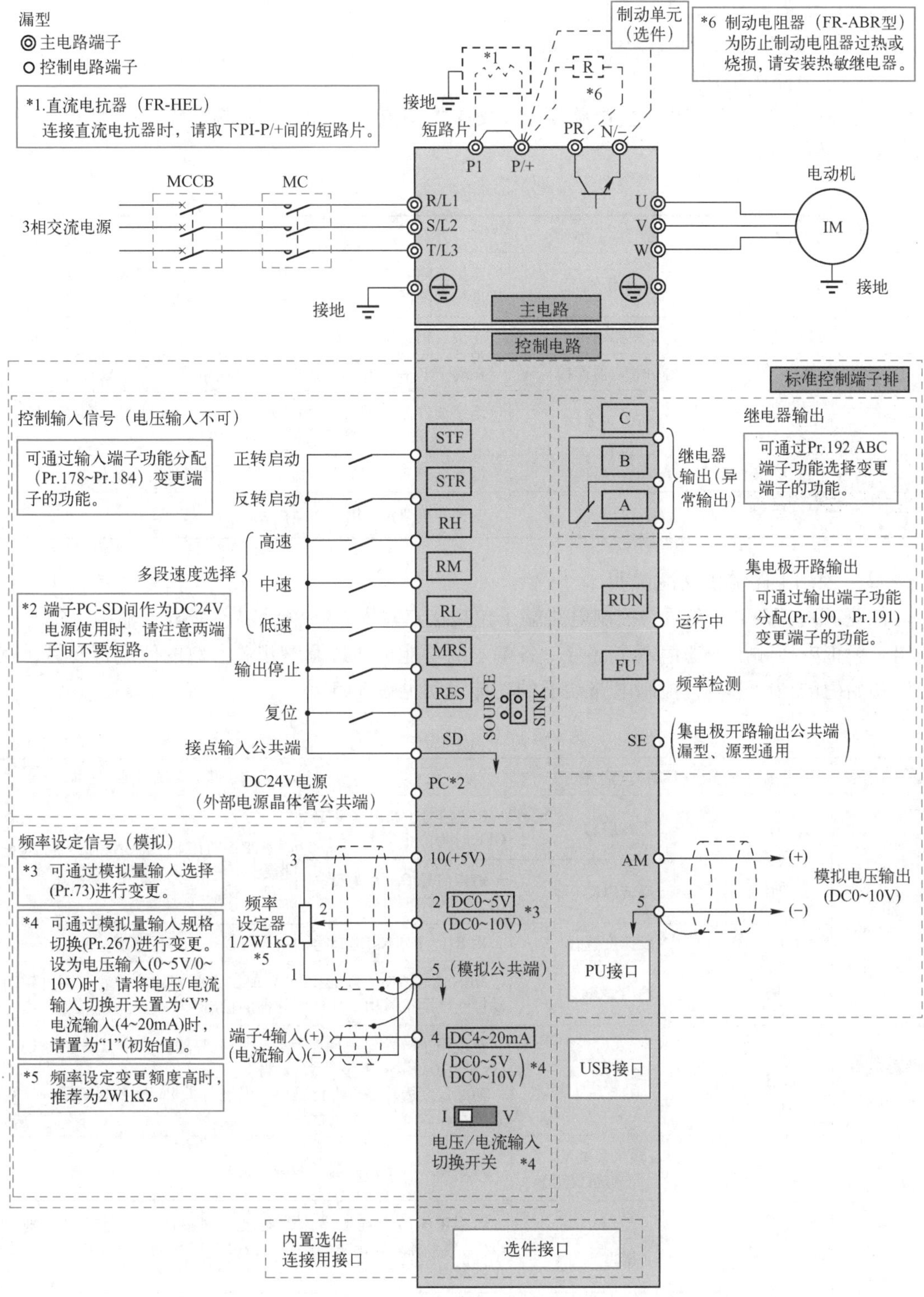

图 5-16　三菱 FR－E740 型变频器的基本接线图

由图5-16可知，FR-E740型变频器接线图包括主电路接线和控制电路接线两部分。各部分具体接线及注意事项请读者参照《三菱通用变频器FR-E740使用手册》自行进行学习，本书由于篇幅有限，不予介绍。

2. FR-E740型变频器端子功能说明

（1）主电路端子功能说明

三菱FR-E740型变频器主电路端子主要包括交流电源输入、变频器输出等端子。端子功能说明见表5-4。

表5-4　主电路端子功能

端子标记	端子名称	功能说明
R/L1、S/L2、T/L3	交流电源输入	连接工频电源。在使用高功率因数变流器（FR-HC）及共直流母线变流器（FR-CV）时不要连接任何设备
U、V、W	变频器输出	连接三相笼型电动机
P/+、PR	制动电阻器连接	在端子P/+、PR间连接选件制动电阻器（FR-ABR）
P/+、N/-	制动单元连接	连接选件制作单元（FR-BU2）、共直流母线变流器（FR-CV）以及高功率因数变流器（FR-HC）
P/+、P1	直流电抗器连接	拆下端子P/+、P1间的短路片，连接选件直流电抗器
⏚	接地	变频器机架接地用，必须接大地

（2）控制电路端子功能说明

三菱FR-E740型变频器控制电路端子包括接点输入、频率设定、继电器输出、集电极输出、模拟电压输出和通信六个部分。各端子的功能可通过调整相关参数的值进行变更，在出厂初始值的情况下，各控制电路端子的功能说明见表5-5。

表5-5　控制电路端子功能

种类	端子标记	端子名称	功能说明	
接点输入	STF	正转启动	STF信号ON时为正转，OFF时为停止指令	STF、STR同时ON时变成停止指令
	STR	反转启动	STR信号ON时为反转，OFF时为停止指令	
	PH、RM、RL	多段速度选择	用RH、RM和RL信号的组合可以选择多段速度	
	MRS	输出停止	MRS信号ON（20 ms以上）时，变频器输出停止。用电磁制动停止电动机时用于断开变频器的输出	
	RES	复位	复位用于解除保护回路动作时的报警输出。使RES信号处于ON状态0.1 s或以上，然后断开 初始设定为始终可进行复位。但进行了Pr.75的设定后，仅在变频器报警发生时刻进行复位	
	SD	接点输入公共端（漏型）（初始设定）	接点输入端子公共端（漏型逻辑）	
		外部晶体管公共端（源型）	源型逻辑时当连接晶体管输出（即集电极开路输出）例如PLC，将晶体管输出用的外部电源公共端接到该端子时，可以防止因漏电引起的误动作	
		DC24 V电源公共端	DC24 V、0.1 A电源的公共端，与端子5、端子SE绝缘	

（续）

种　类	端子标记	端子名称	功能说明
接点输入	PC	外部晶体管输出端（漏型）（初始设定）	漏型逻辑时当连接晶体管输出（即集电极开路输出）例如PLC，将晶体管输出用的外部电源公共端接到该端子时，可以防止因漏电引起的误动作
		接点输入公共端、（源型）	接点输入端子公共端（源型逻辑）
		DC24 V 电源	可作为 DC24 V、0.1 A 的电源使用
频率设定	10	频率设定用电源	作为外接频率设定用电位器时的电源使用
	2	频率设定（电压）	如果输入 DC0～5 V（或 0～10 V），在 5 V（10 V）时为最大输出频率，输入输出成正比。通过 Pr. 73 可进行 DC0～5 V（初始设定）和 0～10 V 输入的切换操作
	4	频率设定（电流）	如果输入 DC4～20 mA（或 0～5 V，0～10 V），在 20 mA 时为最大输出频率，输入输出成正比。只有 AU 信号为 ON 时端子 4 的输入信号才会有效（端子 2 的输入将无效）。通过 Pr. 267 可进行 4～20 mA（初始设定）、DC0～5 V 和 DC0～10 V 输入的切换操作。电源输入（0～5 V/0～10 V）时，应将电压/电流输入切换开关切换至“V”
	5	频率设定公共端	频率设定信号（端子 2 或 4）及端子 AM 的公共端子。不要接大地
继电器输出	A、B、C	继电器输出（异常输出）	指示变频器因保护功能动作而停止输出的转换触点。异常时，B－C 间不导通（A－C 间导通）；正常时，B－C 间导通（A－C 间不导通）
集电极输出	RUN	变频器正在运行	变频器输出频率大于等于启动频率（初始值 0.5 Hz）时为低电平，正在停止或正在直流制动时为高电平
	FU	频率检测	输出频率为任意设定检测频率以上时为低电平，未达到时为高电平
	SE	集电极开路输出公共端	端子 RUN、FU 的公共端
模拟输出	AM	模拟电压输出	从多种监视项目中选一种作为输出。输出信号与监视项目的大小成比例
RS－485 通信	—	PU 接口	通过 PU 接口，可进行 RS－485 通信。 · 标准规格：EIA－485（RS－485） · 传输方式：多站点通信 · 通信速率：4800～38 400 bit/s · 总长距离：500 m
USB 通信	—	USB 接口	与个人计算机通过 USB 连接后，可以实现 FR Configurator 的操作。 · 标准规格：USB1.1 · 传输速率：12 Mbit/s

5.3.2　三菱 FR－E700 系列变频器的运行与操作

使用变频器之前，首先要熟悉它的操作面板和键盘操作单元（或称为控制单元），并且按照使用现场的要求合理设置参数。FR－E740 型变频器的参数设置通常利用固定在其上的操作面板（不能拆下）实现，也可以使用连接到变频器 PU 端口的参数单元（FR－PU07）实现。

1. FR－E740 型变频器操作面板

FR－E740 型变频器选用 FR－PA07 型操作面板，如图 5-17 所示。其上半部分为面板显示器，下半部分为 M 旋钮和各种按键。

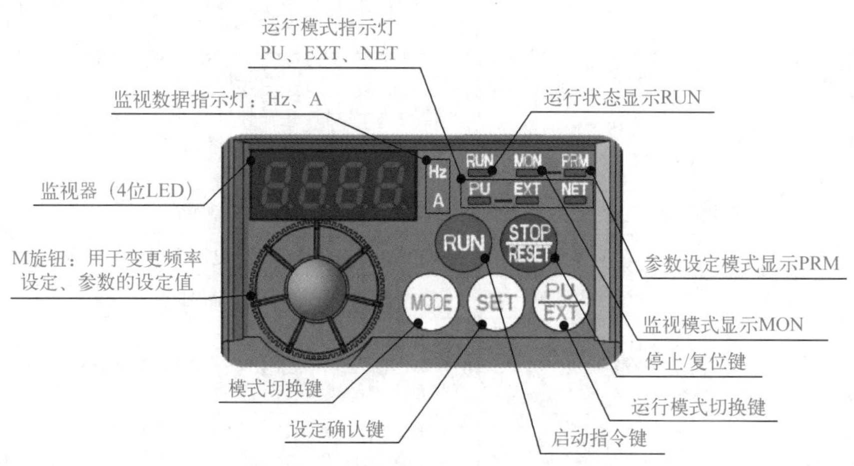

图 5-17　FR - PA07 型操作面板

FR - PA07 型操作面板旋钮、按键功能和运行状态显示分别见表 5-6、表 5-7。

表 5-6　旋钮、按键功能

旋钮和按键	功 能 说 明
M 旋钮	旋动该旋钮用于变更频率设定、参数的设定值。按下该按钮可显示以下内容：①监视模式时的设定频率；②校正时的当前设定值；③错误历史模式时的顺序
模式切换键 MODE	用于切换各设定模式。与运行模式切换键同时按下也可以用来切换运行模式，长按此键（2 s）可以锁定操作
设定确认键 SET	各设定的确认键。运行中按下此键则监视器出现以下显示：运行频率→输出电流→输出电压（循环返回运行频率）
运行模式切换键 PU/EXT	用于切换 PU/EXT 运行模式。使用外部运行模式（通过另接的频率设定电位器和启动信号启动的运行）时按此键，使指示运行模式的 EXT 处于亮灯状态
启动指令键 RUN	在 PU 模式下，按此键启动运行；通过 Pr. 40 的设定，可以选择旋转方向
停止/复位键 STOP/RESET	在 PU 模式下，按此键停止运转。保护功能（严重故障）生效时，也可以进行报警复位

表 5-7　运行状态显示

显　示	功 能 说 明
运行模式显示	PU：PU 运行模式（用操作面板启停和调速）时亮灯； EXT：外部运行模式时亮灯； NET：网络运行模式时亮灯
监视器（4 位 LED）	显示频率、参数编号等
监视数据单元显示 Hz/A	Hz：显示频率时亮灯（显示设定频率监视时闪烁）； A：显示电流时亮灯； （显示上述以外的内容时，“Hz”“A”均熄灭）
运行状态显示 RUN	变频器动作中亮灯/闪烁，其中： 亮灯：正转运行中； 缓慢闪烁（1.4 s 循环）：反转运行中； 快速闪烁（0.2 s 循环）： · 按键或输入启动指令都无法运行时； · 有启动指令，但频率指令在启动频率以下时； · 输入了 MRS 信号时

（续）

显　示	功能说明
参数设定模式显示 PRM	参数设定模式时亮灯
监视器显示 MON	监视模式时亮灯

2. FR－E740型变频器的运行模式和参数设置

（1）FR－E740型变频器的运行模式

由表5-6、表5-7可知，在变频器不同的运行模式下，各种按键、M旋钮的功能各异。所谓运行模式是指对输入到变频器的启动指令和设定频率的命令来源的指定。一般来说，使用控制电路端子、在外部设置电位器和开关来进行操作的是“外部运行模式”；使用操作面板或参数单元输入启动指令、设定频率的是“PU运行模式”；通过PU接口进行RS－485通信或使用通信选件的是“网络运行模式（由于篇幅有限，此处不予介绍）”。在进行变频器操作以前，必须了解其各种运行模式，才能进行各项操作。

FR－E740型变频器通过参数Pr.79的设定值来指定变频器运行模式，设定值范围为0、1、2、3、4、6、7。FR－E740型变频器运行模式的功能以及相关LED指示灯的状态见表5-8。

表5-8　参数Pr.79与运行模式的设置

Pr.79设定值	运行模式功能		LED显示（▭：灭灯　▭：亮灯）
0	外部/PU切换模式 通过运行模式切换键 PU/EXT 可以切换PU与外部运行模式 接通电源时为外部运行模式		外部运行模式 PU EXT NET PU运行模式 PU EXT NET
1	固定PU运行模式		PU EXT NET
2	固定外部运行模式 可以在外部、网络运行模式间切换运行		外部运行模式 PU EXT NET 网络运行模式 PU EXT NET
3	外部/PU组合运行模式1		PU EXT NET
	频率指令	启动指令	
	用操作面板或参数单元（FR－PU07）设定，或外部信号输入（多段速设定，端子4－5间（AU信号ON时有效））	外部信号输入（端子STF、STR）	
4	外部/PU组合运行模式2		PU EXT NET
	频率指令	启动指令	
	外部信号输入（端子2、4、JOG、多段速选择等）	通过操作面板的启动指令键 RUN 或参数单元（FR－PU07）的 FWD 、 REV 键来输入	

（续）

Pr. 79 设定值	运行模式功能	LED显示 ▭：灭灯 ▭：亮灯
6	切换模式 在保持运行状态的同时，可进行 PU 运行、外部运行、网络运行模式的切换	PU运行模式 PU EXT NET 外部运行模式 PU EXT NET 网络运行模式 PU EXT NET
7	外部运行模式（PU 运行互锁） X12 信号 ON 时，可切换到 PU 运行模式 X12 信号 OFF 时，禁止切换到 PU 运行模式	PU运行模式 PU EXT NET 外部运行模式 PU EXT NET

FR－E740 型变频器出厂时，参数 Pr. 79 设定值为 0。当停止运行时用户可以根据实际需要修改其设定值。

修改 Pr. 79 设定值的一种方法是：按 MODE 键使变频器进入参数设定模式；旋动 M 旋钮，选择参数 Pr. 79，用 SET 键确定之；再旋动 M 旋钮选择合适的设定值，用 SET 键再次确定；再次按 MODE 键后，变频器的运行模式将变更为设定的模式。

图 5-18 是修改 Pr. 79 设置值的一个示例。该示例将 FR－E740 型变频器从固定外部运行模式变更为组合运行模式 1。

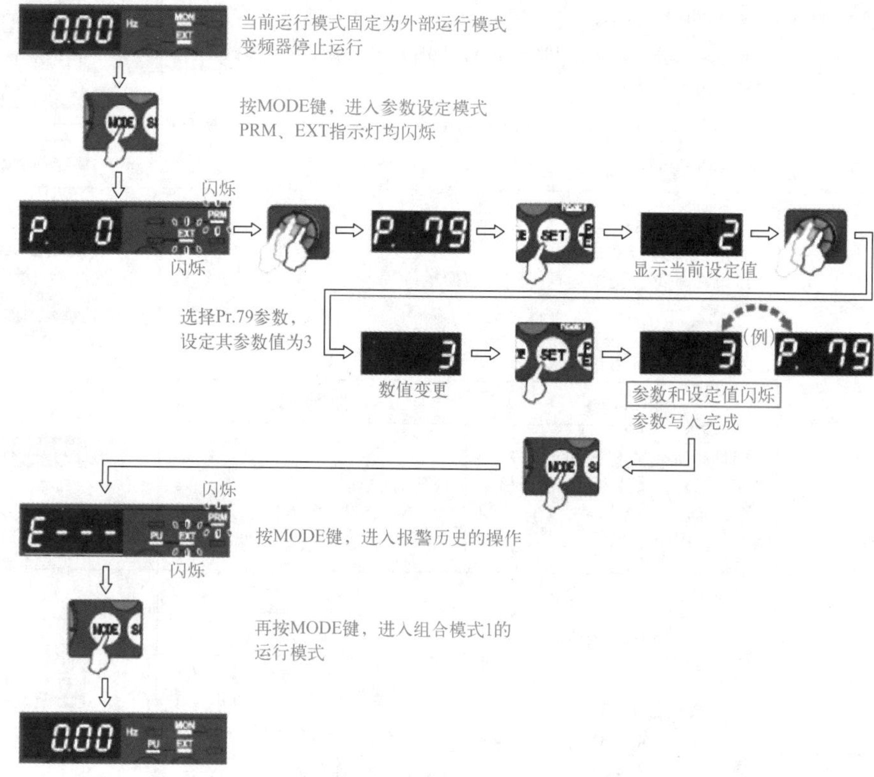

图 5-18　FR－E740 型变频器运行模式变更实例

（2）FR－E740 型变频器的参数设置

FR－E740 型变频器有几百个参数，实际使用时，只需根据使用现场的要求设定部分参数，其余按出厂设定值即可（变频器参数的出厂设定值被设置为完成简单的变速运行）。熟悉变频器常用参数的设置，是利用变频器解决实际工控问题的基本条件。

本书根据一般工控系统对变频器的要求，介绍其常用参数的设定。关于参数设定更详细的说明请参阅 FR－E740 使用手册。

1）输出频率的限制（Pr. 1、Pr. 2）。

为了限制电动机的速度，应对变频器的输出频率加以限制。用 Pr. 1（上限频率）和 Pr. 2（下限频率）来设定，可将输出频率的上、下限钳位。

输出频率限制相关参数意义及设定范围见表 5-9。

表 5-9　输出频率限制相关参数意义及设定范围

参数编号	名　称	初始值	设定范围	功能说明
Pr. 1	上限频率	120 Hz	0 ~ 120 Hz	设定输出频率的上限
Pr. 2	下限频率	0 Hz	0 ~ 120 Hz	设定输出频率的下限

图 5-19 所示为变更参数 Pr. 1 设定值示例，所完成的操作是把参数 Pr. 1（上限频率）从出厂设定值 120 Hz 变更为 50 Hz，假定当前运行模式为外部/PU 切换模式（Pr. 79 = 0）。

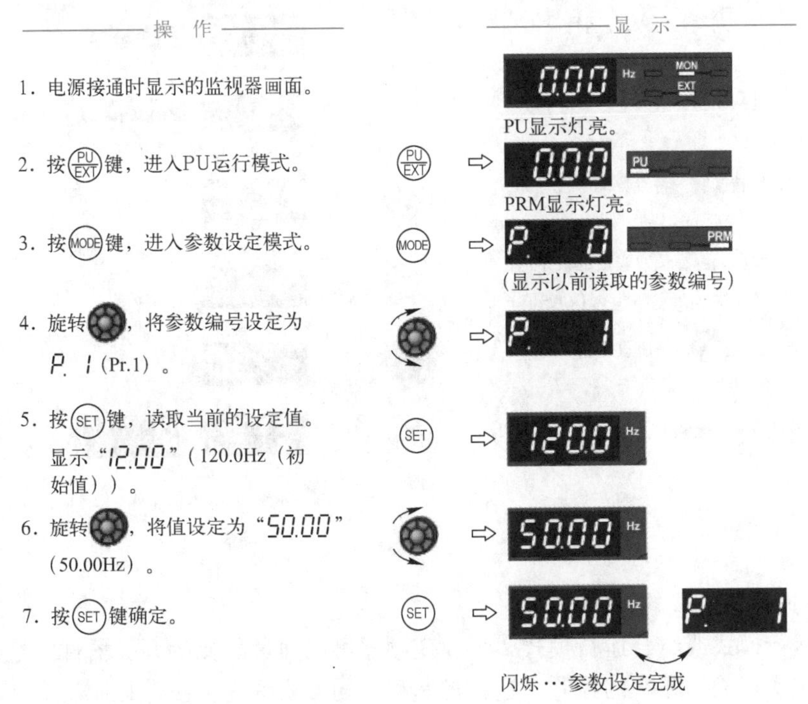

图 5-19　变更参数 Pr. 1 设定值示例

2）加/减速时间（Pr. 7、Pr. 8、Pr. 20）。

加速时间是指输出频率从 0 Hz 上升到基准频率所需的时间。加速时间越长，起动电流越小，起动越平缓。对于频繁起动的设备，加速时间要求短些；对于惯性较大的设备，加速时间要求长些。参数 Pr. 7 用于设置电动机加速时间，Pr. 7 设定值越大，加速时间越长。

减速时间是指输出频率从基准频率下降到 0 Hz 所需的时间。参数 Pr. 8 用于设置电动机减速时间，Pr. 8 设定值越大，减速时间越长。

参数 Pr. 20 用于设置加/减速基准频率，在我国一般选用 50 Hz。

加/减速时间相关参数意义及设定范围见表 5-10。

表 5-10　加/减速时间相关参数意义及设定范围

参数编号	名　称	初始值	设定范围	功能说明
Pr. 7	加速时间	5 s	0 ~ 3600/360 s*	设定电动机的加速时间
Pr. 8	减速时间	5 s	0 ~ 3600/360 s*	设定电动机的减速时间
Pr. 20	加/减速基准频率	50 Hz	1 ~ 400 Hz	设定加/减速基准频率

* 根据 Pr. 21 加减法时间单位的设定值进行设定。初始值设定范围为“0 ~ 3600 s”、设定单位为“0. 1 s”。

图 5-20 所示为变更参数 Pr. 7 设定值示例，所完成的操作是把参数 Pr. 7（加速时间）从出厂设定值 5 s 变更为 10 s，假定当前运行模式为外部/PU 切换模式（Pr. 79 = 0）。

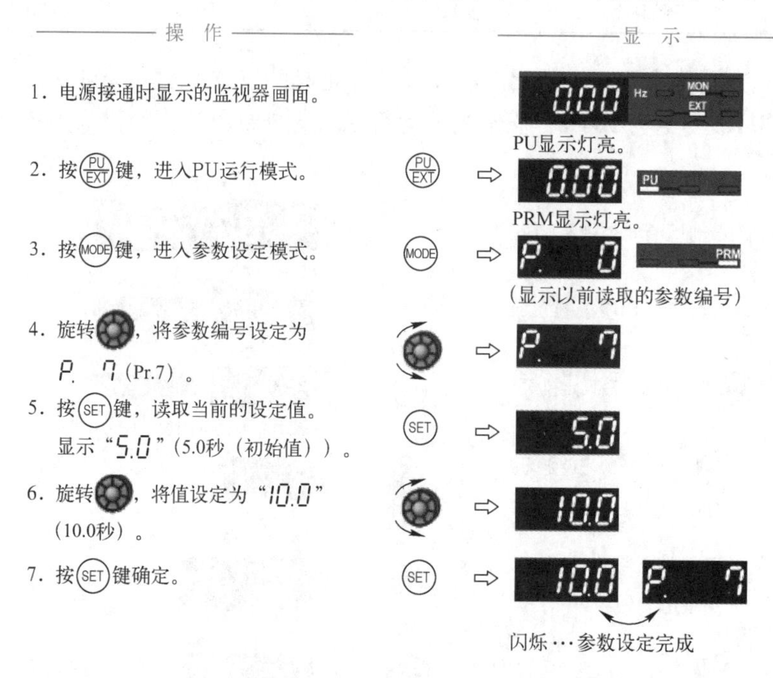

图 5-20　变更参数 Pr. 7 设定值示例

3）多段速运行模式的操作。

在外部运行模式或组合运行模式 2 下，变频器可以通过外接的开关器件组合通断改变输入端子状态来实现输出频率的控制。这种控制频率的方式称为多段速控制功能。

FR - E740 型变频器的速度控制端子是 RH、RM 和 RL。通过这些开关的组合可以实现 3 段、7 段的控制。

转速的切换：由于转速的档位是按二进制顺序排列，故三个输入端可以组合成 3 段至 7 段（0 状态不计）转速。其中 3 段速由 RH、RM、RL 单个通断实现；7 段速由 RH、RM、RL 通断组合实现。

7 段速的各自运行频率则由参数 Pr. 4 ~ Pr. 6（设置前 3 段速的频率）、Pr. 24 ~ Pr. 27（设置第 4 段速至第 7 段速的频率）设定。对应控制端状态及参数关系如图 5-21 所示。

参数号	出厂设定	设定范围	备注
4	50Hz	0~400Hz	
5	30Hz	0~400Hz	
6	10Hz	0~400Hz	
24~27	9999	0~400Hz, 9999	9999：未选择

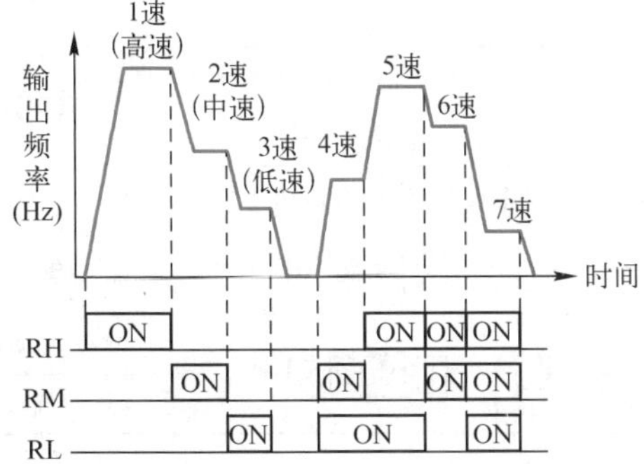

1速：RH单独接通，Pr.4设定频率
2速：RM单独接通，Pr.5设定频率
3速：RL单独接通，Pr.6设定频率
4速：RM、RL同时通，Pr.24设定频率
5速：RH、RL同时通，Pr.25设定频率
6速：RH、RM同时通，Pr.26设定频率
7速：RH、RM、RL全通，Pr.27设定频率

图 5-21　多段速控制对应的控制端状态及参数关系

多段速度设定在 PU 运行和外部运行中都可以设定。运行期间参数值也能被改变。

3 速设定的场合（Pr. 24 ~ Pr. 27 设定为 9999），2 速以上同时被选择时，低速信号的设定频率优先。

最后指出，如果把参数 Pr. 183 设置为 8，将 RMS 端子的功能转换成多速段控制端 REX，就可以用 RH、RM、RL 和 REX 通断组合实现 15 段速。详细说明请参阅 FR - E740 使用手册。

4）通过模拟量输入（端子 2、4）设定频率。

工控系统变频器的频率设定，除了用 PLC 输出端子控制多段速度设定外，也有连续设定频率的要求。例如在变频器安装和接线完成进行运行试验时，常常用调速电位器连接到变频器的模拟量输入信号端进行连续调速试验。需要注意的是，如果要用模拟量输入（端子 2、4）设定频率，则 RH、RM、RL 端子应断开，否则多段速度设定优先。

① 模拟量输入信号端子的选择。FR - E740 型变频器提供 2 个模拟量输入信号端子（端子 2、4）用作连续变化的频率设定。在出厂设定情况下，只能使用端子 2，端子 4 无效。

要使端子 4 有效，需要在各接点输入端子 STF、STR…RES 之中选择一个，将其功能定位为 AU 信号输入。则当这个端子与 SD 端短接时，AU 信号为 ON，端子 4 变为有效，端子 2 变为无效。

例如：选择 RES 端子用作 AU 信号输入，则设置参数 Pr. 184 =“4”，在 RES 端子与 SD 端子之间连接一个开关，当此开关断开时，AU 信号为 OFF，端子 2 有效；反之，当此开关接通时，AU 信号为 ON，端子 4 有效。

② 模拟量信号的输入规格。如果使用端子 2，模拟量信号可为 0 ~ 5 V 或 0 ~ 10 V 的电压信号，用参数 Pr. 73 指定，其出厂设定值为 1，指定为 0 ~ 5 V 的输入规格，并且不能可逆运行。参数 Pr. 73 的取值范围为 0、1、10、11，具体内容见表 5-11。

如果使用端子 4，模拟量信号可为电压输入（0 ~ 5 V、0 ~ 10 V）或电流输入（4 ~ 20 mA），用参数 Pr. 267 和电压/电流输入切换开关设定，并且要输入与设定相符的模拟量信号。参数 Pr. 267 的取值范围为 0、1、2，具体内容见表 5-11。

表 5-11　模拟量输入选择（Pr. 73、Pr. 267）

参数编号	名　称	初始值	设定范围	内　容	
Pr. 73	模拟量输入选择	1	0	端子 2 输入 0 ~ 10 V	无可逆运行
			1	端子 2 输入 0 ~ 5 V	
			10	端子 2 输入 0 ~ 10 V	有可逆运行
			11	端子 2 输入 0 ~ 5 V	
Pr. 267	端子 4 输入选择	0	设定范围	电压/电流输入切换开关	内容
			0	I V	端子 4 输入 4 ~ 20 mA
			1	I V	端子 4 输入 0 ~ 5 V
			2		端子 4 输入 0 ~ 10 V

③ 应用示例。利用模拟量输入（端子 2）设定频率应用示例如图 5-22 所示。

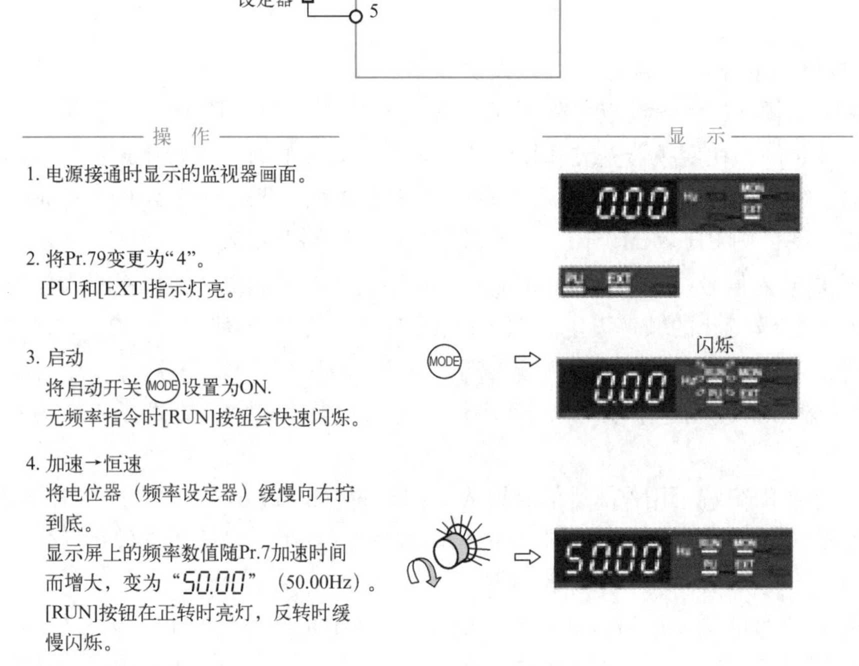

图 5-22　模拟量输入（端子 2）设定频率应用示例

5. 减速
将电位器（频率设定器）缓慢向左拧到底。
显示屏上的频率数值随Pr.8减速时间而减小，变为“0.00”（0.00Hz）。
电动机停止运行。
[RUN]按钮快速闪烁。

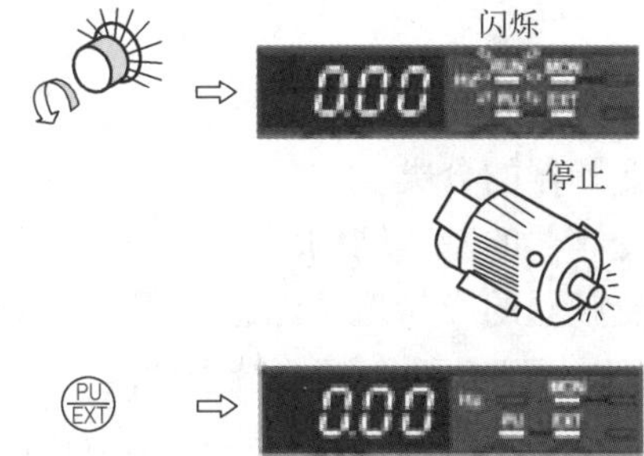

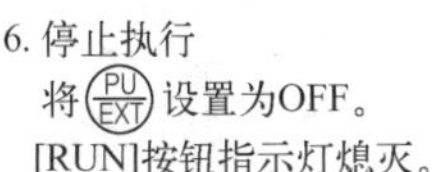
6. 停止执行
将(PU/EXT)设置为OFF。
[RUN]按钮指示灯熄灭。

图 5-22　模拟量输入（端子 2）设定频率应用示例（续）

5）参数清除操作。

如果用户在参数调试过程中遇到问题，并且希望重新开始调试，可用参数清除操作方法实现。即在 PU 运行模式下，设定 Pr. CL 参数清除、ALLC 参数全部清除均为“1”，可使参数恢复为初始值（但如果设定参数 Pr. 77 为“1”，则无法清除）。

参数清除操作需要在参数设定模式下，用 M 旋钮选择参数 Pr. CL 或 ALLC，并把它们的值均置为 1，操作步骤如图 5-23 所示。

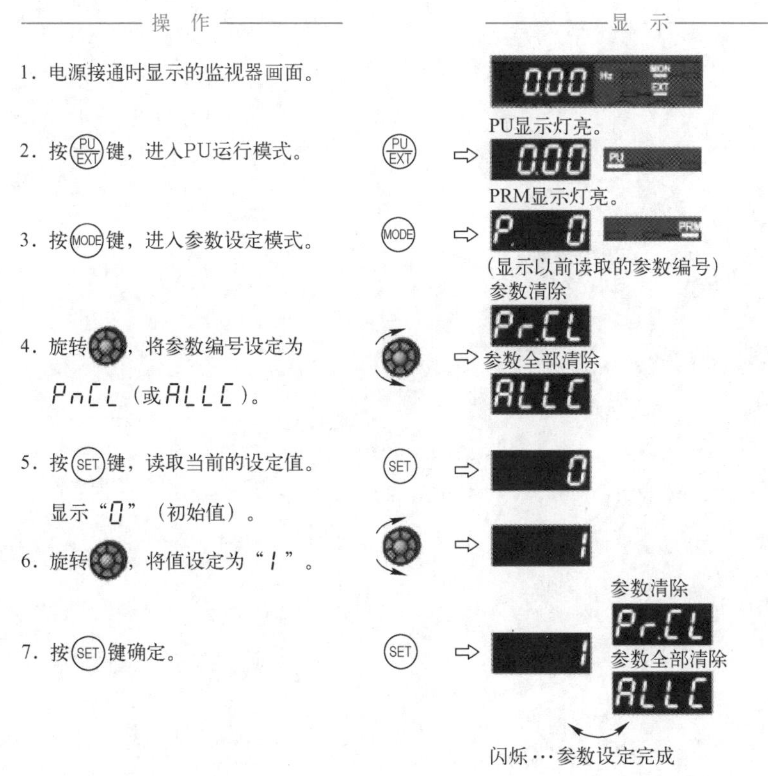

图 5-23　参数（全部）清除的操作示例

思考与练习

5.1　简述变频器的基本概念。

5.2　简述变频器的分类。

5.3　简述变频器的基本结构。

5.4　简述变频器的产品选型注意事项。

5.5　简述 FR－E740 型变频器端子功能。

5.6　登录工控人家园网（http://www.ymmfa.com/），收集、学习如下资料。

1）《三菱通用变频器 FR－E740 使用手册》。

2）《三菱通用变频器 FR－E700 使用手册（应用篇）》。

模块 6
三菱 FR－E700 系列变频器在工控系统中的应用

能力目标：

1. 了解 FR－E700 系列变频器参数设置方法
2. 掌握 PLC 与变频器联机控制系统设计与仿真调试方法

知识目标：

1. 了解 PLC 与变频器的联机方式
2. 掌握 PLC 与变频器联机工作原理

项目 6.1　小车正、反转控制系统设计与实施

6.1.1　项目导入

1. 工作任务

在生产实践中，小车正、反转控制是很常见的，既可以采用继电—接触器构成的控制电路（如图 2－15 所示），也可采用单独变频器构成的控制电路，还可采用 PLC 与变频器联机构成的控制电路。本项目以 PLC 与变频器联机构成的控制电路为例进行介绍。

2. 考核内容

1）根据图 2－15 所示三相异步电动机正、反转控制线路，确定控制系统功能。

2）完成 PLC 与变频器联机控制系统硬件接线图的设计。

3）根据控制要求设定变频器参数。

4）按控制要求设计梯形图、输入并调试控制程序。

5）考核过程中注意“6S 管理”的要求。

3. 考核评价标准

（1）说明

1）本评价标准根据国家职业技能鉴定中心高级维修电工职业技能鉴定规范（考核大

纲）编制。

2）项目考核评价由指导教师组织实施，指导教师可自行具体制定项目评分细则。

3）项目考核评价可根据项目实施情况，引入学生互评。

（2）考核评价标准

该项目考核评价标准见表6-1。

表6-1　项目考核评价标准

评价内容	序号	项目配分	考核要求	评分细则	扣分	得分
职业素养与操作规范（50分）	1	工作前准备（5分）	清点工具、仪表等	未清点工具、仪表等，每项扣1分		
	2	安装与接线（15分）	按控制系统硬件接线图在模拟配线板上正确安装、规范操作	①未关闭电源开关，用手触摸带电线路或带电进行线路连接或改接，本项记0分 ②线路布置不整齐、不合理，每处扣2分 ③损坏元件扣5分 ④接线不规范造成导线损坏，每根扣5分 ⑤不按I/O接线图接线，每处扣2分		
	3	参数设定、程序输入与调试（20分）	熟练设定变频器参数；熟练操作编程软件，将所编写的程序输入PLC；按照被控设备的动作要求进行仿真调试，达到控制要求	①不能熟练设定变频器参数，扣10分 ②不能熟练操作软件输入程序，扣10分 ③不会进行程序删除、插入、修改等操作，每项扣2分 ④不会联机下载调试程序，扣10分 ⑤调试时造成元件损坏或者熔断器熔断，每次扣10分		
	4	清洁（5分）	工具摆放整洁；工作台面清洁	乱摆放工具、仪表，乱丢杂物，完成任务后不清理工位，扣5分		
	5	安全生产（5分）	安全着装；按维修电工操作规程进行操作	①没有安全着装，扣5分 ②出现人员受伤、设备损坏事故，考试成绩为0分		
操作（50分）	6	功能分析（10分）	能正确分析控制线路功能	功能分析不正确，每处扣2分		
	7	硬件接线图（5分）	绘制I/O接线图	①接线图绘制错误，每处扣2分 ②接线图绘制不规范，每处扣1分		
	8	参数设定（5分）	正确设定变频器参数	变频器参数设定错误，每处扣2分		
	9	梯形图（15分）	梯形图正确、规范	①梯形图功能不正确，每处扣3分 ②梯形图画法不规范，每处扣1分		
	10	功能实现（15分）	根据控制要求，准确完成系统的安装调试	不能达到控制要求，每处扣5分		
评分人：			核分人：		总分	

6.1.2　知识链接

本项目主要利用PLC与变频器联机解决实际问题，即变频器在PLC的控制下工作。在生产实践中，PLC与变频器的联机有三种方式：开关量联机、模拟量联机和RS-485通信联机。

1. 开关量联机

变频器有很多开关量端子，如正转、反转和多段转速控制端子等。在不使用PLC时，只要给这些端子外接开关就能对电动机进行正转、反转和多段转速控制。当变频器与PLC

进行开关量联机后，PLC 不但可通过开关量输出端子控制变频器开关量输入端子的输入状态，还可以通过开关量输入端子检测变频器开关量输出端子的状态。

变频器与 PLC 的开关量联机如图 6-1 所示。当 PLC 程序运行使 Y001 端子主触点闭合时，相当于变频器的 STF 端子外部开关闭合，STF 端子输入为 ON，变频器驱动电动机正转，调节 10、2、5 端子所接电位器改变端子 2 的输入电压，可以调节电动机的转速。如果变频器内部出现异常，A、C 端子之间的内部触点闭合，相当于 PLC 的 X001 端子外部开关闭合，X001 端子输入为 ON。

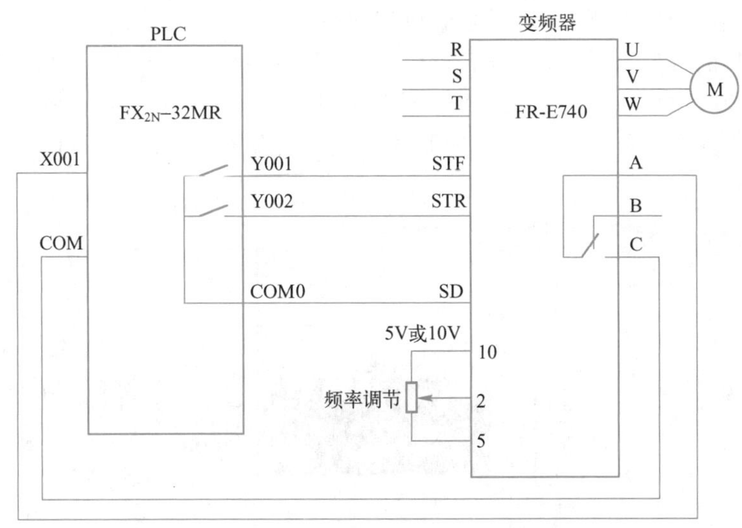

图 6-1　变频器与 PLC 的开关量联机

2. 模拟量联机

变频器设置有电压和电流模拟量输入端子，改变这些端子的电压或电流可以调节电动机的转速。如果将这些端子与 PLC 的模拟量输出端子连接，就可以利用 PLC 控制变频器来调节电动机的转速。变频器与 PLC 的模拟量联机如图 6-2 所示。

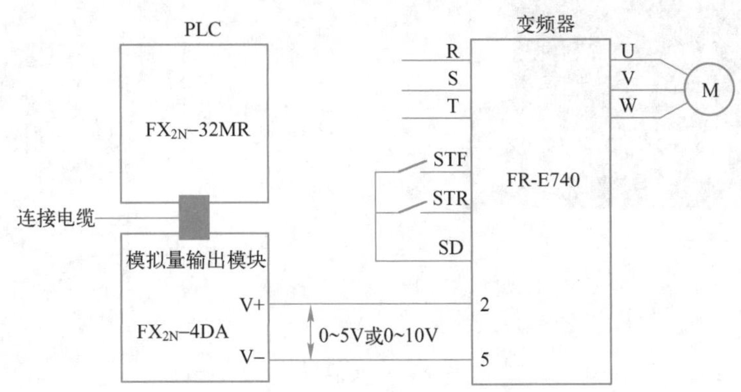

图 6-2　变频器与 PLC 的模拟量联机

图 6-2 中，由于三菱 FX_{2N} -32MR 型 PLC 无模拟量输出功能，需要连接模拟量输出模块（FX_{2N} -4DA），再将模拟量输出模块的输出端子与变频器的模拟量输入端子连接。当 STF 端子外接开关闭合时，STF 端子输入为 ON，变频器驱动电动机正转，PLC 程序运行时

产生的数据通过连接电缆送到模拟量输出模块，再转换成0～5V或0～10V的模拟电压送到变频器2、5端子，控制变频器的输出频率，从而实现电动机转速调节功能。

3. RS－485通信联机

变频器与PLC进行RS－485通信联机后，可以接收PLC通过通信电缆发送过来的命令。在生产实践中，可根据控制系统需要将单台变频器或多台变频器与PLC进行联机，下面分别予以介绍。

(1) 单台变频器与PLC的RS－485通信联机

单台变频器与PLC的RS－485通信联机如图6-3所示。

由图6-3可知，进行联机时，需给PLC安装FX_{2N}－485BD通信板，其外形和安装方法如图6-4所示。在联机时，变频器需要卸下操作面板，将PU接口空出来用作RS－485通信，PU接口与计算机网卡的RJ45接口外形相同，但其端子功能定义不同，如图6-5所示。

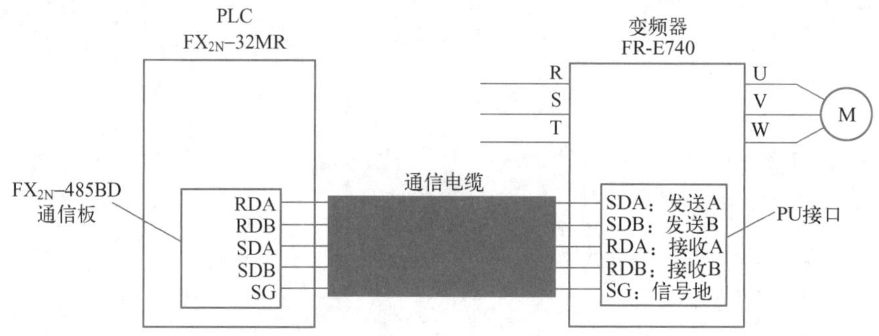

图6-3　单台变频器与PLC的RS－485通信联机

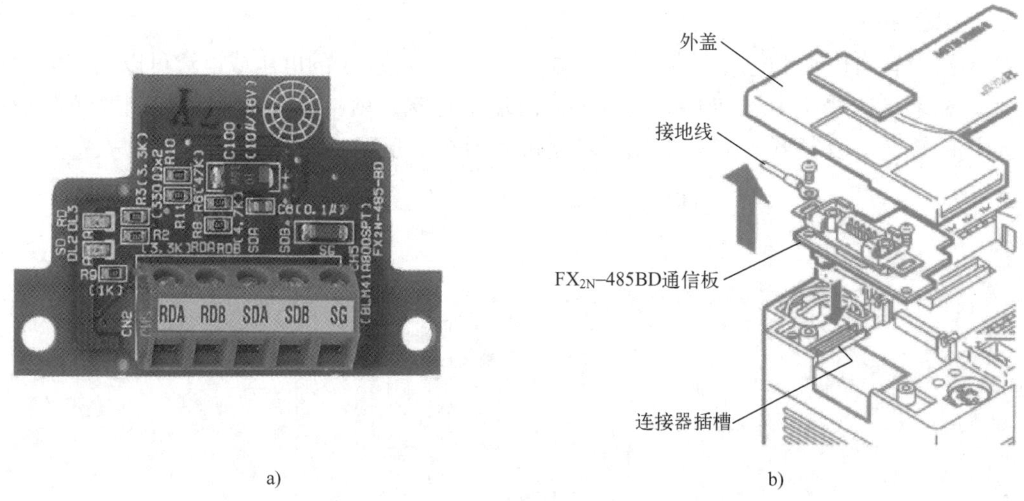

图6-4　FX_{2N}－485BD通信板的外形与安装

a）外形　b）安装方法

(2) 多台变频器与PLC的RS－485通信联机

多台变频器与PLC的RS－485通信联机如图6-6所示，它可以实现一台PLC控制多台变频器的运行。

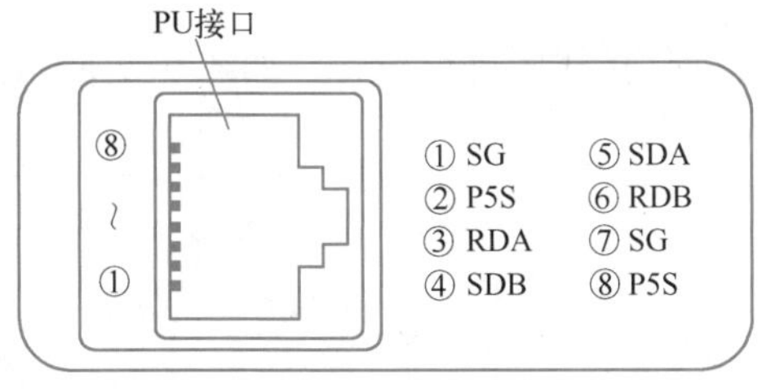

a)

插针编号	名称	内容
①	SG	接地
②	—	参数单元电源
③	RDA	变频器接收+
④	SDB	变频器发送-
⑤	SDA	变频器发送+
⑥	RDB	变频器接收-
⑦	SG	接地
⑧	—	参数单元电源

b)

图 6-5 变频器 PU 接口的外形与各引脚功能定义
a）外形 b）引脚功能

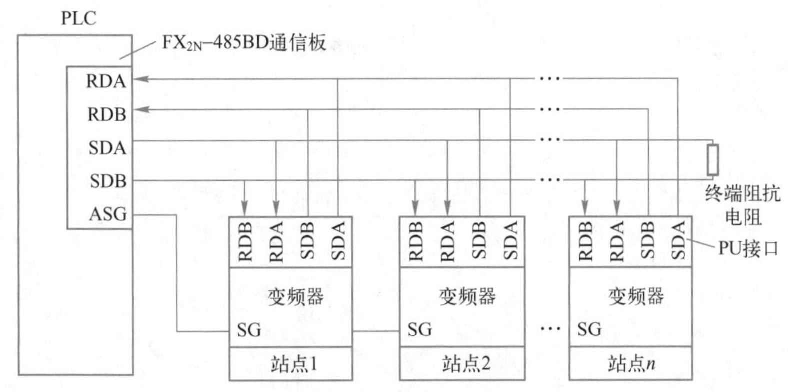

图 6-6 多台变频器与 PLC 的 RS-485 通信联机

6.1.3 项目实施

1. I/O 地址分配

根据三相异步电动机正、反转控制线路控制要求，设定控制系统的 I/O 地址分配表见表 6-2。

表 6-2 I/O 地址分配表

输入			输出		
元器件代号	地址号	功能说明	元器件代号	地址号	功能说明
SB1	X0	通电按钮	KM	Y0	通/断电控制
SB2	X1	断电按钮	HL1	Y1	电源指示
SA	X2/X3	正/反转转换开关	HL2	Y2	正转指示
变频器 A、C	X4	故障检测	HL3	Y3	反转指示
			HL4	Y4	故障指示
			变频器 STF	Y10	正转控制
			变频器 STR	Y11	反转控制

2. 控制系统硬件接线图设计

根据表6-2所示I/O地址分配表，可对系统硬件接线图进行设计，如图6-7所示。

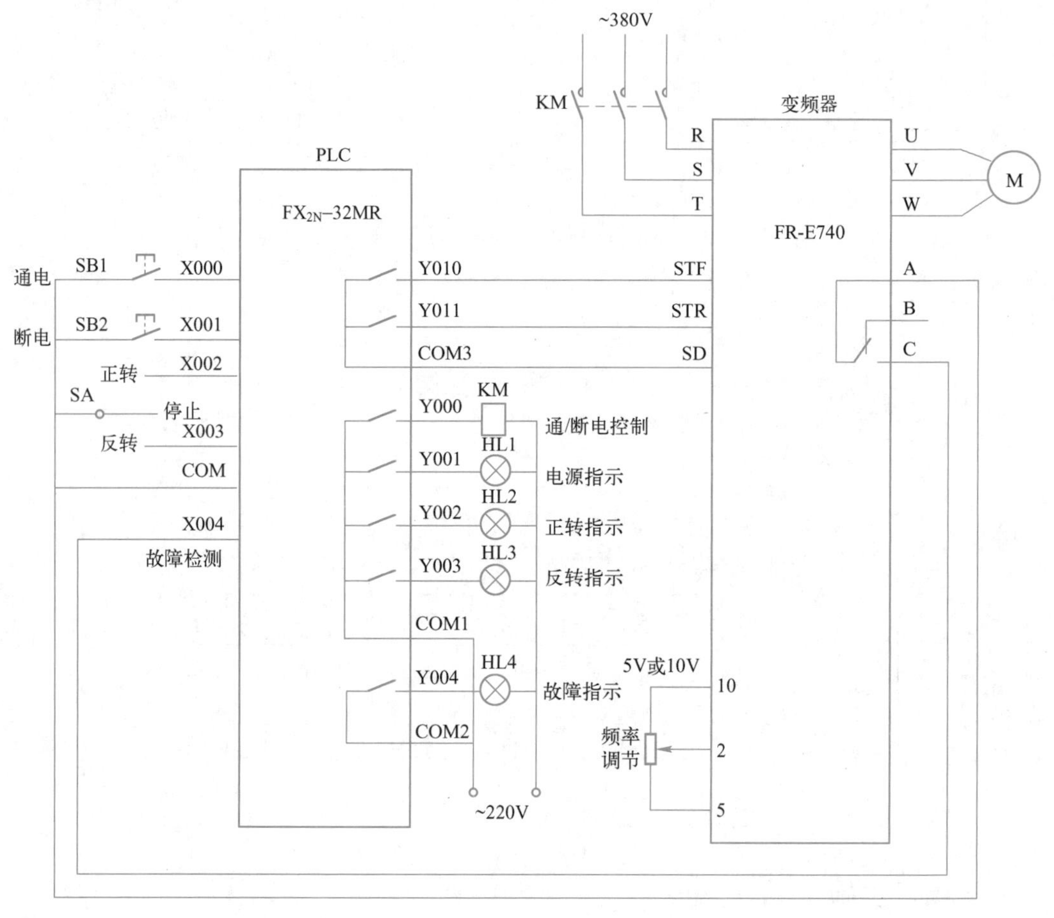

图6-7　控制系统硬件接线图

3. 变频器参数设置

在用PLC与变频器联机进行电动机正、反转控制时，需要对变频器进行有关参数设置，具体见表6-3。

表6-3　变频器参数设置表

参数编号	参数名称	设定值
Pr. 1	上限频率	50 Hz
Pr. 2	下限频率	0 Hz
Pr. 3	基准频率	50 Hz
Pr. 7	加速时间	5 s
Pr. 8	减速时间	3 s
Pr. 20	加、减速基准频率	50 Hz
Pr. 79	运行模式	2

4. PLC 程序设计

变频器有关参数设定好后，还需给 PLC 编写控制程序。电动机正、反转控制程序如图 6-8 所示。

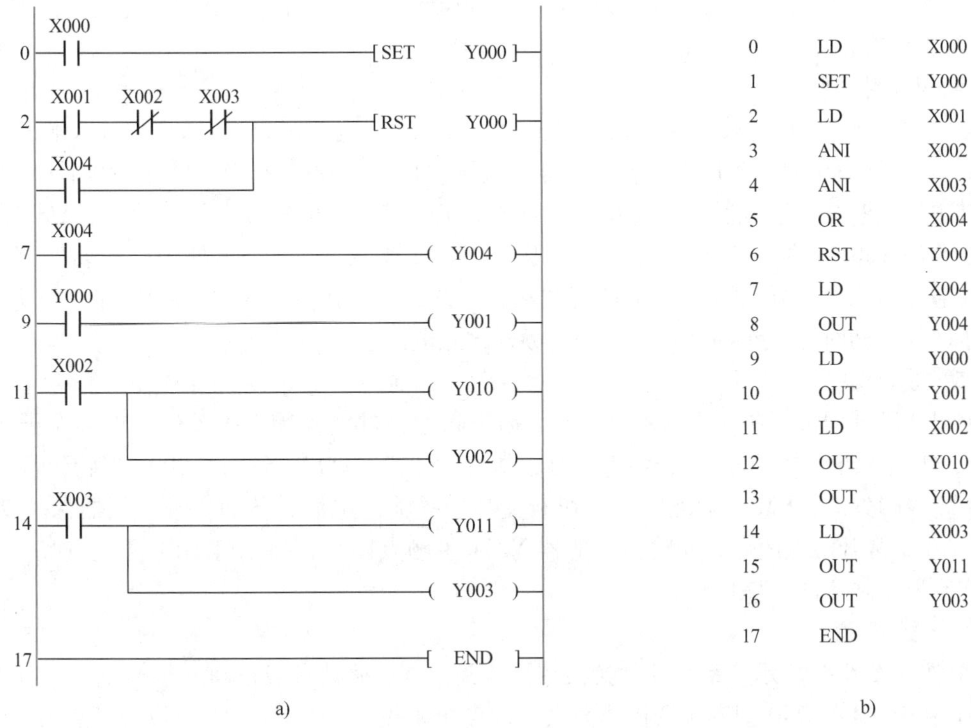

步号	指令	元件
0	LD	X000
1	SET	Y000
2	LD	X001
3	ANI	X002
4	ANI	X003
5	OR	X004
6	RST	Y000
7	LD	X004
8	OUT	Y004
9	LD	Y000
10	OUT	Y001
11	LD	X002
12	OUT	Y010
13	OUT	Y002
14	LD	X003
15	OUT	Y011
16	OUT	Y003
17	END	

b)

图 6-8　电动机正、反转控制程序

a）梯形图　b）语句指令表

程序详解：

下面对照图 6-7 所示硬件接线图和图 6-8 所示控制程序来说明 PLC 与变频器联机实现电动机正、反转控制的工作原理。

（1）通电控制

当按下通电按钮 SB1 时，PLC 的输入端子 X000 为 ON，它使输入继电器 X000 常开触点闭合，执行“SET Y000”指令，输出继电器 Y000 被置 1，Y000 的主触点闭合，接触器 KM 线圈得电，KM 主触点闭合，将 380 V 三相交流电加至变频器的 R、S、T 端。此外，Y000 的常开触点闭合，HL1 指示灯通电点亮，指示变频器通电。

（2）正、反转控制

在变频器通电的前提下，将三档开关 SA 置于“正转”位置时，PLC 的输入端子 X002 为 ON，它使输入继电器 X002 常开触点闭合，输出继电器 Y010、Y002 均置 1。Y010 主触点闭合将变频器的 STF、SD 端子接通，即 STF 端子输入为 ON，变频器输出电源驱动电动机正转；Y002 主触点闭合使 HL2 指示灯通电点亮，用以指示变频器工作于电动机正转状态。

反转控制与正转控制工作原理基本相同，请读者参照正转控制自行分析，此处不再赘述。

(3) 停转控制

在电动机处于正转或反转时，若将SA开关置于“停止”位置，输入端子X002或X003为OFF，使输入继电器X002或X003常开触点断开，Y010、Y002或Y011、Y003主触点断开，变频器的STF或STR端子输入为OFF，变频器停止输出电源，电动机停转，同时HL2或HL3指示灯熄灭。

(4) 断电控制

当SA置于“停止”位置使电动机停转后，若按下断电按钮SB2，PLC的输入端子X001为ON，使输入继电器X001常开触点闭合，执行“RST Y000”指令，输出继电器Y000复位，其主触点断开，接触器KM线圈失电释放，切断变频器的输入电源。此外，Y000常开触点断开使Y001复位，其主触点断开使指示灯HL1熄灭。如果SA处于“正转”或“反转”位置，输入继电器X002或X003常闭触点断开，无法执行“RST Y000”指令，即电动机在正转或反转时，操作SB2不能断开变频器输入电源。

(5) 故障保护

如果变频器内部保护电路动作，A、C端子间的内部触点闭合，PLC的输入端子X004为ON，使输入继电器X004常开触点闭合，执行“RST Y000”指令，Y000主触点断开，接触器KM线圈失电，KM主触点断开，切断变频器的输入电源，从而实现变频器保护功能。此外，X004常开触点闭合，使输出继电器Y004主触点闭合，指示灯HL4通电点亮，用以指示变频器工作于故障保护状态。

5. 系统仿真调试

1）按照图6-7所示，系统硬件接线图接线并检查、确认接线正确。

2）利用FR-E740型变频器操作面板，按表6-1设定参数。

3）利用GX软件和GX Simulator-6仿真软件输入并运行程序，监控程序运行状态，分析程序运行结果。

4）程序符合控制要求后再接通主电路试车，进行系统仿真调试，直到满足系统控制要求为止。

项目6.2　电梯轿厢开关门控制系统设计与实施

6.2.1　项目导入

1. 工作任务

图6-9所示为某电梯轿厢开关门控制系统速度曲线示意图。试用PLC与变频器联机对该控制系统进行设计并实施。

该电梯轿厢开关门控制系统控制要求如下。

1）按开门按钮SB1，电梯轿厢门打开，打开的速度曲线如图6-9a所示。即按开门按钮SB1后启动（20 Hz），2 s后加速（40 Hz），6 s后减速（10 Hz），10 s后开门停止。

2）按关门按钮SB2，电梯轿厢门关闭，关门的速度曲线如图6-9b所示。即按关门按钮SB2后启动（20 Hz），2 s后加速（40 Hz），6 s后减速（10 Hz），10 s后关门停止。

3）电动机运行过程中，若热保护动作，则电动机无条件停止运行。

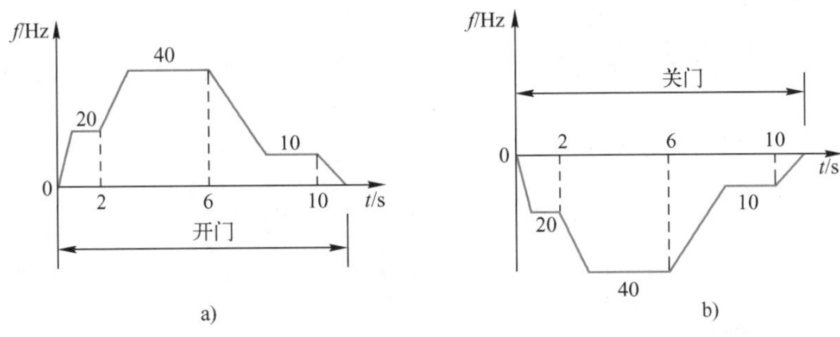

图 6-9　电梯轿厢开关门速度曲线示意图
a）开门速度曲线　b）关门速度曲线

4）电动机的加、减速时间自行设定。

5）采用变频器的 3 段调速功能来实现，即通过变频器的输入端子 RH、RM、RL，并结合变频器的参数 Pr. 4、Pr. 5、Pr. 6 进行变频器的多段调速；而输入端子 RH、RM、RL 与 SD 端子的通和断则通过 PLC 的输出信号进行控制。

2. 考核内容

1）根据图 6-9 所示电梯轿厢开关门速度曲线示意图，确定控制系统功能。

2）完成 PLC 与变频器联机控制系统硬件接线图的设计。

3）根据控制要求设定变频器参数。

4）按控制要求设计梯形图、输入并调试控制程序。

5）考核过程中注意“6S 管理”的要求。

3. 考核评价标准

该项目考核评价标准见表 6-1。

6.2.2　项目实施

1. I/O 地址分配

根据图 6-9 所示电梯轿厢开关门控制系统控制要求，设定控制系统 I/O 地址分配表，见表 6-4。

表 6-4　I/O 地址分配表

输　　入			输　　出		
元器件代号	地址号	功能说明	元器件代号	地址号	功能说明
SB1	X1	开门按钮	变频器 STF	Y0	正转控制
SB2	X2	关门按钮	变频器 RH	Y1	多段速设定（1 速）
FR	X3	热继电器	变频器 RM	Y2	多段速设定（2 速）
SB10	X10	通电按钮	变频器 RL	Y3	多段速设定（3 速）
SB11	X11	断电按钮	变频器 STR	Y4	反转控制
变频器 A、C	X12	故障检测	KM	Y10	通/断电控制
			HL1	Y11	开门指示
			HL2	Y12	关门指示

2. 控制系统硬件接线图设计

根据表6-4所示I/O地址分配表，可对系统硬件接线图进行设计，如图6-10所示。

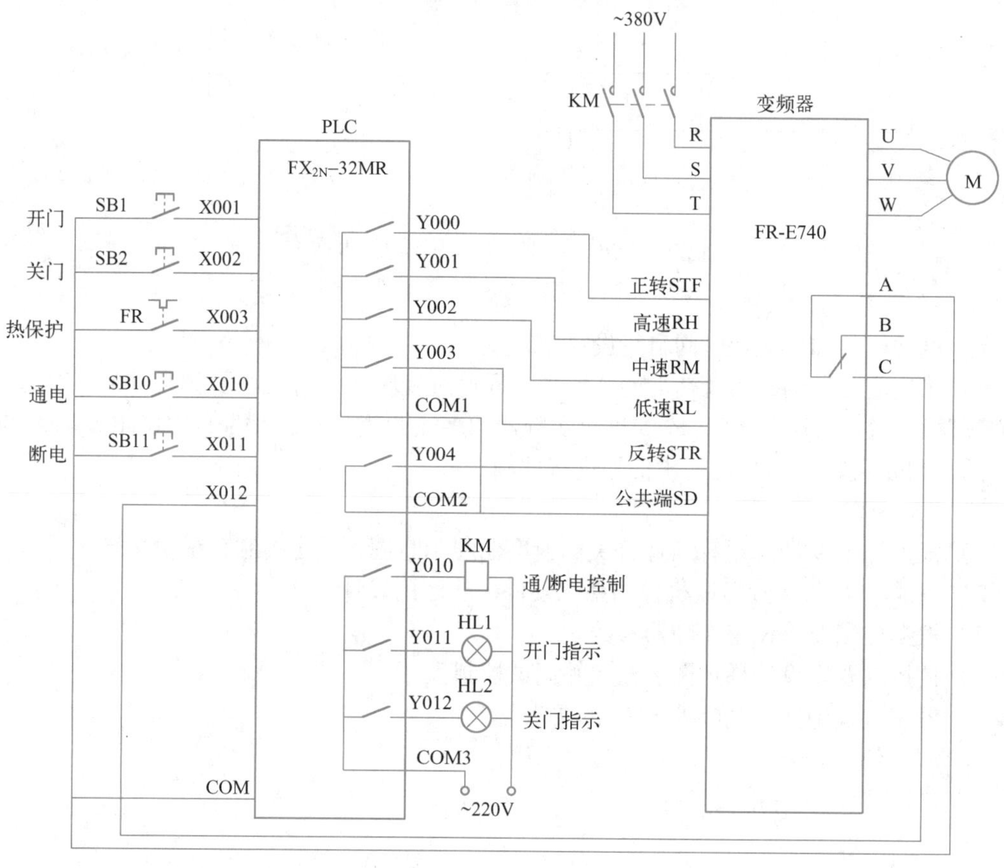

图6-10 控制系统硬件接线图

3. 变频器参数设置

根据图6-9所示电梯轿厢开关门控制系统控制要求，需要对变频器进行有关参数设置，具体设置见表6-5。

表6-5 变频器参数设置表

参数编号	参数名称	设定值
Pr. 1	上限频率	50 Hz
Pr. 2	下限频率	0 Hz
Pr. 4	多段速设定（1速）	20 Hz
Pr. 5	多段速设定（2速）	40 Hz
Pr. 6	多段速设定（3速）	10 Hz
Pr. 7	加速时间	1 s
Pr. 8	减速时间	1 s
Pr. 9	电子过电流保护	电动机额定电流
Pr. 20	加、减速基准频率	50 Hz
Pr. 79	运行模式	3

4. PLC 程序设计

根据系统控制要求和 I/O 地址分配表，可对 PLC 程序进行设计。电梯轿厢开关门控制系统控制程序如图 6-11 所示。

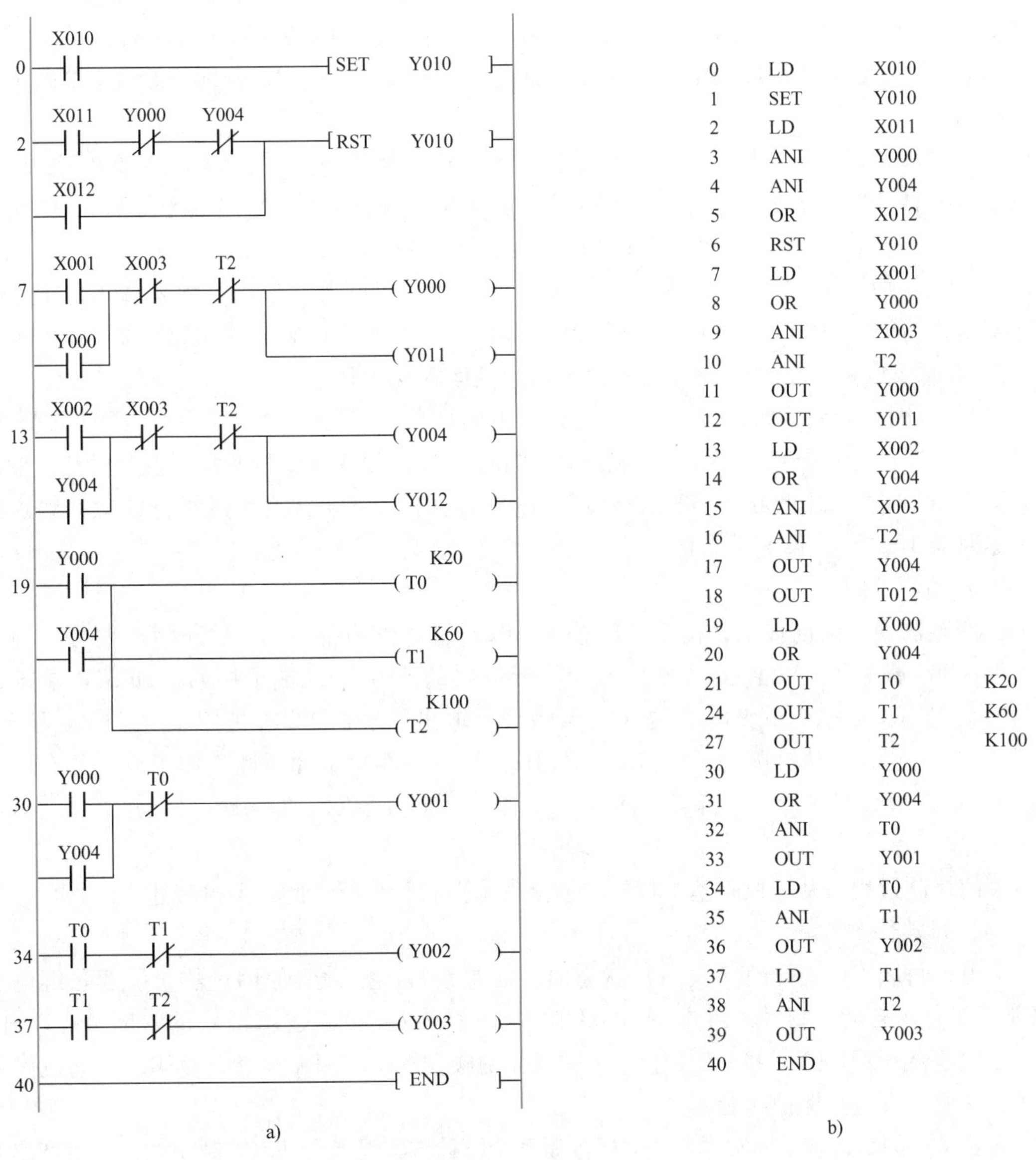

0	LD	X010	
1	SET	Y010	
2	LD	X011	
3	ANI	Y000	
4	ANI	Y004	
5	OR	X012	
6	RST	Y010	
7	LD	X001	
8	OR	Y000	
9	ANI	X003	
10	ANI	T2	
11	OUT	Y000	
12	OUT	Y011	
13	LD	X002	
14	OR	Y004	
15	ANI	X003	
16	ANI	T2	
17	OUT	Y004	
18	OUT	T012	
19	LD	Y000	
20	OR	Y004	
21	OUT	T0	K20
24	OUT	T1	K60
27	OUT	T2	K100
30	LD	Y000	
31	OR	Y004	
32	ANI	T0	
33	OUT	Y001	
34	LD	T0	
35	ANI	T1	
36	OUT	Y002	
37	LD	T1	
38	ANI	T2	
39	OUT	Y003	
40	END		

b)

图 6-11　电梯轿厢开关门控制系统程序
a）梯形图　b）语句指令表

程序详解：

下面对照图 6-10 所示硬件接线图和图 6-11 所示程序来说明 PLC 与变频器联机实现电梯轿厢开关门控制的工作原理。由于本项目通电控制、断电控制、故障保护工作原理与项目 6.1 类似，请读者参照自行分析。

（1）开门控制

在变频器通电的前提下，按下开门按钮SB1，输入继电器X001常开触点闭合，输出继电器Y000被置1。Y000的主触点闭合将变频器的STF、SD端子接通，即STF端子输入为ON；Y000在第6逻辑行的常开触点闭合，输出继电器Y001被置1，即变频器RH端子为ON，此时电动机按第1段速度（20 Hz）正转，驱动电梯轿厢工作于开门状态。此外，Y000在第5逻辑行的常开触点闭合，驱动定时器T0、T1、T2分别开始进行2 s、6 s、10 s计时。

当T0计时时间到达时，T0在第6逻辑行的常闭触点断开，输出继电器Y001被置0，变频器RH端子变为OFF。同时T0在第7逻辑行的常开触点闭合，输出继电器Y002被置1，即变频器RM端子为ON，电动机按第2段速度运转（40 Hz）。

当T1计时时间到达时，T1在第7逻辑行的常闭触点断开，输出继电器Y002被置0，变频器RM端子变为OFF。同时T1在第8逻辑行的常开触点闭合，输出继电器Y003被置1，即变频器RL端子为ON，电动机按第3段速度运转（10 Hz）。

当T2计时时间到达时，T2在第8逻辑行的常闭触点断开，输出继电器Y003被置0，变频器RL端子变为OFF，电动机停止运行。同时，T2在第3逻辑行的常闭触点断开，输出继电器Y000被置0，变频器STF端子变为OFF。同时，Y000在第5逻辑行的常开触点断开，定时器T0、T1、T2停止计时。

（2）关门控制

在变频器通电的前提下，按下关门按钮SB2，输入继电器X002常开触点闭合，输出继电器Y004被置1。Y004的主触点闭合将变频器的STR、SD端子接通，即STR端子输入为ON；Y004在第6逻辑行的常开触点闭合，输出继电器Y001被置1，即变频器RH端子为ON，此时电动机按第1段速度（20 Hz）反转，驱动电梯轿厢工作于关门状态。此外，Y004在第5逻辑行的常开触点闭合，驱动定时器T0、T1、T2分别开始进行2 s、6 s、10 s计时。

关门控制过程与开门控制基本相同，请读者参照自行分析，此处不再赘述。

（3）过热保护

当电梯轿厢工作于开门（关门）状态时，若电动机因过载等原因过热，引起热继电器FR常开触点闭合时，则输入继电器X003在第3逻辑行（第4逻辑行）的常闭触点断开，使输出继电器Y000（Y004）工作于置0状态，变频器STF（STR）变为OFF，电动机停止运转，从而实现过热保护功能。

需要指出的是，该电梯轿厢开、关门控制系统设计方案仅考虑基本控制功能，在生产实践中还需考虑设置短路、过电压等保护环节。此外，开门与关门的联锁控制也是必须具备的环节。

5. 系统仿真调试

1）按照图6-10所示系统硬件接线图接线并检查、确认接线正确。

2）利用FR－E740型变频器操作面板按表6-5设定参数。

3）利用GX软件和GX Simulator－6仿真软件输入并运行程序，监控程序运行状态，分析程序运行结果。

4）程序符合控制要求后再接通主电路试车，进行系统仿真调试，直到满足系统控制要求为止。

思考与练习

6.1　简述PLC与变频器的联机方式。

6.2　设计一个三层电梯的控制系统，如图6-12所示。其控制要求如下：

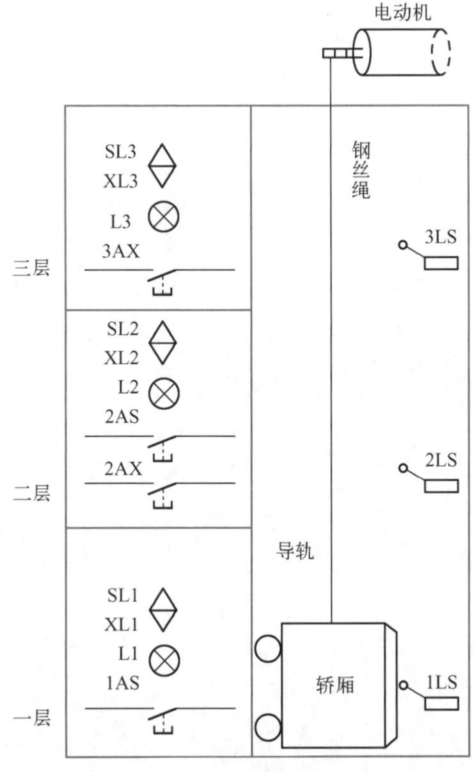

图6-12　三层电梯示意图

1）电梯停在一层或二层时，按3AX（三楼下呼）则电梯上行至3LS停止。

2）电梯停在三层或二层时，按1AS（一楼上呼）则电梯下行至1LS停止。

3）电梯停在一层时，按2AS（二层上呼）或2AX（二层下呼）则电梯上行至2LS停止。

4）电梯停在三层时，按2AS（二层上呼）或2AX（二层下呼）则电梯下行至2LS停止。

5）电梯停在一层时，按2AS、3AX则电梯上行至2LS停止t秒，然后继续自动上行至3LS停止。

6）电梯停在一层时，先按2AX，后按3AX（若先按3AX，后按2AX，则2AX为反向呼梯无效），则电梯上行至3LS停止t秒，然后自动下行至2LS停止。

7）电梯停在三层时，按 2AX、1AS 则电梯下行至 2LS 停止 t 秒，然后继续自动下行至 1LS 停止。

8）电梯停在三层时，先按 2AS，后按 1AS（若先按 1AS，后按 2AS，则 2AS 为反向呼梯无效），则电梯下行至 1LS 停止 t 秒，然后自动上行至 2LS 停止。

9）电梯上行途中，下降呼梯无效；电梯下行途中，上行呼梯无效。

10）轿厢位置要求用七段数码管显示，上行、下行用上下箭头指示灯显示，楼层呼梯用指示灯显示，电梯的上行、下行通过变频器控制电动机的正、反转。

第三篇　三菱 GOT－F900 系列触摸屏入门与提高

本篇内容：

- 模块 7　三菱 GOT－F900 系列触摸屏基础知识
- 模块 8　三菱 GOT－F900 系列触摸屏在工控自动化系统中的应用

模块 7
三菱 GOT - F900 系列触摸屏基础知识

能力目标：

1. 了解 GOT - F900 系列触摸屏型号命名及参数规格
2. 掌握 GT Designer2 Version2 组态软件使用方法

知识目标：

1. 了解触摸屏的产生与发展前景
2. 掌握触摸屏的基本结构及工作原理
3. 掌握 GOT - F900 系列触摸屏的运行与操作方法

项目 7.1　触摸屏的产生与发展前景探究

7.1.1　触摸屏的产生与定义

1. 触摸屏的发展简史

触摸屏是图式操作终端（Graph Operation Terminal，GOT）在工业控制中的通俗叫法，是目前最新的一种人机交互设备。

触摸屏起源于 20 世纪 70 年代，早期多被装于工控计算机，POS 机终端等工业或商用设备之中。

2007 年 iPhone 智能手机的推出，成为触控行业发展的一个里程碑。苹果公司把一部至少需要 20 个按键的移动电话，设计得仅需三四个键，剩余操作则全部交由触摸屏完成。除赋予了使用者更加直接、便捷的操作体验之外，还使手机的外形变得更加时尚轻薄，增加了人机直接交互的亲切感，引发消费者的热烈追捧，同时也开启了触摸屏向主流操控界面迈进的征程。

我国触摸屏研发与应用起步较晚，国家从 2008 年开始启动支持触摸屏产业化的重大专项，产业开始发展，随着国家后续政策的陆续出台及国家的大力支持，国产触摸屏市场占有率呈稳步上升态势。

2. 触摸屏的定义

与变频器类似，触摸屏尚无统一的定义。为使这一新型的工业控制装置的生产和发展规范化，工控行业对触摸屏作了如下精确定义：

“触摸屏是一种可接收触点等输入信号的感应式液晶显示装置，当接触了屏幕上的图形按钮时，屏幕上的触觉反馈系统可根据预先编程的程序驱动各种连接装置，可用以取代机械式的按钮面板，并借由液晶显示装置显示画面制造出生动的影音效果。触摸屏作为一种最新的计算机输入设备，它是目前最简单、方便、自然的一种人机交互方式。

7.1.2 触摸屏的典型应用与发展前景

1. 触摸屏的典型应用

触摸屏应用最早的场所主要是工业现场，它是一种与 PLC 进行人机交互的终端设备。但随着人机交互技术、微电子技术和控制理论的发展，触摸屏技术也得到了显著发展，应用范围也越来越广，其典型应用如下。

（1）工业控制领域的应用

触摸屏可以对工业控制数据进行动态显示和监控，将数据以棒状图、实时趋势图等方式直观地显示出来，用于查看 PLC 内部状态及存储器中的数据，直观地反映工业控制系统的流程。

用户可以通过触摸屏来改变 PLC 内部状态位、存储器数值，使用户直接参与过程控制。

此外，随着计算机技术和数字电子技术的发展，很多工业控制设备都具备串口通信能力，所以只要有串口通信能力的工业控制设备，都可以连接触摸屏等人机界面产品，实现人机交互。

（2）显示功能的应用

触摸屏所支持的色彩已从单色到 256 真彩色甚至 26 万色，最高可达 1800 万色。色彩丰富，支持多种图片文件格式，使得制作的画面更生动、更形象。

触摸屏支持简体中文、繁体中文以及其他多个语种的文本，字体可以任意设定。

触摸屏含有大容量的存储器及可扩展的存储接口，使画面的数据保存更加方便。

（3）通信功能的应用

触摸屏提供多种通信方式，包括 RS232、RS422 及 RS485、Host USB 和 Slave USB 等，可与多种设备直接连接，并可以通过以太网组成强大的网络化控制系统。如通过 RS232 与小型 PLC 通信以监控 PLC 的运行，通过 USB 与 PC 相连下载组态工程文件，或与打印机相连打印历史数据曲线图和报警信息。

（4）实时报警功能的应用

当现场和设备出现问题、故障或者控制系统发生错误时，触摸屏可以直接显示出来，发出报警声，提示操作者，并能给出多种处理方案，以便操作者进行选择，做出适当处理。也可按预定方案，给执行机构发出指令，进行适当处理。

2. 触摸屏的发展前景

触摸屏技术方便了人们对计算机的操作使用，是一种极有发展前途的交互式输入技术，因而受到各国的普遍重视，并投入大量的人力、物力对其进行研发，新型触摸屏不断涌现。

（1）触摸笔

利用触摸笔进行操作的触摸屏类似白板，除显示界面、窗口、图标外，触摸笔还具有签名、标记的功能。这种触摸笔比早期只提供选择菜单用的光笔功能大大增强。

（2）触摸板

触摸板采用了压感电容式触摸技术。它由三部分组成：最底层是中心传感器，用于监视触摸板是否被触摸，然后对信息进行处理；中间层提供了交互用的图形、文字等；最外层是触摸表层，由强度很高的塑料材料构成。当手指点触外层表面时，在 1/1000 s 内就可以将此信息送到传感器，并进行登录处理。除与 PC 兼容外，还具有亮度高、图像清晰、易于交互等特点，因而被应用于指点式信息查询系统（如电子公告板），收到了非常好的效果。

（3）触摸屏

整个触摸屏系统由 LCD、触摸屏、触摸屏控制器、主 CPU、LCD 控制器构成。多点触摸屏控制器是触摸屏模组的核心，触摸屏控制器采用 PSoC（可编程系统芯片）技术，故 PSoC 的灵活性、可编程性、高集成度等特性被广泛应用于触摸屏控制器。目前搭建的触摸屏幕有 32、46 和 70 英寸，支持 1080p FullHD 分辨率，无需任何额外设置就可以支持多点触摸控制，可以纵向或横向摆放。更为方便的是，它采用标准的 HDMI、FireWire 和 USB 接口，插上电源并连接 Mac、Linux 或 Windows PC 即可开始使用。

触摸屏技术的发展趋势，具有专业化、多媒体化、立体化和大屏幕化等特点。随着信息社会的发展，人们需要获得各种各样公共信息，以触摸屏技术为交互窗口的公共信息传输系统，通过采用先进的计算机技术，运用文字、图像、音乐、解说、动画、录像等多种形式，直观、形象地把各种信息介绍给用户，给用户带来极大的方便。随着技术的迅速发展，触摸屏对于计算机技术的普及利用将发挥重要的作用。

项目 7.2　触摸屏的基本结构及工作原理

7.2.1　触摸屏的基本结构

触摸屏产品由硬件和软件两部分组成，如图 7-1 所示。

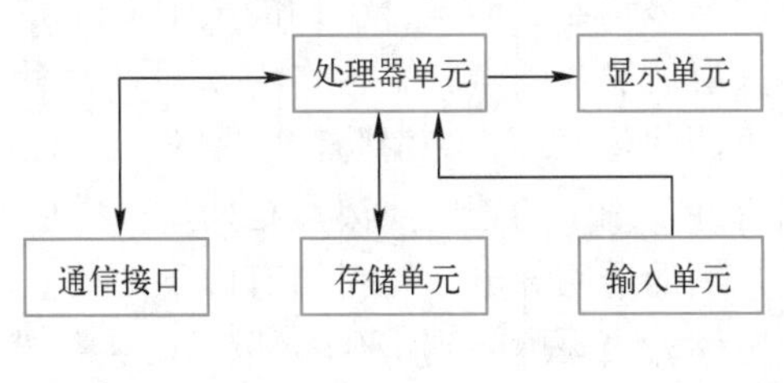

图 7-1　触摸屏基本结构

a）硬件组成　b）软件组成

触摸屏硬件部分包括处理器、显示单元、输入单元、通信接口、数据存储单元。其中处理器的性能决定了触摸屏产品的性能高低，是其核心单元。根据触摸屏的产品等级不同，处理器可分别选用8位、16位、32位处理器。

触摸屏软件一般分为两部分，即运行于触摸屏硬件中的系统软件和运行于PC Windows操作系统下的画面组态软件。实际应用时，用户必须先使用画面组态软件制作“工程文件”，再通过PC和触摸屏产品的串行通信口，把编制好的“工程文件”下载到触摸屏的处理器中运行。

7.2.2 触摸屏的工作原理

按照触摸屏的工作原理和传输信息的介质，可以把触摸屏分为电阻式、电容感应式、红外线式以及表面声波式4种。每一类触摸屏都有其各自的优缺点，要了解哪种触摸屏适用于哪种场合，关键在于要懂得每一类触摸屏技术的工作原理和特点。

1. 电阻式触摸屏技术

(1) 基本结构与工作原理

电阻式触摸屏的基本结构与典型应用如图7-2所示。

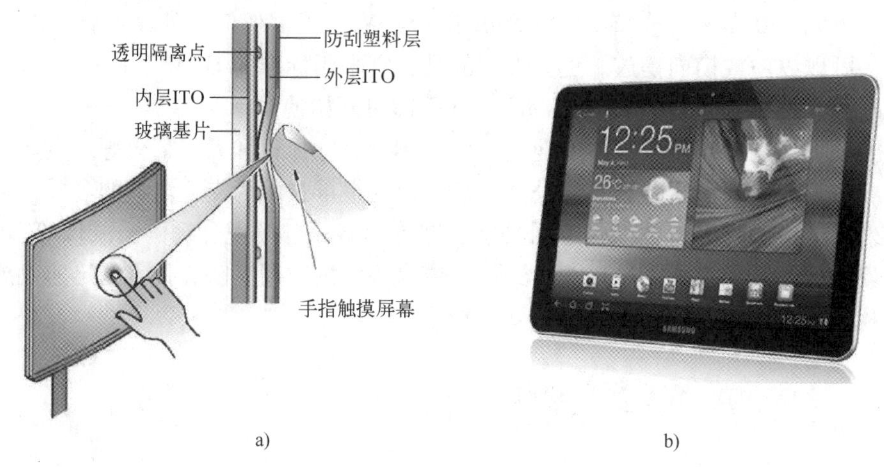

图7-2 电阻式触摸屏的基本结构与典型应用

a) 基本结构 b) 典型应用——平板电脑

由图7-2可知，电阻式触摸屏利用压力感应进行工作，由触摸屏屏体和触摸屏控制器两部分组成。其中触摸屏屏体实质上是一块与显示器表面配合密切的电阻薄膜屏。

电阻薄膜屏是一种多层复合薄膜，由一层玻璃或硬塑料平板作为基层，表面涂有一层透明氧化金属导电层，上面再覆一层经过外表面硬化处理，光滑防刮的塑料层，该塑料层的内表面也涂有一层导电层，两层导电层之间有许多细小的透明隔离点把两层导电层绝缘隔开。

电阻触摸屏的关键在于材料的性能，常用的透明导电涂层材料有以下两种。

第一种是氧化铟（ITO）。ITO是弱导电体，当厚度降到180 nm以下时会突然变得透明，透光率为80%，但若再薄，透光率反而下降，到30 nm厚度时透光率又上升到80%。ITO是所有电阻式触摸屏及电容式触摸屏都能用到的主要材料，实际上四线电阻式和电容式触摸屏的工作面都是ITO涂层。

第二种是镍金涂层。五线电阻式触摸屏的外导电层使用的是延展性好的镍金涂层材料，可有效延长触摸屏使用寿命，但是工艺成本较昂贵。镍金导电层虽然延展性好，但是只能作为透明导体，不适合作为电阻式触摸屏的工作面，只能作为感探层。

当手指触摸屏幕时，两层导电层在触摸点位置就有接触，使电阻发生变化，在X和Y两个方向上产生信号，然后送往触摸屏控制器。控制器检测到这一接触并计算出触点坐标（X、Y）的位置，再模拟鼠标的方式运作。

（2）常用电阻式触摸屏产品简介

电阻式触摸屏根据电阻薄膜屏引出线数多少，可分为四线、五线等多线电阻式触摸屏。

1）四线电阻式触摸屏。四线电阻式触摸屏的两层透明金属导电层工作时，每层均施加5V恒定电压：一个竖直方向，一个水平方向。其主要特点是高解析度、高速传输响应；表面硬度高，从而可减少擦伤、刮伤及防化学处理；具有光面及雾面处理，一次校正，稳定度高、永不漂移。

2）五线电阻式触摸屏。五线电阻式触摸屏的基层把两个方向的电场通过精密电阻网络加在玻璃的导电工作面上，可以简单地理解为两个方向的电场分时工作叠加在同一工作面上，而外层镍金导电层仅仅当作纯导体。当触摸时通过分时检测内层ITO接触点X轴和Y轴电压值来测定触摸点的位置。五线电阻式触摸屏的内层ITO需四条引线，外层只作导体仅为一条，触摸屏的引出线共有五条。其主要特点是高解析度、高速传输响应；表面硬度高，可减少擦伤、刮伤及防化学处理，同点触摸3000万次仍可使用；一次校正，稳定度高、永不漂移。五线电阻式触摸屏的缺点是价位高、对环境要求高。

（3）电阻式触摸屏的局限

电阻式触摸屏的优点是性价比和反应灵敏度均较高，且无论是四线电阻式触摸屏还是五线电阻式触摸屏都是对外界完全隔离的工作环境，故不怕灰尘和水汽，能适应各种恶劣的环境，比较适合在工业控制领域及办公室内使用。电阻式触摸屏的缺点是其外层薄膜容易被划伤而导致触摸屏不可用，且多层结构会导致很大的光损失，对于手持设备通常需要加大背光源来弥补透光性不好的问题，但这样也会增加电池的消耗。

2. 电容式触摸屏技术

（1）基本结构与工作原理

电容式触摸屏技术是利用人体的电流感应进行工作的，其基本结构与典型应用如图7-3所示。

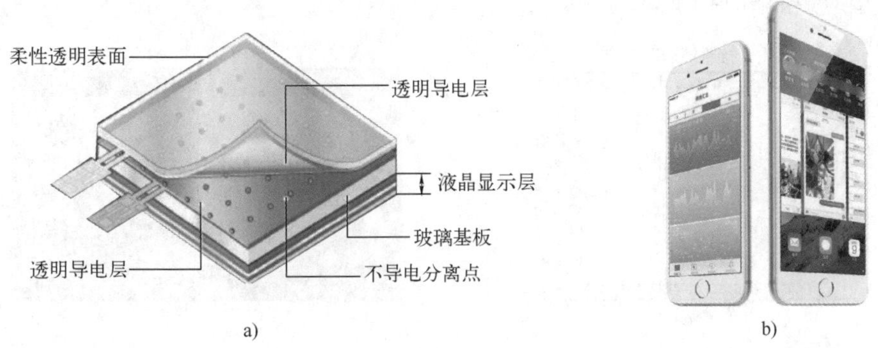

图7-3 电容式触摸屏的基本结构与典型应用

a）基本结构 b）典型应用智能手机

由图7-3可知，电容式触摸屏是一块四层复合玻璃屏，玻璃屏的内表面和夹层各涂有一层ITO，最外层是一薄层矽土玻璃保护层，夹层ITO涂层作为工作面，四个角上引出四个电极，内层ITO为屏蔽层以保证良好的工作环境。

当用户触摸电容式触摸屏时，由于人体电场、用户手指和触摸屏工作面形成一个耦合电容，对于高频电流来说，电容呈现的容抗Xc小，于是手指从接触点吸走一个很小的电流。这个电流分别从触摸屏四角上的电极中流出，并且流经这四个电极的电流与手指到四角的距离成正比，控制器通过对这四个电流比例的精确计算，得出触摸点的位置。

（2）电容式触摸屏的特点

电容式触摸屏的透光率和清晰度均优于四线电阻式触摸屏，但与表面声波式触摸屏和五线电阻式触摸屏相比还存在差距。电容式触摸屏反光严重，而且四层复合电容式触摸屏对不同波长光线的透光率不相同，存在色彩失真的问题。此外，由于光线在各层间的反射，还造成图像字符的模糊。

电容式触摸屏在原理上把人体当作电容器的一个电极使用，当有导体靠近且与夹层ITO工作面之间耦合出足够容量值的电容时，流出的电流就足够引起电容式触摸屏的误动作。此外，电容量虽然与极间距离成反比，但与相对面积成正比，并且还与介质的绝缘系数有关。因此，当较大面积的手掌或手持的导电物靠近电容式触摸屏而不是触摸时，就会引起电容式触摸屏的误动作，在天气潮湿的条件下，这种情况尤为严重，手扶住显示器、手掌靠近显示器7 cm以内或身体靠近显示器15 cm以内都能引起电容式触摸屏的误动作。

电容式触摸屏的另一个缺点是用戴手套的手或手持不导电的物体触摸时没有反应，这是因为增加了更为绝缘的介质。

电容式触摸屏最主要的缺点是漂移。当环境温度、湿度改变或周围电场发生改变时，都会引起电容式触摸屏的漂移，造成不准确。例如：开机后显示器温度上升会造成漂移，用户触摸屏幕的同时另一只手或身体一侧靠近显示器也会导致漂移等。

由于电容式触摸屏具有耐用度高、使用寿命长、只需触摸无需按压操作等优点，在智能手机、金融商业系统、户政查询系统等领域已得到广泛应用。

3. 红外线式触摸屏技术

（1）基本结构与工作原理

红外线式触摸屏是利用X、Y轴方向上密布的红外线矩阵来检测并定位用户的，其基本结构与典型应用如图7-4所示。

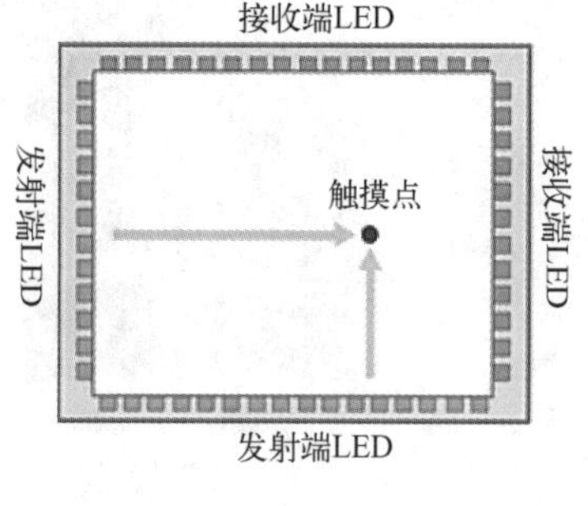

a)

b)

图7-4 红外线式触摸屏的基本结构与典型应用

a）基本结构 b）典型应用——触摸智能电视机

由图7-4可知，红外线式触摸屏由装在触摸屏外框上的红外线发射与接收感测元件构成，在屏幕表面上，形成红外线探测网，任何触摸物体可改变触点上的红外线而实现触摸屏操作。

当用户触摸红外线式触摸屏时，触控操作的物体（比如手指）就会挡住该位置的横竖两条红外线，因而可以判断触摸点在屏幕上的位置而实现操作响应。

（2）红外线式触摸屏的特点

早期观念上，红外线式触摸屏存在分辨率低、触摸方式受限制和易受环境干扰而误动作等技术上的局限，因而一度淡出过市场。此后第二代红外线式触摸屏部分解决了抗光干扰的问题，第三代和第四代在提升分辨率和稳定性能上也有所改进，但都没有在关键指标或综合性能上有质的飞跃。

第五代红外线式触摸屏是全新一代的智能技术产品，它实现了1000×720高分辨率、多层次自调节和自恢复的硬件适应能力和高度智能化的识别，可长时间在各种恶劣环境下任意使用。并且可针对用户定制扩充功能，如网络控制、声感应、人体接近感应、用户软件加密保护、红外数据传输等。

由于红外线式触摸屏具有性价比高、安装容易、能较好地感应轻微触摸与快速触摸等特点，已在医疗器械、ATM、触摸电视机等领域得到广泛应用。

4. 表面声波式触摸屏技术

（1）基本结构与工作原理

表面声波是超声波的一种，是在介质（例如玻璃或刚性材料）表面浅层传播的机械能量波。表面声波式触摸屏的基本结构与典型应用如图7-5所示。

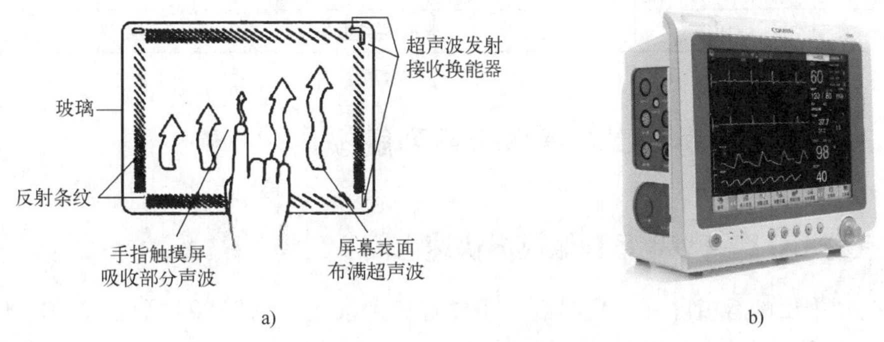

图7-5　表面声波式触摸屏的基本结构与典型应用
a）基本结构　b）典型应用——医疗器械

由图7-5可知，表面声波式触摸屏由触摸屏、声波发生器、反射器和声波接收器组成。其中触摸屏部分可以是一块平面、球面或是柱面的玻璃平板，安装在液晶显示器或等离子显示器屏幕的前面。这块玻璃平板只是一块纯粹的强化玻璃，区别于其他触摸屏技术的是它没有任何贴膜和覆盖层。玻璃屏的左上角和右下角各固定竖直和水平方向的超声波发射换能器，右上角则固定两个相应的超声波接收换能器。玻璃屏的四个周边则刻有45°角由疏到密间隔非常精密的反射条纹。声波发生器的作用是发送一种高频声波跨越屏幕表面，形成表面声波探测网。

当用户触摸表面声波式触摸屏时，触点上的声波即被阻止，因而可以判断出触摸点在屏幕上的位置而实现操作的响应。

（2）表面声波式触摸屏的特点

表面声波触摸屏具有清晰度较高、抗刮伤性良好、反应灵敏、不受温度及湿度等环境因素的影响；其分辨率高、寿命长（维护良好情况下可达5000万次触摸）；透光率高（92%）；没有漂移、只需安装时一次校正；有第三轴（即压力轴）效应。目前在医疗器械、ATM等领域得到广泛应用。

值得注意的是，表面声波式触摸屏需要经常维护，因为灰尘、油污甚至饮料的液体沾污在触摸屏的表面，都会阻塞触摸屏表面的导波槽，使表面声波不能正常传送，或使波形改变造成控制器无法正常识别，从而影响触摸屏的正常使用，用户需严格注意环境卫生。必须经常擦拭触摸屏表面以保持屏面的光洁，并定期作全面彻底擦除。

表7-1列出了各类型触摸屏优缺点，供用户选用时参考。

表7-1　不同触摸屏的比较

性能指标	四线电阻式触摸屏	五线电阻式触摸屏	表面声波触摸屏	电容式触摸屏	红外线式触摸屏
清晰度	一般	较好	很好	一般	一般
反光性	很少	有	很少	较严重	
透光率/%	60	75	92	85	
分辨率/像素	4096×4096	4096×4096	4096×4096	1024×1024	可达1000×720
防刮擦	是其主要缺陷	较好、怕锐器	非常好	一般	
反应速度/ms	10～20	10	10	15～24	50～300
使用寿命	5×10^6次以上	3.5×10^7次以上	5×10^7次以上	2×10^7次以上	较短
缺陷	怕划伤	怕锐器划伤	长时间灰尘积累	怕电磁场干扰	怕光干扰

项目7.3　初识三菱GOT-F900系列触摸屏

7.3.1　三菱GOT-F900系列触摸屏快速入门

三菱公司推出的触摸屏（人机界面）主要有三大系列：GOT2000系列、GOT1000系列、GOT-F900系列。其中GOT2000为最新系列产品，具有以太网、RS-232，RS-422/485通信接口等丰富的标准配置；GOT1000系列又分为基本功能机型GT15和高性能机型GT11两个系列；GOT-F900系列触摸屏由于功能比较齐全且价格低廉、性能稳定，已在各领域得到广泛应用，本项目选取GOT-F900系列触摸屏为例进行介绍。三菱触摸屏常用系列产品如图7-6所示。

1. GOT-F900系列触摸屏型号命名

GOT-F900系列触摸屏型号命名提供的信息如下：

F9□ □ □GOT-○ ○ ○○-○-○-○
　①　②　③　　　④　⑤　⑥　⑦　⑧　⑨

其中①～⑨的含义如下：

① 代表尺寸。2：3 in；3：4 in；4：5.7 in（在F940WGOT中为7 in）。

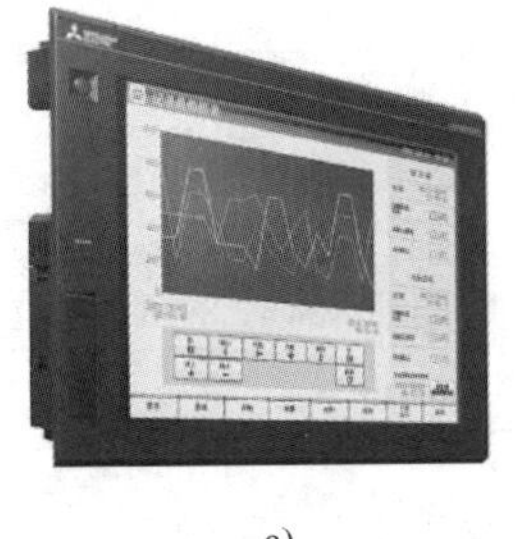

a)

b)

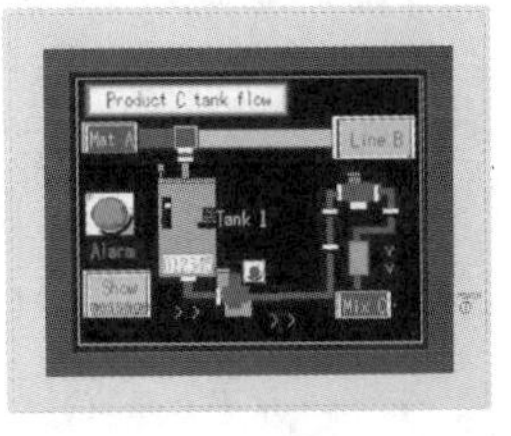

c)

图 7-6　常用三菱触摸屏产品

a）GOT2000　b）GOT1000　c）GOT－F900

② 代表 PLC 的连接规格。0：RS－422，RS－232 接口；3：RS－232C×2 通道接口。在便携式 GOT 中，0：RS－422 接口；3：RS－232C 接口。

③ 代表画面形状。None：标准型；W：宽面型。

④ 代表画面色彩。T：TFT，256 色 LCD；S：STN，8 色 LCD；L：STN，黑白色 LCD；D：STN，蓝色 LCD。

⑤ 代表面板色彩：W：白色；B：黑色。

⑥ 代表输入电源规格：D：24V 直流电；D5：5V 直流电。

⑦ 代表类型。None：面板表面安装类型；K：附带多种键区。

⑧ 代表类型。None：面板表面安装类型；H：便携式 GOT。

⑨ 代表海外型号：

E：在系统画面上可以显示英语或者日语。用户画面上可以显示汉语（简/繁），还可以显示韩语及一些西欧国家语言，如法语、德语等。

C：在系统画面上可以显示汉语或者英语。用户画面上可以显示日语、韩语及一些西欧国家语言，如法语、德语等。

T：在系统画面上只有英语，在用户画面上可以显示英语和汉语（简/繁）。

例如：F940GOT－LWD－C，表示屏幕大小是 5.7 in，接口是一个 RS－422 和一个 RS－232，画面形状为标准型，色彩是黑白两色，面板为白色，电源规格为直流 24V，为面板表面安装类型，系统画面语言可以是汉语或者英语，用户画面可以是日语、韩语及一些西欧国家语言。

2. GOT－F900 系列触摸屏参数规格

表 7-2 为三菱 GOT－F900 系列触摸屏部分参数规格。

表 7-2　三菱 G07-F900 系列触摸屏部分参数

项　目		规　格		
		F940GOT－LWD	F940GOT－SWD	F940WGOT－TWD
显示元件	LCD 类型	STN 型全点阵 LCD		TFT 型全点阵 LCD
	点距（水平×垂直）	0.36 mm×0.36 mm		0.324 mm×0.375 mm
	显示颜色	单色（黑/白）	8 色	256 色

（续）

项　目		规　格		
		F940GOT－LWD	F940GOT－SWD	F940WGOT－TWD
屏幕		“320×240 点”液晶有效显示尺寸：115 mm×86 mm（6in 型）		“480×234 点”液晶有效显示尺寸：155.5 mm×87.8 mm（7in 型）
键	所用键数	每屏最大触摸键数目为 50		
	配制（水平×垂直）	“20×12”矩阵配制		“30×12”矩阵配制
通信接口		RS－422	符合 RS－422 标准，单通道，用于 PLC 通信（F943GOT 没有 RS－422 接口）	
		RS－232C	符合 RS－232C 标准，双通道，用于画面数据传送时与 PC 通信	
画面数量		用户创建画面：最多 500 个画面（画面编号：No. 0～No. 499） 系统画面：25 个画面（画面编号：No. 1001～No. 1025）		
用户存储容量		512 KB		1 MB

7.3.2　三菱 GOT－F900 系列触摸屏的运行与操作

在工控领域中，触摸屏一般与 PLC 联机实现人与机器的信息交互。触摸屏所进行的动作最终由 PLC 来完成，触摸屏仅仅是改变或显示 PLC 的数据。下面通过图 7-7 所示联机实例说明触摸屏的运行与操作原理。

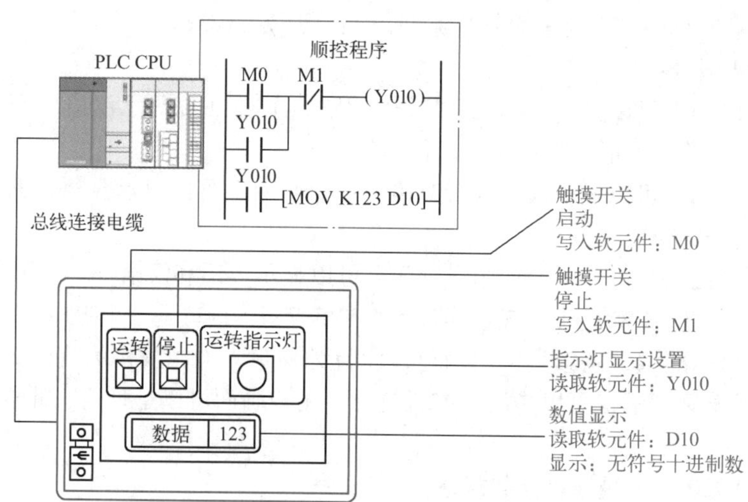

图 7-7　触摸屏与 PLC 联机实例

运行说明：

1）触摸 GOT 的“运转”开关，使 PLC 的位软元件“M0”为 ON，如图 7-8 所示。

2）若位软元件“M0”为 ON，则位软元件“Y010”被置为 ON。此外，由于 GOT 的运转指示灯设定为监控位软元件“Y010”，因此运转指示灯显示“ON”状态。如图 7-9 所示。

3）由于位软元件“Y010”为 ON，因此十进制数“123”被存入字软元件“D10”中。此外，由于 GOT 的数据显示设定为监控字软元件“D10”，因此数据显示为“123”，如图 7-10 所示。

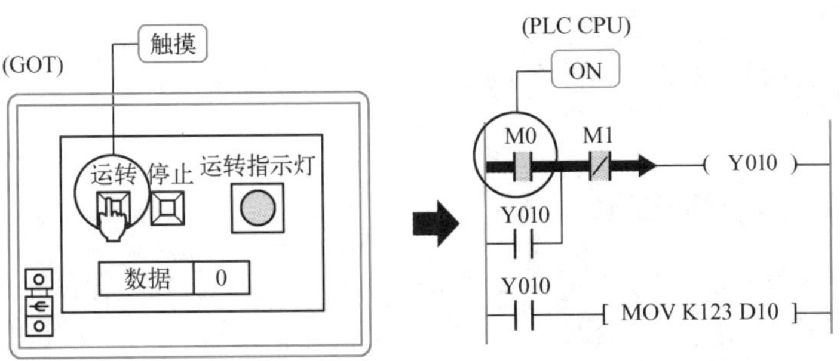

图 7-8　触摸屏与 PLC 联机运行与操作原理（一）

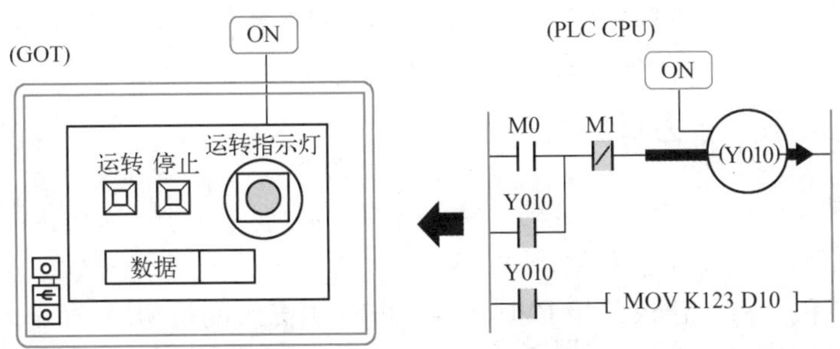

图 7-9　触摸屏与 PLC 联机运行与操作原理（二）

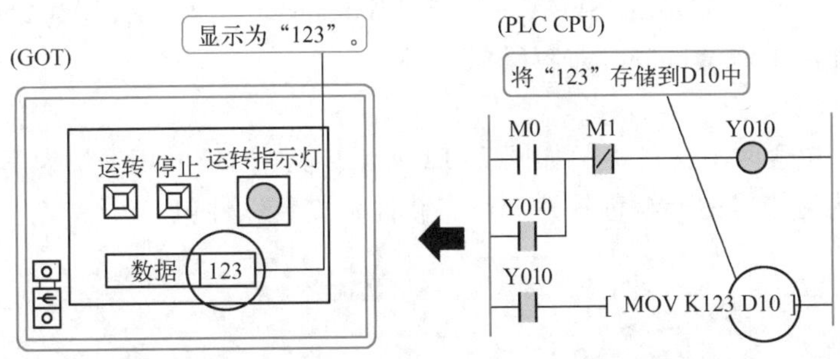

图 7-10　触摸屏与 PLC 联机运行与操作原理（三）

4）触摸 GOT 的“停止”开关，使 PLC 的位软元件“M1”为 ON，则位软元件“Y010”被置为“OFF”，同时运转指示灯显示“OFF”状态，如图 7-11 所示。

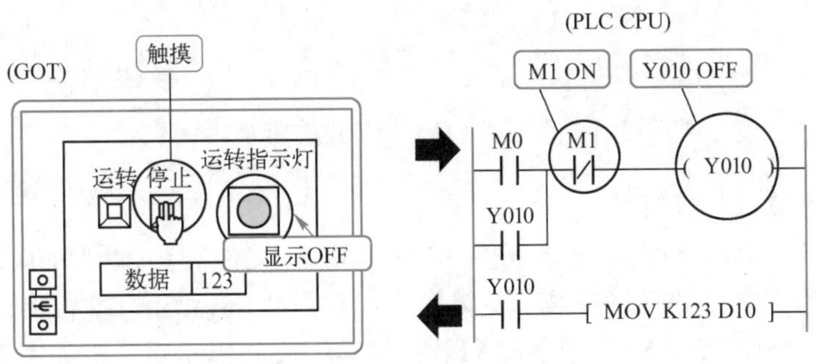

图 7-11　触摸屏与 PLC 联机运行与操作原理（四）

项目 7.4　学会使用 GT 组态软件

7.4.1　认识 GT 组态软件

三菱触摸屏编程软件 GT Designer2 Version2（以下简称 GT 组态软件）是用于三菱 GOT1000、GOT－F900 等系列触摸屏的画面设计软件。该软件与触摸屏仿真软件（GX－Simulator 2）以及 PLC 编程/仿真软件（GX－Developer/ GX－Simulator 6）一起安装，能在个人计算机上实现触摸屏与 PLC 联机仿真调试，可对项目调试带来很大的方便。

GT 组态软件具有工程画面创建、图形绘制、对象配置和设置、公共设置以及数据传输等功能。本项目以工程案例为例，介绍其应用技巧。

7.4.2　GT 组态软件的安装

1. 安装环境

运行 GT 组态软件的基本硬件要求如下：

1）个人计算机主机：建议使用 CPU 为 80486 或更高级的机型。

2）内存：建议使用 64MB 以上 RAM 扩充内存。

3）硬盘：硬盘必须有 100MB 以上的空间。

4）显示器：一般用 VGA 或 SVGA 显示卡，Windows 色彩显示设置为 256 色。

5）鼠标：使用中文 Windows 兼容鼠标。

2. 软件安装

GT 组态软件包含两个文件夹，如图 7-12 所示。其中“EnvMEL”为 Win XP 安装环境软件包，GTD2 为触摸屏图形编程软件（组态软件）安装软件包。

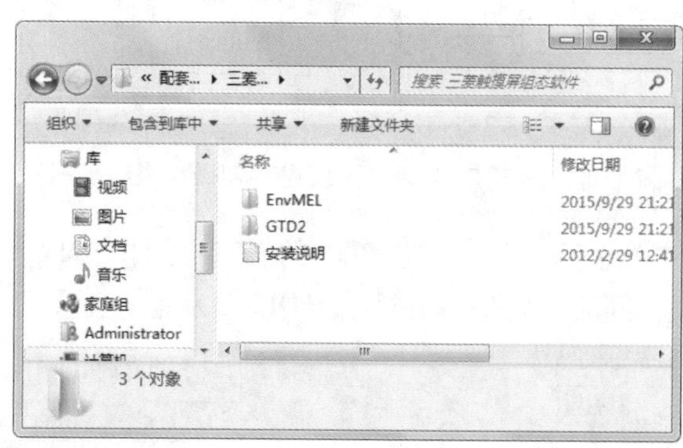

图 7-12　文件夹“三菱触摸屏组态软件”中的文件

（1）GT 组态软件环境安装

初次安装 GT 组态软件时，首先安装“EnvMEL”文件夹内的“SETUP. EXE”安装软件，这是对 GT 组态软件的环境安装。具体操作：双击“EnvMEL”文件夹，弹出图 7-13 所示窗口后，双击“SETUP. EXE”文件进行软件安装，安装提示对话框如图 7-14 所示，单击“结束”按钮，即可完成 EnvMEL 环境软件包的安装。

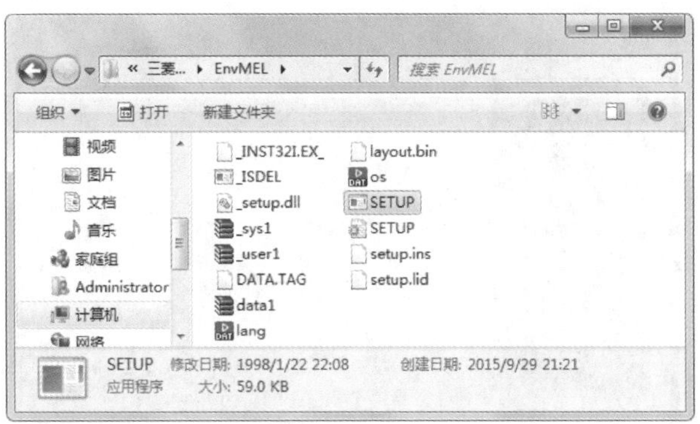

图 7-13　EnvMEL 环境软件包安装程序

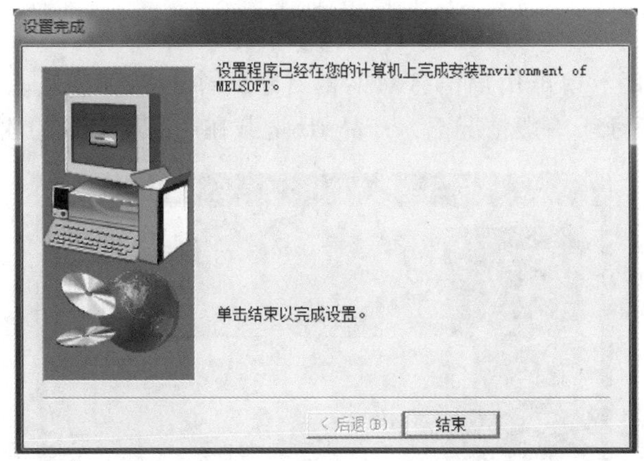

图 7-14　EnvMEL 环境软件仓安装提示对话框

（2）GT 组态软件安装

环境软件安装完成后，返回图 7-12 所示窗口，双击“GTD2”文件夹，弹出 GT 组态软件安装包安装程序窗口后，双击“SETUP. EXE”文件，出现如图 7-15 所示安装初始界面。

图 7-15　GT 组态软件安装初始界面

1）输入姓名及公司名称后。单击“下一个”按钮，显示如图 7-16 所示“用户信息”对话框。显示确认用户信息后，按照信息提示进行操作。

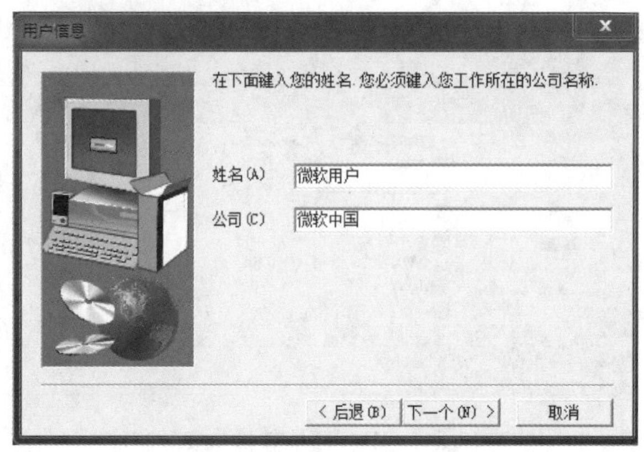

图 7-16 “用户信息”对话框

2）输入产品的 ID。单击用户信息对话框【下一个】按钮，进入“输入产品序列号”对话框，如图 7-17 所示。一般情况下，产品 ID 记载在产品所附带的软件注册证中。

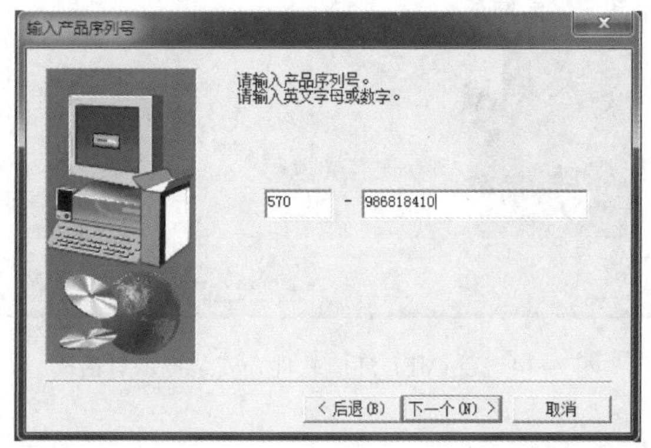

图 7-17 “输入产品序列号”对话框

3）安装目标文件夹设置。单击“输入产品序列号”对话框“下一个”按钮，进入“选择”目标位置对话框，如图 7-18 所示。安装目标文件夹默认为“C：/MELSEC”，用户

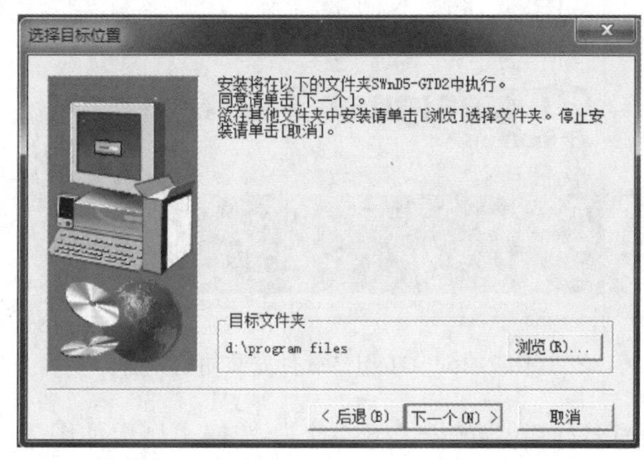

图 7-18 “选择目标位置”对话框

若选择默认安装路径，则单击“下一个”按钮即可；若需要变更安装路径，则单击【浏览】按钮，按要求重新选择目标驱动器、文件夹即可。

4）GT软件安装。在确定软件安装路径后，单击“下一个”按钮，进入GT软件安装界面，软件开始安装，安装完毕后，出现图7-19所示GT软件安装完毕确认提示框，单击“确定”按钮，即可完成GT Designer2 Version2组态软件的安装。

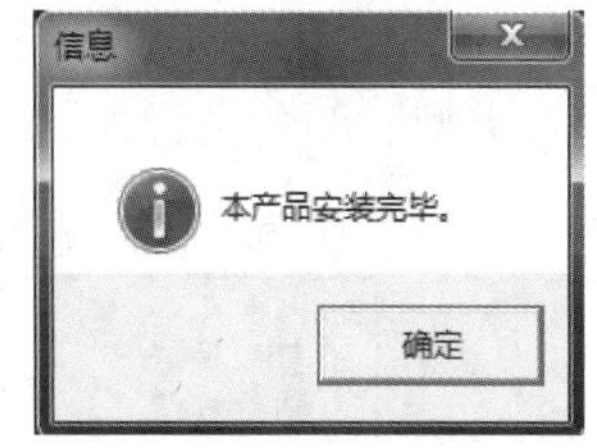

图7-19 安装完毕确认提示框

注意：

◇ 在进行安装之前，应结束在Windows中运行的其他所有应用程序。
◇ 在安装GT组态软件之前，不要将GOT与个人计算机相连接。
◇ 使用Windows NT Workstation 4.0、Windows 2000 Professional、Windows XP Professional、Windows XP Home Edition时，应以具有Administrator（计算机管理员）属性的用户进行登录。

7.4.3 学会使用GT组态软件

1. 画面创建之前的设置

在创建画面之前，通常要求通过向导设置所使用的GOT、所连接的PLC类型以及画面的标题等。具体步骤如下：

1）单击“开始”→“程序”→“MELSOFT应用程序”→“GT Designer2”，打开软件，弹出工程选择对话框，如图7-20所示。

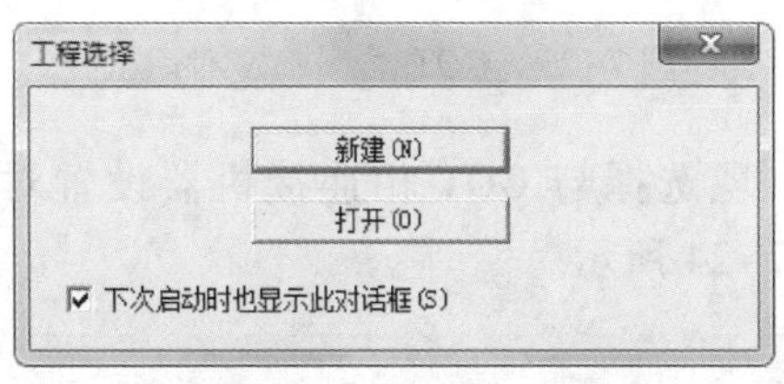

图7-20 “工程选择”对话框

2）单击“新建”按钮，出现“新建工程向导”对话框，如图7-21所示。“打开”按钮用于打开原有项目文件，此处不予介绍。

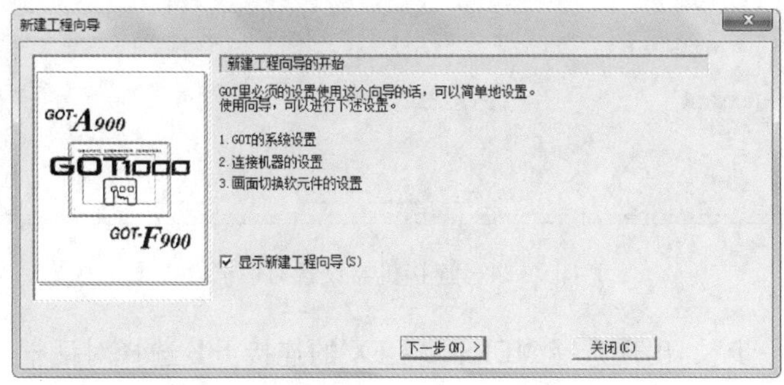

图7-21 “新建工程向导”对话框

3）单击“下一步”按钮，出现 GOT 类型选择对话框，本项目以“F94 * GOT(320 × 240)”类型、颜色设置为“8 色”为例进行选择，如图 7-22 所示。

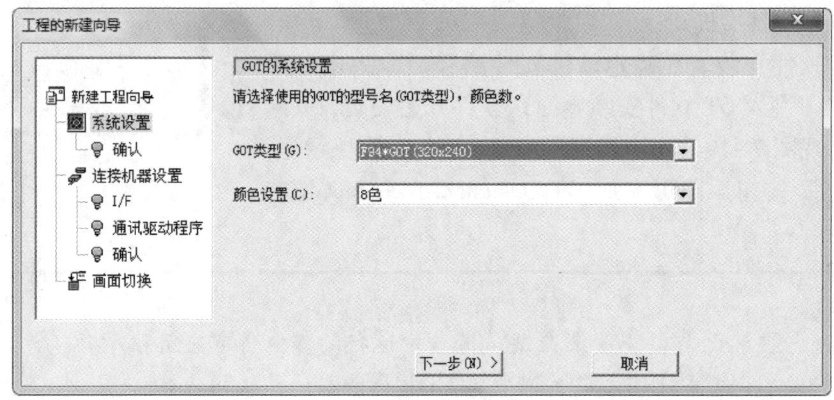

图 7-22　GOT 类型选择对话框

4）单击“下一步”按钮，出现 GOT 类型确定对话框，如图 7-23 所示。

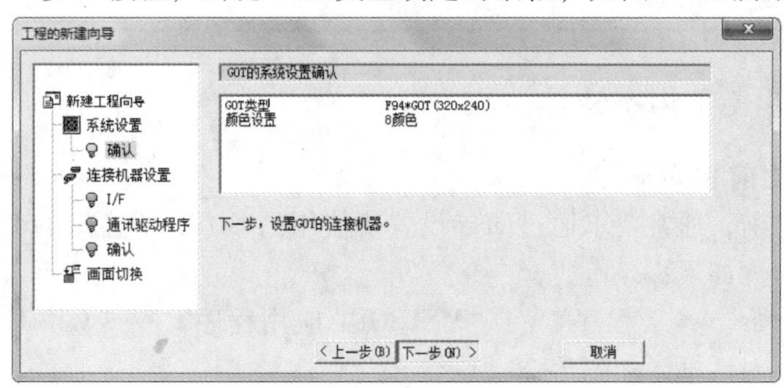

图 7-23　GOT 类型确定对话框

5）单击“下一步”，出现选择与 GOT 相连接机器设置对话框，本项目以“FX 系列 PLC”为例进行选择，如图 7-24 所示。

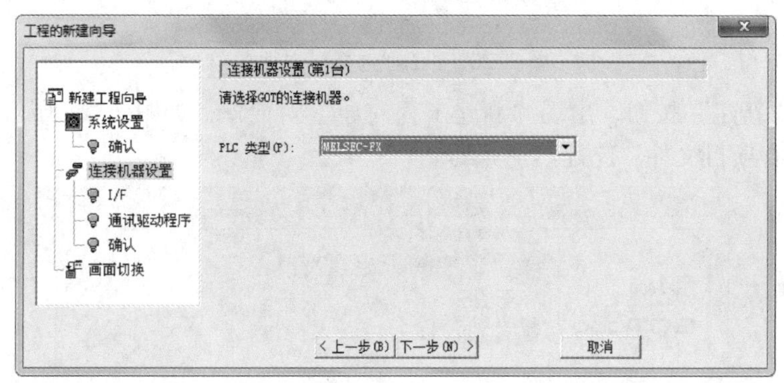

图 7-24　连接机器设置对话框

6）单击“下一步”，出现选择 MELSEC－FX 的连接 I/F 选择对话框，本项目以“标准 I/F（标准 RS－232）”为例进行选择，如图 7-25 所示。

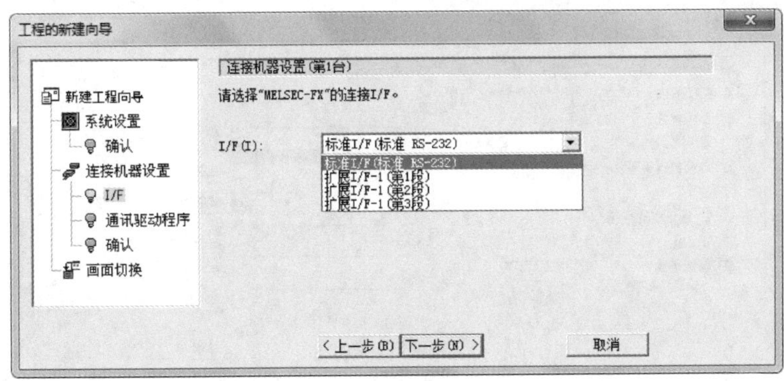

图 7-25 I/F 选择对话框

7）单击“下一步”，出现通信驱动程序选择对话框，本项目以通信驱动程序“MELSEC-FX”为例进行选择，如图 7-26 所示。

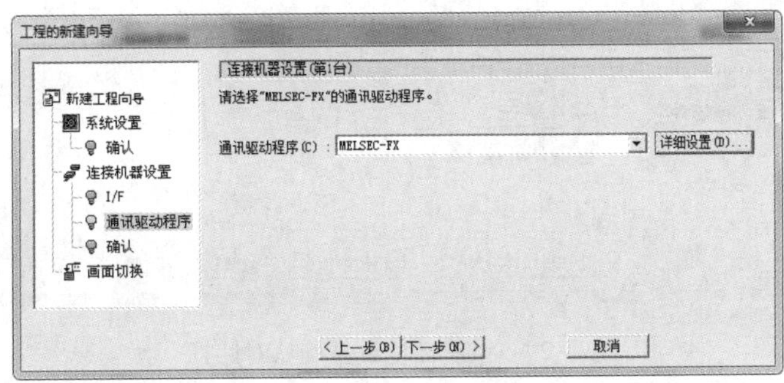

图 7-26 通信驱动程序选择对话框

8）单击“下一步”按钮，出现确认通信驱动程序对话框，如图 7-27 所示。

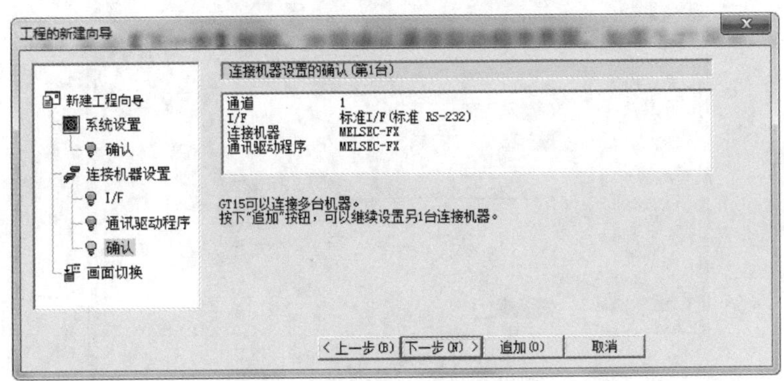

图 7-27 通信驱动程序确定对话框

9）单击“下一步”按钮，出现画面切换软元件设置对话框，如图 7-28 所示。在该对话框，用户可以设置基本画面等的切换软元件，本项目以基本画面切换软元件数据寄存器 D200 为例进行设置。

10）单击“下一步”按钮，出现系统环境设置确认对话框，如图 7-29 所示。

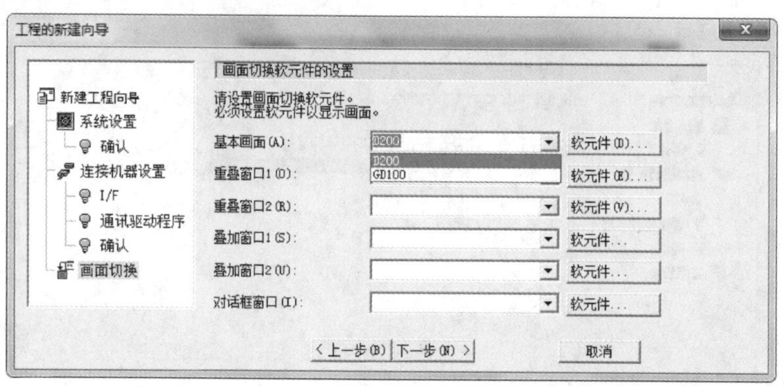

图 7-28　画面切换软元件设置对话框

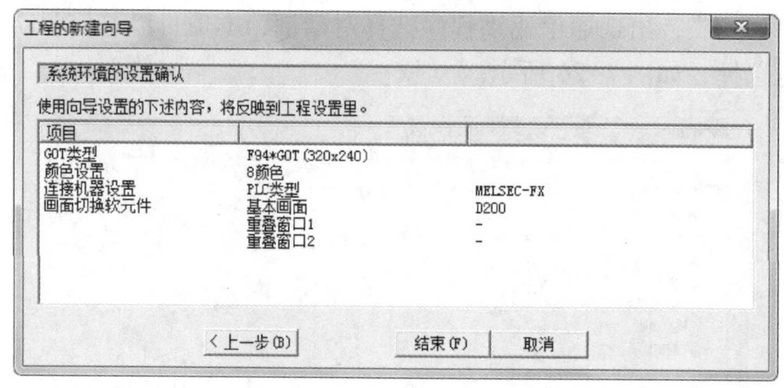

项目		
GOT类型	F94*GOT(320x240)	
颜色设置	8颜色	
连接机器设置	PLC类型	MELSEC-FX
画面切换软元件	基本画面	D200
	重叠窗口1	-
	重叠窗口2	-

图 7-29　系统环境设置确认对话框

11）系统环境设置确认无误后，单击“结束”按钮，出现如图 7-30 所示画面属性设置对话框。

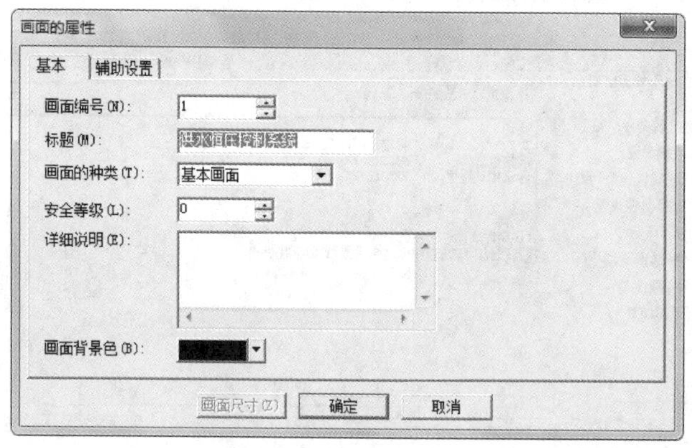

图 7-30　画面属性设置对话框

在“基本”选项卡中，可以进行如下设置。

① 画面编号。一般从 1 开始设计画面。

② 标题。输入画面的名称，例如“供水恒压控制系统”。

③ 画面的种类。可以选择基本画面或窗口画面，如选择窗口画面，可以设置窗口画面

的大小，一般小于基本画面。

④ 安全等级。默认是0级，0级没有密码保护功能，除此以外有1～15共15个安全等级，15是最高级，每个级别都可以有不同的保护密码。

⑤ 详细说明。可以输入文字说明画面的功能等。

⑥ 画面背景色。可以改变画面的背景色、前景色和填充图案。

辅助设置一般不用设置，单击“确定”按钮，画面设置完毕。进入如图7-31所示GT组态软件设计界面。

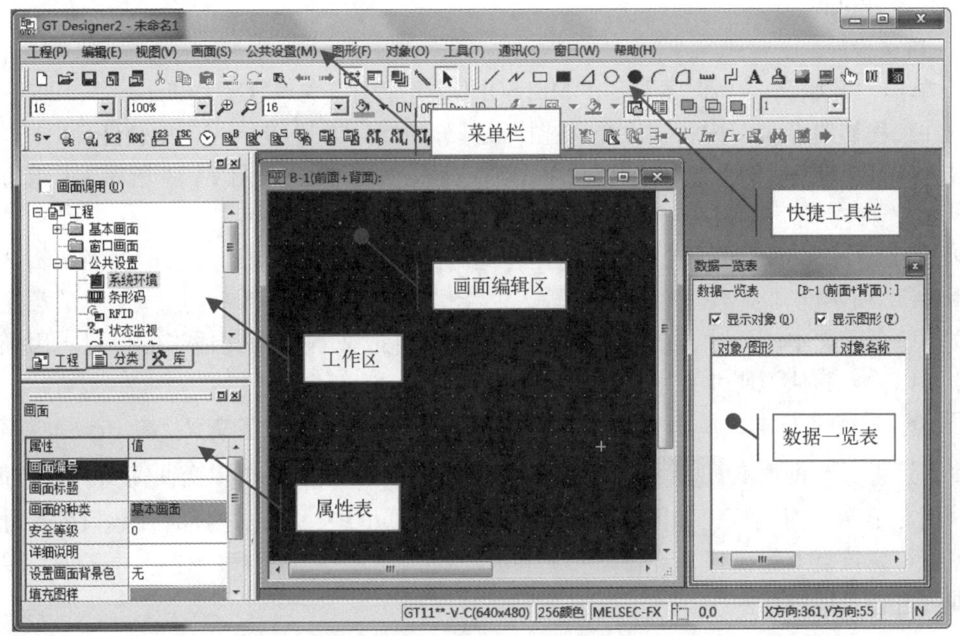

图7-31　GT组态软件设计界面

由图7-31可知，GT组态软件设计界面主要分成以下6个分区。

1）菜单栏。共11个下拉菜单，如果选择了所需要的菜单，相应的下拉菜单就会显示，然后可以选择各种功能。若下拉菜单的最右侧有“▶”标记，则可以显示选择项目的下级菜单；当功能名称旁边有“…”标记时，将光标移至该项目时就会出现设置对话框。

2）快捷工具栏。工具栏又可分为标准工具栏、显示工具栏、图形工具栏、对象工具栏和注释工具栏等。工具栏中的快捷图标仅在相应的操作范围内才可见。此外，在工具栏上的所有按钮都有注释，只要慢慢移动鼠标到按钮上面就能看到中文注释。

3）画面编辑区。创建工程画面。

4）工作区。将创建的画面、公共设置等整体工程的设置以树状目录的形式显示。此外，通过双击及右击可以进行设置、复制等操作。

5）属性表。显示所选择的画面/对象/图形的属性。也可以在此对上述对象进行设置。

6）数据一览表。以一览表的形式显示画面上所设置的所有对象及图形。

2. 画面创建

GT组态软件的功能非常强大，使用比较复杂，为了方便说明软件的应用，本模块以读者熟悉的图 2-32 所示三相异步电动机Y-△减压起动为例说明画面创建过程。

(1) 控制要求

1) 首页设计。利用文字说明项目的名称等信息，在该界面中，触摸任何地方都能进入到操作界面。

2) 操作页面。该界面有两个按钮，一个是起动按钮；一个是停止按钮。三个指示灯分别和 PLC 程序中的 Y0、Y1、Y2 相连，分别指示电动机电源、△接法和Y接法。为了动态地表示起动过程，可以用棒图和仪表分别来显示起动的过程，两界面能自由地切换。

(2) 设计过程

1) 首页设计。

① 单击“开始”→“程序”→“MELSOFT 应用程序”→“GT Designer2”，即进入 GT 组态软件编程初始界面，按照软件提示选择触摸屏的型号为“F94 * GOT(320×240)”、PLC 的型号为“MELSEC-FX”等参数后，单击“结束”按钮，进入图 7-31 所示 GT 组态软件设计界面。

② 文字输入。单击图形工具栏中的A，此时光标变成十字交叉，单击画面编辑区，弹出如图 7-32 所示的“文本”对话框，输入文字“Y-△减压起动”。选择文本的类型、方向、文本颜色和文本的尺寸，单击“确定”按钮，再把文本移动到适当的位置。用同样的方法，可以输入其他说明性文字。

③ 设计时钟和日期。单击对象工具栏中的⊙，光标变成十字交叉，单击画面编辑区，弹出个人计算机当前时钟 20:52，单击标准工具栏中的↖，使光标变回箭头，双击时钟，弹出“时刻显示”对话框，如图 7-33 所示。在该对话框中，可以选择时钟数值的尺寸、颜色、图形等。重复上述操作，在图 7-33 所示“时刻显示”对话框中选择“日期”单选按钮，即可进行日期设计。

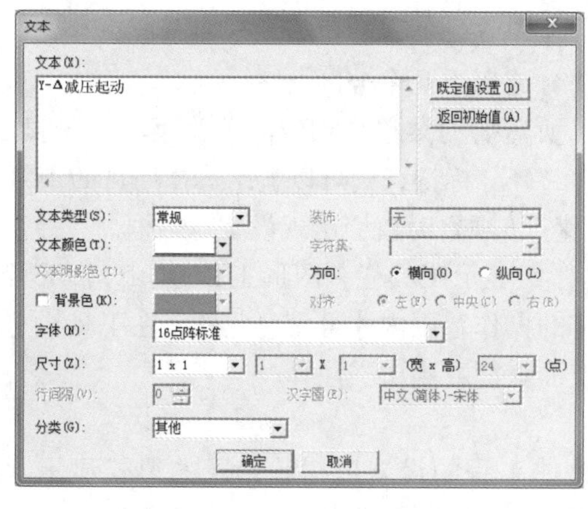

图 7-32 “文本”对话框

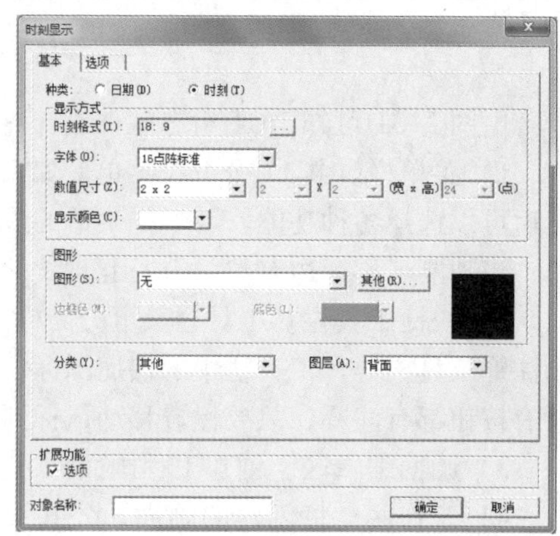

图 7-33 “时刻显示”对话框

④ 画面切换按钮制作。根据项目设计要求，在该界面中需覆盖一个透明的翻页按钮，即触摸到任何位置都能进行画面切换。单击对象工具栏中的开关按钮S▾，弹出“开关功能选择”对话框，选择画面切换开关（第一行第四个），光标变成十字交叉，在画面编辑区单击，出现绿色方框，再单击标准工具栏中的↖，使光标变回箭头，双击绿色方框，弹出

“画面切换开关”对话框，如图7-34所示。在该对话框中，切换画面的种类选择“基本”；切换到固定画面序号选择“2（操作页面）”，单击“确定”按钮，再把按钮拉至覆盖整个画面的大小，则首页制作完成，如图7-35所示。

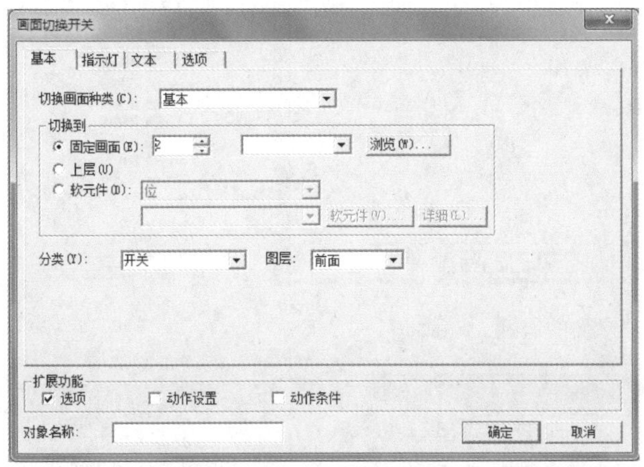

图7-34　“画面切换开关”对话框

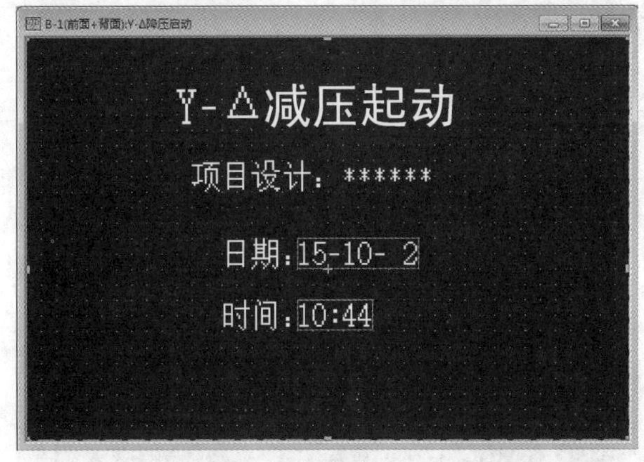

图7-35　首页制作效果图

2）操作页面设计。

① 新建页面。单击标准工具栏中的 ，弹出如图7-36所示“画面的属性”对话框。画面编号设置为“2”，标题为“操作页面”，安全等级为“0”，单击“确定”按钮，进入图7-31所示GT组态软件设计界面，则操作页面新建完毕。

② 制作控制按钮、指示灯。GT组态软件有一个丰富的图库，图库中的图形形象逼真，用户可以直接调用图库中的图形作为各种开关、按钮和指示灯等。单击工作区 库 选项卡，弹出图库列表框，如图7-37所示。

由图7-37可知，图库列表中包括指示灯、开关、特殊开关、各种键和各种图形等。双击“开关”，打开所有有关开关的列表，双击其中一行，则弹出各种开关的外形，如图7-38所示。单击其中任意一个开关，把光标移到画面编辑区，单击鼠标左键，则该开关画在了编辑区。用同样的方法，选择列表中的指示灯项（库图像一览表如图7-39所示），可以在画面中制作各种指示灯，然后在每个按钮和指示灯下标明该器件的功能，如图7-40所示。

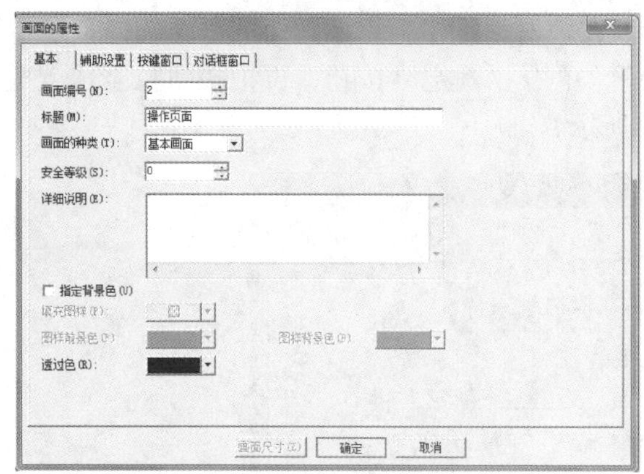

图 7-36 “画面的属性”对话框

图 7-37 图库列表框

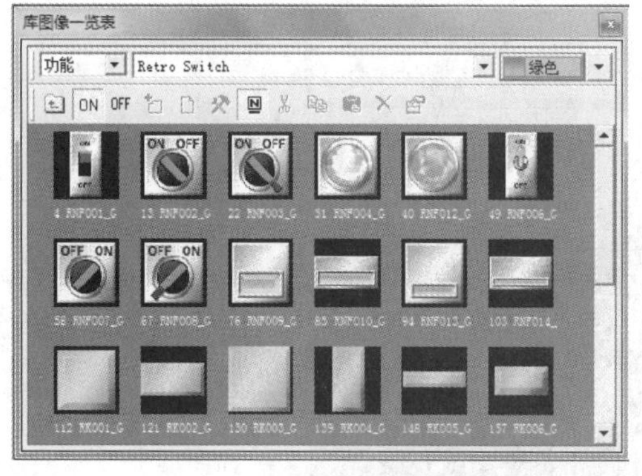

图 7-38 “开关”库图像一览表

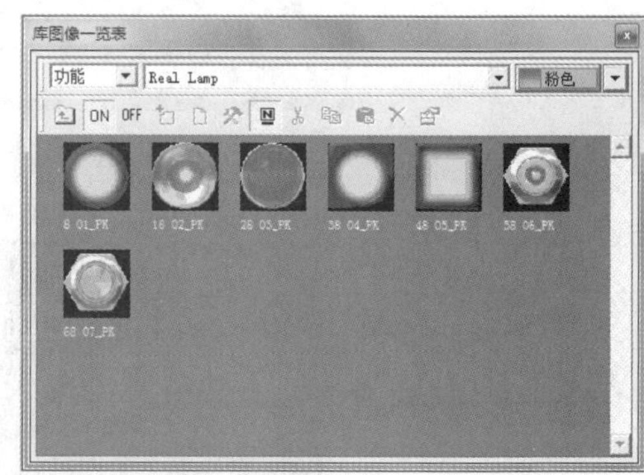

图 7-39 “指示灯”库图像一览表

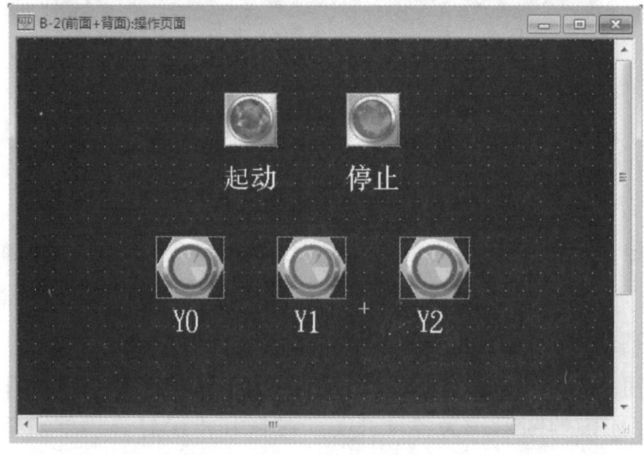

图 7-40 控制按钮、指示灯设计窗口

③ 按钮和 PLC 软元件的连接。此处以起动按钮为例进行介绍。双击该按钮，弹出“多用动作开关”对话框，如图 7-41 所示。单击 位(B)... 按钮，弹出“动作（位）”对话框，单击 软元件(V)... 按钮，选择软元件“M0”，动作设置选择“交替”。单击“确定”按钮，在多用动作设置栏中出现“1 交替 M0”，单击“确定”按钮，起动按钮 M0 设置完毕。元件

设置完毕后，在起动按钮上能看到该元件的元件名称。用同样的方法，可以设置停止按钮。

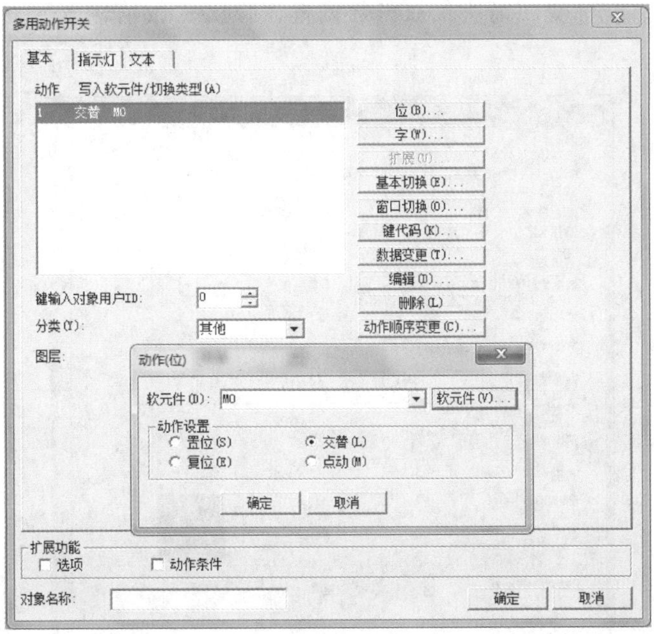

图 7-41　“多用动作开关”对话框

④ 指示灯和 PLC 的连接。此处以 Y000 为例进行介绍。双击该指示灯，弹出“指示灯显示（位）”对话框，如图 7-42 所示。单击软元件(V)...按钮，弹出“软元件”对话框，选择“Y000”，单击“确定”按钮。元件设置完毕后，在指示灯上能看到该元件的元件名称。用同样的方法，可设置“Y001”“Y002”。

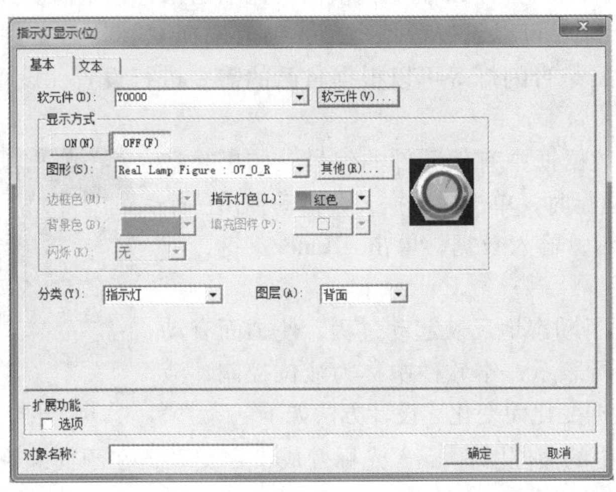

图 7-42　“指示灯显示（位）”对话框

⑤ 数据输入和显示设计。在使用触摸屏时，经常要在触摸屏中设置数据输入到 PLC 中，或把 PLC 中的数据显示出来。本例中是设置数据寄存器 D200，作为Y－△减压起动延时时间；设置定时器 T1，作为Y－△减压起动延时时间显示。单击对象工具栏中数值显示图标或数

值输入图标，光标变成十字交叉后，在画面编辑区单击一下，出现012345数据框，再单击标准工具栏中的，光标变回箭头，双击数据框，弹出“数值输入”对话框，如图7-43所示。

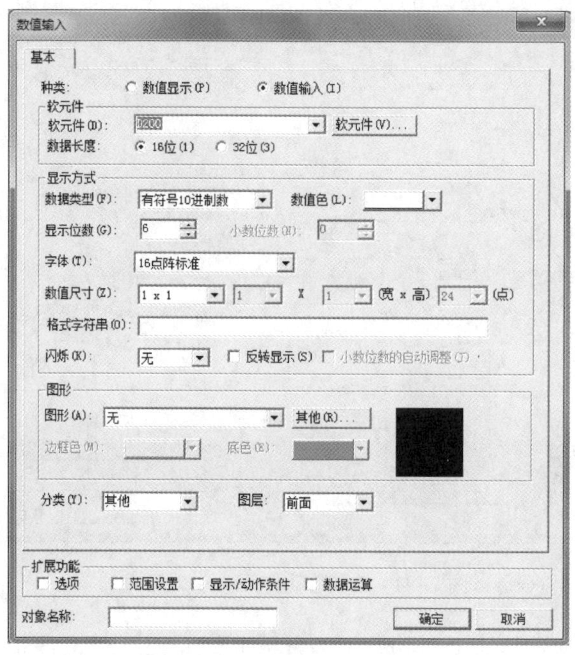

图7-43 “数值输入”对话框

图7-43中，由于在Y-△减压起动中，D200的数值需要在触摸屏上设置，所以设置D200时，选择“数值输入”。而T1的当前值需要显示出来，但不能更改，所以选择“数值显示”。在显示方式栏中，可以设置数据类型，一般选择“有符号十进制数”，数值颜色、显示位数、数值尺寸、是否闪烁等可以根据自己的需要进行设置，设置完毕单击“确定”按钮即可。

设置完毕后，在数据框中有软元件的编号。如果是选择“数据输入”，在运行时，单击该数据，会自动弹出一个键盘，如图7-44所示，输入数据，单击〈Enter〉键，就能把数据输入。

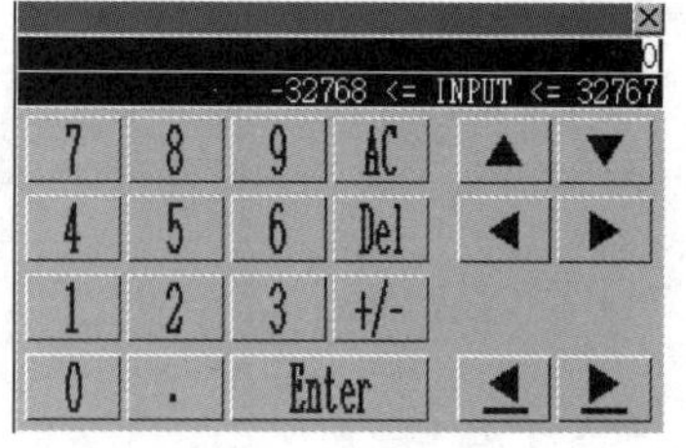

图7-44 输入数字的键盘

⑥ 棒图设计。为了动态地反映起动过程，使画面有动感，通常使用棒图进行表示，本软件中称为液位控制，液位会随着PLC内的数据变化而变化。设计方法如下。

单击对象工具栏中的液位图标，光标变成十字交叉，在画面编辑区单击，出现液位框，再单击标准工具栏中的，光标变回箭头，双击液位框，弹出“液位”对话框，如图7-45所示。单击软元件(D)...，在“软元件”对话框中设置T0，在显示方式栏中设置各种颜色，显示方向设置向右，上限设置为“D200”，下限设置为“0”，单击“确定”按钮，液位图设置完毕。

⑦ 仪表显示设计。在工控领域中，也可以将PLC定时器T1的数值通过仪表来表示，设

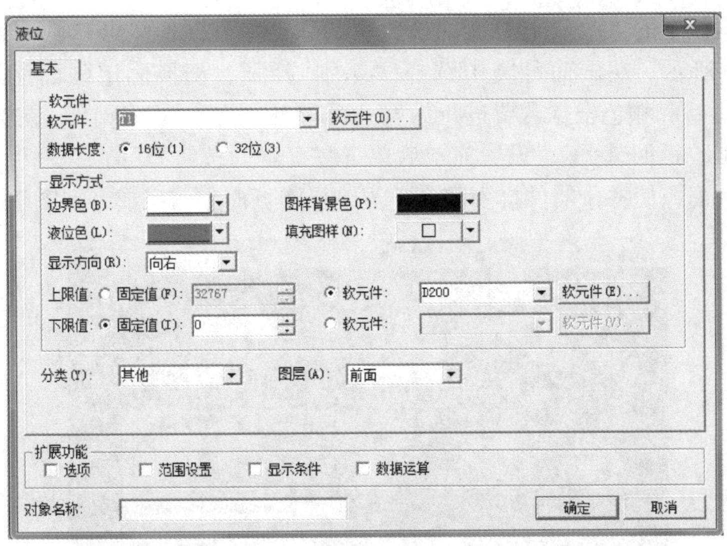

图 7-45　“液位”对话框

计方法如下。

单击对象工具栏中的，光标变成十字交叉，在画面编辑区单击，出现仪表图标，再单击工具栏中的，光标变回箭头，双击仪表图标，弹出“面板仪表”对话框，如图 7-46 所示。其中“基本”选项卡中可设置软元件名称、显示方式、图形样式等；“刻度/文本”可设置刻度；扩展功能项目栏可设置数据类型和刻度值。

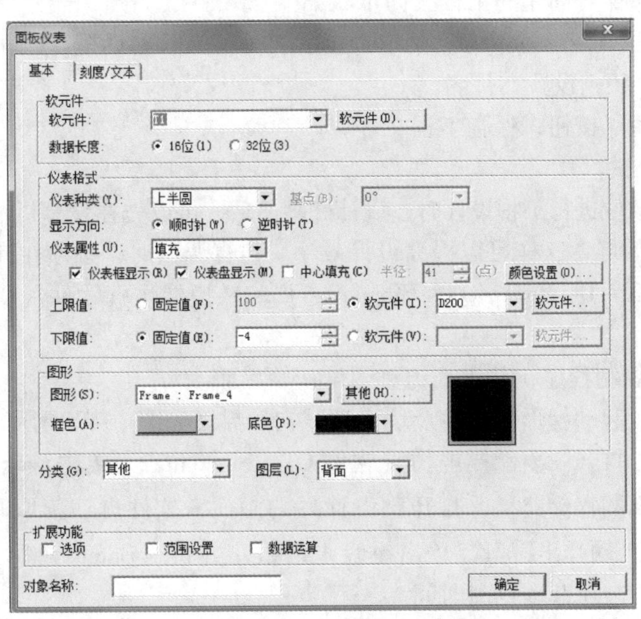

图 7-46　“面板仪器”对话框

⑧ 画面切换按钮设计。单击对象工具栏中的开关按钮，弹出开关功能选择对话框，选择画面切换开关（第一行第四个），光标变成十字交叉，在画面编辑区单击，出现绿色方

框，再单击工具栏中的，让光标变回箭头后，双击绿色框，弹出“画面切换开关”对话框，如图7-34所示。在画面种类中选择“基本画面”；切换固定画面序号选择“1（首页）”；按钮的形状和颜色根据需要进行设置；再单击“文本/指示灯”，在按钮为OFF状态时选择显示文本“返回首页”，设置完毕后单击“确定”按钮即可。

适当整理画面，使各个器件排列整齐美观，操作页面制作完成，如图7-47所示。

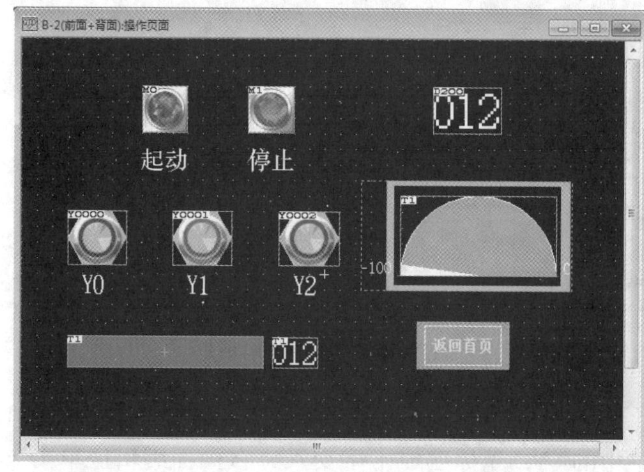

图7-47　操作页面制作效果图

3）保存创建的工程文件。

GT组态软件保存所创建的工程文件步骤如下。

① 单击“工程”→“另存为”菜单，显示“另存为”对话框。

② 选择保存路径，设置文件名。

③ 单击“保存”按钮，保存工程文件。

3. 画面仿真调试

利用GT组态软件进行工程设计时，设计好画面后，可以先在计算机上仿真调试，调试完毕后，再下载到触摸屏，这样可以提高设计效率。仿真调试时，必须在计算机上安装好PLC编程/仿真软件（GX－Developer/GX－Simulator6）和触摸屏仿真软件（GX－Simulator2）。画面仿真调试过程如下。

1）编制PLC控制程序，并进入仿真调试初始界面。

本例Y－△减压起动梯形图程序及仿真调试初始界面如图7-48所示。

2）画面载入。打开三菱触摸屏仿真软件GT－Simulator2。单击该软件工具栏中的打开按钮，根据画面的存储路径，打开已设计好的画面，软件自动读取画面。读取完毕后，单击数据输入，会自动弹出键盘。单击键盘上的数字并按〈Enter〉键，就能输入“D200”数据，以设置Y－△减压起动延时时间。

用鼠标单击相应的按钮，可以听到“嘀”的声音，说明输入信号已经起作用，此时GX－Developer仿真调试界面相应软元件发生动作改变，从而实现触摸屏与PLC联机仿真调试功能。图7-49所示是程序/仿真正在运行的画面。单击，可以退出仿真运行。

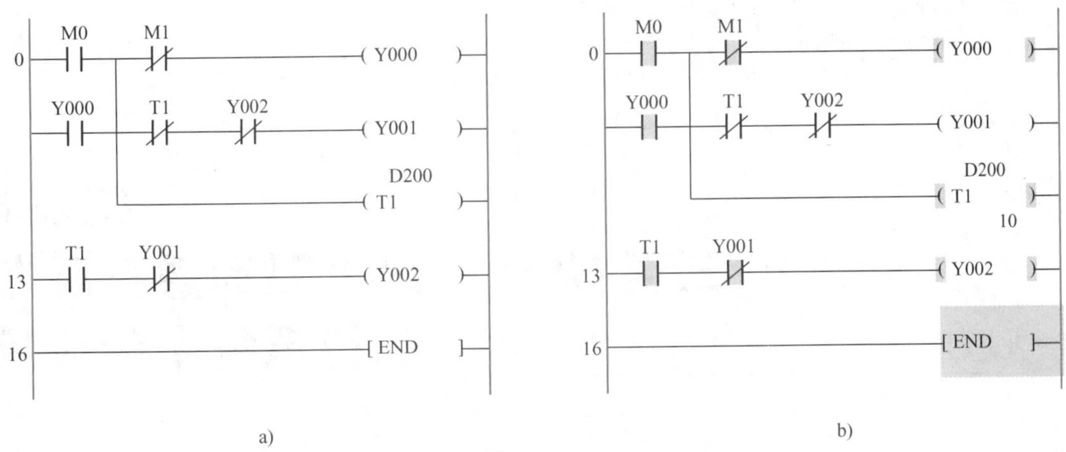

图 7-48　Y-△减压起动梯形图程序与仿真调试
a）梯形图　b）仿真调试初始界面

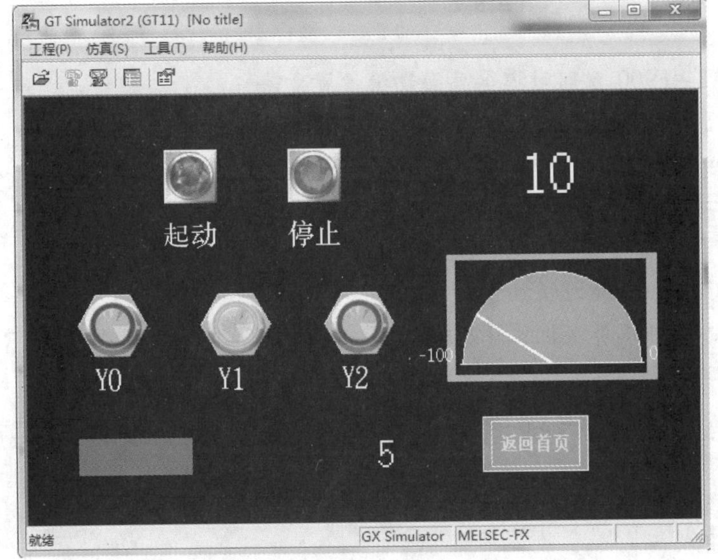

图 7-49　触摸屏仿真调试界面

思考与练习

7.1　简述触摸屏的基本概念。

7.2　简述触摸屏的分类。

7.3　简述触摸屏的基本结构。

7.4　登录工控人家园网（http://www.ymmfa.com/），收集、学习如下资料。

1）《GOT－F900 操作手册》。

2）《GOT－F900 系列图形操作终端硬件手册（接线篇）》。

3）《GT Designer2 基本操作/数据传输手册》。

模块 8 三菱 GOT－F900 系列触摸屏在工控系统中的应用

能力目标：

1. 了解 GOT－F900 系列触摸屏画面切换设置方法
2. 掌握 PLC 与触摸屏联机控制系统设计与仿真调试方法

知识目标：

1. 了解 PLC 与触摸屏的联机方式
2. 掌握 PLC 与触摸屏联机工作原理

项目 8.1　按钮式人行横道交通信号灯控制系统设计与实施

8.1.1　项目导入

1. 工作任务

图 8-1 所示为按钮式人行横道交通信号灯控制系统示意图。试用 FX_{2N}系列 PLC 与 GOT－F900 系列触摸屏对该控制系统进行设计并实施。

本项目所示按钮式人行横道交通信号灯控制功能如下。

1）当人行道按钮 SB1 或 SB2 按下时，交通信号灯按图 8-2 所示顺序变化。如果交通信号灯已经进入运行变化，按钮将不起作用。

2）触摸屏可完成人行道按钮输入、信号灯状态指示和定时器定时时间动态显示等功能。

3）触摸屏共有 2 个画面。其中画面 1 是系统上电后即进入的画面，在画面 1 上单击任何一个地方，即进入主画面 2。画面 2 是交流信号灯控制与显示主画面，按下触摸键与按下人行道 SB1、SB2 功能相同。画面 2 上用“数值显示”和“棒图”两种形式动态显示定时器

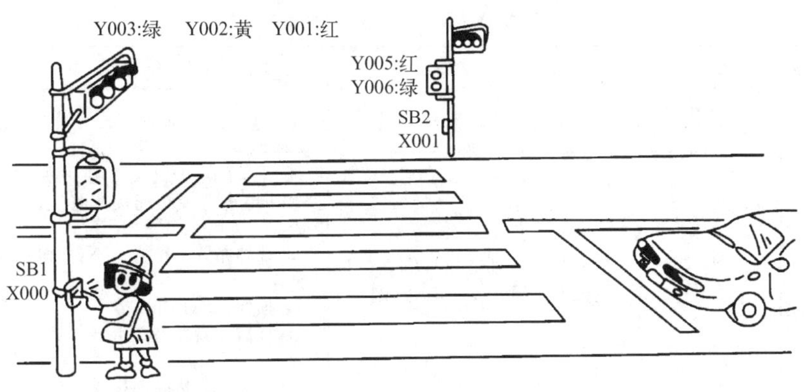

图 8-1 按钮式人行横道交通信号灯控制

T0～T3 定时时间；利用触摸屏指示灯分别指示车道、人行道交通信号灯工作状态，指示灯颜色要求 OFF 状态时为白色，ON 状态时按照交通信号灯颜色进行设置。按画面 2 中的“返回首页”按钮，返回到画面 1。

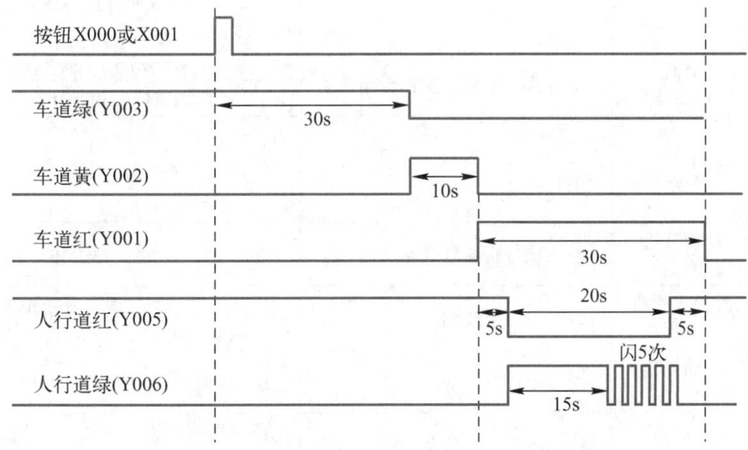

图 8-2 按钮式人行横道交通信号灯时序图

2. 考核内容

1）完成 PLC 与触摸屏联机控制系统硬件接线图的设计。

2）根据控制要求进行触摸屏画面设计。

3）按控制要求设计 PLC 程序、并进行联机仿真调试。

4）考核过程中注意“6S 管理”的要求。

3. 考核评价标准

（1）说明

1）本评价标准根据国家职业技能鉴定中心高级维修电工职业技能鉴定规范（考核大纲）编制。

2）项目考核评价由指导教师组织实施，指导教师可自行具体制定项目评分细则。

3）项目考核评价可根据项目实施情况，引入学生互评。

（2）考核评价标准

该项目考核评价标准见表 8-1。

表 8-1　项目考核评价标准

评价内容	序号	项目配分	考核要求	评分细则	扣分	得分
职业素养与操作规范（50 分）	1	工作前准备（5 分）	清点工具、仪表等	未清点工具、仪表等，每项扣 1 分		
	2	安装与接线（15 分）	按控制系统硬件接线图在模拟配线板上正确安装、规范操作	① 未关闭电源开关，用手触摸带电线路或带电进行线路连接或改接，本项记 0 分 ② 线路布置不整齐、不合理，每处扣 2 分 ③ 损坏元件，扣 5 分 ④ 接线不规范造成导线损坏，每根扣 5 分 ⑤ 不按 I/O 接线图接线，每处扣 2 分		
	3	画面设计、程序输入与调试（20 分）	熟悉触摸屏画面设计；熟练操作编程软件，将所编写的程序输入 PLC；按照被控设备的动作要求进行仿真调试，达到控制要求	① 不会触摸屏画面设计，扣 10 分 ② 不能熟练操作软件输入程序，扣 10 分 ③ 不会进行程序删除、插入、修改等操作，每项扣 2 分 ④ 不会联机下载调试程序，扣 10 分 ⑤ 调试时造成元件损坏或者熔断器熔断，每次扣 10 分		
	4	清洁（5 分）	工具摆放整洁；工作台面清洁	乱摆放工具、仪表，乱丢杂物，完成任务后不清理工位，扣 5 分		
	5	安全生产（5 分）	安全着装；按维修电工操作规程进行操作	① 没有安全着装，扣 5 分 ② 出现人员受伤、设备损坏事故，考试成绩为 0 分		
操作（50 分）	6	功能分析（10 分）	能正确分析控制线路功能	功能分析不正确，每处扣 2 分		
	7	硬件接线图（5 分）	绘制 I/O 接线图	① 接线图绘制错误，每处扣 2 分 ② 接线图绘制不规范，每处扣 1 分		
	8	画面设计（5 分）	正确设计触摸屏画面	触摸屏画面设计错误，每处扣 2 分		
	9	梯形图（15 分）	梯形图正确、规范	① 梯形图功能不正确，每处扣 3 分 ② 梯形图画法不规范，每处扣 1 分		
	10	功能实现（15 分）	根据控制要求，准确完成系统的安装调试	不能达到控制要求，每处扣 5 分		
评分人：			核分人：		总分	

8.1.2　知识链接

本项目利用 GOT - F900 系列触摸屏与 PLC 联机实现按钮式人行横道交通信号灯控制功能。在工程技术中，GOT - F900 系列触摸屏种类较多，其中 F940GOT - SWD 型触摸屏是目前应用比较广泛的一种。

1. F940GOT - SWD 简介

F940GOT - SWD 具有 8 色 STN 彩色液晶显示，画面尺寸为 5.7 寸（对角），分辨率为 320 × 240，用户存储器容量为 512KB，可生成 500 个用户画面，能与三菱 FX 系列、A 系列 PLC 进行联机，也可与定位模块 FX_{2N} - 10GM、FX_{2N} - 20GM 及三菱变频器进行联机，同时还可与其他厂商的 PLC 进行联机，如 OMRON、SIEMENS、AB 等。F940GOT - SWD 外观如图 8-3 所示。

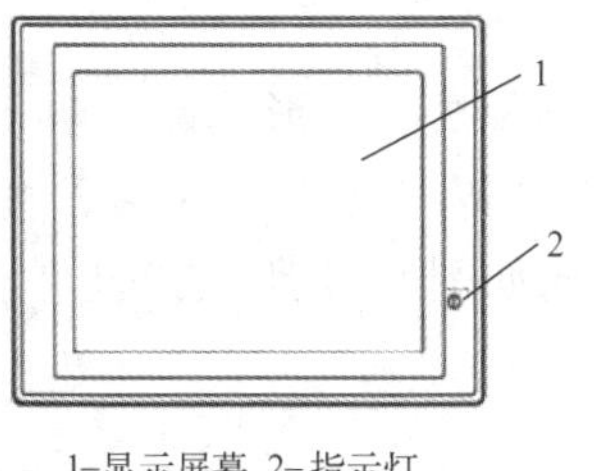

1-显示屏幕 2-指示灯

a)

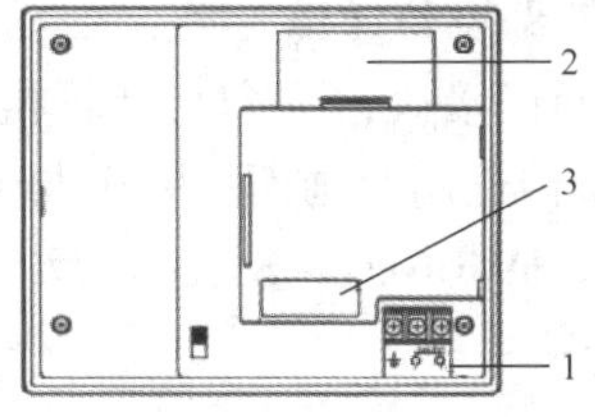

1-电源接线端 2-电池 3-扩展接口

b)

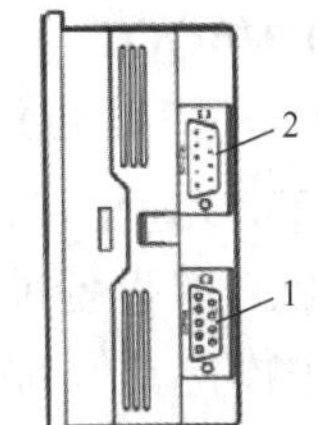

1、2-9针D形插头

c)

图 8-3　F940GOT－SWD 外观示意图

a）正面图　b）背面图　c）侧面图

（1）正面图

F940GOT－SWD 的正面如图 8-3a 所示。

1）显示屏幕：320×240 点图形显示，字符串：40 个字符×15 行。

2）指示灯：指示触摸屏的运行和停止状态以及工作是否正常。

（2）背面图

F940GOT－SWD 的背面如图 8-3b 所示。

1）电源接线端：为触摸屏提供电源和接地。

2）电池：存储采样数据，报警记录和当前时间。画面数据存储在内置的闪存中，闪存不需要电池。

3）扩展接口：连接可选的扩展设备。

（3）侧面图

F940GOT－SWD 的侧面如图 8-3c 所示。

1）9 针 D 形插头，阴性 PLC 端口（RS－422 端口）。用于与 PLC 的 RS－422 端口连接，也用于连接两个或多个 GOT 单元（RS－422 连接）。

2）9 针 D 形插头，阳性 PC 端口（RS－232C 端口）。用于在传送画面创建软件创建的画面数据时与 PC 的连接；用于与 PLC 或微型计算机板的 RS－232C 连接；用于连接两个或多个 GOT 单元（RS－232C 连接），或用于与条形阅读器、打印机等外部设备通信。

F940GOT－SWD 通信接口各引脚的功能见表 8-2。

表 8-2　F940GOT－SWD 通信接口引脚功能表

D－sub 引脚号	RS－422	RS－232C	应用
1	TXD＋(SDA)	NC	与 PLC 通信的信号线
2	RXD＋(RDA)	RD(RXD)	
3	RTS＋(RSA)	SD(TXD)	
4	CTS＋(CSA)	ER(DTR)	
5	SG(GND)	SG(GND)	
6	TXD＋(SDB)	DR (DSR)	
7	RXD＋(RDB)	RS(RTS)	
8	RTS＋(RSB)	CS(CTS)	
9	CTS＋(CSB)	用户不可使用	

2. F940GOT－SWD 与外部设备通信

F940GOT－SWD 有两个通信接口，一个与计算机（或打印机、条形码阅读器等）连接的 RS－232C 通信接口，用于传送用户画面；一个与 PLC 等设备连接的 RS－422 通信接口，用于与 PLC 等设备进行通信。F940GOT－SWD 典型连接方式如图 8-4 所示，也可以选配扩展模块来连接其他的外部设备。

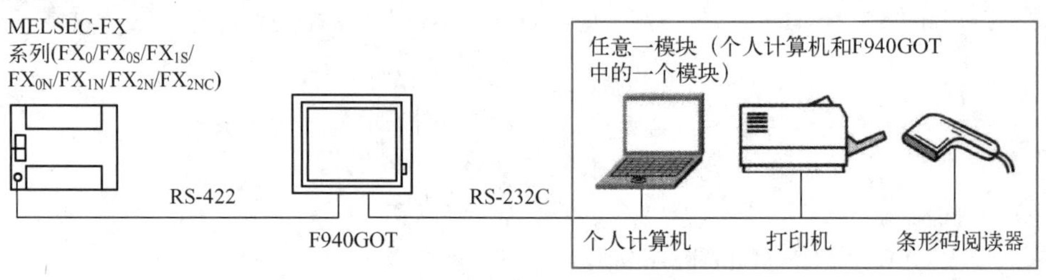

图 8-4　F940GOT－SWD 典型连接方式

3. 上传、下载项目

（1）上传项目

上传项目是指将触摸屏中的工程画面信息通过电缆上传至个人计算机。具体操作如下。

1）按图 8-4 所示正确连接个人计算机与触摸屏。

2）单击菜单栏“通讯”→“跟 GOT 的通讯”→“工程上载→计算机”，弹出图 8-5 所示上载画面信息对话框。

3）在图 8-5 中，输入画面信息密码，单击，选择上传保存路径，再单击上载(U)，弹出如图 8-6 所示正在通信提示框，上传完毕后，就可以在个人计算机上对该工程画面信息进行操作。如果在上传过程中出现通信错误，可以单击“通讯设置”选项卡进行通信设置，主要是进行通信端口的选择（COM 口）。

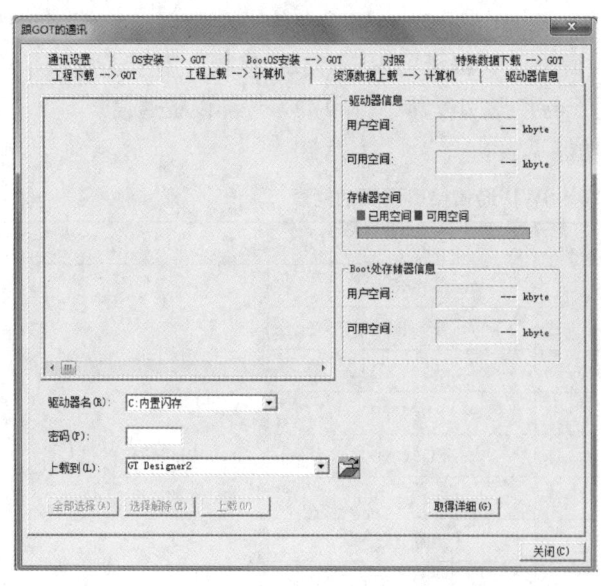

图 8-5　上载画面信息对话框

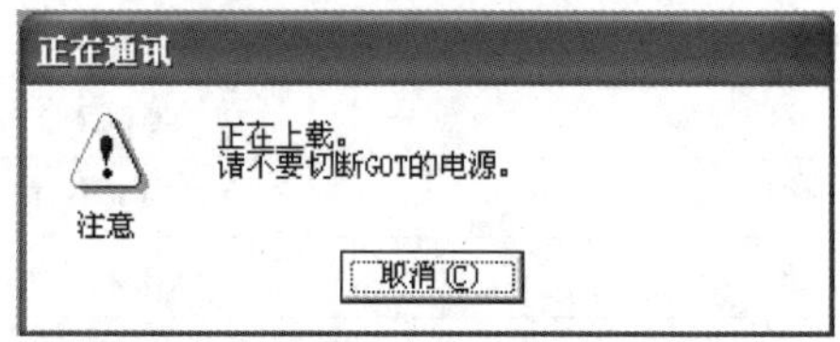

图 8-6　上传画面信息通信提示框

（2）下载项目

下载项目是指将经仿真调试后的工程画面信息通过电缆下载到触摸屏。具体操作如下。

1）按图 8-4 正确连接个人计算机与触摸屏。

2）单击菜单栏“通讯”→“跟 GOT 的通讯”→“工程下载→GOT”，弹出下载画面信息设置对话框，如图 8-7 所示。

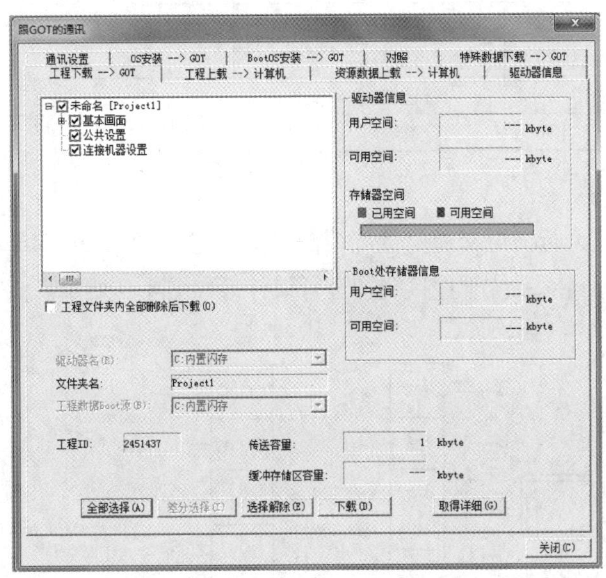

图 8-7　下载画面信息对话框

3）在图 8-7 中，单击“全部选择”，说明把工程中的全部画面和参数下载到触摸屏中，再单击“下载”，弹出如图 8-8 所示正在通信提示框，下载完毕后，就可以在触摸屏上进行操作。如果在下载过程中出现通信错误，可以单击“通讯设置”选项卡中进行设置，主要是进行通信端口的选择（COM 口）。

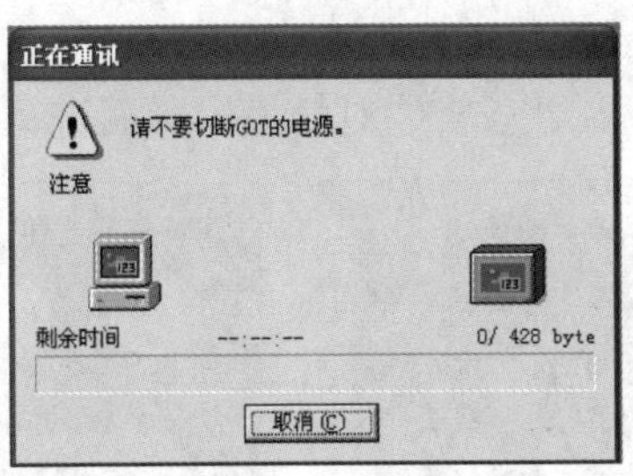

图 8-8　下载画面信息通信提示框

8.1.3　项目实施

1. I/O 地址分配

根据本项目按钮式人行横道交通信号灯控制要求，选用 FX_{2N} - 48MR 型 PLC 和 F940GOT - SWD 触摸屏。触摸屏和 PLC 的 I/O 地址分配见表 8-3。

表 8-3　I/O 地址分配表

PLC I/O 地址分配				触摸屏 I/O 地址分配			
PLC 输入		PLC 输出		触摸屏输入		触摸屏输出	
软元件	功 能 说 明	软元件	功 能 说 明	软元件	功 能 说 明	软元件	功 能 说 明
X0	人行道按钮	Y1	车道红灯	M21	人行道按钮	Y1 ~ Y3、Y5、Y6	交通信号灯指示
X1	人行道按钮	Y2	车道黄灯	M22	人行道按钮	T0 ~ T3	定时时间动态显示
		Y3	车道绿灯				
		Y5	人行道红灯				
		Y6	人行道绿灯				

2. 硬件接线图设计

根据本项目按钮式人行横道交通信号灯控制要求，选用 FX_{2N} -48MR 型 PLC。根据表 8-3 所示 I/O 地址分配表，可对系统硬件接线图进行设计，如图 8-9 所示。

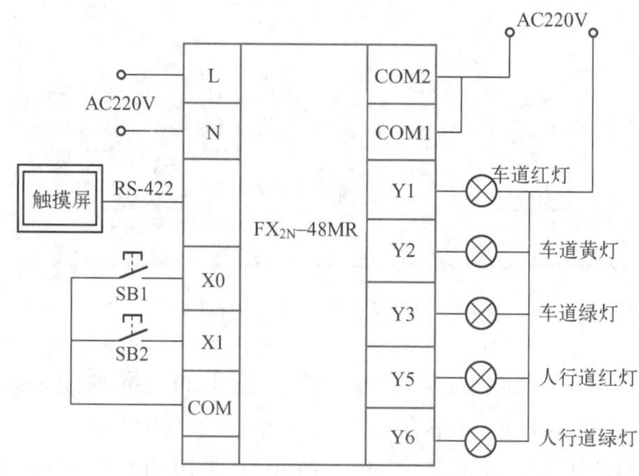

图 8-9　控制系统硬件接线图

3. 触摸屏画面设计

根据系统控制要求，利用 GT 组态软件对触摸屏画面进行设计，如图 8-10 所示。

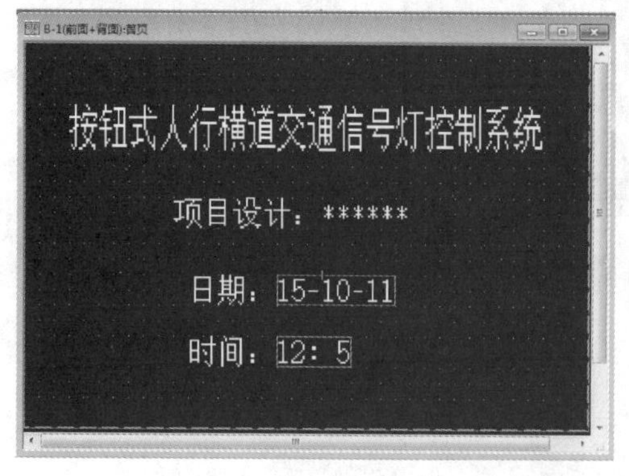

a)

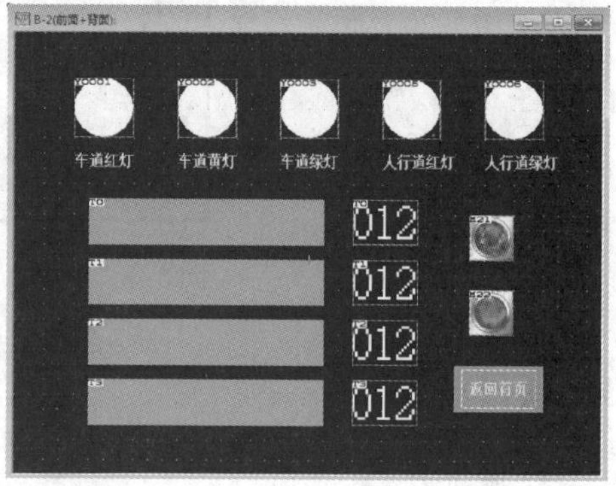

b)

图 8-10　触摸屏画面设计

a）画面 1　b）画面 2

4. PLC 程序设计

根据控制要求，当未按下按钮 SB1 或 SB2 时，人行道红灯和车道绿灯亮；当按下按钮 SB1 或 SB2 时，人行道指示灯和车道指示灯按照图 8-2 所示时序图运行，是具有两个分支的并行流程。其顺序功能图如图 8-11 所示。对应梯形图如图 8-12 所示，指令语句表请读者自行编制，此处不予介绍。

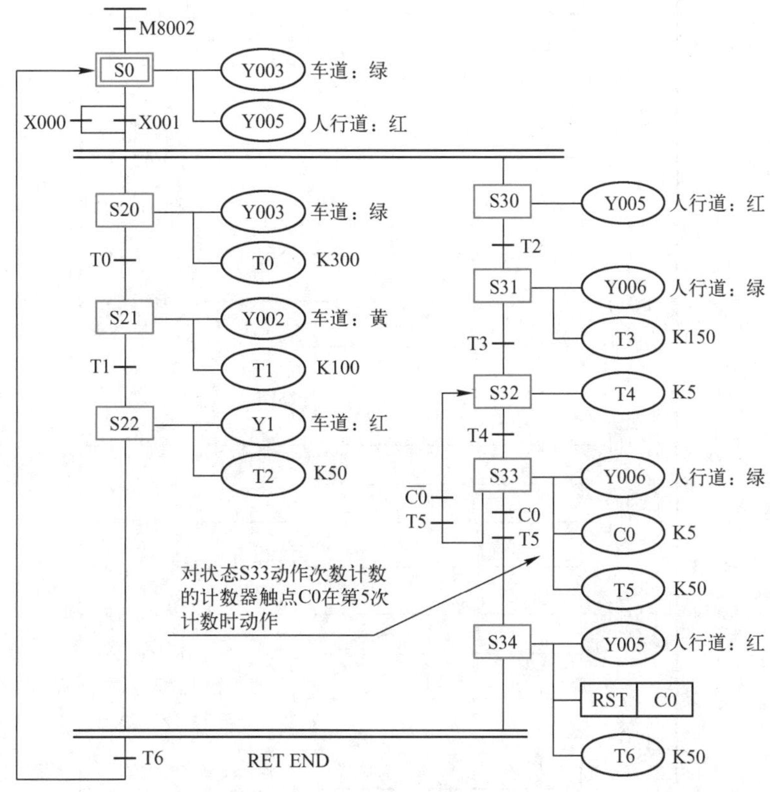

图 8-11　按钮式人行横道交通信号灯顺序功能图

程序说明：

1）PLC 从 STOP→RUN 变换时，初始状态 S0 动作，车道信号为绿灯，人行道信号为红灯。

2）按下触摸屏触摸键或人行道按钮 SB1（或 SB2），则状态转移到 S20 和 S30，车道为绿灯，人行道为红灯。

3）30 s 后，车道为黄灯，人行道仍为红灯。

4）再过 10 s 后，车道变为红灯，人行道仍为红灯。同时定时器 T2 开始计时，5 s 后 T2 触点接通，人行道变为绿灯。

5）15 s 后，人行道绿灯开始闪烁，0.5 s 闪烁一次。

6）闪烁中 S32、S33 反复循环工作，计数器 C0 设定值为 5，当循环达到 5 次时，C0 常开触点闭合，动作状态向 S34 转移，人行道变为红灯，其间车道仍为红灯，5 s 后返回初始状态。

7）在状态转移过程中，即使按动触摸屏触摸键或人行道按钮 SB1（或 SB2）也无效。

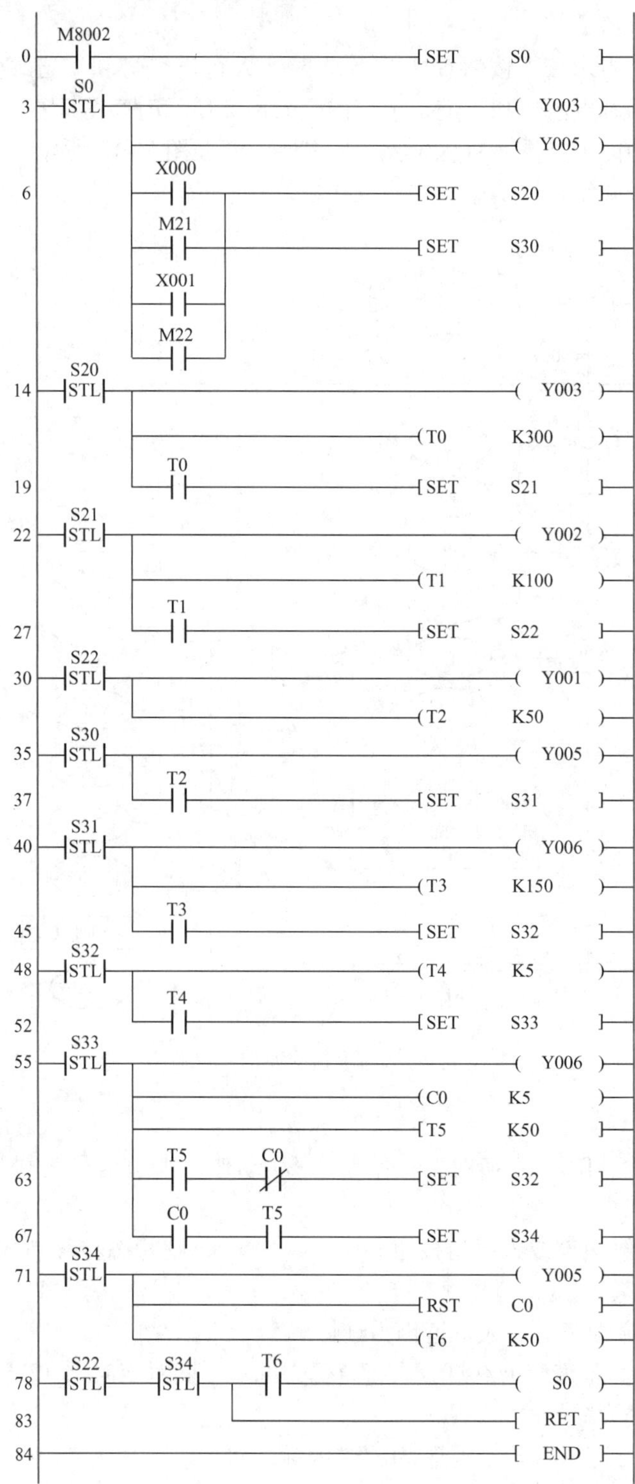

图 8-12　按钮式人行横道交通信号灯控制程序梯形图

5. 安装与调试

1）按图 8-9 所示控制系统硬件接线图接线并检查，确认接线正确。其中触摸屏的

RS－232C通信端口与计算机连接，RS－422通信端口与PLC相连。

2）利用GX软件编写图8-12所示的梯形图程序，并将经仿真调试无误的控制程序下载至PLC中。

3）利用GT组态软件设计图8-11所示的触摸屏画面，并经与PLC联机仿真调试无误后下载到触摸屏中。写入后，观察触摸屏画面是否与计算机画面一致。

4）PLC程序及触摸屏画面符合控制要求后再接通主电路试车，进行系统统调，直到满足系统控制要求为止。

项目8.2　知识竞赛抢答器控制系统设计与实施

8.2.1　项目导入

1. 工作任务

设计一个知识竞赛抢答器控制系统，要求用FX_{2N}系列PLC和GOT－F940型触摸屏进行控制和显示，具体控制要求如下。

1）儿童2人、学生1人、专家2人共3组抢答，竞赛者若要回答主持人所提出的问题，需抢先按下抢答按钮。

2）为了给参赛儿童组优待，儿童2人（SB1和SB2）中任一个人按下按钮时均可抢答，“儿童”指示灯HL1和“彩灯”指示灯HL4同时点亮表示抢答成功；为了对专家组做一定限制，只有2人（SB4和SB5）同时都按下时才可抢答成功，“专家”指示灯HL3和“彩灯”指示灯HL4才能点亮；当学生组（SB3）抢先按下按钮时，“学生”指示灯HL2和“彩灯”指示灯HL4同时点亮表示抢答成功。

3）若在主持人按下开始按钮后30s内有人抢答，则幸运彩灯点亮表示祝贺，同时触摸屏显示“恭喜你，抢答成功!”。否则，30s后显示“很遗憾！抢答失败!”，再过3s后返回原显示主界面。

4）触摸屏可完成开始、介绍题目、返回、清零和加分等功能，并可显示各组的总得分。

5）触摸屏共有5个画面。其中画面1是系统上电后即进入的画面，在画面1上单击任何一个地方，即进入主画面2。画面2是知识抢答的主画面，主持人按“介绍题目”对题目进行介绍后，按“开始抢答”按钮，开始一轮抢答，若有人在30s内抢答，则“儿童”“学生”“专家”“彩灯”4个指示灯中有两个指示灯会变成红色显示，同时自动跳转到抢答成功画面4，5s后自动返回主画面；若无人抢答，则自动跳转到抢答失败画面5，3s后自动返回主画面2。按下画面2上的“介绍题目”按钮，则指示灯熄灭，按“加分”按钮，画面自动跳转到统计画面3，同时给正确答案的队加10分，在画面3上用“数值显示”和“棒图”两种形式显示3队的得分情况。主持人按下“总分”按钮时，也进入画面3，显示场上各队的得分情况。按画面3中的“返回”按钮，返回到主画面2。

2. 考核内容

1）完成PLC与触摸屏联机控制系统硬件接线图的设计。

2）根据控制要求进行触摸屏画面设计。

3）按控制要求设计PLC程序、并进行联机仿真调试。

4）考核过程中注意“6S 管理”的要求。

3. 考核评价标准

该项目考核评价标准见表 8-1。

8.2.2 知识链接

触摸屏与 PLC 联机应用于工控领域时，有时需要设计多种基本画面和窗口画面。了解触摸屏画面配置及画面切换设置是正确设计工控产品的基本要求。

1. GOT - F940 画面配置

本项目以图 8-13 所示 GOT - F940 画面设计为例介绍 GOT 的画面配置。

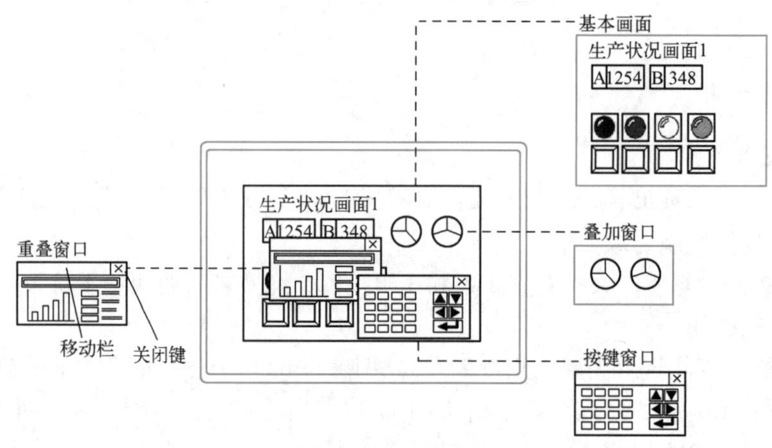

图 8-13 GOT - F940 画面配置

图 8-13 中，GOT 显示的用户创建画面由基本画面及窗口画面所构成。其中基本画面是在 GOT 中显示的作为用户创建画面的基本画面，可以通过触摸开关及 PLC 进行画面切换。在基本画面中，有基本画面背面及基本画面前面之分，对每个配置的对象可以选择前面或背面。此外，前面、背面称为图层，有关图层功能的详细内容，请参阅《GT Designer2 画面设计手册》，此处不予介绍。

窗口画面是指可在基本画面上显示的画面。通常包括重叠窗口、叠加窗口、按键窗口，最多可创建 1 024 个窗口画面。

GOT - F940 画面种类及内容可通过表 8-4 进行描述。

表 8-4 GOT - F940 画面种类及内容

画面种类		内容
基本画面		是在 GOT 中显示的作为用户创建画面的基本画面
窗口画面	重叠窗口	是在基本画面上弹出式显示的窗口 最多可同时显示 2 个重叠窗口（重叠窗口 1、重叠窗口 2） 可以通过手动对重叠窗口进行移动及关闭
	叠加窗口	是在基本画面上层叠（合成显示）显示的窗口 最多可同时显示 2 个叠加窗口 如果切换叠加窗口，可以变更部分基本画面
	按键窗口	是在基本画面上用于输入显示的数值及 ASCⅡ代码的弹出式窗口 在按键窗口中，包含有用户创建的内容及 GOT 中预先准备的内容

2. GOT－F940 画面切换设置

GOT－F940 画面切换最常用两种形式，一种是通过触摸键实现画面切换，另一种是通过 PLC 程序实现画面的自动切换。前者已在模块 7 的 7.4.3 中进行了介绍，此处不再赘述。

若需要利用 PLC 程序切换画面，首先需要在 GT 组态软件中设置基本画面切换元件。在 GT 组态软件设计界面单击菜单“公共设置”→“系统环境”→“画面切换”，弹出如图 8-14 所示对话框。将基本画面切换软元件设置为“D0”，即数据寄存器 D0 中的数值就是当前所显示画面的序号。其次，在 PLC 中编写画面切换程序，如图 8-15 所示。当按下 X000 时，MOV 指令将 K1 传送给 D0，当（D0）＝1 时，触摸屏显示画面 1；若按下 X001，则触摸屏显示画面 3；按下 X002，则触摸屏显示画面 5。

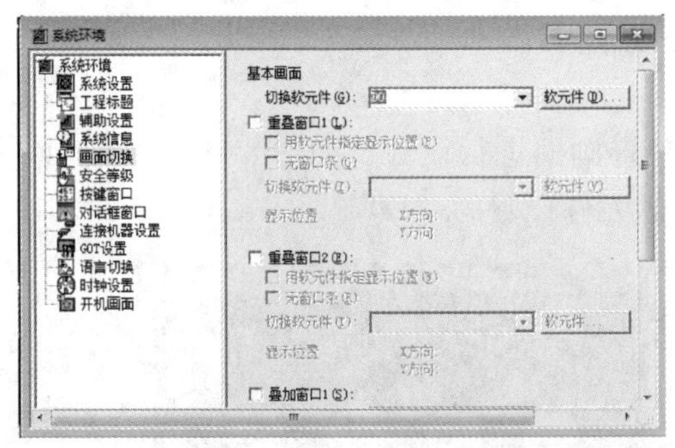

图 8-14 画面切换设置对话框

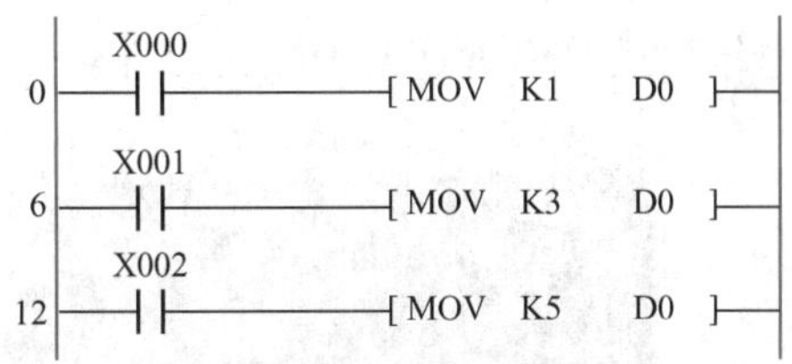

图 8-15 画面切换程序

8.2.3 项目实施

1. I/O 地址分配

根据本项目知识竞赛抢答器控制系统控制要求，选用 F940GOT－SWD 触摸屏，触摸屏和 PLC 的 I/O 地址分配见表 8-5。抢答器的各组抢答按钮、各组的抢答指示灯、彩灯仍占用 PLC 的 I/O 端口。“开始抢答”“介绍题目”“加分”“总分”“清零”等按钮在触摸屏上进行设置。儿童总分 D11、学生总分 D12、专家总分 D13，分别在触摸屏上进行动态显示。

表 8-5 I/O 地址分配表

PLC I/O 地址分配				触摸屏 I/O 地址分配			
PLC 输入		PLC 输出		触摸屏输入		触摸屏输出	
软元件	功能说明	软元件	功能说明	软元件	功能说明	软元件	功能说明
X1	儿童抢答按钮 A	Y0	儿童抢答指示	M21	开始抢答	D11	儿童总分
X2	儿童抢答按钮 B	Y1	学生抢答指示	M22	介绍题目	D12	学生总分
X3	学生抢答按钮	Y2	专家抢答指示	M23	加分	D13	专家总分
X4	专家抢答按钮 A	Y3	彩灯	M34	清零		
X5	专家抢答按钮 B						

2. 硬件接线图设计

根据本项目知识竞赛抢答器控制系统控制要求，选用 FX_{2N}－32MR 型 PLC。根据表 8-5 所示 I/O 地址分配表，可对系统硬件接线图进行设计，如图 8-16 所示。

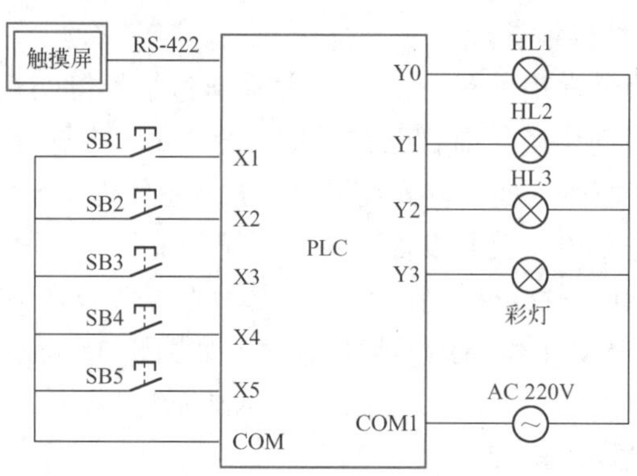

图 8-16　控制系统硬件接线图

3. 触摸屏画面设计

根据系统控制要求，利用 GT 组态软件对触摸屏画面进行设计，如图 8-17 所示。该控制系统通过 PLC 程序实现画面的自动切换，切换软元件设置为“D0”。

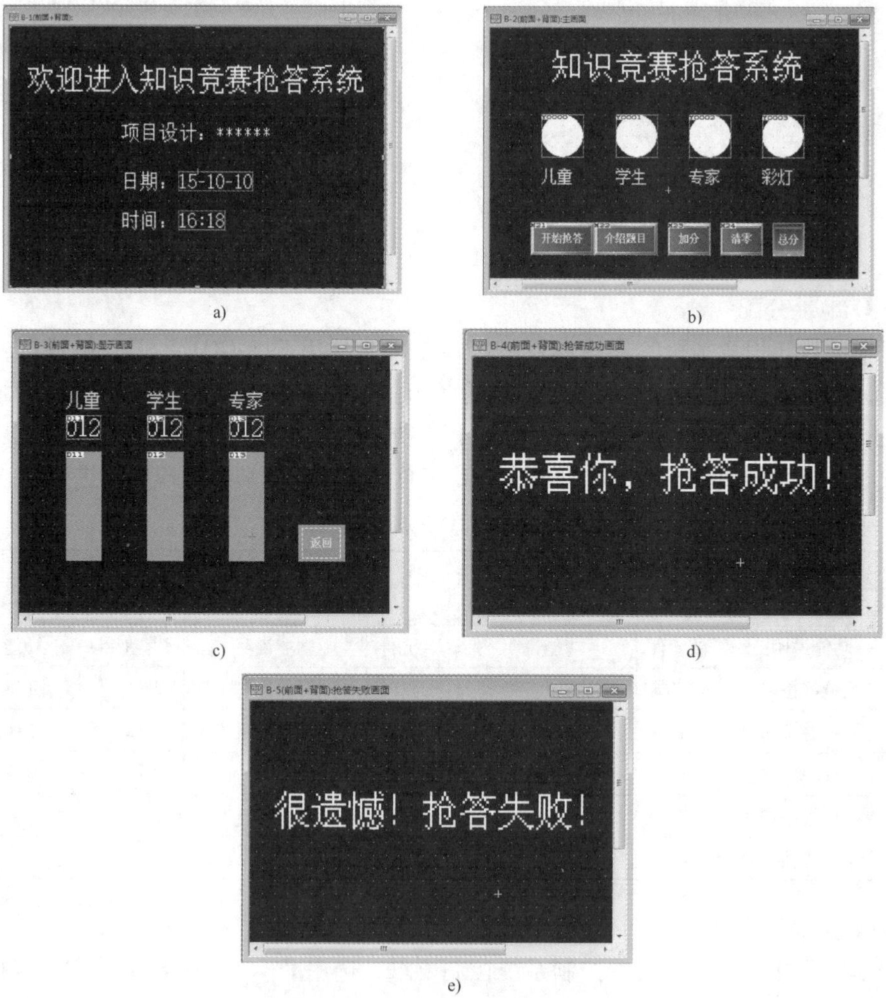

a)

b)

c)

d)

e)

图 8-17　触摸屏画面设计

a）画面 1　b）画面 2　c）画面 3　d）画面 4　e）画面 5

4. PLC 程序设计

触摸屏画面设计好后，还需给 PLC 编写控制程序。知识竞赛抢答器系统控制程序如图 8-18 所示，语句指令表此处不予介绍，请读者根据梯形图自行编制。

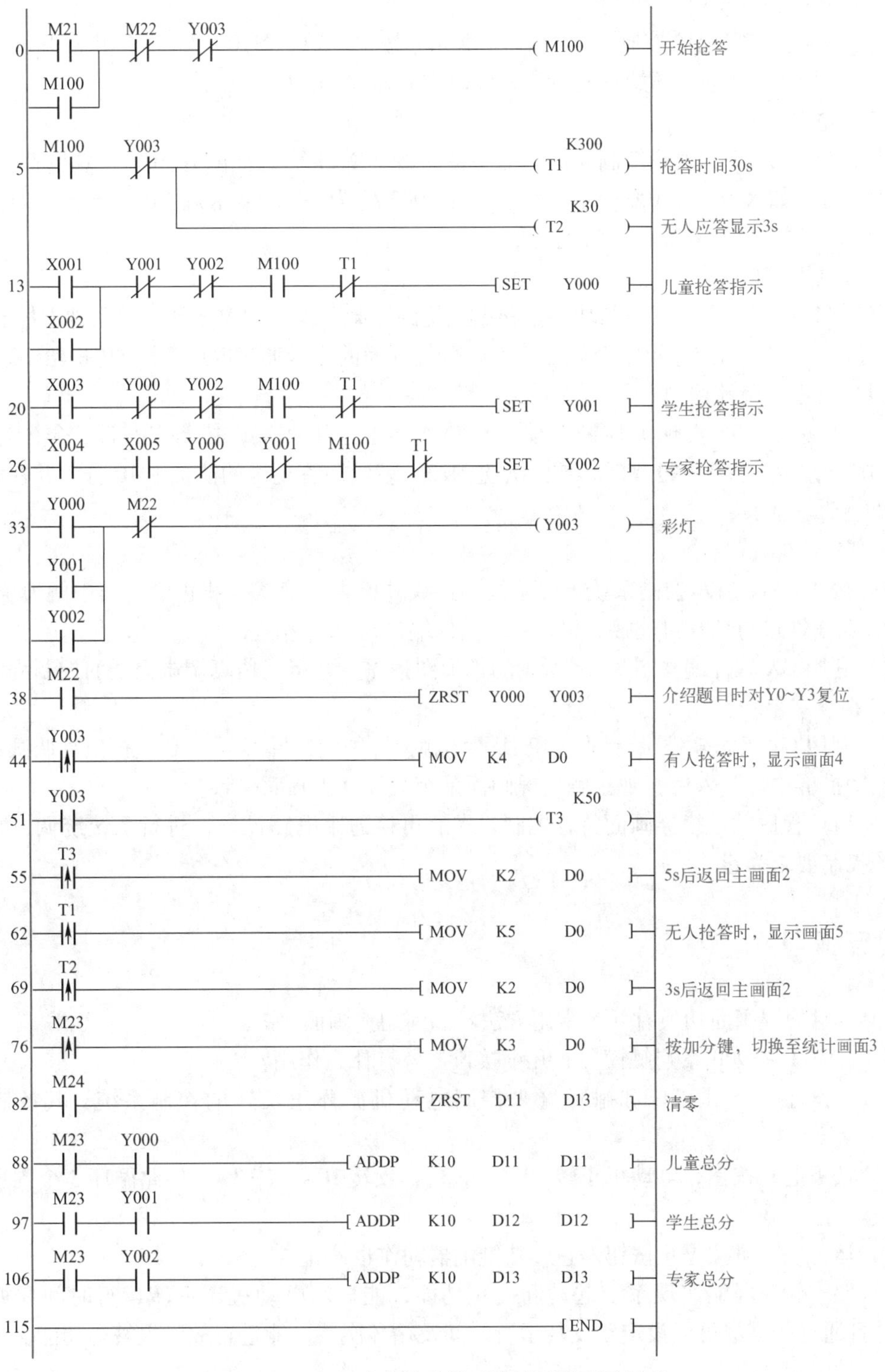

图 8-18　知识竞赛抢答器系统控制梯形图程序

程序详解：

下面对照图8-16所示硬件接线图和图8-18所示程序来说明PLC与触摸屏联机实现知识竞赛抢答器控制的工作原理。

（1）开始抢答及抢答计时控制

由步0～步5实现该控制功能。在触摸屏上按下M21，M100为ON，其常开触点闭合（步13～步26），则进入开始计时阶段，此时定时器T1和T2开始计时。

（2）抢答控制

由步13～步33实现该控制功能。当主持人按下M21后，同时在30 s有效抢答时间内，若有人抢答，如X004与X005同时闭合，则Y002置为ON，指示灯Y002点亮，同时彩灯Y003也被点亮，此时其他组抢答均无效。

（3）画面切换控制

由步44～步76实现该控制功能。根据系统的控制要求，用需要切换的条件去控制MOV指令的执行，需要当前显示哪个画面，就将哪个画面的序号通过MOV指令传送给D0。

（4）清零与统计控制

由步82～步106实现该控制功能。在触摸屏上按下M24，执行ZRST指令，对D11、D12、D13清零。当有人抢答时，按加分键M23，就给回答正确的队加上10分，并在触摸屏画面3上动态显示。

5. 安装与调试

1）按图8-16所示控制系统硬件接线图接线并检查，确认接线正确。其中触摸屏的RS-232C通信端口与计算机连接，RS-422通信端口与PLC相连。

2）利用GX软件编写图8-18所示的梯形图程序，并将经仿真调试无误的控制程序下载至PLC中。

3）利用GT组态软件设计图8-17所示的触摸屏画面，并经与PLC联机仿真调试无误后下载到触摸屏中。写入后，观察触摸屏画面是否与计算机画面一致。

4）PLC程序及触摸屏画面符合控制要求后再接通主电路试车，进行系统统调，直到满足系统控制要求为止。

思考与练习

8.1　触摸屏画面切换有几种常用方法？如何切换画面？

8.2　GOT-F900系列触摸屏有几个接口？各有什么作用？

8.3　设计一个用PLC和触摸屏来控制电动机循环正反转的控制系统，其控制要求如下。

1）按下起动按钮，电动机正转10 s，停3 s，反转10 s，停3 s，如此循环3个周期后自动停止。

2）运行中，可按停止按钮停止，热继电器动作也停止。

3）要求触摸屏能实现系统起动和停止功能，能显示电动机正反转运行时间和循环次数，并且通过触摸屏可以设定正反转运行时间及循环次数，能进行故障报警等功能。

第四篇　三菱 PLC、变频器与触摸屏综合应用

本篇内容：

● 模块9　三菱 PLC、变频器与触摸屏综合应用工程案例

模块 9
三菱 PLC、变频器与触摸屏综合应用工程案例

能力目标：

1. 掌握综合应用工程 PLC 和触摸屏 I/O 地址分配表的设置
2. 掌握 PLC、变频器与触摸屏联机控制系统设计与仿真调试方法

知识目标：

1. 了解 PLC、变频器与触摸屏的联机方式
2. 掌握 PLC、变频器与触摸屏联机工作原理

项目 9.1　综合案例 1——工业洗衣机控制系统设计与实施

9.1.1　项目导入

1. 工作任务

用 PLC、变频器和触摸屏设计一个工业洗衣机的综合控制系统，控制流程如图 9－1 所示。

图 9－1 中，工业洗衣机的进水和排水分别由进水电磁阀和排水电磁阀执行。进水时，通过电控系统使进水电磁阀打开，经进水管将水注入外筒；排水时，通过电控系统使排水电磁阀打开，将水由外筒排出机外。洗涤正、反转由洗涤电动机驱动波盘正、反转实现，此时脱水筒（内筒）并不旋转。脱水时，通过电控系统将离合器合上，由洗涤电动机驱动脱水筒（内筒）正转进行甩干。高低水位开关分别用来检测高、低水位；启动按钮用来启动洗衣机工作；停止按钮用来实现手动进水、排水、脱水及报警；排水按钮用来实现手动排水。

本项目工业洗衣机控制要求如下。

1）系统通电后，自动进入初始状态，准备启动。

2）按启动按钮开始进水，当水位到达高水位时，停止进水，并开始正转洗涤。正转洗涤 15 s，暂停 3 s，反转洗涤 15 s，暂停 3 s，此过程为一次小循环。若小循环次数不满 3 次，则返回进水，开始下一个小循环；若小循环次数达到 3 次，则开始排水。

3）当水位下降到低水位时，开始脱水并继续排水，脱水时间为 10 s，10 s 时间到，即完成一次大循环。若大循环次数未达到 3 次，则返回进水，开始下一次大循环；若大循环次数达到 3 次，则进行洗完报警。报警 10 s 后结束全部过程，自动停机。

4）洗衣机“正转洗涤 15 s”和“反转洗涤 15 s”过程，要求使用变频器驱动电动机。且实现 3 段速运行，即先以 30 Hz 频率运行 5 s，接着变为 45 Hz 频率运行 5 s，最后以 25 Hz 频率运行 5 s。

5）脱水时的变频器输出频率为 50 Hz，设定其加速、减速时间均为 2 s。

6）通过触摸屏设定启动按键、停止按键，显示正反转运行时间、循环次数等参数。

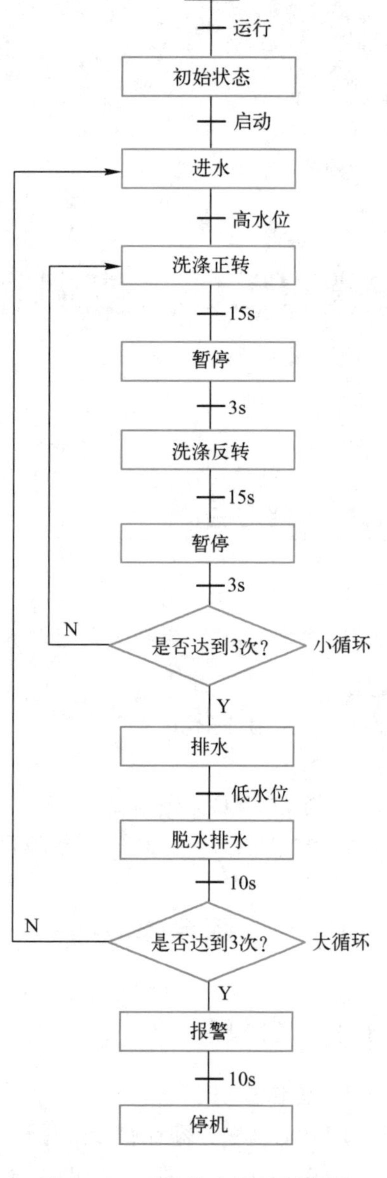

图 9－1　工业洗衣机控制流程

2. 考核内容

1）根据图 9－1 所示工业洗衣机控制流程，确定控制系统功能。

2）完成 PLC、变频器与触摸屏联机控制系统硬件接线图的设计。

3）根据控制要求设定变频器参数。

4）按控制要求进行触摸屏画面设计并仿真调试。

5）按控制要求设计梯形图、输入并调试控制程序。

6）考核过程中注意“6S 管理”的要求。

3. 考核评价标准

（1）说明

1）本评价标准根据国家职业技能鉴定中心高级维修电工职业技能鉴定规范（考核大纲）编制。

2）项目考核评价由指导教师组织实施，指导教师可自行具体制定项目评分细则。

3）项目考核评价可根据项目实施情况，引入学生互评。

（2）考核评价标准

该项目考核评价标准见表 9－1。

表 9－1　项目考核评价标准

评价内容	序号	项目配分	考核要求	评分细则	扣分	得分
职业素养与操作规范（50 分）	1	工作前准备（5 分）	清点工具、仪表等	未清点工具、仪表等，每项扣 1 分		
	2	安装与接线（15 分）	按控制系统硬件接线图在模拟配线板上正确安装、规范操作	① 未关闭电源开关，用手触摸带电线路或带电进行线路连接或改接，本项记 0 分		

（续）

评价内容	序号	项目配分	考核要求	评分细则	扣分	得分
职业素养与操作规范（50分）				② 线路布置不整齐、不合理，每处扣2分 ③ 损坏元件，扣5分 ④ 接线不规范造成导线损坏，每根扣5分 ⑤ 不按I/O接线图接线，每处扣2分		
	3	参数设定、画面设计、程序输入与调试（20分）	熟练设定变频器参数；熟练操作GT组态软件进行画面设计；熟练操作编程软件，将所编写的程序输入PLC；按照被控设备的动作要求进行仿真调试，达到控制要求	① 不会设定变频器参数，扣10分 ② 不会进行触摸屏画面设计，扣10分 ③ 不会熟练操作软件输入程序，扣10分 ④ 不会进行程序删除、插入、修改等操作，每项扣2分 ⑤ 不会联机下载调试程序，扣10分 ⑥ 调试时造成元件损坏或者熔断器熔断，每次扣10分		
	4	清洁（5分）	工具摆放整洁；工作台面清洁	乱摆放工具、仪表，乱丢杂物，完成任务后不清理工位，扣5分		
	5	安全生产（5分）	安全着装；按维修电工操作规程进行操作	① 没有安全着装，扣5分 ② 出现人员受伤、设备损坏事故，考试成绩为0分		
操作（50分）	6	功能分析（10分）	能正确分析控制线路功能	功能分析不正确，每处扣2分		
	7	硬件接线图（5分）	绘制I/O接线图	① 接线图绘制错误，每处扣2分 ② 接线图绘制不规范，每处扣1分		
	8	参数设定（5分）	正确设定变频器参数	变频器参数设定错误，每处扣2分		
		画面设计（5分）	正确设计触摸屏画面	触摸屏画面设计错误，每处扣2分		
	9	梯形图（10分）	梯形图正确、规范	① 梯形图功能不正确，每处扣3分 ② 梯形图画法不规范，每处扣1分		
	10	功能实现（15分）	根据控制要求，准确完成系统的安装调试	不能达到控制要求，每处扣5分		
评分人：			核分人：		总分	

9.1.2 项目实施

1. I/O 地址分配

根据工业洗衣机控制要求，选用 FX_{2N} – 48MR 型 PLC、FR – E740 型变频器和 GOT – F940 型触摸屏。触摸屏和 PLC 的 I/O 地址分配见表 9 – 2。

表 9-2 I/O 地址分配表

PLC I/O 地址分配				触摸屏 I/O 地址分配			
PLC 输入		PLC 输出		触摸屏输入		触摸屏输出	
软元件	功能说明	软元件	功能说明	软元件	功能说明	软元件	功能说明
X0	启动按钮	Y0	进水电磁阀	M1	启动触摸键	T0	正转 1 段速运行时间
X1	停止按钮	Y1	排水电磁阀	M2	停止触摸键	T1	正转 2 段速运行时间
X2	排水按钮	Y2	脱水离合器			T2	正转 3 段速运行时间
X3	高水位传感器	Y3	报警指示灯			T3	反转 1 段速运行时间
X4	低水位传感器	Y4	运行信号（STF）			T4	反转 2 段速运行时间
		Y5	运行信号（STR）			T5	反转 3 段速运行时间
		Y6	RH（1 速）			C0	小循环次数
		Y7	RM（2 速）			C1	大循环次数
		Y10	RL（3 速）			M100	进水显示
						M101	排水显示
						M102	脱水显示
						M103	报警显示

2. 硬件接线图设计

根据本项目工业洗衣机控制要求及 I/O 地址分配，可对系统硬件接线图进行设计，如图 9-2 所示。

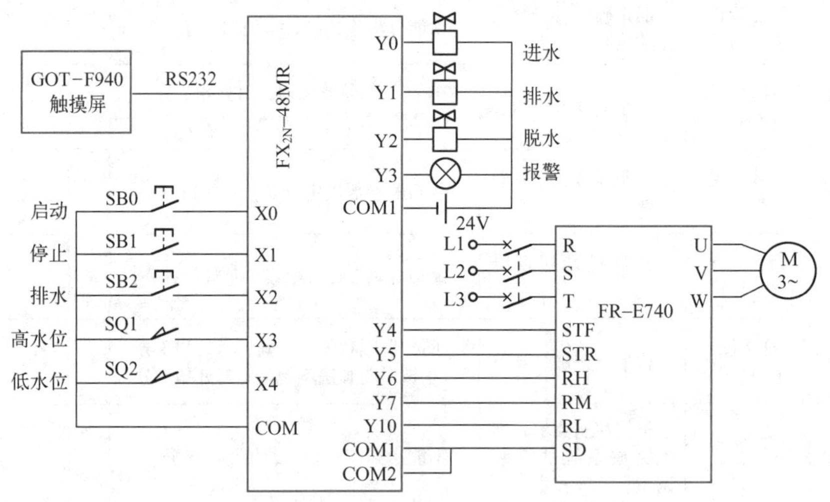

图 9-2 控制系统硬件接线图

3. 触摸屏画面制作

根据系统控制要求，利用 GT 组态软件对触摸屏画面进行设计，如图 9-3 所示。

4. 变频器参数设置

根据系统控制要求，需设定变频器的基本参数、操作模式选择参数和多段速度设定等参数，具体参数设定见表 9-3。

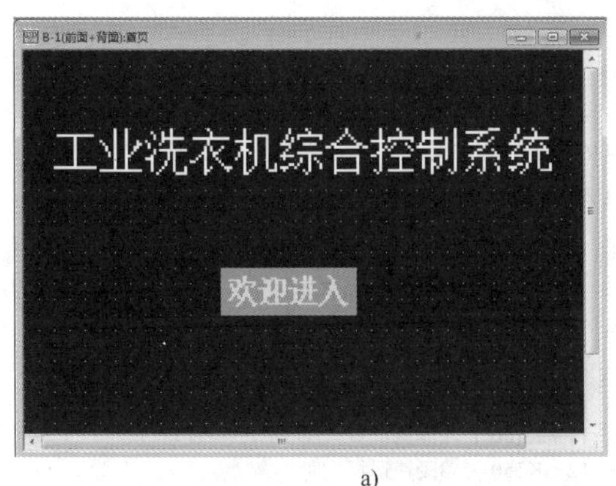

a)

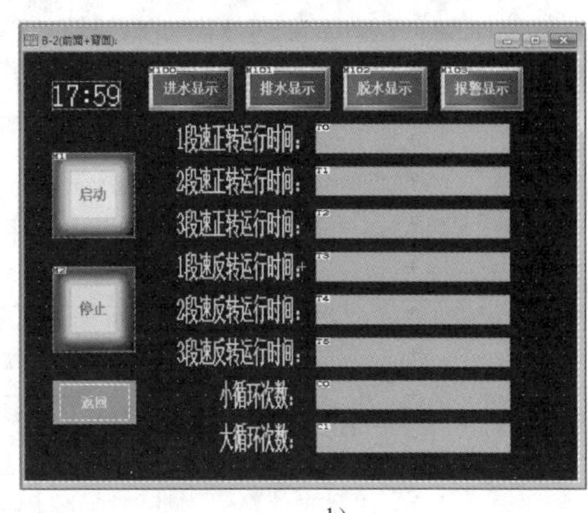

b)

图 9－3　触摸屏画面

a）首页画面　b）运行画面

表 9－3　变频器参数设置表

参　数　号	名　　称	设　定　值
Pr. 1	上限频率	50 Hz
Pr. 2	下限频率	0 Hz
Pr. 3	基准频率	50 Hz
Pr. 4	多段速度设定（1 速）	30 Hz
Pr. 5	多段速度设定（2 速）	45 Hz
Pr. 6	多段速度设定（3 速）	25 Hz
Pr. 7	加速时间	2 s
Pr. 8	减速时间	2 s
Pr. 9	电子过电流保护	电动机的额定电流
Pr. 79	运行模式选择	3

5. PLC 程序设计

由图 9－1 所示控制流程可知，本项目工业洗衣机控制属于典型的顺序控制，可优先选择步进指令进行编程。根据控制要求，设计出控制系统的顺序功能图如图 9－4 所示。对应梯形图如图 9－5 所示。

6. 系统仿真调试

1）按照图 9－2 所示系统硬件接线图接线并检查、确认接线正确。

2）利用 FR－E740 型变频器操作面板按表 9－3 设定参数。

3）利用 GX 软件和 GX Simulator－6 仿真软件输入并运行程序，监控程序运行状态，分析程序运行结果。

4）利用 GT 组态软件和 GT－Simulator2 触摸屏仿真软件设计触摸屏画面并运行画面，监控程序运行状态，分析程序运行结果。

5）程序符合控制要求后再接通主电路试车，进行系统仿真调试，直到满足系统控制要求为止。

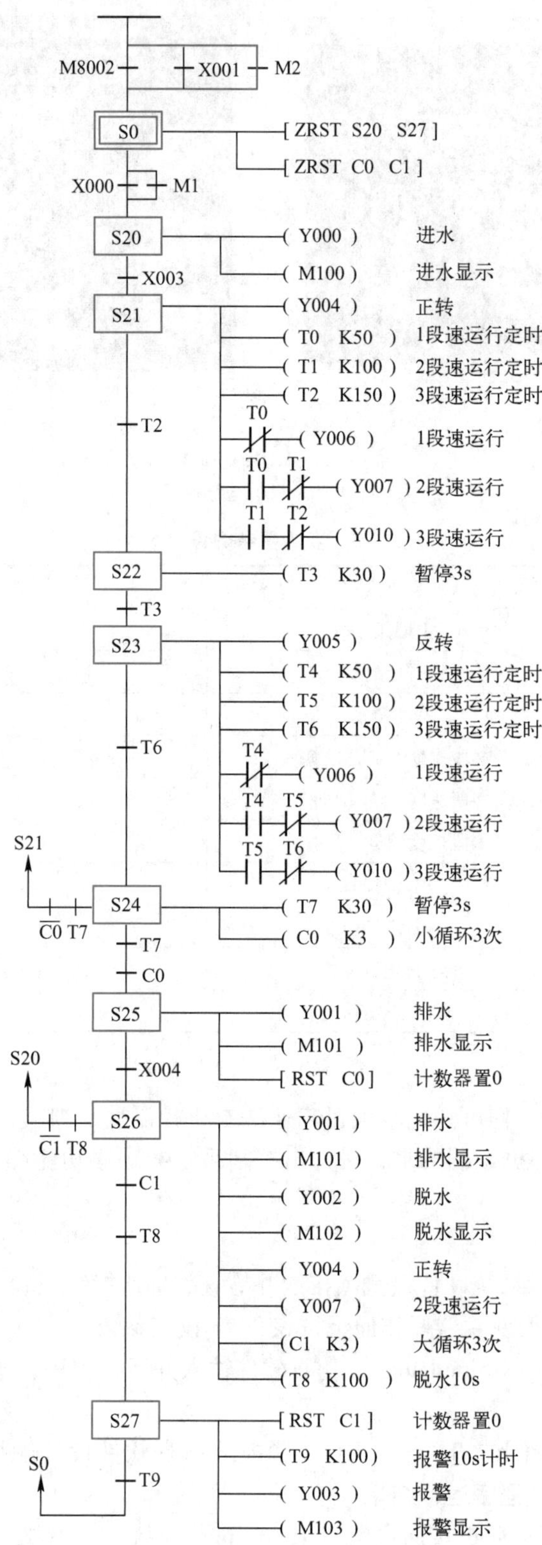

图9－4 工业洗衣机控制系统顺序功能图

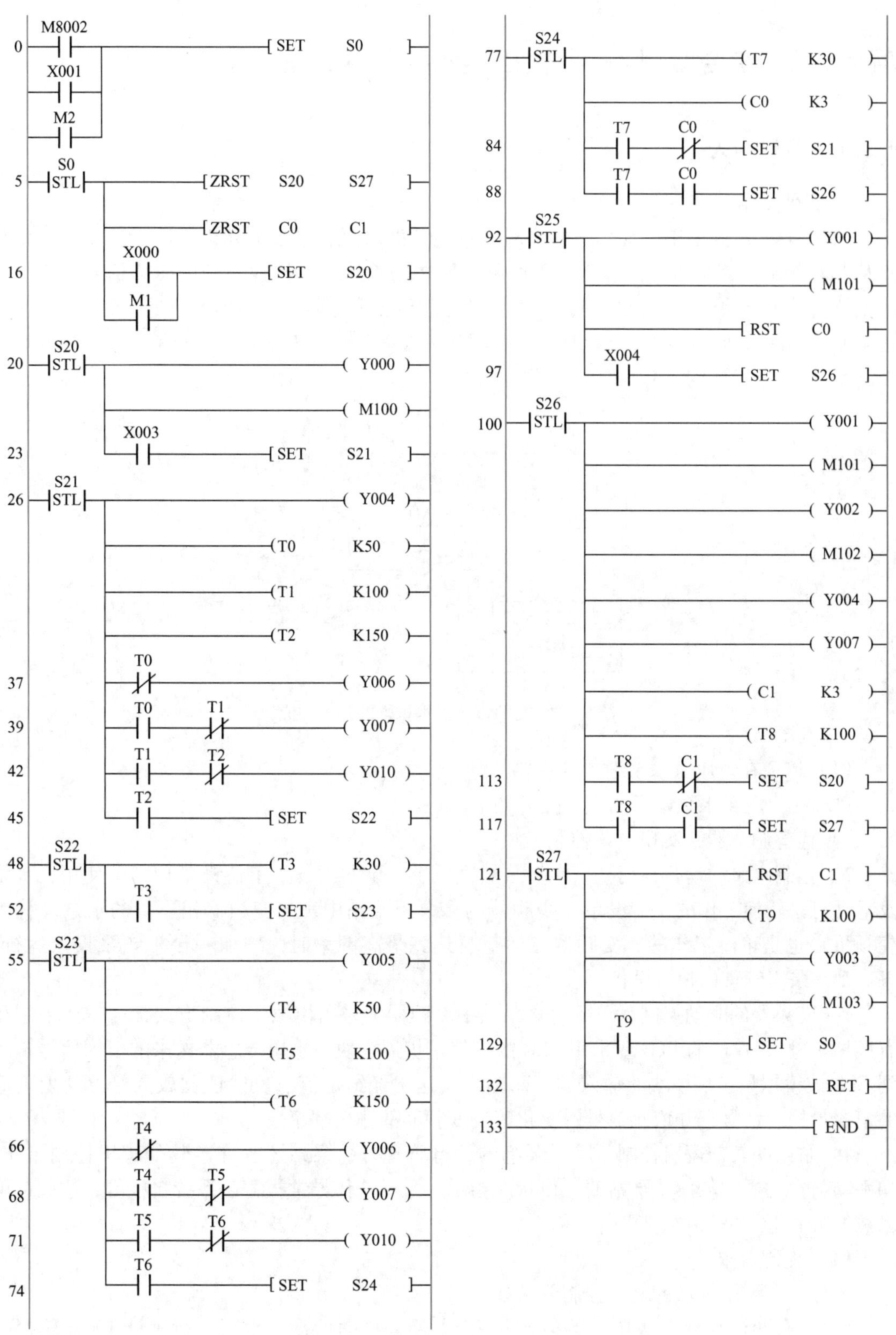

图 9－5　工业洗衣机控制系统梯形图程序

项目 9.2 综合案例 2——恒压供水控制系统设计与实施

9.2.1 项目导入

1. 工作任务

图 9 - 6 所示为恒压供水泵站的构成示意图，由水泵、水泵电动机、压力传感器、变频器及 PLC 组成。其中压力传感器用于检测管网中的水压，并把检测到的压力信号送入 PLC 的模拟量输入模块中，经 PLC 的 PID 指令进行 PID 运算与调节，输出调节量经 D - A 转换后送至变频器调节水泵电动机的转速，从而调节供水量。试用三菱 PLC、变频器与触摸屏对该控制系统进行设计并实施。

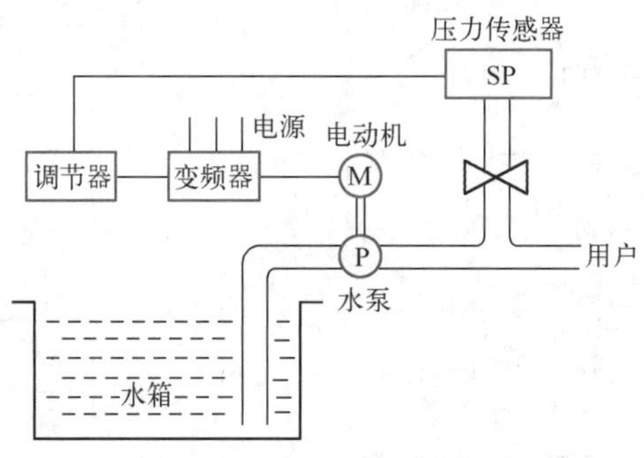

图 9 - 6　变频恒压供水系统的基本构成

（1）PLC 在恒压供水泵站中的主要任务

PLC 在恒压供水泵站中的主要任务如下。

1）代替调节器，实现 PID 控制。

2）控制水泵的运行与切换。在多泵组恒压供水泵站中，为了使设备均匀地使用，水泵及电动机是轮换工作的。在设单一变频器的多泵组泵站中，与变频器相连接的水泵（称为变频泵）也是轮流工作的。变频器在运行且达到最高频率时，增加一台工频泵投入运行。PLC 则是泵组管理的执行设备。

3）变频器的驱动控制。恒压供水泵站中变频器常采用模拟量控制方式，这需要采用具有模拟量输入/输出的 PLC 或采用 PLC 的模拟量扩展模块，水压传感器送来的模拟信号输入到 PLC 或模拟量扩展模块的输入端，而输出端送出经给定值与反馈值比较并经 PID 处理后的模拟量控制信号，并依此信号的变化改变变频器的输出频率。

4）泵站的其他逻辑控制。除了泵组的运行管理外，泵站还有许多其他逻辑控制工作，如手动与自动操作转换、泵站的工作状态指示、泵站工作异常报警、系统自检等，这些都可以在 PLC 的控制程序中实现。

（2）控制要求

设计一个恒压供水系统，控制要求如下。

1）共有两台水泵，要求一台运行，一台备用，自动运行时水泵运行累计 100 h 轮换一次，手动时不切换。

2）两台水泵分别由 M1、M2 电动机拖动，由接触器 KM1、KM2 控制。

3）切换后启动和停电后启动需 5 s 报警，运行异常可自动切换到备用泵，并报警。

4）水压在 0 ~ 1 MPa 可调，通过触摸屏输入调节。

5）触摸屏可以显示设定水压、实际水压、水泵的运行时间、转速、报警信号等。

2. 考核内容

1）根据图 9 - 6 所示变频恒压供水系统的基本构成，确定控制系统功能。

2）完成 PLC、变频器与触摸屏联机控制系统硬件接线图的设计。

3）根据控制要求设定变频器参数。

4）按控制要求进行触摸屏画面设计并仿真调试。

5）按控制要求设计梯形图、输入并调试控制程序。

6）考核过程中注意“6S 管理”的要求。

3. 考核评价标准

（1）说明

1）本评价标准根据国家职业技能鉴定中心高级维修电工职业技能鉴定规范（考核大纲）编制。

2）项目考核评价由指导教师组织实施，指导教师可自行具体制定项目评分细则。

3）项目考核评价可根据项目实施情况，引入学生互评。

（2）考核评价标准

该项目考核评价标准见表 9 - 1。

9.2.2 项目实施

1. I/O 地址分配

根据恒压供水控制系统控制要求，选用 F940GOT - SWD 触摸屏，触摸屏和 PLC 的 I/O 地址分配见表 9 - 4。

表 9 - 4 I/O 地址分配表

PLC I/O 地址分配				触摸屏 I/O 地址分配			
PLC 输入		PLC 输出		触摸屏输入		触摸屏输出	
软元件	功能说明	软元件	功能说明	软元件	功能说明	软元件	功能说明
X1	1 号泵水流开关	Y0	KM1（控制 1 号泵接触器）	M500	自动启动	Y0	1 号泵运行指示
X2	2 号泵水流开关	Y1	KM2（控制 2 号泵接触器）	M100	手动 1 号泵	Y1	2 号泵运行指示
X3	过电压保护开关	Y4	报警器 HA	M101	手动 2 号泵	T20	1 号泵故障
		Y10	变频器正转启动端子 STF	M102	停止	T21	2 号泵故障
				M103	运行时间复位	D101	当前水压
				M104	清除报警	D502	水泵累计运行时间
				D500	水压设定	D102	水泵电动机转速

2. 硬件接线图设计

根据恒压供水控制系统控制要求，PLC 选用 FX_{2N} –32MR 型，变频器选用三菱 FR–E740 型，模拟量扩展模块采用输入/输出混合模块 FX_{0N} –3A，变频器通过 FX_{0N} –3A 的模拟量输出来调节电动机的转速。根据控制要求及 I/O 地址分配，可对系统硬件接线图进行设计，如图 9–7 所示。

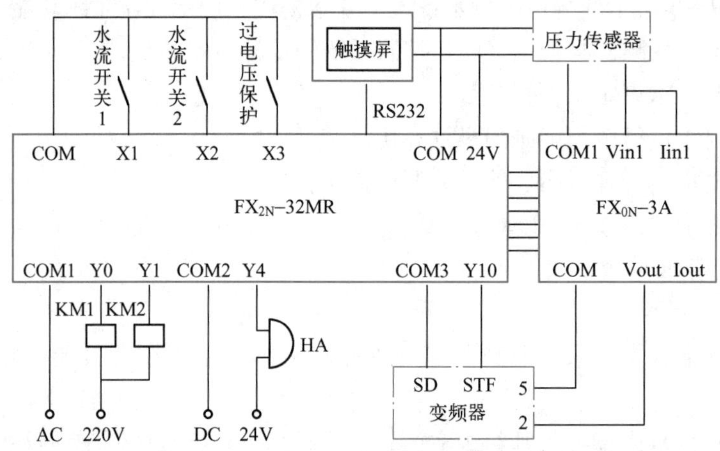

图 9–7 控制系统硬件接线图

3. 触摸屏画面制作

根据系统控制要求，利用 GT 组态软件对触摸屏画面进行设计，如图 9–8 所示。

4. 变频器参数设置

根据系统的控制要求，需要对变频器进行有关参数设置，具体见表 9–5。

表 9–5 变频器参数设置表

参数编号	参数名称	设定值
Pr. 1	上限频率	50 Hz
Pr. 2	下限频率	30 Hz
Pr. 3	基准频率	50 Hz
Pr. 7	加速时间	3 s
Pr. 8	减速时间	3 s
Pr. 9	电子过电流保护	电动机的额定电流
Pr. 13	启动频率	10 Hz
Pr. 73	模拟量输入选择	1
Pr. 160	用户参数组读取选择	0
Pr. 79	运行模式设置	2

a)

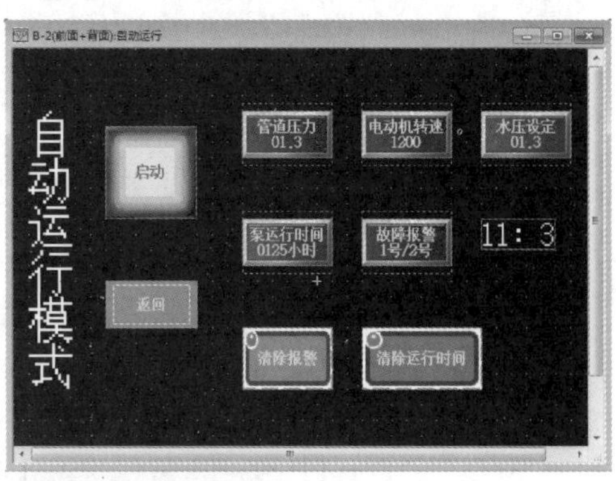

b)

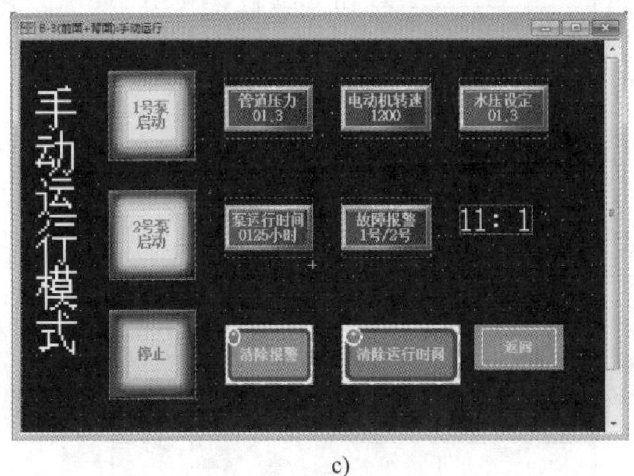

c)

图9－8　触摸屏画面

a）首页画面　b）自动运行画面　c）手动运行画面

5. PLC 程序设计

变频器有关参数设定好后，还需给 PLC 编写控制程序。恒压供水系统控制程序如图 9－9所示。

6. 系统仿真调试

1）按照图 9－7 所示系统硬件接线图接线并检查、确认接线正确。

2）利用 FR－E740 型变频器操作面板按表 9－5 设定参数。

3）利用 GX 软件和 GX Simulator－6 仿真软件输入并运行程序，监控程序运行状态，分析程序运行结果。

4）利用 GT 组态软件和 GT－Simulator2 触摸屏仿真软件设计触摸屏画面并运行画面，监控程序运行状态，分析程序运行结果。

5）程序符合控制要求后再接通主电路试车，进行系统仿真调试，直到满足系统控制要求为止。

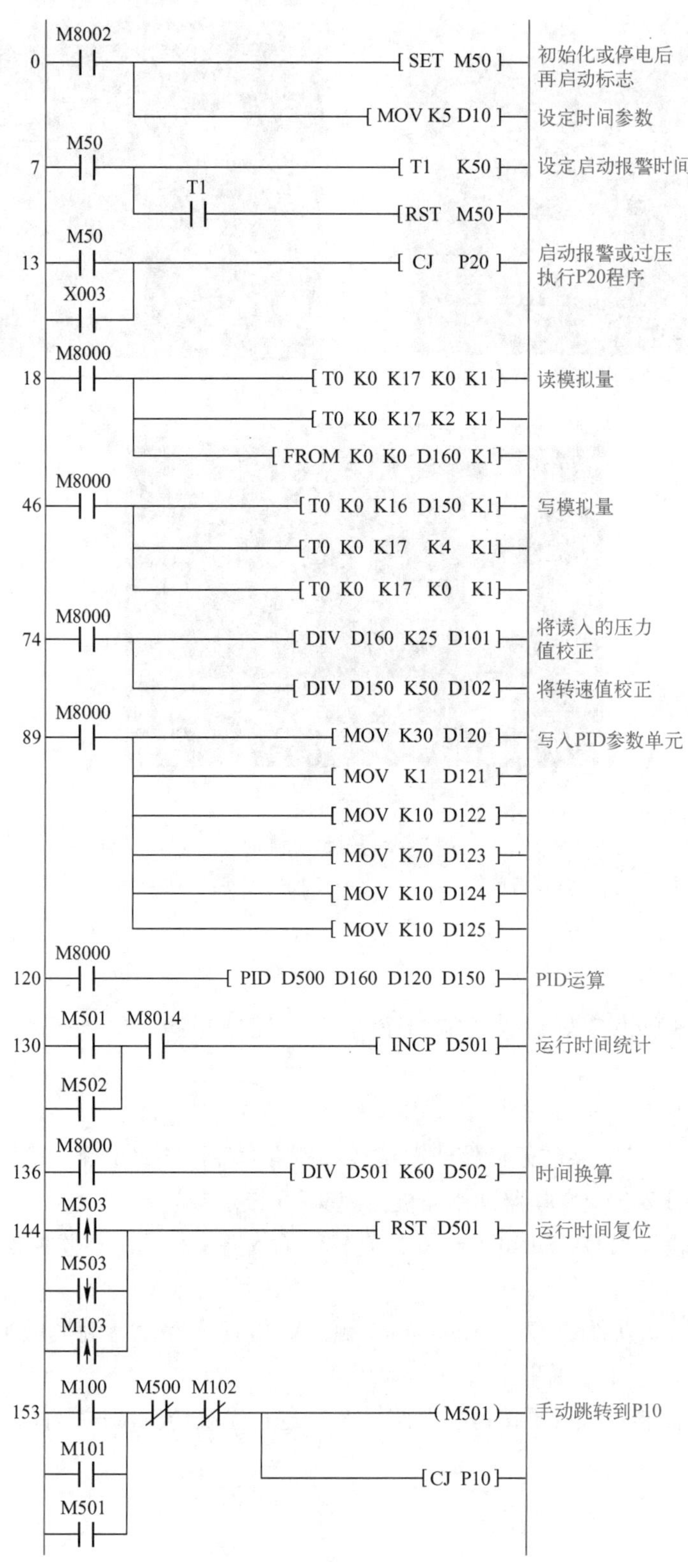

图9-9　恒压供水系统控制程序

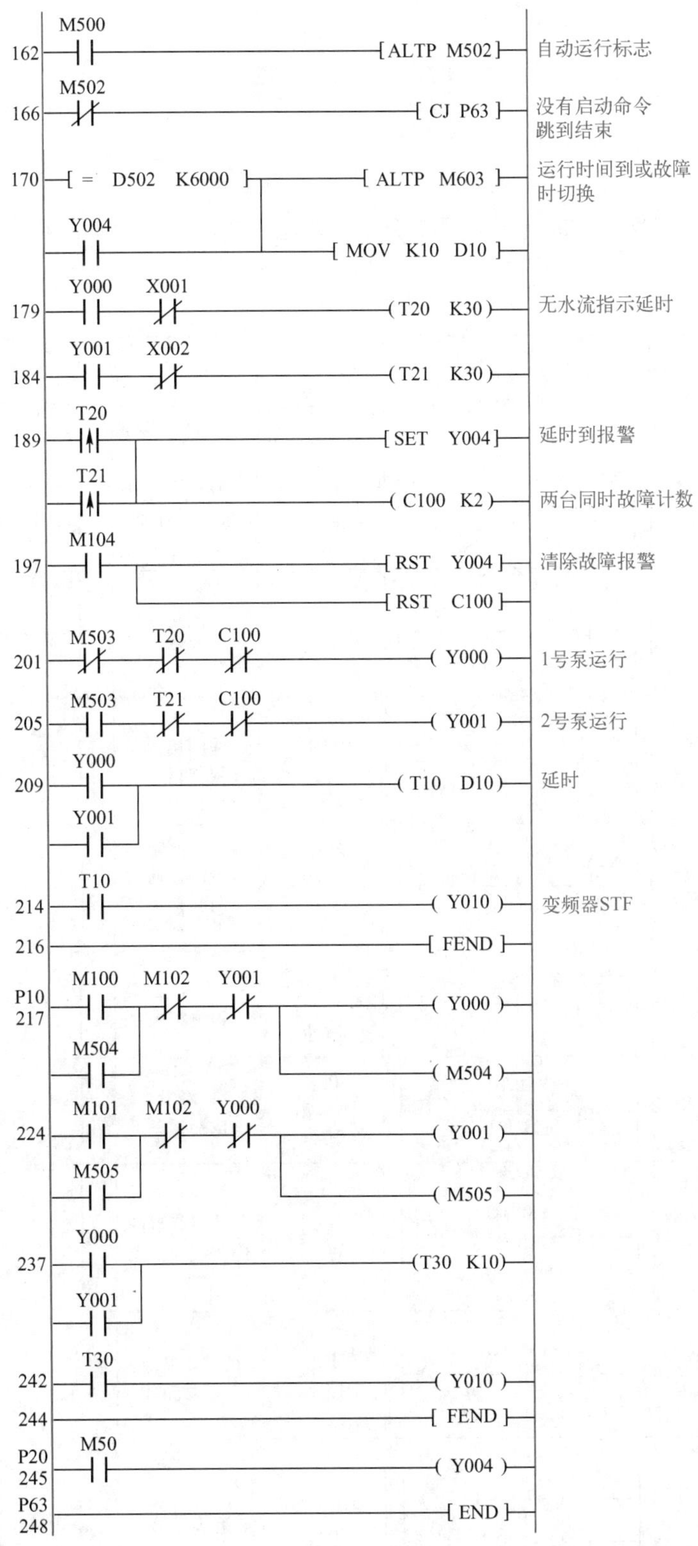

图9-9 恒压供水系统控制程序（续）

附　　录

附录 A　三菱 FX 系列 PLC 指令一览表

一、基本指令简表

指令助记符、名称	功　能	电路表示和可用软元件	指令助记符、名称	功　能	电路表示和可用软元件
[LD] 取	触点运算开始 a 触点	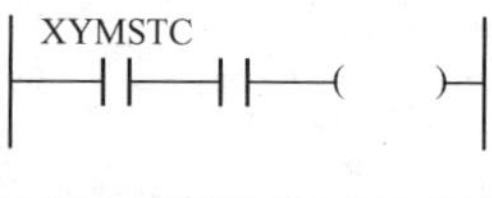 XYMSTC	[ORB] 电路块或	串联电路块的并联连接	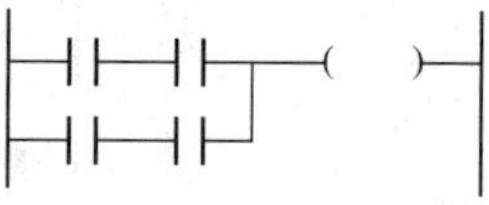
[LDI] 取反	触点运算开始 b 触点	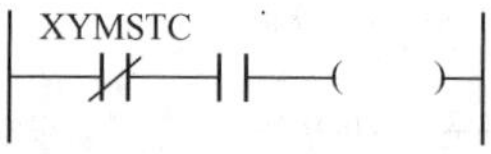 XYMSTC	[OUT] 输出	线圈驱动指令	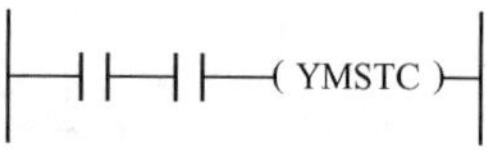 YMSTC
[LDP] 取上升沿脉冲	上升沿检测运算开始	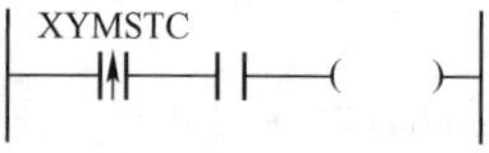 XYMSTC	[SET] 置位	线圈接通保持指令	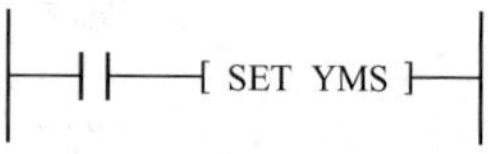 SET YMS
[LDF] 取下降沿脉冲	下降沿检测运算开始	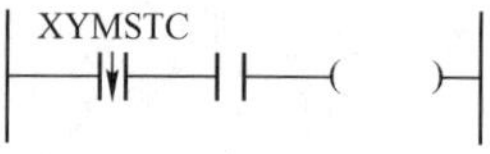 XYMSTC	[RST] 复位	线圈接通清除指令	 RST YMSTCD
[AND] 与	串联连接 a 触点	 XYMSTC	[PLS] 上升沿脉冲	上升沿检测指令	 PLS YMSTCD
[ANI] 与非	串联连接 b 触点	 XYMSTC	[PLF] 下降沿脉冲	下降沿检测指令	 PLF YMSTCD
[ANDP] 与上升沿脉冲	上升沿检测串联连接	 XYMSTC	[MC] 主控	公共串联点的连接线圈指令	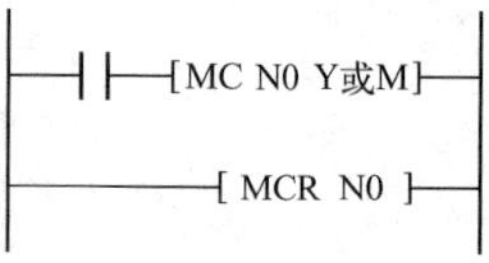 MC N0 Y或M MCR N0
[ANDF] 与下降沿脉冲	下降沿检测串联连接	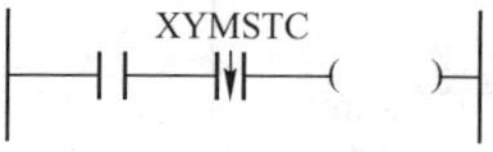 XYMSTC	[MCR] 主控复位	公共串联点的清除指令	
[OR] 或	并联连接 a 触点	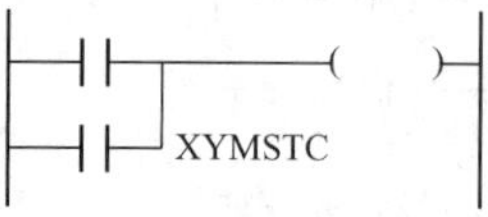 XYMSTC	[MPS] 进栈	运算存储	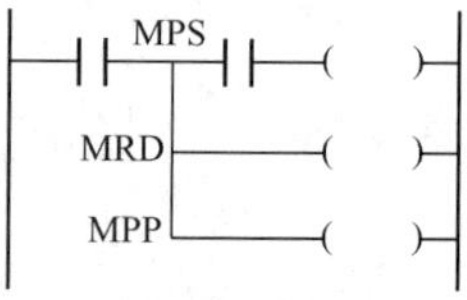 MPS MRD MPP

（续）

指令助记符、名称	功能	电路表示和可用软元件	指令助记符、名称	功能	电路表示和可用软元件
[ORI] 或非	并联连接 b 触点	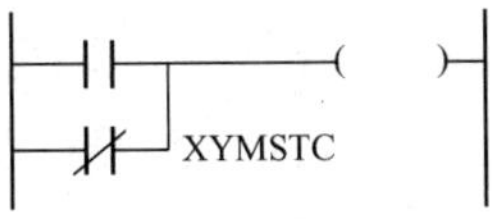 XYMSTC	[MRD] 读栈	存储读出	
[ORP] 或上升沿脉冲	脉冲上升沿检测并联连接	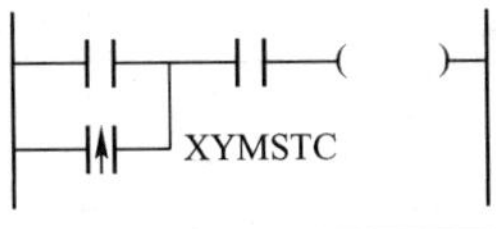 XYMSTC	[MPP] 出栈	存储读出与复位	
[ORF] 或下降沿脉冲	脉冲下降沿检测并联连接	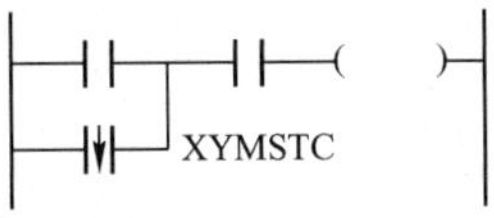 XYMSTC	[INV] 反转	运算结果的反转	 INV
[ANB] 电路块与	并联电路块的串联连接	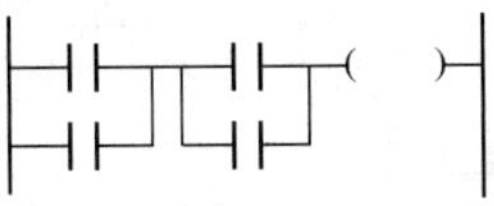	[NOP] 空操作	无动作	
			[END] 结束	程序结束	程序结束，回到“0”步

二、步进指令简表

指令助记符、名称	功能	电路表示和可用软元件	指令助记符、名称	功能	电路表示和可用软元件
[STL] 步进开始	步进梯形图开始	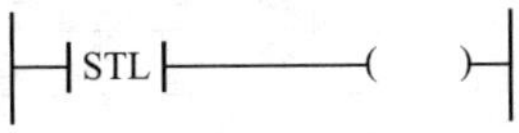 STL	[RET] 步进结束	步进梯形图结束	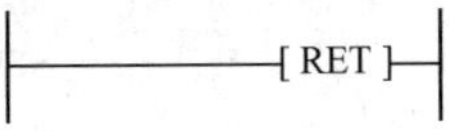 RET

三、功能指令表

指令分类	功能号 FNC NO.	指令助记符	功能	对应 PLC 型号			
				FX_{1S}	FX_{1N}	FX_{2N}	FX_{2NC}
程序流程	00	CJ	条件跳转	○	○	○	○
	01	CALL	子程序调用	○	○	○	○
	02	SRET	子程序返回	○	○	○	○
	03	IRET	中断返回	○	○	○	○
	04	EI	中断许可	○	○	○	○
	05	DI	中断禁止	○	○	○	○
	06	FEND	主程序结束	○	○	○	○
	07	WDT	监控定时器	○	○	○	○
	08	FOR	循环开始	○	○	○	○
	09	NEXT	循环结束	○	○	○	○
传送与比较	10	CMP	比较	○	○	○	○
	11	ZCP	区间比较	○	○	○	○
	12	MOV	传送	○	○	○	○
	13	SMOV	位传送	—	—	○	○
	14	CML	反相传送	—	—	○	○
	15	BMOV	成批传送	○	○	○	○

（续）

指令分类	功能号 FNC NO.	指令助记符	功能	对应 PLC 型号			
				FX_{1S}	FX_{1N}	FX_{2N}	FX_{2NC}
传送与比较	16	FMOV	多点传送	—	—	○	○
	17	XCH	数据交换	—	—	○	○
	18	BCD	BCD 码变换	○	○	○	○
	19	BIN	BIN 码变换	○	○	○	○
四则逻辑运算	20	ADD	BIN 加法	○	○	○	○
	21	SUB	BIN 减法	○	○	○	○
	22	MUL	BIN 乘法	○	○	○	○
	23	DIV	BIN 除法	○	○	○	○
	24	INC	BIN 加 1	○	○	○	○
	25	DEC	BIN 减 1	○	○	○	○
	26	WAND	逻辑字与	○	○	○	○
	27	WOR	逻辑字或	○	○	○	○
	28	WXOR	逻辑字异或	○	○	○	○
	29	NEG	求补码	—	—	○	○
循环移位	30	ROR	循环右移	—	—	○	○
	31	ROL	循环左移	—	—	○	○
	32	RCR	带进位循环右移	—	—	○	○
	33	RCL	带进位循环左移	—	—	○	○
	34	SFTR	位右移	○	○	○	○
	35	SFTL	位左移	○	○	○	○
	36	WSFR	字右移	—	—	○	○
	37	WSFL	字左移	—	—	○	○
	38	SFWR	移位写入	○	○	○	○
	39	SFRD	移位读出	○	○	○	○
数据处理	40	ZRST	批次复位	○	○	○	○
	41	DECO	译码	○	○	○	○
	42	ENCO	编码	○	○	○	○
	43	SUM	置 1 位数求和	—	—	○	○
	44	BON	置 1 位数判断	—	—	○	○
	45	MEAN	平均值	—	—	○	○
	46	ANS	信号报警器置位	—	—	○	○
	47	ANR	信号报警器复位	—	—	○	○
	48	SOR	BIN 平方根	—	—	○	○
	49	FLT	BIN 整数→二进制浮点数转换	—	—	○	○
高速处理	50	REF	输入/输出刷新	○	○	○	○
	51	REFF	滤波调整	—	—	○	○
	52	MTR	矩阵输入	○	○	○	○
	53	HSCS	比较置位	○	○	○	○
	54	HSCR	比较复位	○	○	○	○
	55	HSZ	区间比较	—	—	○	○
	56	SPD	脉冲密度	○	○	○	○
	57	PLSY	脉冲输出	○	○	○	○
	58	PWM	脉宽调制	○	○	○	○
	59	PLSR	可调速脉冲输出	○	○	○	○

（续）

指令分类	功能号 FNC NO.	指令助记符	功能	对应 PLC 型号			
				FX_{1S}	FX_{1N}	FX_{2N}	FX_{2NC}
方便指令	60	IST	状态初始化	○	○	○	○
	61	SER	数据查找	—	—	○	○
	62	ABSD	凸轮控制（绝对方式）	○	○	○	○
	63	INCD	凸轮控制（增量方式）	○	○	○	○
	64	TTMR	示教定时器	—	—	○	○
	65	STMR	特殊定时器	—	—	○	○
	66	ALT	交替输出	○	○	○	○
	67	RAMP	斜坡信号	○	○	○	○
	68	POTC	旋转工作台控制	—	—	○	○
	69	SORT	数据排序	—	—	○	○
外围设备 I/O	70	TKY	十键输入	—	—	○	○
	71	HKY	十六键输入	—	—	○	○
	72	DSW	数字开关	○	○	○	○
	73	SEGD	七段码译码	—	—	○	○
	74	SEGL	带锁存七段码译码	○	○	○	○
	75	ARWS	方向开关	—	—	○	○
	76	ASC	ASCⅡ码转换	—	—	○	○
	77	PR	ASCⅡ码打印	—	—	○	○
	78	FROM	BFM 读出	—	○	○	○
	79	TO	BFM 写入	—	○	○	○
外围设备 SER	80	RS	串行数据传送	○	○	○	○
	81	PRUN	八进制位传送	○	○	○	○
	82	ASCⅠ	HEX→ASCⅡ转换	○	○	○	○
	83	HEX	ASCⅡ→HEX 转换	○	○	○	○
	84	CCD	校验码	○	○	○	○
	85	VRRD	电位器值读出	○	○	○	○
	86	VRSC	电位器刻度	○	○	○	○
	87	—	—	—	—	—	—
	88	PID	PID 运算	○	○	○	○
	89	—	—	—	—	—	—
浮点数	110	ECMP	二进制浮点比较	—	—	○	○
	111	EZCP	二进制浮点区间比较	—	—	○	○
	118	EBCD	二进制浮点转换成十进制浮点	—	—	○	○
	119	EBIN	十进制浮点转换成二进制浮点	—	—	○	○
	120	EADD	二进制浮点加法	—	—	○	○
	121	ESUB	二进制浮点减法	—	—	○	○
	122	EMUL	二进制浮点乘法	—	—	○	○
	123	EDIV	二进制浮点除法	—	—	○	○
	127	ESQR	二进制浮点开方	—	—	○	○
	129	INT	二进制浮点转换成二进制整数	—	—	○	○
	130	SIN	二进制浮点正弦函数	—	—	○	○
	131	COS	二进制浮点余弦函数	—	—	○	○
	132	TAN	二进制浮点正切函数	—	—	○	○
	147	SWAP	上下字节变换	—	—	○	○

（续）

指令分类	功能号 FNC NO.	指 令 助记符	功 能	对应 PLC 型号			
				FX_{1S}	FX_{1N}	FX_{2N}	FX_{2NC}
定位	155	ABS	当前值读出	○	○	—	—
	156	ZRN	原点回归	○	○	—	—
	157	PLSY	可变脉冲输出	○	○	—	—
	158	DRVI	相对定位	○	○	—	—
	159	DRVA	绝对定位	○	○	—	—
时钟运算	160	TCMP	时钟数据比较	○	○	○	○
	161	TZCP	时钟数据区间比较	○	○	○	○
	162	TADD	时钟数据加法运算	○	○	○	○
	163	TSUB	时钟数据减法运算	○	○	○	○
	166	TRD	时钟数据读取	○	○	○	○
	167	TWR	时钟数据写入	○	○	○	○
	169	HOUR	计时	○	○	—	—
外围设备	170	GRY	格雷码变换	—	—	○	○
	171	GBIN	格雷码逆变换	—	—	○	○
	176	RD3A	模拟块读出	○	○	—	—
	177	WR3A	模拟块写入	○	○	—	—
触点比较	224	LD =	[S1·] = [S2·]	○	○	○	○
	225	LD >	[S1·] > [S2·]	○	○	○	○
	226	LD <	[S1·] < [S2·]	○	○	○	○
	228	LD < >	[S1·] ≠ [S2·]	○	○	○	○
	229	LD≤	[S1·] ≤ [S2·]	○	○	○	○
	230	LD≥	[S1·] ≥ [S2·]	○	○	○	○
	232	AND =	[S1·] = [S2·]	○	○	○	○
	233	AND >	[S1·] > [S2·]	○	○	○	○
	234	AND <	[S1·] < [S2·]	○	○	○	○
	236	AND < >	[S1·] ≠ [S2·]	○	○	○	○
	237	AND≤	[S1·] ≤ [S2·]	○	○	○	○
	238	AND≥	[S1·] ≥ [S2·]	○	○	○	○
	240	OR =	[S1·] = [S2·]	○	○	○	○
	241	OR >	[S1·] > [S2·]	○	○	○	○
	242	OR <	[S1·] < [S2·]	○	○	○	○
	244	OR < >	[S1·] ≠ [S2·]	○	○	○	○
	245	OR≤	[S1·] ≤ [S2·]	○	○	○	○
	246	OR≥	[S1·] ≥ [S2·]	○	○	○	○

注：“○”为该机型适用。

附录 B　三菱 FR－E740 型变频器参数一览表

参数表中符号的意义说明如下：

（1）有“◎”标记的参数表示的是简单模式参数。

（2）V/F—V/F 控制，先进磁通—先进磁通矢量控制。

（3）通用磁通—通用磁通矢量控制（无标记的功能表示所有控制都有效）。

（4）“参数复制”“参数清除”“参数全部清除”栏中的“×”表示不可以，“○”表示可以。

功能	参数	关联参数	名称	单位	初始值	范围	内容	参数复制	参数清除	参数全部清除
手动转矩提升 V/F	0 ◎		转矩提升	0.1%	6%4%3% *	0～30%	0 Hz 时的输出电压以%设定 * 根据容量不同而不同（6%：0.75 kV·A 以下/4%：1.5 kV·A～3.7 kV·A/3%：5.5 kV·A、7.5 kV·A）	○	○	○
		46	第 2 转矩提升	0.1%	9999	0～30%	RT 信号为 ON 时的转矩提升	○	○	○
						9999	无第 2 转矩提升			
上下限频率	1 ◎		上限频率	0.01 Hz	120 Hz	0～120 Hz	输出频率的上限	○	○	○
	2 ◎		下限频率	0.01 Hz	0 Hz	0～120 Hz	输出频率的下限	○	○	○
		18	高速上限频率	0.01 Hz	120 Hz	120～400 Hz		○	○	○
基准频率电压 V/F	3 ◎		基准频率	0.01 Hz	50 Hz	0～400 Hz	电动机的额定频率（50/60 Hz）	○	○	○
		19	基准频率电压	0.1 V	9999	0～1000 V	基准电压	○	○	○
						8888	电源电压的 95%			
						9999	与电源电压一致			
		47	第 2V/F（基准频率）	0.01 V	9999	0～400 Hz	RT 信号为 ON 时的基准频率	○	○	○
						9999	第 2V/F 无效			
通过多段速设定运行	4◎		多段速设定（高速）	0.01 Hz	50 Hz	0～400 Hz	RH－ON 时的频率	○	○	○
	5◎		多段速设定（中速）	0.01 Hz	30 Hz	0～400 Hz	RM－ON 时的频率	○	○	○
	6 ◎		多段速设定（低速）	0.01 Hz	10 Hz	0～400 Hz	RL－ON 时的频率	○	○	○
		24～27	多段速设定（3 速～7 速）	0.01 Hz	9999	0～400 Hz 9999	可以用 RH、RM、RL、REX 信号的组合来设定 4 速～15 速的频率 9999：不选择	○	○	○
		232～239	多段速设定（8 速～15 速）	0.01 Hz	9999	0～400 Hz 9999				

（续）

功能	参数	关联参数	名称	单位	初始值	范围	内容		参数复制	参数清除	参数全部清除
加减速时间的设定	7 ◎		加速时间	0.1/0.01 s	5/10 s *	0~3600s/0~360s	电动机加速时间 ＊根据变频器容量不同而不同（3.7 kV·A 以下/5.5 kV·A、7.5kV·A）		○	○	○
	8 ◎		减速时间	0.1/0.01 s	5/10 s *	0~3600 s/0~360 s	电动机减速时间 ＊根据变频器容量不同而不同（3.7 kV·A 以下/5.5 kV·A、7.5 kV·A）		○	○	○
		20	加减速基准频率	0.01 Hz	50 Hz	1~400 Hz	成为加减速时间基准的频率 加减速时间在停止 ~ Pr.20 间的频率变化时间		○	○	○
		21	加减速时间单位	1	0	0	单位：0.1 s 范围：0~3600 s	可以改变加减速时间的设定与设定范围	○	○	○
						1	单位：0.01 s 范围：0~360 s				
		44	第2加减速时间	0.1/0.01 s	5/10 s *	0~3600 s/0~360 s	RT 信号为 ON 时的加减速时间 ＊根据变频器容量不同而不同（3.7 kV·A 以下/5.5 kV·A、7.5 kV·A）		○	○	○
		45	第2减速时间	0.1/0.01 s	9999	0~3600 s/0~360 s	RT 信号为 ON 时的减速时间		○	○	○
		147	加减速时间切换频率	0.01Hz	9999	9999	加速时间 = 减速时间		○	○	○
						1~400 Hz	Pr.44、Pr.45 的加减速时间的自动切换为有效的频率				
						9999	无功能				
电动机的过热保护（电子过电流保护）	9 ◎		电子过电流保护	0.01 A	变频器额定电流 *	0~500 A	设定电动机的额定电流 ＊对于 0.75 kV·A 以下的产品，应设定为变频器额定电流的 85%		○	○	○
		51	第2电子过电流保护	0.01 A	9999	0~500 A	RT 信号为 ON 时有效 设定电动机的额定电流		○	○	○
						9999	第2电子过电流保护无效				
直流制动预备励磁	10		直流制动动作频率	0.01 Hz	3 Hz	0~120 Hz	直流制动的动作频率		○	○	○
	11		直流制动动作时间	0.1 s	0.5 s	0	无直流制动		○	○	○
						0.1~10 s	直流制动的动作时间				
	12		直流制动动作电压	0.1%	4%	0	无直流制动		○	○	○
						0.1~30%	直流制动电压（转矩）				

（续）

功能	参数	关联参数	名称	单位	初始值	范围	内容		参数复制	参数清除	参数全部清除
起动频率	13		起动频率	0.01 Hz	0.5 Hz	0～60 Hz	起动时频率		○	○	○
		571	起动时维持时间	0.1 s	9999	0～10s	Pr. 13 起动频率的维持时间		○	○	○
						9999	起动时的维持功能无效				
适合用途的V/F线 V/F	14		适用负载选择	1	0	0	用于恒转矩负载		○	○	○
						1	用于低转矩负载				
						2	恒转矩升降用	反转时提升0%			
						3		正转时提升0%			
点动运行	15		点动频率	0.01 Hz	5 Hz	0～400 Hz	点动运行时的频率		○	○	○
	16		点动加减速时间	0.1/ 0.01 s	0.5 s	0～3600 s/ 0～360s	点动运行时的加减速时间 加减速时间是指加、减速到Pr. 20 加减速基准频率中设定频率的时间 加减速时间不能分别设定		○	○	○
输出停止信号MRS的逻辑选择	17		MRS 输入选择	1	0	0	常开输入		○	○	○
						2	常闭输入（b接点输入规格）				
						4	外部端子：常闭输入（b接点输入规格） 通信：常开输入				
失速防止动作	22		失速防止动作水平	0.1%	150%	0	失速防止动作无效		○	○	○
						0.1～200%	失速防止动作开始的电流值				
	23		倍速时失速防止动作水平补偿系数	0.1%	9999	0～200%	可降低额定频率以上的高速运行时的失速动作水平		○	○	○
						9999	一律 Pr. 22				
		48	第2失速防止动作水平	0.1%	9999	0	第2失速防止动作无效		○	○	○
						0.1～200%	第2失速防止动作水平				
						9999	与 Pr. 22 同一水平				
		66	失速防止动作水平降低开始频率	0.01 Hz	50 Hz	0～400 Hz	失速动作水平开始降低时的频率		○	○	○
		156	失速防止动作选择	1	0	0～31 100、101	根据加减速的状态选择是否防止失速		○ ○	○ ○	○ ○
		157	OL 信号输出延时	0.1s	0s	0～25 s	失速防止动作时输出的 OL 信号开始输出的时间		○	○	○
						9999	无 OL 信号输出		○	○	○
		277	失速防止电流切换	1	0	0	输出电流超过限制水平时，通过限制输出频率来限制电流		○	○	○
						1	输出转矩超过显示水平时，通过限制输出频率来限制转矩 限制水平以电动机额定转矩为基准				

（续）

功能	参数 关联参数	名称	单位	初始值	范围	内容	参数复制	参数清除	参数全部清除
加减速曲线	29	加减速曲线选择	1	0	0	直流加减速	○	○	○
					1	S 曲线加减速 A			
					2	S 曲线加减速 B			
再生单元的选择	30	再生制动功能选择	1	0	0	无再生功能 制动单元（FR－BU2） 高功率因数变流器（FR－HC） 电源再生共同变流器（FR－CV）	○	○	○
					1	高频度用制动电阻器（FR－ABR）			
					2	高功率因数变流器（FR－HC）（选择瞬时停电再起动时）			
	70	特殊再生制动使用率	0.1%	0%	0～30%	使用高频度用制动电阻器（FR－ABR）时的制动器使用率	○	○	○
避免机械共振点（频率跳变）	31	频率跳变 1 A	0.01 Hz	9999	0～400 Hz、9999	1 A～1 B、2 A～2 B、3 A～3 B 跳变时的频率 9999：功能无效	○	○	○
	32	频率跳变 1 B	0.01 Hz	9999	0～400 Hz、9999		○	○	○
	33	频率跳变 2 A	0.01 Hz	9999	0～400 Hz、9999		○	○	○
	34	频率跳变 2 B	0.01 Hz	9999	0～400 Hz、9999		○	○	○
	35	频率跳变 3 A	0.01 Hz	9999	0～400 Hz、9999		○	○	○
	36	频率跳变 4 B	0.01 Hz	9999	0～400 Hz、9999		○	○	○
转速显示	37	转速显示	0.001	0	0	频率的显示及设定	○	○	○
					0.01～9998	50 Hz 运行时的机械速度			
RUN 键旋转方向的选择	40	RUN 键旋转方向的选择	1	0	0	正转	○	○	○
					1	反转			
输出频率和电动机转速的检测（SU、FU 信号）	41	频率到达动作范围	0.1%	10%	0～100%	SU 信号为 ON 时的水平	○	○	○
	42	输出频率检测	0.01 Hz	6 Hz	0～400 Hz	FU 信号为 ON 时的频率	○	○	○
	43	反转时输出频率检测	0.01 Hz	9999	0～400 Hz	反转时 FU 信号为 ON 时的频率	○	○	○
					9999	与 Pr. 42 的设定值一致			

（续）

功能	参数	关联参数	名称	单位	初始值	范围	内容	参数复制	参数清除	参数全部清除
DU/PU监视内容的变更、累计监视值的清除	52		DU/PU主显示数据选择	1	0	0、5、7～12、14、20 23～25 52～57 61、62 100	选择操作面板和参数单元所显示的监视器、输出到端子AM的监视器 0：输出频率（Pr. 52） 1：输出频率（Pr. 158） 2：输出电流（Pr. 158） 3：输出电压（Pr. 158） 5：频率设定值 7：电动机转矩 8：变流器输出电压 9：再生制动器使用率 10：电子过电流保护负载率 11：输出电流峰值 12：变流器输出电压峰值 14：输出电力 20：累计通电时间（Pr. 52） 21：基准电压输出（Pr. 158） 23：实际运行时间（Pr. 52） 24：电动机负载率 25：累计电力（Pr. 52） 52：PID目标值 53：PID测量值 54：PID偏差（Pr. 52） 55：输入/输出电子状态（Pr. 52） 56：选件输入端子状态（Pr. 52） 57：选件输出端子状态（Pr. 52） 61：电动机过电流保护负载率 62：变频器过电流保护负载率 100：停止中设定频率 运行中输出频率（Pr. 52）	○	○	○
	158		AM端子功能选择	1	1	1～3、5、7～12、14、21、24、52、53、61、62		○	○	○
		170	累计电度表清零	1	9999	0	累计电度表监视清零时设定为“0”	○	×	○
						10	通信监视情况下的上限值在0～9999 kW · h范围内设定			
						9999	通信监视情况下的上限值在0～65535 kW · h范围内设定			
		171	实际运行时间清零	1	9999	0、9999	运行时间监视器清零时设定为“0” 设定为9999时不会清零	×	×	×
		268	监视器小数位选择	1	9999	0	用整数值显示	○	○	○
						1	显示到小数点下1位			
						9999	无功能			
		563	累计通电时间次数	1	0	0～65535	通电时间监视器显示超过65535 h后的次数（仅读取）	×	×	×
		564	累计运转时间次数	1	0	0～65535	运行时间监视器显示超过65535 h后的次数（仅读取）	×	×	×

（续）

功能	参数	关联参数	名称	单位	初始值	范围	内容	参数复制	参数清除	参数全部清除
从端子AM输出的监视基准	55		频率监视基准	0.01 Hz	50 Hz	0～400 Hz	输出频率监视值输出到端子AM时的最大值	○	○	○
	56		电流监视基准	0.01 A	变频器额定电流	0～500 A	输出电流监视值输出到端子AM时的最大值	○	○	○
瞬时停电再起动动作/非强制驱动功能（高速起步）	57		再起动自由运行时间	0.1 s	9999	0	1.5 kV·A 以下—1 s 2.2 kV·A～7.5 kV·A—2 s 的自由运行时间	○	○	○
						0.1～5 s	瞬时停电到复电后由变频器引导再起动的等待时间			
						9999	不进行再起动			
	58		再起动上升时间	0.1 s	1s	0～60 s	再起动时的电压上升时间	○	○	○
		30	再生制动功能选择	1	0	0、1	MRS（X10）－ON→OFF 时，由起动频率起动	○	○	○
						2	MRS（X10）－ON→OFF 时，再起动动作			
		162	瞬时停电再起动动作选择	1	1	0	有频率搜索	○	○	○
						1	无频率搜索（减电压方式）			
						10	每次起动时频率搜索（使用频率搜索时，对接线长度有限制）			
						11	每次起动时的减电压方式（使用频率搜索时，对接线长度有限制）			
		165	再起动失速防止动作水平	0.1%	150%	0～200%	将变频器额定电流设为100%，设定再起动动作时的失速防止动作水平	○	○	○
		298	频率搜索增益	1	9999	0～32767	通过 V/F 控制实施了离线自动调谐时，将设定电动机常数（R1）以及瞬时停电再起动的频率搜索所必须的频率搜索增益	○	×	○
						9999	使用三菱电动机（SF－JR、SF－HRCA）常数			
		299	再起动时的旋转方向检测选择	1	0	0	无旋转方向检测	○	○	○
						1	有旋转方向检测			
						9999	Pr. 78＝0 时，有旋转方向检测 Pr. 78＝1、2 时，无旋转方向检测			
		611	再起动时的加速时间	0.1 s	9999	0～3600 s	再起动时到达设定频率的加速时间	○	○	○
						9999	再起动时的加速时间为通常的加速时间（Pr. 7 等）			

（续）

功能	参数	关联参数	名称	单位	初始值	范围	内容		参数复制	参数清除	参数全部清除
遥控设定功能	59		遥控功能选择	1	0	0	RH、RM、RL信号功能	频率设定记忆功能	○	○	○
							多段速设定	—			
						1	遥控设定	有			
						2	遥控设定	无			
						3	遥控设定	无（用STF/STR－OFF来消除遥控设定频率）			
节能控制选择 V/F	60		节能控制选择	1	0	0	通常运行模式		○	○	○
						9	最佳励磁控制模式				
自动加减速	61		基准电流	0.01 A	9999	0～500 A	以设定值（电动机额定电流）为基准		○	○	○
						9999	以变频器额定电流为基准				
	62		加速时基准值	1%	9999	0～200%	以设定值为限制值		○	○	○
						9999	以150%为限制值				
	63		减速时基准值	1%	9999	0～200%	以设定制为限制值		○	○	○
						9999	以150%为限制值				
		292	自动加减速	1	0	0	通常模式		○	○	○
						1	最短加减速模式	无制动器			
						11		有制动器			
						7	制动器顺控模式1				
						8	制动器顺控模式2				
		293	加减速个别动作选择模式	1	0	0	对于最短加减速模式的加速、减速均计算加减速时间		○	○	○
						1	仅对最短加减速模式的加速时间进行计算				
						2	仅对最短加减速模式的减速时间进行计算				
报警发生时的再试功能	65		再试选择	1	0	0～5	再试报警的选择		○	○	○
		67	报警发生时的再试次数	1	0	0	无再试动作		○	○	○
						1～10	报警发生时的再试次数，再试动作中不进行异常输出				
						101～110	报警发生时的再试次数，再试动作中进行异常输出				
		68	再试等待时间	0.1 s	1 s	0.1～360 s	报警发生到再试之间的等待时间		○	○	○
		69	再试次数显示和消除	1	0	0	清除再试后再起动成功的次数		○	○	○

（续）

<table>
<tr><th rowspan="2">功能</th><th colspan="2">参数</th><th rowspan="2">名称</th><th rowspan="2">单位</th><th rowspan="2">初始值</th><th rowspan="2">范围</th><th rowspan="2" colspan="2">内　容</th><th rowspan="2">参数复制</th><th rowspan="2">参数清除</th><th rowspan="2">参数全部清除</th></tr>
<tr><th></th><th>关联参数</th></tr>
<tr><td rowspan="21">电动机的选择（适用电动机）</td><td colspan="2" rowspan="18">71</td><td rowspan="18">适用电动机</td><td rowspan="18">1</td><td rowspan="18">0</td><td>0</td><td colspan="2">适合标准电动机的热特性</td><td rowspan="18">○</td><td rowspan="18">○</td><td rowspan="18">○</td></tr>
<tr><td>1</td><td colspan="2">适合三菱恒转矩电动机的热特性</td></tr>
<tr><td>40</td><td colspan="2">三菱高效率电动机（SF－HR）的热特性</td></tr>
<tr><td>50</td><td colspan="2">三菱恒转矩电动机（SF－HRCA）的热特性</td></tr>
<tr><td>3</td><td>标准电动机</td><td rowspan="5">选择“离线自动调谐设定”</td></tr>
<tr><td>13</td><td>恒转矩电动机</td></tr>
<tr><td>23</td><td>三菱标准电动机（SR－JR 4P 1.5kW一下）</td></tr>
<tr><td>43</td><td>三菱高效率电动机（SF－HR）</td></tr>
<tr><td>53</td><td>三菱恒转矩电动机（SF－HRCA）</td></tr>
<tr><td>4</td><td>标准电动机</td><td rowspan="5">可以进行自动调谐数据读取以及变更设定</td></tr>
<tr><td>14</td><td>恒转矩电动机</td></tr>
<tr><td>24</td><td>三菱标准电动机（SR－JR 4P 1.5kW一下）</td></tr>
<tr><td>44</td><td>三菱高效率电动机（SF－HR）</td></tr>
<tr><td>54</td><td>三菱恒转矩电动机（SF－HR-CA）</td></tr>
<tr><td>5</td><td>标准电动机</td><td rowspan="2">星形接线，可以进行电动机常数的直接输入</td></tr>
<tr><td>15</td><td>恒转矩电动机</td></tr>
<tr><td>6</td><td>标准电动机</td><td rowspan="2">三角形接线，可以进行电动机常数的直接输入</td></tr>
<tr><td>16</td><td>恒转矩电动机</td></tr>
<tr><td rowspan="3"></td><td rowspan="3">450</td><td rowspan="3">第2适用电动机</td><td rowspan="3">1</td><td rowspan="3">9999</td><td>0</td><td colspan="2">适合标准电动机的热特性</td><td rowspan="3">○</td><td rowspan="3">○</td><td rowspan="3">○</td></tr>
<tr><td>1</td><td colspan="2">适合三菱恒转矩电动机的热特性</td></tr>
<tr><td>9999</td><td colspan="2">第2电动机无效（第1电动机（Pr. 71）的热特性）</td></tr>
</table>

（续）

功能	参数	关联参数	名称	单位	初始值	范围	内容	参数复制	参数清除	参数全部清除
载波频率和 Soft－PWM 选择	72		PWM 频率选择	1	1	0～15	PWM 载波频率，设定值以 kHz 为单位。但是，0 表示 0.7 kHz，15 表示 14.5 kHz	○	○	○
		240	Soft－PWM 动作选择	1	1	0	Soft－PWM 无效	○	○	○
						1	Pr. 72 ＝ 0 ～ 5 时，Soft－PWM 有效			
模拟量输入选择	73		模拟量输入选择	1	1		端子 2 输入 / 极性可逆	○	×	○
						0	0～10 V / 无			
						1	0～5 V / 无			
						10	0～10 V / 有			
						11	0～5 V / 有			
		267	端子 4 输入选择	1	0	0	端子 4 输入 4～20 mA	○	×	○
						1	端子 4 输入 0～5 V			
						2	端子 4 输入 0～10 V			
模拟量输入的响应性或噪声消除	74		输入滤波时间常数	1	1	0～8	对于模拟量输入的 1 次延迟滤波器时间常数设定值越大过滤波效果越明显	○	○	○
复位选择、PU 脱离检测	75		复位选择/PU 脱离检测/PU 停止选择	1	14	0～3、14～17	复位输入接纳选择、PU 接头脱离检测功能选择、PU 停止功能选择初始值为常时可复位、无 PU 脱离检测、有 PU 停止功能	○	×	×
防止参数值被意外改写	77		参数写入选择	1	0	0	仅限于停止时可以写入	○	○	○
						1	不可写入参数			
						2	可以在所有运行模式中不受运行状态限制地写入参数			
电动机的反转防止	78		反转防止选择	1	0	0	正转和反转均可	○	○	○
						1	不可反转			
						2	不可正转			
运行模式的选择	79 ◎		运行模式选择	1	0	0	外部/PU 切换模式	○	○	○
						1	PU 运行模式固定			
						2	外部运行模式固定			
						3	外部/PU 组合运行模式 1			
						4	外部/PU 组合运行模式 2			
						6	切换模式			
						7	外部运行模式（PU 运行互锁）			
		340	通信起动模式选择	1	0	0	根据 Pr. 79 的设定	○	○	○
						1	以网络运行模式起动			
						10	以网络运行模式起动，可通过操作面板切换 PU 运行模式与网络运行模式			

（续）

功能	参数	关联参数	名称	单位	初始值	范围	内容	参数复制	参数清除	参数全部清除
控制方法选择 先进磁通 通用磁通	80		电动机容量	0.01 kW	9999	0.1 ~ 15 kW	适用电动机容量	○	○	○
						9999	V/F 控制			
	81		电动机极数	1	9999	2、4、6、8、10	设定电动机极数	○	○	○
						9999	V/F 控制			
		89	速度控制增益（先进磁通矢量）	0.1%	9999	0 ~ 200%	在先进磁通矢量控制时，调整由负载变动造成的电动机速度变动	○	×	○
						9999	Pr. 71 中设定的电动机所对应的增益			
		800	控制方法选择	1	9999	20	先进磁通矢量控制（设定为 Pr. 80、Pr. 81 ≠ 9999 时）	○	○	○
						9999	通用磁通矢量控制（设定为 Pr. 80、Pr. 81 ≠ 9999 时）			
离线自动调谐	82		电动机励磁电流	0.01 A*	9999	0 ~ 500 A*	调谐数据（通过离线自动调谐测量到的值会自动设定） ＊根据 Pr. 71 的设定值不同而不同	○	×	○
						9999	使用三菱电机（SF - JR、SF - HR、SR - JRCA、SF - HRCA）常数			
	83		电动机额定电压	0.1 V	400 V	0 ~ 1000 V	电动机额定电压（V）	○	○	○
	84		电动机额定频率	0.01 Hz	50 Hz	10 ~ 120 Hz	电动机额定频率（Hz）	○	○	○
		90	电动机常数（R1）	0.001 Ω*	9999	0 ~ 50 Ω*、9999	调谐数据（通过离线自动调谐测量到的值会自动设定） ＊根据 Pr. 71 的设定值不同而不同	○	×	○
		91	电动机常数（R2）	0.001 Ω*	9999			○	×	○
		92	电动机常数（L1）	0.1 mH*	9999	0 ~ 1000 mH*、9999	调谐数据（通过离线自动调谐测量到的值会自动设定） ＊根据 Pr. 71 的设定值不同而不同	○	×	○
		93	电动机常数（L2）	0.1 mH*	9999			○	×	○
		94	电动机常数（X）	0.1% *	9999	0 ~ 100% *	调谐数据（通过离线自动调谐测量到的值会自动设定） ＊根据 Pr. 71 的设定值不同而不同	○	×	○
						9999	使用三菱电机（SF - JR、SF - HR、SR - JRCA、SF - HRCA）常数			

（续）

功能	参数	关联参数	名称	单位	初始值	范围	内容	参数复制	参数清除	参数全部清除
离线自动调谐		96	自动调谐设定/状态	1	0	0	不实施离线自动调谐	○	×	○
						1	先进磁通矢量控制用 离线自动调谐时电动机不运转（所有电动机常数）			
						11	通用磁通矢量控制用 离线自动调谐时电动机不运转（仅电动机常数（R1））			
						21	V/F 控制用离线自动调谐（瞬时停电再起动（有频率搜索时用））			
		859	转矩电流	0.01 A *	9999	0 ~ 500 A *	调谐数据（通过离线自动调谐测量到的值会自动设定） * 根据 Pr. 71 的设定值不同而不同	○	×	○
						9999	使用三菱电机（SF - JR、SF - HR、SR - JRCA、SF - HRCA）常数			
通信初始设定	117		PU 通信站号	1	0	0 ~ 31（0 ~ 247）	变频器站号指定 1 台个人计算机连接多台变频器时要设定变频器的站号 当 Pr. 549 = 1 时设定范围为括号内的数值	○	○	○
	118		PU 通信速率	1	192	48、96、192、384	通信速率 通信速率为设定值 × 100（例如设定值是 192，通信速率则为 19200 bit/s）	○	○	○
	119		PU 通信停止位长	1	1	0	停止位长：1 bit 数据长：8 bit	○	○	○
						1	停止位长：2 bit 数据长：8 bit			
						10	停止位长：1 bit 数据长：7 bit			
						11	停止位长：2 bit 数据长：7 bit			
	120		PU 通信奇偶校验	1	2	0	无奇偶校验	○	○	○
						1	奇校验			
						2	偶校验			
	121		PU 通信再试次数	1	1	0 ~ 10	发生数据接收错误时的再试次数容许值 连续发生错误次数超过容许值时，变频器报警并停止	○	○	○
						9999	即使发生通信错误变频器也不会报警并停止			

（续）

功能	参数	关联参数	名称	单位	初始值	范围	内容	参数复制	参数清除	参数全部清除
通信初始设定	122		PU 通信校验时间间隔	0.1 s	0	0	可进行 RS－485 通信 但是，有操作权的运行模式起动瞬间将发生通信错误（E. PUE）	○	○	○
						0.1～999.8 s	通信校验（断线检测）时间间隔 无通信状态超过容许时间以上时，变频器将报警并停止			
						9999	不进行通信检测（断线检测）			
	123		PU 通信等待时间设定	1	9999	0～150 ms	设定向变频器发出数据后信息返回的等待时间	○	○	○
						9999	用通信数据进行设定			
	124		PU 通信有无 CR/LF 选择	1	1	0	无 CR、LF	○	○	○
						1	有 CR			
						2	有 CR、LF			
		342	通信 EEPROM 写入选择	1	0	0	通过通信写入参数时，写入到 E^2PROM	○	○	○
						1	通过通信写入参数时，写入到 RAM			
		343	通信错误计数	1	0	—	显示 Modbus－RTU 通信时的通信错误次数（仅读取） 只有在选择 Modbus－RTU 协议时显示	×	×	×
		502	通信异常时停止模式选择	1	0	0、3	通信异常发生时的变频器动作选择：自由运行停止	○	○	○
						1、2	减速停止			
		549	协议选择	1	0	0	三菱变频器（计算机链接）协议；变更设定后请复位（切断电源后再供给电源） 变更的设定在复位后起作用	○	○	○
						1	Modbus－RTU 协议			
模拟量输入频率的变更电压、电流输入、频率的调整（校正）	125 ◎		端子 2 频率设定增益频率	0.01 Hz	50 Hz	0～400 Hz	端子 2 输入增益（最大）的频率	○	×	○
	126 ◎		端子 4 频率设定增益频率	0.01 Hz	50 Hz	0～400 Hz	端子 4 输入增益（最大）的频率	○	×	○
		241	模拟输入显示单位切换	1	0	0	% 单位；模拟量输入显示单位的选择	○	○	○
						1	V/mA 单位			

（续）

功能	参数	关联参数	名称	单位	初始值	范围	内容	参数复制	参数清除	参数全部清除
模拟量输入频率的变更电压、电流输入、频率的调整（校正）		C2（902）	端子2频率设定偏置频率	0.01 Hz	0 Hz	0～400 Hz	端子2输入偏置侧的频率	○	×	○
		C3（902）	端子2频率设定偏置	0.1%	0%	0～300%	端子2输入偏置侧电压（电流）的%换算值	○	×	○
		C4（903）	端子2频率设定增益	0.1%	100%	0～300%	端子2输入增益侧电压（电流）的%换算值	○	×	○
		C5（904）	端子4频率设定偏置频率	0.01 Hz	0 Hz	0～400 Hz	端子4输入偏置侧的频率	○	×	○
		C6（904）	端子4频率设定偏置	0.1%	20%	0～300%	端子4输入偏置侧电流（电压）的%换算值	○	×	○
		C7（905）	端子4频率设定增益	0.1%	100%	0～300%	端子4输入增益侧电流（电压）的%换算值	○	×	○
PID控制/储线器控制	127		PID控制自动切换频率	0.01Hz	9999	0～400 Hz	自动切换到PID控制的频率	○	○	○
						9999	无PID控制自动切换功能			
	128		PID动作选择	1	0	0	PID控制无效	○	○	○
						20	PID负作用；测量值输入（端子4）目标值（端子2或Pr. 133）			
						21	PID正作用；测量值输入（端子4）目标值（端子2或Pr. 133）			
						40～43	储线器控制；测量值输入（端子4）目标值（端子2或Pr. 133）			
						50	PID负作用；偏差值信号输入（Lon Works通信、CC-Link通信）			
						51	PID正作用；偏差值信号输入（Lon Works通信、CC-Link通信）			
						60	PID负作用；测定值、目标值输入（Lon Works通信、CC-Link通信）			
						61	PID正作用；测定值、目标值输入（Lon Works通信、CC-Link通信）			
	129		PID比例带	0.1%	100%	0.1～1000%	比例带狭窄（参数的设定值小）时，测量值的微小变化可以带来大的操作量变化 随比例带的变小，响应灵敏度（增益）会变得更好，但可能会引起振动，降低稳定性	○	○	○
						9999	无比例控制			
	130		PID积分时间	0.1 s	1 s	0.1～3600 s	在偏差步进输入时，仅在积分（I）动作中得到与比例（P）动作相同的操作量所需要的时间（T） 随着积分时间变小，到达目标值得速度会加快，但是容易发生振动现象	○	○	○
						9999	无积分控制			

（续）

功能	参数	关联参数	名称	单位	初始值	范围	内容		参数复制	参数清除	参数全部清除
PID控制/储线器控制	131		PID 上限	0.1%	9999	0～100%	上限值 反馈量超过设定值的情况下输出 FUP 信号 测量值（端子 4）的最大输入（20mA/5V/10V）相当于100%		○	○	○
						9999	无功能				
	132		PID 下限	0.1%	9999	0～100%	下限值 反馈量低于设定值范围的情况下输出 FDN 信号 测量值（端子 4）的最大输入（20mA/5V/10V）相当于100%		○	○	○
						9999	无功能				
	133		PID 动作目标值	0.1%	9999	0～100%	PID 控制时的目标值		○	○	○
						9999	PID 控制	端子 2 输入电压为目标值			
							储线器控制	固定于 50%			
	134		PID 微分时间	0.01 s	9999	0.01～10s	在偏差指示灯输入时，仅得到比例动作（P）的操作量所需要的时间 随微分时间的增大，对偏差变化的反应也越大		○	○	○
						9999	无微分控制				
		44	第 2 加减速时间	0.1/0.01 s	5/10 s *	0～3600/360 s	储线器控制时，变成主速度的加速时间 第 2 加减速时间无效 * 根据变频器容量不同而不同（3.7kV·A 以下/5.5kV·A、7.5kV·A）		○	○	○
		45	第 2 减速时间	0.1/0.01s	9999	0～3600/360s、9999	储线器控制时，变成主速度的减速时间 第 2 减速时间无效		○	○	○
参数单元显示语言选择	145		PU 显示语言切换	1	1		FU－PU07	FU－PU04－CH	○	×	×
						0	日语	英语			
						1	英语	汉语			
						2	德语	英语			
						3	法语				
						4	西班牙语				
						5	意大利语				

（续）

功能	参数	关联参数	名称	单位	初始值	范围	内容	参数复制	参数清除	参数全部清除
参数单元显示语言选择	145		PU 显示语言切换	1	1	6	瑞典语；英语	○	×	×
						7	芬兰语；英语			
输出电流检测	150		输出电流检测水平	0.1%	150%	0～200%	输出电流检测水平 变频器的额定电流为 100%	○	○	○
输出电流检测	151		输出电流检测信号延迟时间	0.1 s	0 s	0～10 S	输出电流检测时间 从输出电流超出设定值到输出电流检测信号（Y12）开始输出为止的时间	○	○	○
输出电流检测	152		零电流检测水平	0.1%	5%	0～200%	零电流检测水平 变频器额定电流为 100%	○	○	○
输出电流检测	153		零电流检测时间	0.01 s	0.5 s	0～1 S	从输出电流 Pr. 152 降低到设定值以下到输出零电流检测信号（Y13）为止的时间	○	○	○
用户参数组功能	160 ◎		用户参数组读取选择	1	0	0	显示所有参数	○	○	○
						1	只显示注册到用户参数组的参数			
						9999	只显示简单模式的参数			
用户参数组功能		172	用户参数组注册数显示/一次性删除	1	0	0～16	显示注册到用户参数组的参数数量（仅读取）	○	×	×
						9999	将注册到用户参数组的参数一次性删除			
用户参数组功能		173	用户参数组注册	1	9999	0～9999、9999	注册到用户参数组的参数编号 读取值任何时候都是 9999	×	×	×
用户参数组功能		174	用户参数组删除	1	9999	0～9999、9999	从用户参数组删除的参数编号 读取值任何时候都是 9999	×	×	×
操作面板动作选择	161		频率设定/键盘锁定操作选择	1	0	0	M 旋钮频率设定模式；键盘锁定模式无效	○	×	○
						1	M 旋钮电位器模式；键盘锁定模式无效			
						10	M 旋钮频率设定模式；键盘锁定有效			
						11	M 旋钮电位器模式；键盘锁定有效			
输入端子功能分配	178		STF 端子功能选择	1	60	0～5、7、8、10、12、14～16、18、24、25、60、62、65～67、9999	0：低速运行指令 1：中速运行指令 2：高速运行指令 3：第 2 功能选择 4：端子 3 输入选择 5：点动运行选择 7：外部热敏继电器输入	○	×	○

（续）

<table>
<tr><th>功能</th><th>参数
关联参数</th><th>名称</th><th>单位</th><th>初始值</th><th>范围</th><th>内　容</th><th>参数复制</th><th>参数清除</th><th>参数全部清除</th></tr>
<tr><td rowspan="6">输入端子功能分配</td><td>179</td><td>STR 端子功能选择</td><td>1</td><td>61</td><td>0～5、7、8、10、12、14～16、18、24、25、61、62、65～67、9999</td><td rowspan="6">8：15 速选择
10：变频器运行许可信号（FR－HC/FR－CV 连接）
12：PU 运行外部互锁
14：PID 控制有效端子
15：制动器开放完成信号
16：PU－外部运行切换
18：V/F 切换
24：输出停止
25：起动自保持选择
60：正转指令（只能分配给 STF 端子）（Pr. 178）
61：反转指令（只能分配给 STR 端子）（Pr. 179）
62：变频器复位
65：PU－NET 运行切换
66：外部－网络运行切换
67：指令权切换
9999：无功能</td><td>○</td><td>×</td><td>○</td></tr>
<tr><td>180</td><td>RL 端子功能选择</td><td>1</td><td>0</td><td rowspan="5">0～5、7、8、10、12、14～16、18、24、25、62、65～67、9999</td><td>○</td><td>×</td><td>○</td></tr>
<tr><td>181</td><td>RM 端子功能选择</td><td>1</td><td>1</td><td>○</td><td>×</td><td>○</td></tr>
<tr><td>182</td><td>RH 端子功能选择</td><td>1</td><td>2</td><td>○</td><td>×</td><td>○</td></tr>
<tr><td>183</td><td>MRS 端子功能选择</td><td>1</td><td>24</td><td>○</td><td>×</td><td>○</td></tr>
<tr><td>184</td><td>RES 端子功能选择</td><td>1</td><td>62</td><td>○</td><td>×</td><td>○</td></tr>
<tr><td rowspan="3">输出端子功能分配</td><td>190</td><td>RUN 端子功能选择</td><td>1</td><td>0</td><td rowspan="2">0、1、3、4、7、8、11～16、20、25、26、46、47、64、90、91、93、95、96、98、99、100、101、103、104、107、108、111～116、120、125、126、146、147、164、190、191、193、195、196、198、199、9999</td><td rowspan="3">0、100：变频器运行中
1、101：频率到达
3、103：过负载警报
4、104：输出频率检测
7、107：再生制动预报警
8、108：电子过电流保护预报警
11、111：变频器运行准备完毕
12、112：输出电流检测
13、113：零电流检测
14、114：PID 下限
15、115：PID 上限
16、116：PID 正反转动作输出
20、120：制动器开放请求
25、225：风扇故障输出
26、126：散热片过热预报警
46、146：停电减速中（保持到解除）
47、147：PID 控制动作中
64、164：再试中
90、190：寿命报警
91、191：异常输出 3（电源切断信号）
93、193：电流平均值监视信号
95、195：维修时钟信号
96、196：远程输出
98、198：远故障输出
99、199：异常输出
9999、—：无功能
0～99：正逻辑，100～199：负逻辑</td><td>○</td><td>×</td><td>○</td></tr>
<tr><td>191</td><td>FU 端子功能选择</td><td>1</td><td>4</td><td>○</td><td>×</td><td>○</td></tr>
<tr><td>192</td><td>ABC 端子功能选择</td><td>1</td><td>99</td><td>0、1、3、4、7、8、11～16、20、25、26、46、47、64、90、91、95、96、98、99、100、101、103、104、107、108、111～116、120、125、126、146、147、164、190、191、195、196、198、199、9999</td><td>○</td><td>×</td><td>○</td></tr>
</table>

（续）

功能	参数	关联参数	名称	单位	初始值	范围	内容	参数复制	参数清除	参数全部清除
延长冷却风扇的寿命	244		冷却风扇的动作选择	1	1	0	在电源 ON 的状态下冷却风扇起动 冷却风扇 ON－OFF 控制无效（电源 ON 的状态下总是 ON）	○	○	○
						1	冷却风扇 ON－OFF 控制有效 变频器风扇 ON－OFF 控制有效 变频器运行过程中始终为 ON，停止时监视变频器的状态，根据温度的高低为 ON 或 OFF			
转差补偿 通用磁通 V/F	245		额定转差	0.01%	9999	0～50%	电动机额定转差	○	○	○
						9999	无转差补偿			
	246		转差补偿时间常数	0.01 s	0.5 s	0.01～10 s	转差补偿的响应时间 设定值越小响应速度越快，但负载惯性越大越容易发生再生过电压错误	○	○	○
	247		恒功率区域转差补偿选择	1	9999	0	恒功率区域（比 Pr.3 中设定的频率还高的频率领域）中不进行转差补偿	○	○	○
						9999	恒功率区域的转差补偿			
接地检测	249		启动时接地检测的有无	1	1	0	无接地检测	○	○	○
						1	有接地检测			
电动机停止方法和起动信号的选择	250		停止选择	0.1 s	9999	0～100 s	起动信号OFF、经过设定的时间后以自由运行停止 STF 信号：正转起动 STR 信号：反转起动	○	○	○
						1000～1100 s	起动信号OFF，经过（Pr.250－1000）s 后以自由运行停止 STF 信号：起动信号 STR 信号：正转、反转信号			
						9999	起动信号OFF后减速停止 STF 信号：正转起动 STR 信号：反转起动			
						8888	起动信号OFF后减速停止 STF 信号：起动信号 STR 信号：正转、反转信号			
输入输出断相保护选择	251		输出断相保护选择	1	1	0	无输出断相保护	○	○	○
						1	有输出断相保护			
		872	输入断相保护选择	1	1	0	无输入断相保护	○	○	○
						1	有输入断相保护			

（续）

功能	参数（关联参数）	名称	单位	初始值	范围	内容	参数复制	参数清除	参数全部清除
显示变频器零件的寿命	255	寿命报警状态显示	1	0	0~15	显示控制电路电容器，主电路电容器、冷却风扇、浪涌电流抑制电路的各元件的寿命是否到达报警输出水平（仅读取）	×	×	×
	256	浪涌电流抑制电路寿命显示	1%	100%	0~100%	显示浪涌电流抑制电路的老化程度（仅读取）	×	×	×
	257	控制电路电容器寿命显示	1%	100%	0~100%	显示控制电路电容器的老化程度（仅读取）	×	×	×
	258	主电路电容器寿命显示	1%	100%	0~100%	显示主电路电容器的老化程度（仅读取） 显示通过 Pr. 259 实施测量的值	×	×	×
	259	测定主电路电容器寿命	1%	100%	0~100%	设定为 1，并把电源 OFF，开始测量主电路电容器的寿命 再次接通电源后 Pr. 259 的设定值变成 3 时测定完毕	×	×	×
发生掉电时的运行	261	掉电停止方式选择	1	0	0	自由运行停止 电压不足或发生掉电时切断输出	○	○	○
					1	电压不足或发生掉电时减速停止			
					2	电压不足或发生掉电时减速停止 掉电减速中复电的情况下进行再加速			
挡块定位控制 先进磁通 通用磁通	270	挡块定位控制选择	1	0	0	无挡块定位控制	○	○	○
					1	有挡块定位控制			
	275	挡块定位励磁电流低速倍率	0.1%	9999	0~300%	挡块定位控制时的力（保持转矩）的大小通常为 130%~180%	○	○	○
					9999	无补偿			
	276	挡块定位时 PWM 载波频率	1	9999	0~9	挡块定位控制时 PWM 载波频率（输出频率 3Hz 以下有有效）	○	○	○
					9999	根据 Pr. 72PWM 频率选择的设定			
制动器顺控功能 先进磁通 通用磁通	278	制动开启频率	0.01 Hz	3 Hz	0~30 Hz	设定电动机的额定转差频率 +1.0Hz 仅 Pr. 278≤Pr. 282 时可以设定	○	○	○
	279	制动开启电流	0.1%	130%	0~200%	设定值过低的话，会造成起动时易于滑落，所以一般设定在50~90% 以变频器额定电流为 100%	○	○	○
	280	制动开启电流检测时间	0.1s	0.3 s	0~2 s	一般设定为 0.1~0.3 s	○	○	○
	281	制动操作开始时间	0.1 s	0.3 s	0~5 s	Pr，292 =7：制动器缓解之前的机械延迟时间 Pr. 292 =8：设定制动器缓解之前的机械延迟时间 +0.1~0.2 s	○	○	○
	282	制动操作频率	0.01 Hz	6 Hz	0~30 Hz	使制动器开放请求信号（BOF）为 OFF 的频率一般设定为 Pr. 278 的设定值 +3~4 Hz 仅 Pr. 282≥Pr. 278 时可以设定	○	○	○

（续）

功能	参数	关联参数	名称	单位	初始值	范围	内容		参数复制	参数清除	参数全部清除
制动器顺控功能 先进磁通 通用磁通	283		制动操作停止时间	0.1 s	0.3 s	0～5 s	Pr.292＝7：设定制动器关闭之前的机械延迟时间＋0.1 s Pr.292＝8：设定制动器关闭之前的机械延迟时间＋0.2～0.3 s		○	○	○
		292	自动加减速	1	0	0、1、7、8、11	设定值为“7、8”时，制动器顺控功能有效		○	○	○
偏差控制 先进磁通	286		偏差增益	0.1%	0%	0	偏差控制无效		○	○	○
						0.1～100%	对应电动机额定频率的额定转矩时的垂下量				
	287		滤波器偏差时定值	0.01 s	0.3 s	0～1s	转矩分电流所用一次延迟滤波器的时间常数		○	○	○
通过M旋钮设定频率变化量	295		频率变化量设定	0.01	0	0	无效		○	○	○
						0.01、0.10、1.00、10.00	通过M旋钮变更设定频率时的最小变化幅度				
通信运行指令权与速率指令权	338		通信运行指令权	1	0	0	运行指令权通信		○	○	○
						1	运行指令权外部				
	339		通信速率指令权	1	0	0	速度指令权通信		○	○	○
						1	速度指令权外部（通信方式的频率设定无效，外部方式的端子2的设定有效）				
						2	速度指令权外部（通信方式的频率设定有效，外部方式的端子2的设定无效）				
		550	网络模式操作权选择	1	9999	0	通信选件有效		○	○	○
						2	PU接口有效				
						9999	通信选件自动识别 通常情况下PU接口有效，通信选件被安装后，通信选件有效				
		551	PU模式操作权选择	1	999	2	PU运行模式操作权由PU接口执行		○	○	○
						3	PU运行模式操作权由USB接口执行				
						4	PU运行模式操作权由操作面板执行				
						9999	USB连接、PU07连接自动识别 优先顺序：USB＞PU07＞操作面板				
远程输出功能（REM信号）	495		远程输出选择	1	0	0	电源OFF时清除远程输出内容	变频器复位时清除远程输出内容	○	○	○
						1	电源OFF时保持远程输出内容				
						10	电源OFF时清除远程输出内容	变频器复位时保持远程输出内容			
						11	电源OFF时保持远程输出内容				

（续）

功能	参数	关联参数	名称	单位	初始值	范围	内容	参数复制	参数清除	参数全部清除
远程输出功能（REM 信号）	496		远程输出内容 1	1	0	0 ~ 4095	可以进行输出端子的 ON/OFF	×	×	×
	497		远程输出内容 2	1	0	0 ~ 4095		×	×	×
部件的维护	503		维护定时器	1	0	0（1 ~ 9999）	变频器的累计通电时间以 100 h 为单位显示（仅读取） 写入设定值“0”时累计通电时间被清除	×	×	×
	504		维护定时器报警输出设定时间	1	9999	0 ~ 9998	设定到维护定时器报警信号（Y95）输出为止的时间	○	×	○
						9999	无功能			
使用了 USB 通信的变频器的安装	547		USB 通信站号	1	0	0 ~ 31	变频器站号指定	○	○	○
	548		USB 通信检查时间间隔	0. 1s	9999	0	可进行 USB 通信 设为 PU 运行模式时报警停止（E. USB）	○	○	○
						0. 1 ~ 999. 8 s	通信检查时间间隔			
						9999	无通信检查			
		551	请参照 Pr. 338、Pr. 339							
电流平均值监视信号	555		电流平均时间	0. 1 s	1 s	0. 1 ~ 1 s	平均位输出中（1 s）平均电流所需要的时间	○	○	○
	556		数据输出屏蔽时间	0. 1 s	0 s	0 ~ 20 s	不获取过渡状态数据的时间（屏蔽时间）	○	○	○
	557		电流平均值监视信号基准输出电流	0. 01 A	变频器额定电流	0 ~ 500 A	输出电流平均值信号输出的基准（100%）	○	○	○
缓和机械共振	653		速度滤波控制	0. 1%	0	0 ~ 200%	减少转矩变动、缓和机械共振引起的振动	○	○	○
再生回避功能	882		再生回避动作选择	1	0	0	再生回避功能无效	○	○	○
						1	再生回避功能始终无效			
						2	仅在恒速运行时，再生回避功能有效			
	883		再生回避动作水平	0. 1 V	DC 780 V	300 ~ 800 V	再生回避动作的母线电压水平 如果将母线电压水平设定低了，则不容易发生过电压错误，但实际减速时间会延长 将设定值设为高于电源电压的 $\times\sqrt{2}$ 的值	○	○	○
	885		再生回避补偿频率限制值	0. 01 Hz	6 Hz	0 ~ 10 Hz	再生回避功能起动时上升的频率限制值	○	○	○
						9999	频率限制无效			

（续）

功能	参数	关联参数	名称	单位	初始值	范围	内容	参数复制	参数清除	参数全部清除
再生回避功能	886		再生回避电压增益	0.1%	100%	0～200%	再生回避动作时的响应性 将 Pr.886 的设定值设定得大一些，对母线电压变化的响应会变好，但输出频率可能会变得不稳定 如果将 Pr.886 的设定值设定得小一些仍旧无法抑制振动时，请将 Pr.665 的设定值再设定得小一些	○	○	○
		665	再生回避频率增益	0.1%	100%	0～200%		○	○	○
自由参数	888		自由参数 1	1	9999	0～9999	可自由使用的参数 安装多个变频器时可以给每个变频器设定不同的固定数字，这样有利于维护和管理 关闭变频器电源仍保护内容	○	×	×
	889		自由参数 2	1	9999	0～9999		○	×	×
端子 AM 输出的调整（校正）	C1（901）		AM 端子校正	—	—	—	校正接在端子 AM 上的模拟仪表的标度	○	×	○
		645	AM 端子 0V 调整	1	1000	970～1200	模拟量输出为零时的仪表刻度校正	○	×	○
操作面板蜂鸣器控制	990		PU 蜂鸣器控制	1	1	0	无蜂鸣器音	○	○	○
						1	有蜂鸣器音			
PU 对比度调整	991		PU 对比度调整	1	58	0～63	参数单位（FR－PU04－CH/FR－PU07）的 LCD 对比度调整 0：弱 ↓ 63：强	○	×	○
被清除参数、初始值变更清单	Pr. CL		参数清除	1	0	0、1	设定为“1”时，除了校正用参数外的参数将恢复到初始值			
	ALLC		参数全部清除	1	0	0、1	设定为“1”时，所有的参数都恢复到初始值			
	Pr. CL		报警历史清除	1	0	0、1	设定为“1”时，将清除过去 8 次的报警历史			
	Pr. CH		初始值变更清单	—	—	—	显示并设定初始值变更后的参数			

参 考 文 献

[1] 李金城，等．三菱 FX_{2N} PLC 功能指令应用详解［M］．北京：电子工业出版社，2014.

[2] 盖超会，等．三菱 PLC 与变频器、触摸屏［M］．北京：中国电力出版社，2011.

[3] 郁汉琪，等．电气控制与可编程序控制器［M］．南京：东南大学出版社，2003.

[4] 高安邦，等．新编机床电气与 PLC 控制技术［M］．北京：机械工业出版社，2008.

[5] 薛迎成．PLC 与触摸屏控制技术［M］．北京：中国电力出版社，2008.

[6] 王建，等．触摸屏实用技术［M］．北京：机械工业出版社，2012.

[7] 殷庆纵，等．可编程控制器原理与实践（三菱 FX2N 系列）［M］．北京：清华大学出版社，2012.

[8] 郑凤翼．轻松解读三菱变频器原理与应用［M］．北京：机械工业出版社，2012.

[9] 巫莉，等．手把手教你学三菱 PLC［M］．北京：中国电力出版社，2013.

[10] 郭艳萍，等．电气控制与 PLC 应用［M］．2 版．北京：人民邮电出版社，2013.

[11] 刘建华，等．三菱 FX_{2N} 系列 PLC 应用技术［M］．北京：机械工业出版社，2013.

[12] 肖明耀．三菱 FX 系列 PLC 应用技能实训［M］．北京：中国电力出版社，2010.